丛书总主编　陈宜瑜
丛书副总主编　于贵瑞　何洪林

中国生态系统定位观测与研究数据集

森林生态系统卷

山西吉县站
（2005—2015）

朱金兆　王若水　主编

中国农业出版社
北京

中国生态系统定位观测与研究数据集

丛书指导委员会

顾　　问　孙鸿烈　蒋有绪　李文华　孙九林

主　　任　陈宜瑜

委　　员　方精云　傅伯杰　周成虎　邵明安　于贵瑞　傅小峰　王瑞丹
　　　　　王树志　孙　命　封志明　冯仁国　高吉喜　李　新　廖方宇
　　　　　廖小罕　刘纪远　刘世荣　周清波

丛书编委会

主　　编　陈宜瑜

副 主 编　于贵瑞　何洪林

编　　委　（按照拼音顺序排列）
　　　　　白永飞　曹广民　曾凡江　常瑞英　陈德祥　陈　隽　陈　欣
　　　　　戴尔阜　范泽鑫　方江平　郭胜利　郭学兵　何志斌　胡　波
　　　　　黄　晖　黄振英　贾小旭　金国胜　李　华　李新虎　李新荣
　　　　　李玉霖　李　哲　李中阳　林露湘　刘宏斌　潘贤章　秦伯强
　　　　　沈彦俊　石　蕾　宋长春　苏　文　隋跃宇　孙　波　孙晓霞
　　　　　谭支良　田长彦　王安志　王　兵　王传宽　王国梁　王克林
　　　　　王　堃　王清奎　王希华　王友绍　吴冬秀　项文化　谢　平
　　　　　谢宗强　辛晓平　徐　波　杨　萍　杨自辉　叶　清　于　丹
　　　　　于秀波　占车生　张会民　张秋良　张硕新　赵　旭　周国逸
　　　　　周　桔　朱安宁　朱　波　朱金兆

中国生态系统定位观测与研究数据集
森林生态系统卷·山西吉县站

编 委 会

主　　　编	朱金兆	王若水			
副　主　编	朱清科	张建军	张志强	毕华兴	魏天兴
	张　岩	马　岚	查同刚	陈立欣	
参与编写人员	孙若修	张海博	李玉婷	申明爽	杨云斌
	刘俊廷	张佳楠	张艺洲	张雪晨	王恒星
	高思远	李　阳	胡亚伟	赵宇辉	陈宝强
	赵荣玮	李　梁	刘晓华	周文洁	范德卉
	王　宁	王珊珊	马晓至	赵丹阳	云　雷
	许华森	高路博	廖文超	梅雪梅	孙占薇
	张恒硕	张晓霞	王思敏	左启林	郑成浩
	邱永杰	马晓慧	阿尼克孜		何远梅
	程晓鑫	赵维军	姚文俊	李　镇	范聪慧
	常　存	张宏芝	王　晶	李　萍	郑学良
	刘蕾蕾	陈文思	王露露	王　蕊	李依璇
	房世鹏	刘海燕	李敏敏	王　彬	艾　宁
	赵兴凯	任　才	王　仙	董　哲	李信良
	安　文	姜　丽	石若莹	李超楠	周　宣
	赵一阳	王佳希	邓家勇	茹　豪	

进入 20 世纪 80 年代以来，生态系统对全球变化的反馈与响应、可持续发展成为生态系统生态学研究的热点，通过观测、分析、模拟生态系统的生态学过程，可为实现生态系统可持续发展提供管理与决策依据。长期监测数据的获取与开放共享已成为生态系统研究网络的长期性、基础性工作。

国际上，美国长期生态系统研究网络（US LTER）于 2004 年启动了 Eco Trends 项目，依托美国 LTER 站点积累的观测数据，发表了生态系统（跨站点）长期变化趋势及其对全球变化响应的科学研究报告。英国环境变化网络（UK ECN）于 2016 年在 *Ecological Indicators* 发表专辑，系统报道了英国 ECN 的 20 年长期联网监测数据推动了生态系统稳定性和恢复力研究，并发表和出版了系列的数据集和数据论文。长期生态监测数据的开放共享、出版和挖掘越来越重要。

在国内，国家生态系统观测研究网络（National Ecosystem Research Network of China，简称 CNERN）及中国生态系统研究网络（Chinese Ecosystem Research Network，简称 CERN）的各野外站在长期的科学观测研究中积累了丰富的科学数据，这些数据是生态系统生态学研究领域的重要资产，特别是 CNERN/CERN 长达 20 年的生态系统长期联网监测数据不仅反映了中国各类生态站水分、土壤、大气、生物要素的长期变化趋势，同时也能为生态系统过程和功能动态研究提供数据支撑，为生态学模型的验证和发展、遥感产品地面真实性检验提供数据支撑。通过集成分析这些数据，CNERN/CERN 内外的科研人员发表了很多重要科研成果，支撑了国家生态文明建设的重大需求。

近年来，数据出版已成为国内外数据发布和共享，实现"可发现、可访问、可理解、可重用"（即 FAIR）目标的重要手段和渠道。CNERN/CERN 继 2011 年出版"中国生态系统定位观测与研究数据集"丛书后再次出版新一期数据集丛书，旨在以出版方式提升数据质量、明确数据知识产权，推动融合专业理论或知识的更高层级的数据产品的开发挖掘，促进CNERN/CERN 开放共享由数据服务向知识服务转变。

该丛书包括农田生态系统、草地与荒漠生态系统、森林生态系统以及湖泊湿地海湾生态系统共 4 卷（51 册）以及森林生态系统图集 1 册，各册收集了野外台站的观测样地与观测设施信息，水分、土壤、大气和生物联网观测数据以及特色研究数据。本次数据出版工作必将促进 CNERN/CERN 数据的长期保存、开放共享，充分发挥生态长期监测数据的价值，支撑长期生态学以及生态系统生态学的科学研究工作，为国家生态文明建设提供支撑。

2021 年 7 月

科学数据是科学发现和知识创新的重要依据与基石。大数据时代，科技创新越来越依赖于科学数据综合分析。2018 年 3 月，国家颁布了《科学数据管理办法》，提出要进一步加强和规范科学数据管理，保障科学数据安全，提高开放共享水平，更好地为国家科技创新、经济社会发展提供支撑，标志着我国正式在国家层面加强和规范科学数据管理工作。

随着全球变化、区域可持续发展等生态问题的日趋严重以及物联网、大数据和云计算技术的发展，生态学进入"大科学、大数据时代"，生态数据开放共享已经成为推动生态学科发展创新的重要动力。

国家生态系统观测研究网络（National Ecosystem Research Network of China，简称 CNERN）是一个数据密集型的野外科技平台，各野外台站在长期的科学研究中，积累了丰富的科学数据。2011 年，CNERN 组织出版了"中国生态系统定位观测与研究数据集"丛书。该丛书共 4 卷、51 册，系统收集整理了 2008 年以前的各野外台站元数据、观测样地信息与水分、土壤、大气和生物监测数据以及相关研究成果的数据。该套丛书的出版，拓展了 CNERN 生态数据资源共享模式，为我国生态系统研究、资源环境的保护利用与治理以及农、林、牧、渔业相关生产活动提供了重要的数据支撑。

2009 以来，CNERN 又积累了 10 年的观测与研究数据，同时国家生态科学数据中心于 2019 年正式成立。中心以 CNERN 野外台站为基础，生态系统观测研究数据为核心，拓展部门台站、专项观测网络、科技计划项目、科研团队等数据来源渠道，推进生态科学数据开放共享、产品加工和分析应用。为了开发特色数据资源产品、整合与挖掘生态数据，国家生态科学数据中心立足国家野外生态观测台站长期监测数据，组织开展了新一版的观测与研究数据集的出版工作。

本次出版的数据集主要围绕"生态系统服务功能评估""生态系统过程与变化"等主题进行了指标筛选，规范了数据的质控、处理方法，并参考数据论文的体例进行编写，以详实地展现数据产生过程，拓展数据的应用范围。

该丛书包括农田生态系统、草地与荒漠生态系统、森林生态系统以及湖泊湿地海湾生态系统共4卷（51册）以及图集1本，各册收集了野外台站的观测样地与观测设施信息，水分、土壤、大气和生物联网观测数据以及特色研究数据。该套丛书的再一次出版，必将更好地发挥野外台站长期观测数据的价值，推动我国生态科学数据的开放共享和科研范式的转变，为国家生态文明建设提供支撑。

2021 年 8 月

　　中国生态系统定位观测与研究数据集·森林生态系统卷·吉县站
（2005—2015）源于1976年关君蔚院士在吉县开门办学，起步于"六五"
期间开展的国家重点研究项目"黄土高原造林立地条件类型划分和适地适
树研究"，全面定位观测始于1986年开始的"七五"国家科技攻关项目
"黄土高原水土保持林体系综合效益研究"，此后连续完成"八五"至"十
三五"国家科技攻关、科技支撑和重点研发等国家重大科技研究项目，其
间，90年代实施了中日合作项目"黄土高原治山技术培训"，1998年列入
原国家计划委员会的"林业生态工程效益监测站"。2005年进入森林生态
系统国家野外科学观测研究站的行列。2009年荣获"全国野外工作先进
集体"。

　　吉县站采用"一站两点"的运行模式，即山西吉县主站与陕西吴起
辅站。观测研究内容涵盖了森林生态系统结构、功能及演替，嵌套流域
生态水文，土壤侵蚀与生态修复，生物地球化学循环，农林复合经营。
开展的长期监测数据包括：森林小气候，主要植被类型土壤理化性质及
土壤水分，主要类型天然次生林及人工林结构、演替及生长过程，主要
植被类型植物光合呼吸蒸腾等生理特征，坡面产水产沙及嵌套流域水沙
运移过程等。

　　吉县站的特色和优势：黄土高原嵌套流域生态水文及水土流失观测研
究，水土保持生态修复及农林复合系统的观测研究、技术研发与试验

示范。

吉县站 2010 年出版了《中国生态系统定位观测与研究数据集（山西吉县站 1978—2006）》，本数据集包括 2005—2015 年水、土、气、生等长期观测数据，以及依托台站开展科研项目的特色数据，主要来源于国家科技支撑课题（"十一五""十二五"）、国家自然科学基金、林业行业公益等 20 余项科研项目。

本数据集由山西吉县森林生态系统国家野外科学观测研究站站长朱金兆和副站长朱清科负责整理编制。长期观测数据部分按水、土、气、生四大要素分别由张建军、毕华兴、王若水、魏天兴负责编撰，特色数据部分由张建军、毕华兴、朱清科、魏天兴、张岩、张志强、王若水、马岚、查同刚负责整理汇编。王若水负责全书统稿。

本数据集是在中国科学院国家生态网络中心的指导下，吉县站所有教师、科研人员、学生及工作人员长期努力的成果，同时得到了北京林业大学、吉县人民政府、吴起县人民政府、吉县林业局、吴起县林业局、吕梁林管局、红旗林场、蔡家川林场等有关单位的支持，在此一并致谢！

编　者

2021 年 2 月

CONTENTS
目 录

序一

序二

前言

第1章 台站介绍 ·· 1

1.1 概述 ·· 1

    1.1.1 自然概况 ·· 1

    1.1.2 社会经济状况 ·· 2

    1.1.3 代表区域与生态系统 ·· 2

1.2 研究方向 ·· 3

1.3 研究成果 ·· 3

1.4 支撑条件 ·· 4

    1.4.1 野外观测试验样地与设施 ·· 4

    1.4.2 基础设施 ·· 4

第2章 主要样地与观测设施 ·· 5

2.1 概述 ·· 5

2.2 主要样地介绍 ··· 6

    2.2.1 蔡家川林外气象综合观测场（JXFQX01） ······························· 6

    2.2.2 红旗林场林外气象综合观测场（JXFQX02） ···························· 6

    2.2.3 吉县站蔡家川十道湾刺槐纯林（JXFZH01） ···························· 6

    2.2.4 吉县站蔡家川东杨家峁油松林（JXFZH03） ···························· 7

    2.2.5 吉县站蔡家川秀家山刺槐林（JXFZH05） ······························· 7

    2.2.6 吉县站蔡家川冯家疙瘩天然次生林（JXFZH09） ······················ 8

    2.2.7 吉县站蔡家川秀家山侧柏固定样地（JXFZH10） ······················ 8

    2.2.8 吉县站红旗林场炮楼台刺槐长期固定样地（JXFZH13） ··············· 9

    2.2.9 吉县站红旗林场炮楼台油松长期固定样地（JXFZH14） ··············· 9

    2.2.10 吉县站屯里镇金刚岑落叶松长期固定样地（JXFZH15） ············· 9

    2.2.11 吉县站人祖山辽东栎长期固定样地（JXFZH16） ····················· 10

2.3 主要观测设施介绍 ·· 10

    2.3.1 量水堰 ·· 10

    2.3.2 径流小区 ··· 11

2.3.3　土壤水分观测点 ·· 11

第3章　联网长期观测数据 ·· 13

3.1　量水堰径流长期观测数据集 ·· 13
　　3.1.1　概述 ·· 13
　　3.1.2　数据采集和处理方法 ·· 13
　　3.1.3　数据质量控制和评估 ·· 14
　　3.1.4　数据使用方法与建议 ·· 15
　　3.1.5　降雨径流观测数据 ·· 15
3.2　径流小区径流量观测数据集 ·· 25
　　3.2.1　概述 ·· 25
　　3.2.2　数据采集和处理方法 ·· 25
　　3.2.3　数据质量控制和评估 ·· 26
　　3.2.4　数据使用方法和建议 ·· 26
　　3.2.5　径流小区径流年观测数据 ·· 26
3.3　林内降雨与树干流观测数据集 ·· 32
　　3.3.1　概述 ·· 32
　　3.3.2　数据采集和处理方法 ·· 32
　　3.3.3　数据质量与评估 ·· 32
　　3.3.4　数据使用方法和建议 ·· 33
　　3.3.5　林内降雨、树干流年观测数据 ·· 33
3.4　土壤水分含水量和水分常数数据集 ·· 41
　　3.4.1　概述 ·· 41
　　3.4.2　数据采集和处理方法 ·· 42
　　3.4.3　数据质量控制和评估 ·· 42
　　3.4.4　数据使用方法和建议 ·· 43
　　3.4.5　数据 ·· 43
3.5　气象数据集 ·· 142
　　3.5.1　空气温度 ·· 142
　　3.5.2　降水量 ·· 146
　　3.5.3　太阳辐射 ·· 148
　　3.5.4　地温 ·· 152
　　3.5.5　气压 ·· 155
　　3.5.6　空气相对湿度 ·· 157
　　3.5.7　风速、风向 ·· 161
　　3.5.8　水面蒸发量 ·· 165
　　3.5.9　土壤热通量数据集 ·· 166
3.6　生物要素长期观测数据集 ·· 167
　　3.6.1　概述 ·· 167
　　3.6.2　数据采集和处理方法 ·· 168
　　3.6.3　数据质量控制和评估 ·· 168
　　3.6.4　数据使用方法和建议 ·· 168

　　3.6.5　森林生态系统生物要素 ·· 169

第4章　站台特色研究数据 ··· 186

　4.1　黄土高原沟壑区地形分异特征数据集 ·· 186

　　4.1.1　引言 ·· 186

　　4.1.2　数据采集和处理方法 ·· 186

　　4.1.3　数据质量控制和评估 ·· 187

　　4.1.4　数据价值 ··· 187

　　4.1.5　数据 ·· 187

　4.2　坡面微地形土壤理化性质数据集 ··· 189

　　4.2.1　引言 ·· 189

　　4.2.2　数据采集和处理方法 ·· 189

　　4.2.3　数据质量控制 ··· 189

　　4.2.4　数据价值 ··· 190

　　4.2.5　数据 ·· 190

　4.3　黄土丘陵区不同林地土壤水分动态变化数据集 ·· 191

　　4.3.1　引言 ·· 191

　　4.3.2　数据采集和处理方法 ·· 191

　　4.3.3　数据质量控制和评估 ·· 192

　　4.3.4　数据价值 ··· 192

　　4.3.5　数据 ·· 192

　4.4　黄土区水平阶整地人工油松林地土壤水分和养分状况数据集 ····································· 194

　　4.4.1　引言 ·· 194

　　4.4.2　数据采集和处理方法 ·· 194

　　4.4.3　数据质量控制和评估 ·· 194

　　4.4.4　数据价值 ··· 195

　　4.4.5　数据 ·· 195

　4.5　陕北半干旱黄土区沙棘人工林的死亡率及适宜地形研究数据集 ··································· 196

　　4.5.1　引言 ·· 196

　　4.5.2　数据采集和处理方法 ·· 197

　　4.5.3　数据质量控制和评估 ·· 197

　　4.5.4　数据价值 ··· 197

　　4.5.5　数据 ·· 198

　4.6　陕北半干旱黄土区沙棘混交林生长状况及土壤改良功能研究 ····································· 200

　　4.6.1　引言 ·· 200

　　4.6.2　数据采集和处理方法 ·· 200

　　4.6.3　数据质量控制和评估 ·· 201

　　4.6.4　数据价值 ··· 201

　　4.6.5　数据 ·· 201

　4.7　陕北半干旱黄土区衰退沙棘人工林改良土壤的作用研究数据集 ··································· 206

　　4.7.1　引言 ·· 206

　　4.7.2　数据采集和处理方法 ·· 206

4.7.3 数据质量控制和评估 ·· 207
4.7.4 数据价值 ··· 207
4.7.5 数据 ··· 207
4.8 陕北黄土区山杏林下草本层植物群落特征研究数据集 ············· 208
4.8.1 引言 ··· 208
4.8.2 数据采集和处理方法 ··· 208
4.8.3 数据质量控制和评估 ··· 209
4.8.4 数据价值 ··· 209
4.8.5 数据 ··· 209
4.9 陕北半干旱黄土区生物土壤结皮理化性质数据集 ··············· 211
4.9.1 引言 ··· 211
4.9.2 数据采集和处理方法 ··· 211
4.9.3 数据质量控制和评估 ··· 211
4.9.4 数据价值 ··· 211
4.9.5 数据 ··· 212
4.10 晋西黄土区主要水土保持树种光合和蒸腾特性研究数据集 ····· 213
4.10.1 引言 ··· 213
4.10.2 数据采集方法 ··· 213
4.10.3 数据质量控制和评估 ··· 214
4.10.4 数据 ··· 214
4.11 晋西黄土高原不同植被覆盖下的土壤抗冲性研究数据集 ········· 220
4.11.1 引言 ··· 220
4.11.2 数据采集和处理方法 ··· 220
4.11.3 数据质量控制和评估 ··· 221
4.11.4 数据 ··· 221
4.12 晋西黄土区典型林地水文特征及功能分析数据集 ··············· 223
4.12.1 引言 ··· 223
4.12.2 数据处理方法 ··· 223
4.12.3 数据质量控制和评估 ··· 225
4.12.4 数据 ··· 225
4.13 晋西黄土区主要树种蒸腾特性研究数据集 ····················· 231
4.13.1 引言 ··· 231
4.13.2 数据采集和处理方法 ··· 231
4.13.3 数据质量控制和评估 ··· 231
4.13.4 数据 ··· 232
4.14 晋西黄土农林复合系统——果农间作系统数据集 ··············· 238
4.14.1 不同树龄下的水分研究数据集 ··································· 238
4.14.2 不同果农间作模式下的水分研究数据集 ··························· 240
4.14.3 不同物候期下的水分研究数据集 ································· 242
4.14.4 不同树龄下的养分研究数据集 ··································· 244
4.14.5 不同果农间作模式下的养分研究数据集 ··························· 246
4.14.6 根系分布研究数据集 ··· 248

4.15　土壤侵蚀的林地植被因子数据集 ·· 251
　　4.15.1　引言 ·· 251
　　4.15.2　数据采集和处理方法 ·· 251
　　4.15.3　数据质量控制和评估 ·· 253
　　4.15.4　黄土区影响土壤侵蚀的林地植被因子数据集 ·· 253
4.16　天然次生林生物量和营养元素积累与分布数据集 ·· 255
　　4.16.1　引言 ·· 255
　　4.16.2　数据采集和处理方法 ·· 256
　　4.16.3　数据质量控制和评估 ·· 257
　　4.16.4　山西吉县天然次生林生物量和营养元素积累与分布数据集 ·························· 257
4.17　水土保持林地根系分泌物研究 ·· 259
　　4.17.1　引言 ·· 259
　　4.17.2　数据采集和处理方法 ·· 260
　　4.17.3　数据质量控制和评估 ·· 260
　　4.17.4　水土保持林地根系分泌物研究数据集 ·· 260
4.18　油松和刺槐根部化感效应数据集 ·· 262
　　4.18.1　引言 ·· 262
　　4.18.2　数据采集和处理方法 ·· 262
　　4.18.3　数据质量控制和评估 ·· 263
　　4.18.4　黄土丘陵区油松和刺槐根部化感效应数据集 ·· 263
4.19　不同土地利用与覆盖方式的产流产沙效应数据集 ·· 266
　　4.19.1　引言 ·· 266
　　4.19.2　数据采集和处理方法 ·· 267
　　4.19.3　数据质量控制和评估 ·· 267
　　4.19.4　黄土坡面不同土地利用与覆盖方式的产流产沙效应数据集 ···························· 267
4.20　陕西吴起退耕还林区水土保持植被恢复及物种多样性特征 ···································· 271
　　4.20.1　引言 ·· 271
　　4.20.2　数据采集和处理方法 ·· 271
　　4.20.3　数据质量控制和评估 ·· 271
　　4.20.4　陕西吴起退耕还林区水土保持植被恢复及物种多样性特征数据 ························ 272
4.21　陕西吴起坡面尺度上地貌对 α 生物多样性的影响 ·· 272
　　4.21.1　引言 ·· 272
　　4.21.2　数据采集和处理方法 ·· 273
　　4.21.3　数据质量控制和评估 ·· 274
　　4.21.4　陕西吴起坡面尺度上地貌对 α 生物多样性的影响数据集 ······························ 274
4.22　陕西吴起低效低质人工林优化改造后林下植被多样性研究 ···································· 274
　　4.22.1　引言 ·· 274
　　4.22.2　数据采集和处理方法 ·· 275
　　4.22.3　数据质量控制和评估 ·· 275
　　4.22.4　陕西吴起低效低质人工林优化改造后林下植被多样性数据集 ·························· 275
4.23　陕西吴起植被群落特征和土壤入渗性能 ·· 277
　　4.23.1　引言 ·· 277

4.23.2　数据采集和处理方法 ……………………………………………………… 277

4.23.3　数据质量控制和评估 ……………………………………………………… 277

4.23.4　陕西吴起植被群落特征和土壤入渗性能数据集 …………………………… 278

4.24　陕西吴起县退耕地植被恢复及生态效益研究 ……………………………………… 279

4.24.1　引言 …………………………………………………………………………… 279

4.24.2　数据采集和处理方法 ……………………………………………………… 279

4.24.3　数据质量控制和评估 ……………………………………………………… 280

4.24.4　陕西吴起县退耕地植被恢复及生态效益研究数据 ………………………… 280

4.25　陕西吴起生态退耕区植被群落土壤贮水量与入渗特性 …………………………… 283

4.25.1　引言 …………………………………………………………………………… 283

4.25.2　数据采集和处理方法 ……………………………………………………… 283

4.25.3　数据质量控制和评估 ……………………………………………………… 284

4.25.4　陕西吴起生态退耕区植被群落土壤贮水量与入渗特性数据 ……………… 284

4.26　陕西吴起沙棘根系分泌物酸类物质研究 …………………………………………… 285

4.26.1　引言 …………………………………………………………………………… 285

4.26.2　数据采集和处理方法 ……………………………………………………… 285

4.26.3　数据质量控制和评估 ……………………………………………………… 286

4.26.4　陕西吴起沙棘根系分泌物酸类物质研究数据 ……………………………… 286

4.27　半干旱黄土区坡面土壤水分空间分布数据集 ……………………………………… 290

4.27.1　引言 …………………………………………………………………………… 290

4.27.2　数据采集和处理方法 ……………………………………………………… 290

4.27.3　数据质量控制和评估 ……………………………………………………… 291

4.27.4　半干旱黄土区坡面土壤水分空间分布数据集 ……………………………… 291

4.28　半干旱黄土区坡面植被物种组成和空间分布数据集 ……………………………… 295

4.28.1　引言 …………………………………………………………………………… 295

4.28.2　数据采集和处理方法 ……………………………………………………… 295

4.28.3　数据质量控制 ………………………………………………………………… 296

4.28.4　半干旱黄土区坡面植被物种组成和空间分布数据 ………………………… 297

4.29　黄土丘陵区坡面浅沟发育数据集 …………………………………………………… 299

4.29.1　引言 …………………………………………………………………………… 299

4.29.2　数据采集和处理方法 ……………………………………………………… 300

4.29.3　数据质量控制和评估 ……………………………………………………… 301

4.29.4　黄土丘陵区坡面浅沟发育数据 ……………………………………………… 301

4.30　晋西黄土区切沟发育数据集 ………………………………………………………… 305

4.30.1　引言 …………………………………………………………………………… 305

4.30.2　数据采集和处理方法 ……………………………………………………… 306

4.30.3　数据质量控制和评估 ……………………………………………………… 307

4.30.4　晋西黄土区切沟发育数据 …………………………………………………… 307

4.31　水肥调控下果农间作植物生理生长指标数据集 …………………………………… 309

4.31.1　引言 …………………………………………………………………………… 309

4.31.2　数据采集和处理方法 ……………………………………………………… 310

4.31.3　数据质量控制和评估 ……………………………………………………… 310

    4.31.4　数据样本描述 ·· 310
4.32　水肥调控下果农间作土壤理化指标数据集 ·· 311
    4.32.1　引言 ·· 311
    4.32.2　数据采集和处理方法 ·· 312
    4.32.3　数据质量控制和评估 ·· 312
    4.32.4　数据样本描述 ·· 312
4.33　2009 年晋西黄土区主要造林树种刺槐、油松单株蒸散量 ······················ 313
    4.33.1　引言 ·· 313
    4.33.2　数据采集和处理方法 ·· 313
    4.33.3　数据质量控制和评估 ·· 314
    4.33.4　数据价值 ·· 315
    4.33.5　蔡家川油松、刺槐混交人工林蒸散量数据 ··· 315
4.34　2013 年晋西黄土区典型林地的持水能力数据集 ······································ 317
    4.34.1　引言 ·· 317
    4.34.2　数据采集和处理方法 ·· 318
    4.34.3　数据质量控制和评估 ·· 319
    4.34.4　数据使用方法和建议 ·· 319
    4.34.5　晋西黄土区典型林地的持水能力数据 ·· 319
4.35　晋西黄土区典型林分生长季土壤碳排放及其影响因素 ···························· 319
    4.35.1　引言 ·· 319
    4.35.2　数据采集和处理方法 ·· 320
    4.35.3　数据质量控制和评估 ·· 320
    4.35.4　数据价值 ·· 320
    4.35.5　数据 ·· 320
4.36　不同植被类型下土壤水分数据集 ·· 322
    4.36.1　引言 ·· 322
    4.36.2　数据采集和处理方法 ·· 322
    4.36.3　数据质量控制和评估 ·· 322
    4.36.4　不同植被类型下坡地土壤水分数据集 ·· 322

参考文献 ·· 327

第1章

台站介绍

1.1　概述

本站的运行模式采用"一站两点"，包括山西吉县主站和陕西吴起辅站。

1.1.1　自然概况

(1) 吉县主站

吉县主站位于山西省临汾市吉县（110°27′E—111°7′E，35°53′N—36°21′N），属暖温带大陆性气候。多年平均年降水量为 579 mm，年蒸发量为 1 729 mm，年平均气温 9.9℃，≥10℃的积温 3 358℃，光照时数 2 563.8 h，无霜期 172 d。地势东高西低，海拔 440～1 820 m，黄河河谷最低。海拔 1 350 m以下为典型黄土高原侵蚀地貌，1 350 m 以上为吕梁山脉土石山区。

吉县土壤主要为褐土，按其碳酸钙的淋溶程度可分为 3 类，农田和部分侵蚀沟为丘陵褐土，呈微碱性反应（pH＝7.9），土壤有机质在 1%以下，土壤贫瘠；海拔 1 450 m 以上山地多为普通褐土，主要为天然次生林和灌草坡，表土接近中性反应（pH＝7.7），有机质含量一般在 4% 以上，土壤较肥；海拔1 600 m 以上的林地中，有淋溶褐土分布，剖面中部呈中性反应（pH＝7.1），有机质含量在 6%～10%，土壤肥沃。

森林植物地带属于暖湿带、半湿润地区、褐土、半旱生落叶阔叶林与森林草原地带，属暖温带褐土阔叶林地带向森林草原地带的过渡地带。本区植物资源比较丰富，天然植被主要有山杨（*Popzrlus davidiana* Dode.）、白皮松（*Pinus bungeana* Zucc.）、榆树（*Ulmus pumila* L.）、华北落叶松（*Larixprincipis-rupprechtii* Mayr.）、辽东栎（*Quercus liaotungensis* Mary.）、侧柏［*Platycladus orientalis*（L.）Franco.］、白桦（*Betula platyphylla* Suk.）、山桃［*Amygdalus davidiana*（Carriere）de Vos ex Henry.］、虎棒子（*Ostryopsis davidiana* Decne.）、胡枝子（*Lespedeza bicolor* Turcz.）、山杏［*Armeniace sibirica*（L.）Lam］、沙棘（*Hippophae rhamnoides* L.）、黄刺梅（*Rose xanthina* Lindl.）、白羊草［*Bothriochloa ischaemum*（L.）keng.］、酸枣［*Zizyphs jujubes* Mill Var. *spinosa*（Bunge）Hu ex H. F. chow］、杠柳（*Periploca sepium* Bge.）、冰草［*Agropyron cristatum*（L.）Gaertn.］和茵陈篙（*Artemisia capillaris* Thunb.）、艾蒿（*Artemisia argyi* Levl. et Van.）、黄花篙（*Artemisa annua* Linn.）等。人工植被主要有刺槐（*Robinia psezrdoscacia* L.）、油松（*Pinus tabulaeformis* Cam.）、侧柏［*Platycladus orientalis*（L.）Franco］及沙棘（*Hippophae rhamnoides* Linn.）等，经济树种有苹果（*Malus pumila* Mill.）、核桃（*Juglans regia* L.）、桃［*Prunus Persica*（L.）Batsch.］、山楂（*Crataegus pinnatifida* Bunge.）、梨（*Pyrus bretschneideri* Rehd.）、杏（*Prunus armeniaca* L.）和枣树（*Zizyphus jujube* Mill.）等为主。

(2) 吴起辅站

吴起辅站位于陕西省延安市吴起县（107°38′57″E—108°32′49″E，36°33′33″N—37°24′27″N），属

中温带半湿润、半干旱区，具有明显的温带大陆性季风气候特征。多年平均年降水量为 478.3 mm，年平均气温为 7.8℃，≥10℃ 的积温 2 883℃，光照时数 2 400 h，无霜期 146 d，海拔 1 233～1 809 m。

吴起县土壤包括黄绵土、黑垆土、风沙土、潮土、红黏土、盐渍土 6 种主要土壤类型，可细分为 13 个亚类、35 个土属、95 个土种。土壤分布趋势受纬度影响较大，表现为南北差异甚大，东西差异甚微，从长城乡胶泥洼则西部以北至大星渠（靖边界）一带为风沙土；五谷城乡畔沟以北至胶泥洼则为绵沙土；五谷城乡畔沟以南至甘肃省华池县界的整个中南部梁丘陵多为黄绵土。其中绵沙土亚类是本县面积最大的一类，占总面积的 87.62%。

吴起县属中温带森林灌丛草原区，在植物区系区划上，属陕北黄土高原植物区系。该区是中温带半湿润向半干旱的过渡地带，也是植物区系的过渡带，植被类型为森林草原向草原过渡类型。植被类型主要有针叶林、针阔混交林、针阔灌混交林、落叶阔叶林、阔灌混交林、灌木林、草地等。自 20 世纪 40 年代以来，吴起县境内已无天然林或天然次林，现有林木主要是以"三北"防护林体系建设、退耕还林（草）等林业生态工程建设等形成的人工灌乔木林为主，特别是沙棘人工灌木林及其乔灌混交林达百万亩以上。吴起县城周边现有种子植物 56 科 160 属 235 种。其中裸子植物 3 科 3 属 3 种，被子植物 53 科 157 属 232 种。乔木树种主要有油松（*Pinus tabuliformis* Carr.）、侧柏 [*Platycladus orientalis* (L.) Franco]、河北杨（*Populus hopeiensis* Hu et chow.）、小叶杨（*Populus simonii* Carr.）、旱柳（*Salix matsudana* Koidz.）、臭椿（*Ailanthus altissima*）、白榆（*Ulmus pumila* L.）、刺槐（*Robinia pseudoacacia* L.）、桑树（*Morus alba* L.）、山杏 [*Armeniaca sibirica* (L.) Lam.]、山桃 [*Amygdalus davidiana* (Carrière) de Vos ex Henry]、核桃（*Juglans regia* L.）等。灌木树种主要有沙棘（*Hippophae rhamnoides* Linn.）、柠条（*Caragana korshinskii* kom.）、扁核木（*Prinsepia utilis* Royle.）、柽柳（*Tamarix chinensis* Lour.）、黄刺玫（*Rosa xanthina* Lindl.）、酸枣 [*Ziziphus jujuba* var. *spinosa* (Bunge) Hu ex H. F. Chow] 等。

1.1.2　社会经济状况

吉县面积为 1 777 km²，人口 10.8 万人。工业薄弱，全县农业人口占总人口的 87.8%。吉县立足县情确定项目，带动了经济迈上又好又快的发展轨道，实现了为广大人民谋福祉的目的。如大力发展苹果产业，2012 年被誉为"中国苹果之乡"和"苹果生产一县一业、一村一品先进县"。近年来，全县高度重视苹果生产，苹果已发展成为吉县的主导产业，果农年人均纯收入达到 5 000 余元，高于全县平均水平，2013 年获得"全省农民人均收入增幅先进县"，苹果成为农民收入的主要经济来源。目前，全县果树面积已达到 1.87 万 hm²，占全县耕地总面积的 77.8%，95% 以上的农民都从事苹果生产。同时大力开发煤焦产业和旅游产业，促进财政收入。

吴起县面积为 3 792 km²，人口 12.6 万人。已经形成了以原油开采为工业龙头，畜牧养殖、经济林果树种植为两翼，红色旅游为特色的多元化县域经济格局，社会经济稳步提高，成为陕西省经济百强县。2014 年，全县完成地区生产总值 211.5 亿元，增长 4.1%；财政总收入 69.3 亿元，增长 8.1%，其中地方财政收入 35.6 亿元，增长 14.2%；城镇居民人年均可支配收入 33 518 元，增长 12.2%；农民年人均纯收入 10 480 元，增长 15%。县域综合实力连续 9 届蝉联"陕西十强县"，3 届入围"全国百强县"，分别位居全省第 5 位、全国第 80 位。

1.1.3　代表区域与生态系统

吉县主站由蔡家川流域试验区和红旗林场试验区组成，代表黄土高原东南部暖温带半湿润褐土落叶阔叶林区，地貌类型为黄土梁状丘陵沟壑和残塬沟壑。森林植被包括吕梁山土石山区的天然次生林和黄土区的人工林。其中嵌套流域蔡家川流域面积约 40 km²，海拔为 870～1 600 m，嵌套了天然次生林流域、封山育林流域、人工林流域、农林复合流域、农牧复合流域、农地流域等不同类型流域。代表了黄土高原半湿润区主要森林生态系统。

吴起辅站代表黄土高原北部中温带森林灌丛草原区，是半湿润向半干旱的过渡地带。地貌类型为黄土丘陵沟壑，土壤主要为黄绵土和黑垆土，植被为森林草原向草原过渡类型，属于典型的农牧交错带，代表了我国退耕还林等林业生态工程建设人工林生态系统。

1.2　研究方向

（1）森林生态系统结构、功能及演替

研究典型人工林结构形成过程、演替驱动机制及对干扰的响应；天然次生植被的结构特征及形成过程、演替规律，次生植被抗干扰的机制；人工林生态系统服务功能的形成与演变过程及其异质性。揭示黄土高原地区大规模生态恢复后，典型人工植被的演化方向，以及它对土壤水分及区域水资源的影响。

（2）嵌套流域生态水文

研究嵌套流域尺度上流域生态过程与水文过程的耦合机理，土地利用及其空间组合对流域水文过程的影响，植被类型及空间配置对流域水文过程的影响，黄土高原地区流域水文过程的尺度效应，适用于黄土高原地区的水文过程模型。解答黄土高原森林与水相互作用机制，提出评价黄土高原植被建设水文效应的科学方法，解决黄土高原小流域水土保持植被恢复度和水分承载力问题。

（3）土壤侵蚀与生态修复

研究植被防蚀机理、固土机制，坡面侵蚀及沟蚀的发展过程与机制，植被变化与土壤侵蚀过程，流域尺度土壤侵蚀预测预报，防蚀固沟保源的可持续植被空间配置技术。突破沟蚀研究瓶颈，逐步解决植被恢复对坡面侵蚀和沟谷侵蚀的防治度问题；改进土壤侵蚀预测预报模型，提高流域尺度土壤侵蚀预报精度。

（4）生物地球化学循环

研究不同类型生态系统水、氮、碳、磷等重要物质的迁移、循环过程，不同流域类型的水、氮、碳、磷等重要物质的迁移、循环过程。评价黄土高原水土保持植被对生物化学循环的贡献，评价黄土高原地区水土保持植被承载力，为解决全球变化背景下大尺度生物地球化学循环问题贡献基础数据。

（5）农林复合经营

研究山地果园高产稳产与可持续经营技术，水土保持饲料林草建设模式，果农复合、果草复合、林牧复合、林下经济等多种经营模式，资源循环高效利用技术，林特产品与生态有机产品开发利用技术。拓展支撑农民增产增收、发展地方农村经济的农林复合技术。

1.3　研究成果

建站以来，依托本站完成的国家重点研发计划重点专项、国家科技攻关、国家科技支撑、国家自然科学基金、国家重大基础研究计划项目（"973"）、国家"948"引进项目、国际合作项目等各类科技项目达 70 余项。近十年来本台站科技资源服务的项目包括：国家重点研发专项课题、国家科技支撑课题、国家自然科学基金、林业行业公益项目、北京林业大学科技创新项目等 20 余项；每年向我国林业、水利、国土和生态环境等行业提供数据支撑、科技咨询、技术培训等。研究成果主要集中于生态修复与植被重建、生态效益评价、流域水沙过程、农林复合经营等，提出和完善了林业生态工程技术体系，并得到广泛的应用。

自"七五"至"十二五"期间，吉县站先后获得国家科学技术进步二等奖 6 项，省部级科学技术进步一等奖 3 项、二等奖 4 项、三等奖 3 项。所提出的适地适树、径流林业、林业生态工程构建等科学和技术成果对黄土高原的林业建设、水土保持等具有重要的支撑作用。截至 2019 年，以生态站为研究基地发表的学术论文 403 篇，其中 EI 为 105 篇，SCI 为 95 篇；出版专著 16 部，获得专利 87 项，著作权 41 项。其中，近 5 年来，依托吉县站的成果已经在国内外顶级期刊 *Land Degradation & Development*、*CATENA*、*Scientific Reports*、*Ecological Engineering*、*Journal of Mountain Science*、*Plos ONE*、林业科学、农业机械学报、农业工程学报等发表学术论文 40 余篇。

1.4 支撑条件

1.4.1 野外观测试验样地与设施

吉县主站的观测和研究设施主要分布在红旗林场和蔡家川流域。其中，蔡家川基地试验流域面积 40 km²，是一套完整的嵌套流域系统，流域内林分状态良好，有天然次生林流域、半次生林半人工林流域、封禁流域（已封育 35 年）、人工林流域、半农半牧流域、农地流域等整套体系的森林水文泥沙过程的定位观测研究系统。这一完整的嵌套流域观测系统在我国也是少有的。基地内数据监测采集的设施及试验场地包括：量水堰 8 个、标准径流小区 10 个、气象观测场 1 个、长期固定综合观测样地 8 块、植被观测固定样地 32 个。

红旗林场 1.86 万 hm² 林场，分属马莲滩、山头庙、西嘴、管头山作业区，人工林类型丰富，是研究人工林的发展和演替方向的绝佳的试验场。基地内数据监测采集的设施及试验场地包括：标准径流小区 9 个、气象观测塔 2 座、气象观测场 1 个、长期固定综合观测样地 4 块。

吴起辅站已建立了不同林草植被类型的定位观测径流小区、气象站、小流域量水堰等设施，并以合沟作为自 1998 年以来的封山育林自然恢复植被小流域和相邻的人工造林促进与封育相结合的生态修复流域柴沟、崖窑台、大吉沟等定位观测研究流域，开展了不同植被类型、不同立地条件类型及不同类型微地形的土壤水分长期定位观测样地、土壤养分观测分析样地，建立了不同植被恢复重建模式形成的固定林草样地（样带或流域）。

1.4.2 基础设施

吉县站实验与生活办公区土地总面积为 7 346.82 m²，红旗林场石山湾基地占地面积为 6 160 m²，蔡家川基地占地面积为 1 186.82 m²，产权所有人为北京林业大学。其中房屋建筑面积为 1 382 m²（蔡家川基地 331 m²，红旗林场石山湾基地 1 051 m²）。

吉县站现有大型或成套仪器 100 余台（套），主要包括气象观测仪器设备（成套小气候观测设备 2 套）、植物生理观测仪器设备（光合作用测量系统 Li-6400，叶面积指数观测仪等）、土壤生态观测仪器设备（土壤呼吸测定仪、激光粒径分析仪、土壤水分特征曲线测定仪、土壤入渗过程测定仪、剖面土壤水分动态监测仪、土壤水势监测仪等）、水文泥沙观测仪器设备（自记雨量计、自记水位计、泥沙自动取样器）等。

吉县站至吉县县城 10 多 km，距临汾市 103 km，站内具有良好的公路、电力和水力供应和通信条件，可提供科学观测与研究的基础科研支持和后勤保障。生活用房配置了电热水暖、冷暖空调和电热水器等生活必须设施。站内开设食堂，并配有专职厨师。

第 2 章

主要样地与观测设施

2.1 概述

山西吉县站主站点拥有试验区 2 处，分别为红旗林场石三湾基地和蔡家川基地，分别属黄土高原残塬沟壑区和梁峁丘陵沟壑区。基地内有不同土地利用/覆盖的试验嵌套小流域 8 个，常规小气候观测场 2 个，林草植被固定标准样地 14 个。根据吉县站长期观测与科研任务的需要，吉县站在综合观测场内建有 48 个观测设施，运行情况良好，其中气象观测场 2 个，径流小区 17 个，量水堰 7 个，土壤水分监测点 21 个。吉县站通过这些样地与观测设施，对气象、水文、土壤、生物等生态与环境要素进行长期监测并汇交相关数据（表 2-1、表 2-2）。

表 2-1 吉县站主要样地一览

类型	序号	观测场名称	观测场代码	采样地名称
长期观测样地	1	吉县站刺槐人工林综合观测场	(JXFZH01)	刺槐人工林综合观测场采样地
	2	吉县站油松人工林综合观测场	(JXFZH02)	油松人工林综合观测场采样地
	3	吉县站次生林综合观测场	(JXFZH03)	次生林综合观测场采样地
	4	蔡家川林外气象综合观测场	(JXFQX01)	蔡家川气象站
	5	红旗林场林外气象综合观测场	(JXFQX02)	红旗林场气象站
	6	吉县站蔡家川十道湾刺槐纯林	(JXFZH01)	十道湾刺槐纯林采样地
	7	吉县站蔡家川东杨家峁油松林	(JXFZH03)	杨家峁油松林采样地
	8	吉县站蔡家川秀家山刺槐林	(JXFZH05)	秀家山刺槐林采样地
	9	吉县站蔡家川冯家疙瘩天然次生林	(JXFZH09)	冯家疙瘩天然次生林采样地
	10	吉县站红旗林场冯家疙瘩天然次生林	(JXAZH05)	冯家疙瘩天然次生林采样地
	11	吉县站红旗林场炮楼台刺槐长期固定样地	(JXAZH06)	炮楼台刺槐长期固定样地采样地
	12	吉县站屯里镇金刚岑落叶松长期固定样地	(JXFSY13)	屯里镇金刚岑落叶松长期固定样地采样地
	13	吉县站人祖山辽东栎长期固定样地	(JXFSY14)	人祖山辽东栎长期固定样地采样地
	14	吉县站蔡家川秀家山侧柏固定样地	(JXFZH13)	秀家山侧柏固定样地采样地

表 2-2 吉县站观测设施一览

类型	序号	观测设施名称	所在样地名称
长期观测设施	1	吉县站蔡家川十道弯刺槐纯林径流小区 01	吉县站蔡家川十道弯刺槐纯林
	2	吉县站蔡家川十道弯刺槐纯林径流小区 02	吉县站蔡家川十道弯刺槐纯林
	3	吉县站蔡家川十道弯刺槐纯林径流小区 04	吉县站蔡家川十道弯刺槐纯林
	4	吉县站蔡家川十道弯刺槐纯林径流小区 05	吉县站蔡家川十道弯刺槐纯林

（续）

类型	序号	观测设施名称	所在样地名称
长期观测设施	5	吉县站蔡家川十道弯刺槐纯林径流小区 06	吉县站蔡家川十道弯刺槐纯林
	6	吉县站红旗林场刺槐林气象塔	吉县站红旗林场刺槐林
	7	吉县站红旗林场油松林气象塔	吉县站红旗林场油松
	8	吉县站蔡家川东杨家峁油松林土壤水分监测点 01	吉县站蔡家川东杨家峁油松林
	9	吉县站蔡家川秀家山刺槐林土壤水分监测点 01	吉县站蔡家川秀家山刺槐林
	10	吉县站蔡家川 1 号量水堰	吉县站蔡家川十道弯刺槐纯林
	11	吉县站蔡家川 2 号量水堰	吉县站蔡家川东杨家峁侧柏林
	12	吉县站蔡家川 3 号量水堰	吉县站蔡家川东杨家峁油松林
	13	吉县站蔡家川 4 号量水堰	吉县站蔡家川苹果园经济林
	14	吉县站蔡家川 5 号量水堰	吉县站蔡家川秀家山刺槐林
	15	吉县站蔡家川 6 号量水堰	吉县站蔡家川西杨家峁侧柏刺槐混交林
	16	吉县站蔡家川 7 号量水堰	吉县站蔡家川北坡刺槐林
	17	吉县站人工林土壤水分测管	吉县站人工林
	18	吉县站次生林土壤水分测管	吉县站次生林

2.2　主要样地介绍

2.2.1　蔡家川林外气象综合观测场 （JXFQX01）

蔡家川林外气象综合观测场设置于 2006 年，经度为 110°45′25″E，纬度为 36°16′13″N，海拔 1 370 m，面积 400 m²。蔡家川林外气象综合观测场内安装了自动气象站观测仪器，设有辐射仪、气压传感器、土壤温度传感器、土壤水分传感器、日照时数仪、蒸发皿等监测设施。

观测场的主要监测项目包括：降水量、太阳辐射、净辐射、气温、蒸发量、风速、风向、气压、日照时间、地温（10 cm、20 cm、40 cm、60 cm、80 cm、100 cm）、土壤含水量（10 cm、20 cm、40 cm、60 cm、80 cm、100 cm、120 cm）。

2.2.2　红旗林场林外气象综合观测场 （JXFQX02）

红旗林场林外气象综合观测场设置于 2013 年，面积 400 m²，经度为 110°45′10″E，纬度为 36°2′22″N。红旗林场林外气象综合观测场安装了自动气象站气象要素观测仪器，设有辐射仪、气压传感器、土壤热通量传感器、雨量桶等监测设施。

观测场的主要监测项目包括：降水量、总辐射、反辐射、紫外辐射、光和有线辐射、土壤热通量、气温、风速、风向、气压、当地海平面气压。

2.2.3　吉县站蔡家川十道湾刺槐纯林 （JXFZH01）

吉县站蔡家川十道湾刺槐纯林设置于 2005 年，经度为 110°45′42″E，纬度为 36°16′23″N。设计使用年限为 20 年。

样地为正方形（20 m×20 m），坡度较大的刺槐林地，土壤质地为粉壤土，土壤养分一般，水分状况一般，样地植被组成中乔木为刺槐（Robinia pseudoacacia L.）纯林，见表 2-3，灌木树种有沙棘（Hippophae rhamnoides Linn.）、荆条 [Vitex negundo L. var. heterophylla （Franch） Rehd.]、酸枣 [Ziziphus jujuba var. spinosa （Bunge） Hu ex H. F. Chow]、黄刺玫（Rosa hugonis Lindl.）、

胡枝子（*Lespedeza bicolor* Turcz.）、虎榛子（*Ostryopsis davidiana* Decne.）等；草本植物主要包括狗尾草［*Setaria viridis*（L.）Beauv.］、艾蒿（*Artemisia argyi* Levl. et Van）、细叶苔草（*Carex rigescens*）、铁杆蒿（*Artemisia gmelinii*）等。

吉县站蔡家川十道湾刺槐纯林样地中心分别安装 TDR 土壤水分测定系统和 HOBO 雨量筒等监测仪器，对场内 0～200 cm 土壤水分动态变化和降雨情况进行测定，同时定期于观测场内采集土样进行相关理化性质和土壤水分常数的测定。

观测场的主要监测项目如下：

自动监测项目：降水。

人工监测项目：采用 TDR 土壤水分测定系统测定土壤体积含水量；采用烘干法测定土壤质量含水量；采用实验分析的方法分别对土壤理化性质（土壤交换量、土壤养分、土壤微量元素、土壤机械组成、土壤容重、土壤重金属全量、土壤速效微量元素、土壤矿质全量）和土壤水分常数（土壤完全持水量、土壤田间持水量、土壤孔隙度）进行测定。

表 2-3　吉县站蔡家川十道湾刺槐纯林基本信息

植被名称	样地面积/m²	坡度/°	海拔/m	纬度	经度	株距/m	行距/m
刺槐	20×20	22	1 135	110°45′42″E	36°16′23″N	2.2	8.0

2.2.4　吉县站蔡家川东杨家峁油松林（JXFZH03）

吉县站蔡家川东杨家峁油松林设置于 2005 年，经度为 110°45′30″E，纬度为 36°16′24″N。设计使用年限为 20 年。

样地为正方形（20 m×20 m），坡度较大的油松林地，土壤质地为粉壤土，土壤养分一般，水分状况一般，样地植被乔木为油松（*Pinus tabulaeformis* Carr.）纯林，表 2-4，灌木树种有沙棘（*Hippophae rhamnoides* Linn.）、虎榛子（*Ostryopsis davidiana* Decne.）、荆条［*Vitex negundo* var. *heterophylla*（Franch.）Rehd.］等，草本植物以矮苔草（*Carex humilis* Leyss.）为主。

吉县站蔡家川东杨家峁油松林样地中心分别安装 TDR 土壤水分测定系统和 HOBO 雨量筒等降雨监测仪器，对场内土壤水分变化和降雨情况进行动态测定，同时定期于观测场内采集土样进行测定。

观测场的主要监测项目如下：

自动监测项目：降水。

人工监测项目：采用 TDR 土壤水分测定系统测定土壤体积含水量；采用烘干法测定土壤质量含水量；采用实验分析的方法分别对土壤理化性质（土壤交换量、土壤养分、土壤微量元素、土壤机械组成、土壤容重、土壤重金属全量、土壤速效微量元素、土壤矿质全量）和土壤水分常数（土壤完全持水量、土壤田间持水量、土壤孔隙度）进行测定。

表 2-4　吉县站蔡家川东杨家峁油松林基本信息

植被名称	样地面积/m²	坡度/°	海拔/m	纬度	经度	株距/m	行距/m
油松	20×20	26	1 148	110°45′30″E	36°16′24″N	2.7	3.7

2.2.5　吉县站蔡家川秀家山刺槐林（JXFZH05）

吉县站蔡家川秀家山刺槐林样地设置于 2006 年，经度为 110°44′58″E，纬度为 36°16′40″N，海拔1 110 m。永久样地，黄土高原丘陵沟壑区梁坡代表性地貌，专人定期测量林木生长生理特征。

样地为正方形（20 m×20 m），坡度较大的刺槐林地，褐土，土壤养分较好，水分状况一般，样地植被乔木为刺槐（*Robinia pseudoacacia* L.），见表 2 - 5，灌木树种有黄刺梅（*Rosa xanthina* Lindl.）等，草本植物杠柳（*Periploca sepium* Bunge.）、山楂叶悬钩子（*Rubus kanayamensis* Levl. et Vant.）、猪毛蒿（*Artemisia scoparia* Waldst. et Kit.）、蒙古蒿（*Artemisiamongolica* Fisch. et Bess.）、乳浆大戟（*Euphorbia esula* Linn.）、大丁草［*Gerbera anandria*（Linn.）Sch. - Bip.］、茜草（*Rubia cordifolia* L.）、老鹳草（*Geranium wilfordii* Maxim.）、东亚唐松草［*Thalictrum minus* Linn. var. *hypoleucum*（Sieb. e Zucc.）Miq.］等。

表 2 - 5   吉县站蔡家川秀家山刺槐林样地基本信息

植被名称	样地面积/m²	海拔/m	经度	纬度
刺槐	400	1 110	110°44′58″E	36°16′40″N

2.2.6   吉县站蔡家川冯家疙瘩天然次生林（JXFZH09）

吉县站蔡家川冯家疙瘩天然次生林设置于 2005 年，经度为 110°44′39″E，纬度为 36°16′10″N。设计使用年限为 20 年。

样地为长方形（20 m×10 m），坡度较大的混交林地，土壤质地为粉壤土，土壤养分较好，水分状况一般，样地植被乔木为山杨（*Populus davidiana* Dode.）×辽东栎（*Quercus wutaishansea* Mary.）混交，见表 2 - 6，灌木树种有沙棘（*Hippophae rhamnoides* Linn.）、虎榛子（*Ostryopsis davidiana* Decne.）、荆条［*Vitex negundo* L. var. *heterophylla*（Franch.）Rehd.］等，草本植物以矮苔草（*Carex humilis* Leyss.）为主。

吉县站蔡家川冯家疙瘩天然次生林分别安装 TDR 土壤水分测定系统和 HOBO 雨量筒等降雨监测仪器，对场内土壤水分动态变化和降雨情况进行测定，同时定期于观测场内采集土样进行测定。

观测场的主要监测项目如下：

自动监测项目：降水。

人工监测项目：采用 TDR 土壤水分测定系统测定土壤体积含水量；采用烘干法测定土壤质量含水量；采用实验分析的方法分别对土壤理化性质（土壤交换量、土壤养分、土壤微量元素、土壤机械组成、土壤容重、土壤重金属全量、土壤速效微量元素、土壤矿质全量）和土壤水分常数（土壤完全持水量、土壤田间持水量、土壤孔隙度）进行测定。

表 2 - 6   吉县站蔡家川冯家疙瘩天然次生林基本信息

植被名称	样地面积/m²	坡度/°	海拔/m	纬度	经度	株距/m	行距/m
山杨×辽东栎	20×10	18	1 081	110°44′39″E	36°16′10″N	—	—

2.2.7   吉县站蔡家川秀家山侧柏固定样地（JXFZH10）

吉县站蔡家川秀家山侧柏样地设置于 2016 年，经度为 110°44′58″E，纬度为 36°16′39″N，海拔 1 203 m。永久样地，位于吉县生态站蔡家川范围内。道路两侧均有铁栅栏围护，人为干扰活动较少，便于监测和管理。专人定期测量林木生长生理特征。

样地为正方形（20 m×20 m），暖温带半湿润半干旱生侧柏，褐土，土壤养分较好，水分状况一般，样地植被乔木为人工侧柏（*Platycladus orientalis*），见表 2 - 7，灌木有酸枣［*Ziziphus jujuba* Mill. var. *spinosa*（Bunge）Hu ex H. F. Chow.］，草本植物杠柳（*Periploca sepium*）、山楂叶悬钩子（*Rubus kanayamensis* Levl. et Vant.）、猪毛蒿（*Artemisia scoparia* Waldst. et Kit.）、蒙古蒿（*Artemisiamongolica* Fisch. et Bess.）、乳浆大戟（*Euphorbia esula* Linn.）、大丁草［*Gerbera anandria*

（Linn.）Sch. - Bip.]、茜草（*Rubia cordifolia* L.）、老鹳草（*Geranium wilfordii* Maxim.）、东亚唐松草 [*Thalictrum minus* Linn. var. *hypoleucum*（Sieb. e Zucc.）Miq.] 等。

表 2 - 7 吉县站蔡家川秀家山侧柏基本信息

植被名称	样地面积/m²	海拔/m	经度	纬度
侧柏	400	1 203	110°44′58″E	36°16′39″N

2.2.8 吉县站红旗林场炮楼台刺槐长期固定样地（JXFZH13）

吉县站红旗林场炮楼台刺槐长期固定样地设置于 2012 年，经度为 110°45′24″E，纬度为 36°2′23″N，海拔为 1 343.9～1 372.1 m。永久样地，位于吉县生态站红旗林场炮楼台观测区范围内，为典型黄土丘陵梁峁坡，道路畅通，人为干扰活动较少，便于监测和管理。专人定期测量林木生长生理特征。

样地为正方形（10 000 m²），暖温带半湿润半干旱生刺槐林，褐土，样地植被组成中乔木为刺槐（*Robinia pseudoacacia* L.）纯林，见表 2 - 8，灌木种包括陕西荚蒾（*Viburnum schensianum* Maxim.）、黄刺玫（*Rosa xanthina* Lindl.）、沙棘（*Hippophae rhamnoides* Linn.），草本植物主要包括丛生隐子草（*Cleistogenes caespitosa* Keng.）、蛇莓（*Duchesnea indica* Andr. Focke.）、白羊草 [*Bothriochloa ischaemum*（L.）Keng.] 等。

表 2 - 8 红旗林场炮楼台刺槐长期固定样地

植被名称	样地面积/m²	海拔/m	经度	纬度
刺槐	10 000	1 343.9～1 372.1	110°45′24″E	36°2′23″N

2.2.9 吉县站红旗林场炮楼台油松长期固定样地（JXFZH14）

红旗林场炮楼台油松长期固定样地设置于 2012 年，经度为 110°45′25″E，纬度为 36°2′29″N，海拔为 1 369.1～1 372.1 m。永久样地，位于吉县生态站红旗林场炮楼台观测区范围内，为典型黄土丘陵梁峁顶，道路畅通，人为干扰活动较少，便于监测和管理。专人定期测量林木生长生理特征。

样地为长方形（2 500 m²），暖温带半湿润半干旱生油松林，褐土，样地植被乔木为油松纯林（*Pinus tabulaeformis* Carr.），见表 2 - 9，灌木种包括陕西荚蒾（*Viburnum schensianum* Maxim.）、黄刺玫（*Rosa xanthina* Lindl.）、沙棘（*Hippophae rhamnoides* Linn.）等，草本植物包括丛生隐子草（*Cleistogenes caespitosa* Keng.）、三脉紫苑（*Aster ageratoides* Turcz.）、裂叶堇菜（*Viola dissecta*）等。

表 2 - 9 红旗林场炮楼台油松长期固定样地基本信息

植被名称	样地面积/m²	海拔/m	经度	纬度
油松	2 500	1 369.1～1 372.1	110°45′25″E	36°2′29″N

2.2.10 吉县站屯里镇金刚岑落叶松长期固定样地（JXFZH15）

吉县站屯里镇金刚岑落叶松长期固定样地设置于 2014 年，经度为 111°2′36″E，纬度为 36°6′59″N，海拔为 1 510～1 580 m。永久样地，位于吉县生态站屯里观测点，为典型黄土坡面，交通方便，便于观测。专人定期测量林木生长生理特征。

样地为正方形（10 000 m²），暖温带半湿润半干旱生落叶松，褐土，样地植被乔木为落叶松
［*Larix gmelinii*（Rupr.）Kuzen.］纯林，见表 2 - 10，灌木种包括胡枝子（*Lespedeza bicolor*
Turcz.）、金银忍冬［*Lonicera maackii*（Rupr.）Maxim.］、虎榛子（*Ostryopsis davidiana*
Decne.）、连翘（*Forsythia suspensa*）等，草本植物包括大披针苔草（*Carex lanceolata* Boott.）、黄
花蒿（*Artemisia annua* Linn.）等。

表 2 - 10　吉县站屯里镇金刚岑落叶松长期固定样地基本信息

植被名称	样地面积/m²	海拔/m	经度	纬度
落叶松	10 000	1 110	111°2′36″E	36°6′59″N

2.2.11　吉县站人祖山辽东栎长期固定样地（JXFZH16）

吉县站人祖山辽东栎长期固定样地设置于 2015 年，经度为 110°38′28″E，纬度为 36°15′56″N，海
拔 1 327~1 761m。永久样地，位于吉县生态站蔡家川流域人祖山，为黄土坡面。道路两侧均有铁栅
栏围护，人为干扰活动较少，便于监测和管理。专人定期测量林木生长生理特征。

样地为正方形（10 000 m²），暖温带半湿润半干旱生辽东栎，褐土，样地植被组成中其乔木为辽
东栎（*Quercus wutaishansea* Mary.），见表 2 - 11，五角枫（*Acer mono* Maxim.），灌木种有陕西荚
蒾（*Viburnum schensianum* Maxim.）、山荆子［*Malus baccata*（L.）Borkh.］、连翘（*Forsythia
suspensa*）、沙梾［*Cornus bretschneideri*（L.）Henry.］等。

表 2 - 11　人祖山辽东栎长期固定样地

植被名称	样地面积/m²	海拔/m	经度	纬度
辽东栎	10 000	1 327~1 761	110°38′28″E	36°15′56″N

2.3　主要观测设施介绍

2.3.1　量水堰

7 座量水堰位置坐标分别为量水堰 1（JXFLSY＿01）：110°47′10″ E，36°16′22″ S；量水堰 2
（JXFLSY＿02）：110°46′59″ E，36°16′23″ S；量水堰 3（JXFLSY＿03）：110°45′26″ E，36°15′49″ S；
量水堰 4（JXFLSY＿04）：110°44′40″ E，36°15′51″ S；量水堰 5（JXFLSY＿05）：110°44′12″ E，36°
16′05″ S；量水堰 6（JXFLSY＿06）：110°44′12″ E，36°16′03″ S；量水堰 7（JXFLSY＿07）：110°47′
10″ E，36°16′45″ S。从 2006 开始建立，并于当年投产使用。

1 号堰位于南北窑农地流域，属三角形剖面堰，其宽度 3 m，槽深 0.3 m，槽宽 0.6 m，主要负
责监测农地产流产沙量；2 号堰位于主沟，属三角形剖面堰，其宽度 7.5 m，槽深 0.5 m，槽宽 1 m，
主要负责监测流域整体产流产沙量，其流域内树种有油松、侧柏、刺槐、辽东栎、丁香、黄栌等；3
号堰位于北坡人工林流域，属三角形剖面堰，其宽度 3 m，槽深 0.5 m，槽宽 1 m，主要负责监测刺
槐林产流产沙量；4 号堰位于柳沟封禁流域，属三角形剖面堰，其宽度 3 m，槽深 0.5 m，槽宽 1 m，
流域内树种有：侧柏、油松、黄栌、丁香、绣线菊等，主要负责监测柳沟流域的产流产沙量；5 号堰
位于冯家疙瘩半人工林半次生林流域，属三角形剖面堰，其宽度 3 m，槽深 0.5 m，槽宽 1 m，流域
内树种是刺槐；6 号堰位于冯家疙瘩次生林流域，属三角形剖面堰，其宽度 4 m，槽深 0.5 m，槽宽
1 m，流域内树种有：辽东栎、山杨；7 号堰位于井沟半农半牧流域，属三角形剖面堰，其宽度 4 m，
槽深 0.3 m，槽宽 0.6 m，流域内主要树种是刺槐。在各复合型测流堰布设自动取样器（ISCO）和自

计水位计，每 5 min 测定水位一次，同时利用长期自计水位计进行校正。

2.3.2　径流小区

径流小区共计 5 个，其中包括十道湾径流小区 01（JXFZH01）、十道湾径流小区 02（JXFZH01）、十道湾径流小区 04（JXFZH01）、十道湾径流小区 05（JXFZH01）、十道湾径流小区 06（JXFZH01）。5 个小区位置相同，为 110°45′40″E，36°16′03″S；土壤主要为褐土，小区内植物种主要是刺槐人工林（图 2-1）。

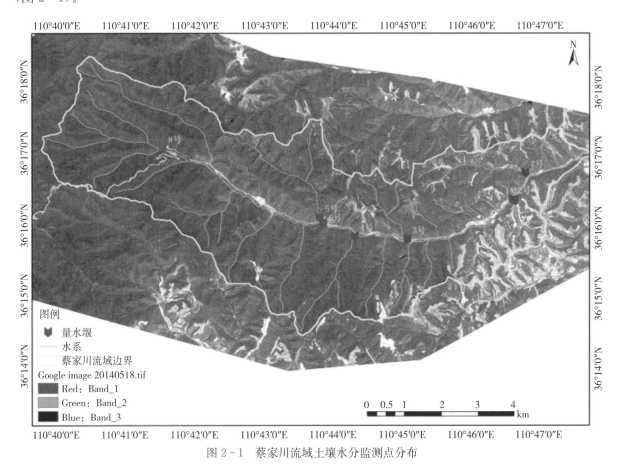

图 2-1　蔡家川流域土壤水分监测点分布

布设径流小区水平面积为 5 m×20 m，径流场下部安装堰箱，堰箱内使用 CR200X 自计水位计，每隔 10 min 记录堰箱内的水位变化。由堰口流出的径流保存在积水池内，雨后通过测定蓄水池内的水量得到地表径流总量，并利用该值对由堰箱和水位计计算得到的径流总量进行验证。在径流小区周边布设长期自计雨量计测定降雨过程。

2.3.3　土壤水分观测点

吉县站综合观测场的 TDR 土壤水分测定系统分别位于吉县站蔡家川十道湾刺槐纯林（JXFZH01）、吉县站蔡家川东杨家峁油松林（JXFZH03）、吉县站蔡家川马家疙瘩天然次生林（JXFZH09）综合观测场的中心位置（图 2-2）。2005 年 4 月正式于 3 个观测场内建立 TDR 土壤水分测定系统并试运行，同年 5 月正式开始对土壤体积含水量进行测定，每月 5 号、15 号、25 号各监测一次。同时，采用土钻取土，通过烘干法测定各观测场内相应土样的质量含水量，进而对 TDR 土壤水分测定系统所测定结果进行标定。

时域反射仪（TDR）作为一种较为先进的土壤水分监测仪器，具有便利、快捷、准确的特性，并能连续、自动地定位监测土壤水分动态变化，与降水蒸发、坡向坡位、树种配置和土壤水分运动特性等有很好的相关性，可准确灵敏地反映土壤水分的异质性和动态变化。因便捷、精确、电路简单、能耗少、适合野外测量的特性，使其成为黄土高原土壤水分长期定点观测的首选仪器。

　　土壤含水量作为土壤的一个重要物理参数，是水循环、植物生长、土壤承载能力、林分结构等科学研究中不可缺少的基本资料。本设施为吉县站承担的科研任务提供了基础观测数据，为相关领域的科学研究提供科学依据。

图 2-2　吉县站蔡家川十道刺槐人工林综合观测场 TDR 土壤水分测定系统实地图

第3章

联网长期观测数据

3.1 量水堰径流长期观测数据集

3.1.1 概述

山西吉县森林生态系统国家野外科学观测研究站的量水堰位于山西吉县蔡家川小流域，为黄河的三级支流。小流域呈由西向东走向，全长约 12.15 km，流域面积为 40 km²，平均降水量为 575.9 mm，主要集中在 7—9 月，年平均气温为 7～10℃。小流域属于典型的梁状丘陵沟壑地貌，以褐土为主。蔡家川小流域降雨-径流数据集为 7 个常规监测点 2005—2015 年观测的日尺度数据，包括降雨要素、径流要素、泥沙要素等指标。流域编号分别为 1 号（JXFLSY_01）、2 号（JXFL-SY_02）、3 号（JXFLSY_03）、4 号（JXFLSY_04）、5 号（JXFLSY_05）、6 号（JXFLSY_06）、7 号（JXFLSY_07）（图 3-1）。

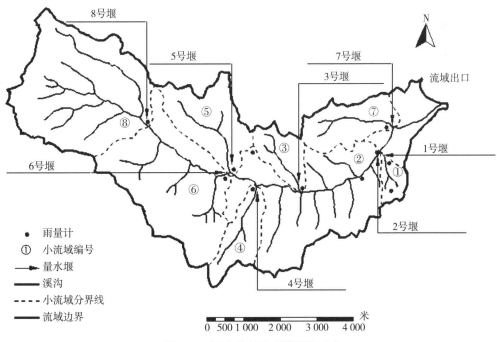

图 3-1 研究流域及观测设施示意

3.1.2 数据采集和处理方法

蔡家川自建站以来，对实验流域降雨径流过程进行连续观测，研究流域基本情况见表 3-1。2005—2015 年，在实验区不同植被覆盖类型的小流域内布设长期自记雨量计测定降雨，在 7 个小流域出口处选择控制断面修建复合型测流堰测定径流泥沙量。

表 3-1　研究流域基本情况

流域编号	流域名称	流域面积/km²	流域长度/km	流域宽度/km	形状系数	沟壑密度/（km/km²）	沟道比降/%
1	农地流域	0.71	1.38	0.54	2.54	1.81	8.70
2	主沟道	34.23	14.50	1.25	6.14	1.53	1.90
3	人工林流域	1.50	2.18	0.72	3.03	3.00	12.10
4	封禁流域	1.93	3.00	0.68	4.40	4.10	8.40
5	半人工半次生林流域	3.62	3.30	1.10	3.00	0.91	8.90
6	次生林流域	18.57	7.25	2.67	2.72	25.90	7.10
7	半农半牧流域	2.63	2.88	0.91	3.55	1.09	12.10

在各复合型测流堰布设自动取样器（ISCO）和自记水位计，每 5 min 测定一次降雨与水位，并定期进行水位校正。利用观测到的水位值和已标定的水位流量关系曲线，根据流速面积法计算流量及场降雨流域径流数据，采用直线切割法求算基流量。量水堰剖面示意见图 3-2。

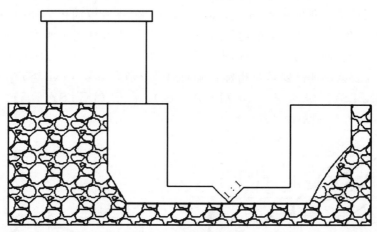

图 3-2　量水堰剖面示意

3.1.3　数据质量控制和评估

针对吉县站开展的常规观测项目，由站内专业人员进行观测和仪器维护工作，定期收取数据，及时清理观测堰、维护仪器，保证数据准确性。对源数据的检查包括文件格式化错误、存储损坏等明显的数据问题以及文件格式、字段标准化命名、字段量纲、数据完整性等。单个数据点检查主要针对异常数据进行修正、剔除。

（1）降雨数据质量控制方法

①降雨强度超出气候学界限值域 0～400 mm/min 的数据为错误数据。

②降水量大于 0 mm 或者微量时，应有降水或者雪暴天气现象。

③一日中各时降水量缺测数小时但不是全天缺测时，按实有记录做日合计。全天缺测时，不做日合计，按缺测处理。

④一月中降水量缺测 6 d 或以下时，按实有记录做月合计，缺测 7 d 或以上时，该月不做月合计。

（2）径流数据质量控制方法

①多年数据比对，删除异常值或标注说明。

②水位在较短时间内出现变化时，应确定是否由降水引起。

③一日中水位缺测数小时但不是全天缺测时，按实有记录做日合计。全天缺测时，不做日合计，

按缺测处理。

④一月中水位缺测 6 d 或以下时，按实有记录做月合计，缺测 7 d 或以上时，该月不做月合计。

3.1.4 数据使用方法与建议

本数据集是用自动取样器（ISCO）和自计水位计每 5 min 测定水位一次，同时利用长期自计水位计进行校正。近年来随着人们环保意识的不断增强，黄土高原的植树造林极大地改变了流域的自然环境，加之全球气候变化的背景，使得蔡家川流域水文循环条件得到改变。堰上观测数据集主要包括月径流和降雨，为蔡家川流域防洪和水资源的合理规划利用提供一定的理论参考。

3.1.5 降雨径流观测数据

（1）蔡家川小流域 2005—2015 年月降雨径流数据（表 3-2 至表 3-20）

表 3-2 蔡家川小流域 2005 年月降雨径流数据

年份	月份	降水量/mm	1 号堰 (JXFLSY_01)		2 号堰 (JXFLSY_02)		4 号堰 (JXFLSY_04)	
			径流量/m³	径流深/mm	径流量/m³	径流深/mm	径流量/m³	径流深/mm
2005	7	17.5	3 882.0	0.550	47 232.0	0.140	2 571.0	0.130
	8	74.5	6 103.8	0.860	209 250.8	0.610	2 571.0	0.660
	9	163.5	8 849.0	1.240	429 008.0	1.250	39 015.0	2.010
	10	39.0	9 806.0	1.380	574 285.0	1.670	20 720.0	1.072
	11	0.0	10 269.0	1.450	286 441.0	0.840	6 067.0	0.310
	总计	294.5	38 909.8	5.480	1 546 216.8	4.510	70 944.0	4.182

年份	月份	降水量/mm	5 号堰 (JXFLSY_05)		6 号堰 (JXFLSY_06)		7 号堰 (JXFLSY_07)	
			径流量/m³	径流深/mm	径流量/m³	径流深/mm	径流量/m³	径流深/mm
2005	7	17.5	2 579.0	0.070	56 094.0	0.300	4 595.0	0.180
	8	74.5	7 000.1	0.190	56 094.0	0.330	4 595.0	1.670
	9	163.5	19 677.0	0.540	143 338.0	0.770	84 940.0	3.230
	10	39.0	14 602.0	0.400	273 172.0	1.471	14 416.0	0.540
	11	0.0	10 538.0	0.290	131 494.0	0.710	5 511.0	0.210
	总计	294.5	47 423.5	1.490	660 192.0	3.581	114 057.0	5.830

注：1—6 月更换新仪器，12 月属于结冰期，未进行观测，3 号堰长期不产流；采集人，张建军；采集时间，2005 年。

表 3-3 蔡家川小流域 2006 年月降雨径流数据

年份	月份	降水量/mm	1 号堰 (JXFLSY_01)		2 号堰 (JXFLSY_02)		4 号堰 (JXFLSY_04)	
			径流量/m³	径流深/mm	径流量/m³	径流深/mm	径流量/m³	径流深/mm
2006	3	0.0	452.0	0.060	80 179.0	0.234	1 626.0	0.080
	4	24.7	1 952.0	0.280	192 869.9	0.563	12 007.4	0.621
	5	45.3	5 043.0	0.710	272 725.5	0.397	11 736.0	0.610
	6	22.1	21 187.0	2.985	484 193.0	1.414	22 894.8	1.190
	7	77.6	4 904.0	0.690	197 976.0	0.578	9 671.4	0.500
	8	145.9	13 383.0	1.890	333 408.0	0.974	51 988.0	2.680
	9	103.5	15 006.0	2.110	739 879.0	2.161	67 509.0	3.490
	10	3.4	37 801.0	5.320	962 311.0	2.811	13 814.0	0.710

（续）

年份	月份	降水量/mm	1号堰 (JXFLSY_01)		2号堰 (JXFLSY_02)		4号堰 (JXFLSY_04)	
			径流量/m³	径流深/mm	径流量/m³	径流深/mm	径流量/m³	径流深/mm
2006	11	0.0	19 529.0	2.750	466 746.0	1.360	1 406.0	0.073
	总计	422.5	119 257.0	16.795	3 730 287.4	10.493	192 762.8	9.954

年份	月份	降水量/mm	5号堰 (JXFLSY_05)		6号堰 (JXFLSY_06)		7号堰 (JXFLSY_07)	
			径流量/m³	径流深/mm	径流量/m³	径流深/mm	径流量/m³	径流深/mm
2006	3	0.0	5 555.0	0.150	31 229.0	0.170	2 467.0	0.090
	4	24.7	294.9	0.008	105 590.0	0.570	6 930.0	0.260
	5	45.3	20 754.0	0.570	93 317.0	0.500	7 607.0	0.290
	6	22.1	54 757.0	1.510	292 750.0	1.577	218 828.0	8.336
	7	77.6	14 943.0	0.410	90 629.0	0.490	1 056.9	0.400
	8	145.9	66 334.0	1.830	258 175.0	1.390	196 849.0	7.500
	9	103.5	74 876.0	2.070	419 473.0	2.260	105 303.0	4.012
	10	3.4	25 771.0	0.710	240 534.0	1.290	22 730.0	0.860
	11	0.0	30 301.0	0.840	112 182.0	2.960	11 783.0	0.450
	总计	422.5	293 585.9	8.098	1 643 879.0	11.206	573 553.9	22.198

注：1月、2月、12月属于结冰期，未进行观测；采集人，张建军；采集时间，2006年。

表3-4 蔡家川小流域2007年月降雨径流数据

年份	月份	降水量/mm	1号堰 (JXFLSY_01)		2号堰 (JXFLSY_02)		4号堰 (JXFLSY_04)	
			径流量/m³	径流深/mm	径流量/m³	径流深/mm	径流量/m³	径流深/mm
2007	3	0.0	2 961.1	0.417	139 518.4	0.408	3 445.1	1.783
	4	10.5	8 219.1	1.158	246 430.1	0.720	2 259.2	3.247
	5	2.6	10 040.5	1.415	109 864.7	0.321	51 890.6	2.685
	6	47.6	1 771.2	0.250	193 954.6	0.567	15 904.2	0.823
	7	22.2	17 210.0	2.420	563 785.0	1.650	32 074.0	1.660
	8	44.2	—	—	231 265.6	0.676	6 345.9	0.328
	9	90.9	—	—	217 242.7	0.635	20 525.2	1.062
	10	43.6	—	—	231 265.6	0.676	63 507.5	3.286
	总计	261.6	40 201.9	5.660	1 933 326.6	6.651	195 951.7	14.874

年份	月份	降水量/mm	5号堰 (JXFLSY_05)		6号堰 (JXFLSY_06)		7号堰 (JXFLSY_07)	
			径流量/m³	径流深/mm	径流量/m³	径流深/mm	径流量/m³	径流深/mm
2007	4	10.5	523.4	0.483	7 050.4	1.468	23 403.4	0.892
	5	2.6	390.9	0.011	136 976.4	0.738	44 270.9	1.687
	6	47.6	10 016.4	0.277	67 450.1	0.363	24 301.3	0.926
	7	22.2	46 993.0	1.300	152 094.0	0.820	104 676.0	3.990
	8	44.2	24 739.0	0.684	116 423.1	0.627	24 328.3	0.927
	9	90.9	46 924.1	1.297	103 024.5	0.555	51 860.6	1.976
	10	43.6	65 912.4	1.822	94 226.2	0.477	120 266.1	4.582
	总计	261.6	208 389.5	6.230	770 164.2	5.549	402 729.1	15.344

注："—"表示缺测数据；1—3月、11—12月属于结冰期，未进行观测，3号堰长期不产流；采集人，张建军；采集时间，2007年。

表 3-5　蔡家川小流域 2008 年月降雨径流数据

年份	月份	降水量/mm	1 号堰（JXFLSY _ 01）		2 号堰（JXFLSY _ 02）		4 号堰（JXFLSY _ 04）	
			径流量/m³	径流深/mm	径流量/m³	径流深/mm	径流量/m³	径流深/mm
2008	5	25.8	3 497.2	0.493	165 753.9	0.484	11 096.0	0.574
	6	77.7	7 435.9	1.048	139 217.9	0.407	11 427.3	0.591
	7	25.0	10 415.0	1.470	115 371.0	0.340	12 186.1	0.630
	8	96.3	19 123.7	2.695	157 966.4	0.461	18 270.7	0.945
	9	14.2	26 456.1	3.728	172 600.5	0.504	22 015.2	1.139
	10	74.1	15 513.4	2.186	222 530.0	0.650	14 193.0	0.734
	11	16.5	7 503.9	1.057	65 116.7	0.190	5 362.1	0.280
	总计	224.8	89 945.1	12.676	1 038 556.4	3.037	94 550.3	4.894

年份	月份	降水量/mm	5 号堰（JXFLSY _ 05）		6 号堰（JXFLSY _ 06）		7 号堰（JXFLSY _ 07）	
			径流量/m³	径流深/mm	径流量/m³	径流深/mm	径流量/m³	径流深/mm
2008	5	25.8	16 450.9	0.455	62 800.7	0.338	165 753.9	0.484
	6	77.7	9 386.9	0.260	38 225.9	0.206	139 217.9	0.407
	7	25.0	6 111.8	0.170	33 329.3	0.180	115 371.0	0.340
	8	96.3	16 878.4	0.467	71 096.8	0.383	157 966.4	0.461
	9	14.2	17 422.2	0.482	107 384.5	0.578	21 208.7	0.009
	10	74.1	32 537.4	0.900	62 242.6	0.335	222 530.0	0.650
	11	16.5	0.0	0.0	14 595.3	0.080	65 116.7	0.190
	总计	224.8	98 787.4	2.732	389 675.0	2.101	887 164.7	2.541

注：1—3 月、12 月属于结冰期，4 月仪器维护，未进行观测，3 号堰长期不产流；采集人，张建军；采集时间，2008 年。

表 3-6　蔡家川小流域 2009 年月降雨径流数据

年份	月份	降水量/mm	1 号堰（JXFLSY _ 01）		2 号堰（JXFLSY _ 02）		4 号堰（JXFLSY _ 04）	
			径流量/m³	径流深/mm	径流量/m³	径流深/mm	径流量/m³	径流深/mm
2009	5	84.0	10 495.6	1.479	226 411.4	0.661	26 344.3	0.077
	6	20.5	11 845.8	1.669	99 818.3	0.292	35 615.2	0.104
	7	47.0	9 210.0	1.300	225 074.8	0.660	11 661.8	0.030
	8	100.0	27 758.9	3.911	391.1	1.074	31 911.3	0.093
	9	32.5	5 588.4	0.787	392 066.9	1.145	10 371.4	0.030
	10	25.0	—	—	303 639.7	0.887	—	—
	11	5.5	154 578.6	0.450	392 066.9	1.145	—	—
	总计	314.5	219 477.4	9.597	1 639 469.0	5.864	115 904.0	0.335

年份	月份	降水量/mm	5 号堰（JXFLSY _ 05）		6 号堰（JXFLSY _ 06）		7 号堰（JXFLSY _ 07）	
			径流量/m³	径流深/mm	径流量/m³	径流深/mm	径流量/m³	径流深/mm
2009	5	84.0	10 691.9	0.296	58 696.1	0.316	31 936.7	1.217
	6	20.5	30 923.3	0.855	100 837.2	0.543	31 632.6	1.205
	7	47.0	52 357.9	1.450	36 518.5	0.200	35 775.2	1.360
	8	100.0	53 415.5	1.477	83 826.8	0.452	35 051.5	1.335

（续）

年份	月份	降水量/mm	5 号堰（JXFLSY_05）		6 号堰（JXFLSY_06）		7 号堰（JXFLSY_07）	
			径流量/m³	径流深/mm	径流量/m³	径流深/mm	径流量/m³	径流深/mm
2009	9	32.5	29 654.3	0.820	136 669.1	0.507	45 084.4	1.718
	10	25.0	61 703.8	1.706	96 735.5	0.521	41 699.3	1.589
	11	5.5	25 592.3	0.710	39 054.4	0.210	113.7	0.000
	总计	314.5	264 339.1	7.313	552 337.6	2.749	221 293.2	8.423

注："—"表示缺测数据；1—3 月、12 月属于结冰期，4 月仪器维护未观测，3 号堰长期不产流；采集人，张建军；采集时间，2009 年。

表 3-7　蔡家川小流域 2010 年月降雨径流数据

年份	月份	降水量/mm	1 号堰（JXFLSY_01）		2 号堰（JXFLSY_02）		4 号堰（JXFLSY_04）	
			径流量/m³	径流深/mm	径流量/m³	径流深/mm	径流量/m³	径流深/mm
2010	5	14.4	542.5	0.076	21 330.8	0.062	4 089.8	0.012
	6	15.7	2 316.7	0.327	24 305.7	0.071	11 478.1	0.034
	7	37.6	5 107.1	0.720	158 153.6	0.460	12 924.8	0.040
	8	108.5	7 391.9	1.042	270 486.0	0.790	14 636.9	0.043
	9	23.9	5 302.8	0.747	65 410.5	0.191	7 520.7	0.022
	总计	200.1	20 660.9	2.911	539 686.6	1.575	50 650.3	0.150

年份	月份	降水量/mm	5 号堰（JXFLSY_05）		6 号堰（JXFLSY_06）		7 号堰（JXFLSY_07）	
			径流量/m³	径流深/mm	径流量/m³	径流深/mm	径流量/m³	径流深/mm
2010	5	14.4	1 916.8	0.053	45 068.3	0.020	2 752.9	0.105
	6	15.7	3 856.4	0.107	92 624.6	0.499	4 967.8	0.189
	7	37.6	4 126.6	0.110	20 008.2	0.108	91 216.4	3.475
	8	108.5	10 672.2	0.295	108 999.0	0.587	44 185.6	1.683
	9	23.9	4 925.5	0.136	91 429.3	0.493	13 182.1	0.502
	总计	200.1	25 497.5	0.701	358 129.4	1.706	156 304.9	5.955

注：1—3 月、12 月属于结冰期；4 月、10 月、11 月未观测，3 号堰不产流；采集人，张建军；采集时间，2010 年。

表 3-8　蔡家川小流域 2011 年月降雨径流数据

年份	月份	降水量/mm	1 号堰（JXFLSY_01）		2 号堰（JXFLSY_02）		4 号堰（JXFLSY_04）	
			径流量/m³	径流深/mm	径流量/m³	径流深/mm	径流量/m³	径流深/mm
2011	7	90.4	9 739.8	1.372	31 538.3	0.092	9 052.0	0.468
	8	110.3	16 115.1	2.271	738 408.2	2.157	22 919.1	1.186
	9	125.0	35 564.9	5.011	1 457 612.8	4.258	60 565.5	3.134
	10	38.5	73 179.1	10.311	—	—	137 232.2	7.101
	11	39.5	55 912.2	7.878	—	—	122 000.7	6.312
	总计	403.7	190 511.1	26.844	2 441 260.3	7.131	351 769.4	18.201

年份	月份	降水量/mm	5 号堰（JXFLSY_05）		6 号堰（JXFLSY_06）		7 号堰（JXFLSY_07）	
			径流量/m³	径流深/mm	径流量/m³	径流深/mm	径流量/m³	径流深/mm
2011	7	90.4	2 959.9	0.082	180 126.2	0.970	2 959.9	0.082

(续)

年份	月份	降水量/mm	5 号堰（JXFLSY_05）		6 号堰（JXFLSY_06）		7 号堰（JXFLSY_07）	
			径流量/m³	径流深/mm	径流量/m³	径流深/mm	径流量/m³	径流深/mm
2011	8	110.3	26 814.6	0.741	281 693.8	1.517	26 814.6	0.741
	9	125.0	42 169.1	1.166	1 254 478.0	6.757	42 169.1	1.166
	10	38.5	24 057.7	0.665	348 885.3	1.879	24 057.7	0.665
	11	39.5	—	—	443 062.3	2.387	—	—
	总计	403.7	283 389.0	7.834	2 600 928.4	14.010	283 389.0	7.834

注："—"表示缺测数据；1—3 月、12 月属于结冰期，4—6 月未观测，3 号堰长期不产流；采集人，张建军；采集时间，2006 年。

表 3-9　蔡家川小流域 2012 年月降雨径流数据

年份	月份	降水量/mm	1 号堰（JXFLSY_01）		3 号堰（JXFLSY_03）		4 号堰（JXFLSY_04）	
			径流量/m³	径流深/mm	径流量/m³	径流深/mm	径流量/m³	径流深/mm
2012	5	22.5	545.4	0.077	191.8	1.277	26 344.3	0.077
	6	42.5	—	—	—	—	35 615.2	0.104
	7	71.3	2 371.8	0.334	323.6	2.153	11 661.8	0.030
	8	47.4	984.9	0.139	65.1	0.433	31 911.3	0.093
	9	51.6	4 270.3	0.602	—	—	10 371.4	0.030
	10	10.9	13 011.2	1.833				
	11	10.5	12 014.0	1.693				
	总计	256.2	33 197.6	4.677	580.6	3.863	115 904.0	0.335

年份	月份	降水量/mm	5 号堰（JXFLSY_05）		6 号堰（JXFLSY_06）		7 号堰（JXFLSY_07）	
			径流量/m³	径流深/mm	径流量/m³	径流深/mm	径流量/m³	径流深/mm
2012	5	22.5	1 950.5	0.054	73 425.9	0.396	23 661.8	0.901
	6	42.5	758 543.0	20.970	1 035 373.0	5.577	31 263.2	1.191
	7	71.3	4 295 711.6	118.755	568 292.0	3.060	15 726.3	0.599
	8	47.4	6 766 119.1	187.049	522 054.9	2.812	16 140.2	0.615
	9	51.6	—	—	—	—	33 340.1	1.270
	10	10.9	—	—	247 643.0	1.334	103 240.9	3.933
	11	10.5	505 680.1	13.980	31 102.7	0.168	—	—
	总计	256.2	12 328 004.3	340.807	2 477 891.5	13.346	223 372.5	8.510

注："—"表示缺测数据；1—3 月、12 月属于结冰期，4 月仪器维护未观测；采集人，张建军；采集时间，2012 年。

表 3-10　蔡家川小流域 2013 年月降雨径流数据

年份	月份	降水量/mm	1 号堰（JXFLSY_01）		2 号堰（JXFLSY_02）		4 号堰（JXFLSY_04）	
			径流量/m³	径流深/mm	径流量/m³	径流深/mm	径流量/m³	径流深/mm
2013	4	9.1	6 079.3	0.857	—	—	16 558.1	0.857
	5	48.9	11 868.1	1.672	156 332.8	0.457	16 380.1	0.848
	6	14.2	5 294.3	0.746	7 551.3	0.022	2 616.6	0.135
	7	10.2	61 963.2	8.731	2 035 811.0	5.950	—	—
	8	46.5	—	—	545 359.0	1.593	26 792.4	1.386

（续）

年份	月份	降水量/mm	1 号堰 （JXFLSY _ 01）		2 号堰 （JXFLSY _ 02）		4 号堰 （JXFLSY _ 04）	
			径流量/m³	径流深/mm	径流量/m³	径流深/mm	径流量/m³	径流深/mm
2013	9	61.1	—	—	28 779.4	0.084	334.3	0.017
	10	6.8	—	—	48 220.7	0.141	16 262.7	0.841
	总计	196.8	85 204.9	12.006	2 822 054.1	8.247	78 944.3	4.085

年份	月份	降水量/mm	5 号堰 （JXFLSY _ 05）		6 号堰 （JXFLSY _ 06）		7 号堰 （JXFLSY _ 07）	
			径流量/m³	径流深/mm	径流量/m³	径流深/mm	径流量/m³	径流深/mm
2013	4	9.1	8 625.4	0.238	34 973.1	0.188	8 761.9	0.334
	5	48.9	22 243.5	0.615	27 514.6	0.148	67 430.1	2.569
	6	14.2	20 057.0	0.555	28 080.9	0.151	39 343.0	1.499
	7	10.2	—	—	568 292.4	3.061	227 520.0	8.667
	8	46.5	10 781.8	0.298	51 850.1	0.279	36 585.5	1.394
	9	61.1	—	—	—	—	—	—
	10	6.8	12 737.6	0.352	15 934.8		—	—
	总计	196.8	74 445.3	2.058	726 646.0	3.914	379 640.5	14.463

注："—"表示缺测数据；1—3 月、11—12 月属于结冰期，未观测；采集人，张建军；采集时间，2013 年。

表 3-11　蔡家川小流域 2014 年月降雨径流数据

年份	月份	降水量/mm	1 号堰 （JXFLSY _ 01）		2 号堰 （JXFLSY _ 02）		3 号堰 （JXFLSY _ 03）	
			径流量/m³	径流深/mm	径流量/m³	径流深/mm	径流量/m³	径流深/mm
2014	5	14.4	10 510.1	1.481	—	—	—	—
	6	74.6	—		—	—	—	—
	7	72.6	3 573.7	0.504	611 799.8	1.787	50.0	0.259
	8	130.0	5 085.9	0.717	3 505 501.1	10.240	—	—
	9	123.8	5 065.2	0.714	445 284.6	1.301	—	—
	10	5.0	26 914.7	3.792	—	—	—	—
	总计	420.4	51 149.5	7.207	4 562 585.5	13.328	50.0	0.259

年份	月份	降水量/mm	4 号堰 （JXFLSY _ 04）		6 号堰 （JXFLSY _ 06）		7 号堰 （JXFLSY _ 07）	
			径流量/m³	径流深/mm	径流量/m³	径流深/mm	径流量/m³	径流深/mm
2014	5	14.4	6 601.9	0.342	233 660.3	1.259	29 016.4	1.105
	6	74.6	2 414.3	0.125	134 385.8	0.724	—	—
	7	72.6	—	—	174 461.7	0.940	10 464.8	0.399
	8	130.0	43 064.6	2.228	262 130.3	1.412	53 646.1	2.044
	9	123.8	105 383.6	5.453	348 885.3	1.879	20 459.1	0.779
	10	5.0	—	—	443 062.3	2.387	—	—
	总计	420.4	157 464.5	8.147	2 600 928.4	14.010	113 586.4	4.327

注："—"表示缺测数据；1—3 月、11—12 月属于结冰期，4 月仪器维护未观测；采集人，张建军；采集时间，2014 年。

表 3-12 蔡家川小流域 2015 年月降雨径流数据

年份	月份	降水量/mm	1 号堰（JXFLSY _ 01)		2 号堰（JXFLSY _ 02)		3 号堰（JXFLSY _ 03)	
			径流量/m³	径流深/mm	径流量/m³	径流深/mm	径流量/m³	径流深/mm
2015	5	30.3	189 724.0	0.554	—	—	0.0	0.000
	6	78.2	—	—	255 021.7	0.745	0.0	0.000
	7	81.5	—	—	214 566.1	0.627	0.0	0.000
	8	43.5	—	—	52 788.0	0.154	0.0	0.000
	9	11.9	—	—	19 739.6	0.058	13.9	0.004
	10	40.0	—	—	12 238.9	0.036	13.3	0.004
	总计	285.4	189 724.0	0.554	554 354.3	1.620	27.2	0.008

年份	月份	降水量/mm	4 号堰（JXFLSY _ 04)		6 号堰（JXFLSY _ 06)		7 号堰（JXFLSY _ 07)	
			径流量/m³	径流深/mm	径流量/m³	径流深/mm	径流量/m³	径流深/mm
2015	5	30.3	22 770.1	1.178	194 321.4	1.047	—	—
	6	78.2	44 828.9	2.320	278 999.2	1.503	—	—
	7	81.5	5 003.1	0.259	14 208.4	0.077	—	—
	8	43.5	7 826.6	0.405	19 195.3	0.103	112.0	0.004
	9	11.9	25 391.6	1.314	44 467.8	0.240	4 860.9	0.185
	10	40.0	2 846.1	0.147	23 263.2	0.125	19 101.2	0.728
	总计	285.4	108 666.3	5.623	574 455.3	3.094	24 074.1	0.917

注："—"表示缺测数据；1—3 月、11—12 月属于结冰期，4 月仪器维护未观测；采集人，张建军；采集时间，2015 年。

（2）蔡家川小流域 2005—2015 年场降雨径流数据（表 3-13 至表 3-20）

表 3-13 蔡家川小流域 2005 年场降雨径流数据

时间（年-月-日）	降水量/mm	径流深/mm						
		1 号堰（JXF LSY _ 01)	2 号堰（JXF LSY _ 02)	3 号堰（JXF LSY _ 03)	4 号堰（JXF LSY _ 04)	5 号堰（JXF LSY _ 05)	6 号堰（JXF LSY _ 06)	7 号堰（JXF LSY _ 07)
2005 - 08 - 05	6.5	0.002 4	0.014 9	—	0.247 0	0.008 0	—	0.011 1
2005 - 08 - 07	18.5	0.006 9	0.018 8	0.055 6	0.014 3	0.011 6	0.008 0	0.029 8
2005 - 08 - 16	63.0	0.099 5	0.002 5	0.002 0	0.474 5	0.096 1	0.098 9	0.400 7
2005 - 09 - 15	16.5	0.010 4	0.212 5	1.280 6	0.360 5	0.002 7	0.005 8	0.883 1
2005 - 09 - 19	92.0	0.206 4	0.013 4	0.048 9	0.014 1	0.223 7	0.190 5	0.474 0
2005 - 09 - 27	48.0	0.085 6	0.400 6	2.524 0	0.034 1	0.122 5	0.131 0	—
2005 - 09 - 30	9.8	0.003 8	0.207 5	1.647 8	0.053 2	0.003 8		—
2005 - 10 - 01	8.5	0.009 8	0.007 0	0.023 6	0.015 4	0.018 3	—	0.063 6

注："—"表示缺测数据；采集人，张建军；采集时间，2005 年。

表 3-14 蔡家川小流域 2006 年场降雨径流数据

时间（年-月-日）	降水量/mm	径流深/mm						
		1 号堰（JXF LSY _ 01)	2 号堰（JXF LSY _ 02)	3 号堰（JXF LSY _ 03)	4 号堰（JXF LSY _ 04)	5 号堰（JXF LSY _ 05)	6 号堰（JXF LSY _ 06)	7 号堰（JXF LSY _ 07)
2006 - 04 - 20	19.0	0.005 2	0.037 9	0.167 5	0.073 0	0.022 6	0.014 0	0.014 0

（续）

时间 （年-月-日）	降水量/ mm	径流深/mm						
		1号堰（JXF LSY_01)	2号堰（JXF LSY_02)	3号堰（JXF LSY_03)	4号堰（JXF LSY_04)	5号堰（JXF LSY_05)	6号堰（JXF LSY_06)	7号堰（JXF LSY_07)
2006 - 05 - 11	9.0	0.006 0	0.014 7	0.019 0	0.026 8	0.009 0	0.010 0	0.001 2
2006 - 05 - 26	5.5	0.002 0	0.010 3	0.002 8	0.019 2	0.022 1	0.007 7	0.001 9
2006 - 06 - 21	7.5	0.006 2	1.010 1	3.162 5	0.552 4	0.002 2	0.361 9	1.220 8
2006 - 07 - 02	11.0	0.006 7	0.050 1	0.270 5	0.008 9	0.671 4	0.017 4	0.008 2
2006 - 07 - 03	7.5	0.008 4	0.002 4	—	0.020 7	0.023 9	0.002 5	0.010 4
2006 - 07 - 09	4.0	0.000 2	0.032 8	—	0.002 5	0.001 1	0.005 7	—
2006 - 07 - 22	22.5	0.011 0	0.141 6	—	0.039 5	0.008 3	0.003 2	0.027 5
2006 - 07 - 31	16.0	0.024 5	0.015 0	4.109 8	0.134 0	0.015 7	0.000 7	0.159 0
2006 - 08 - 02	7.0	0.003 6	0.922 7	0.599 0	0.431 2	0.029 6	0.010 6	0.017 8
2006 - 08 - 03	24.5	0.231 8	0.045 1	0.380 0	0.127 5	0.175 0	0.054 7	0.005 3
2006 - 08 - 14	10.0	0.002 0	0.408 8	1.619 0	0.075 2	0.007 1	0.013 1	1.444 7
2006 - 08 - 15	5.5	0.009 0	0.388 6	0.906 8	0.403 5	0.464 8	0.339 7	0.005 3
2006 - 08 - 25	37.0	0.239 2	0.132 0	0.181 7	0.463 7	0.117 9	0.030 4	1.444 7
2006 - 08 - 28	43.0	0.348 0	0.407 6	0.399 1	0.040 2	0.003 3	0.006 2	1.016 6
2006 - 08 - 29	2.5	0.004 3	0.071 6	—	—	0.138 9	0.034 4	0.047 8
2006 - 08 - 30	13.5	0.096 7	0.040 2	—	0.072 4	0.431 0	0.200 5	0.244 1
2006 - 09 - 04	44.5	0.233 3	0.037 9	—	0.396 2	0.021 1	0.037 2	0.280 9
2006 - 09 - 18	4.0	0.002 3	0.014 7	—	0.008 7	0.004 7	0.204 5	0.004 6
2006 - 09 - 19	10.0	0.055 7	0.010 3	0.295 2		0.053 4	0.005 3	0.280 9
2006 - 09 - 21	28.0	0.113 3	1.010 1	1.030 1	0.209 4	0.211 4	0.037 9	0.548 9
2006 - 09 - 24	7.0	0.009 0	0.050 1	—	0.017 6	0.005 5	—	0.040 3
2006 - 09 - 27	12.0	0.046 8	0.002 4		0.028 8	0.036 1		0.107 4
2006 - 10 - 06	23.0	0.078 6	0.032 8	—		—	—	—

注："—"表示缺测数据；采集人，张建军；采集时间，2006 年。

表3-15　蔡家川小流域2007年场降雨径流数据

时间 （年-月-日）	降水量/ mm	径流深/mm						
		1号堰（JXF LSY_01)	2号堰（JXF LSY_02)	3号堰（JXF LSY_03)	4号堰（JXF LSY_04)	5号堰（JXF LSY_05)	6号堰（JXF LSY_06)	7号堰（JXF LSY_07)
2007 - 05 - 10	7.2	—	0.011 6	—	—	0.001 0	0.010 4	0.001 2
2007 - 05 - 22	7.3	—	0.012 3	—	—	0.002 8	0.018 9	0.001 2
2007 - 06 - 18	22.1	—	0.042 5	—	—	0.001 6	0.007 3	—
2007 - 06 - 19	4.3	—	0.004 6		0.009 5	0.000 6	—	—
2007 - 06 - 20	9.1	—	0.010 8		0.009 6	0.003 6	0.004 1	—
2007 - 06 - 30	7.3		0.012 7		0.004 9	0.003 1	0.006 4	
2007 - 07 - 22	25.9	—	0.127 5		0.002 5	0.007 1	0.002 4	0.027 5
2007 - 07 - 23	12.1		0.033 5		0.041 8	0.007 1	0.002 2	
2007 - 07 - 24	27.7	—	0.063 6	—	0.010 7	0.035 0	0.004 8	—

（续）

时间 （年-月-日）	降水量/ mm	径流深/mm						
		1 号堰（JXF LSY_01）	2 号堰（JXF LSY_02）	3 号堰（JXF LSY_03）	4 号堰（JXF LSY_04）	5 号堰（JXF LSY_05）	6 号堰（JXF LSY_06）	7 号堰（JXF LSY_07）
2007 – 07 – 26	6.6	—	0.017 3	—	0.005 9	0.069 1	0.030 1	—
2007 – 07 – 27	17.3	—	0.412 5	—	0.103 6	0.063 7	0.056 9	—
2007 – 07 – 28	26.8	—	0.140 3	—	0.189 2	0.169 6	0.083 0	—
2007 – 07 – 29	18.5	—	0.070 3	—	0.084 0	0.031 5	0.014 9	—
2007 – 08 – 27	6.4	—	0.005 8	—	—	0.035 7	0.002 8	0.047 8
2007 – 08 – 30	18.1	—	0.145 3	0.817 1	0.056 2	0.099 9	0.030 4	0.244 1
2007 – 09 – 03	40.0	—	—	0.272 4	—	—	0.002 3	0.868 7
2007 – 09 – 08	—	—	—	0.480 8	0.004 9	—	0.000 4	0.004 6
2007 – 09 – 12	10.1	—	—	0.388 4	0.172 4	0.050 2	0.024 1	—
2007 – 10 – 23	6.7	—	0.022 4	0.009 4	0.041 2	0.005 9	0.004 1	—

注："—"表示缺测数据；采集人，张建军；采集时间，2007 年。

表 3 – 16　蔡家川小流域 2008 年场降雨径流数据

时间 （年-月-日）	降水量/ mm	径流深/mm						
		1 号堰（JXF LSY_01）	2 号堰（JXF LSY_02）	3 号堰（JXF LSY_03）	4 号堰（JXF LSY_04）	5 号堰（JXF LSY_05）	6 号堰（JXF LSY_06）	7 号堰（JXF LSY_07）
2008 – 05 – 16	4.8	—	0.025 2	0.004 5	0.006 5	—	—	0.009 0
2008 – 06 – 14	9.6	—	0.035 6	—	0.002 4	0.016 6	0.003 8	0.030 4
2008 – 06 – 15	10.0	—	0.009 5	—	—	0.005 7	0.004 7	0.025 9
2008 – 07 – 04	6.3	—	0.011 3	—	0.000 4	0.013 0	0.006 4	0.007 8
2008 – 08 – 14	17.5	—	0.100 1	0.006 5	0.260 2	0.078 7	0.018 3	0.176 4
2008 – 08 – 20	32.0	—	0.085 1	0.137 1	0.153 5	0.242 2	0.048 3	0.285 5
2008 – 08 – 29	34.5	—	0.019 0	0.722 7	0.042 1	0.013 8	0.014 5	0.145 2
2008 – 09 – 09	12.8	—	01 292	0.022 7	0.052 7	0.035 9	0.022 6	0.066 9
2008 – 09 – 25	9.0	—	01 133	—	0.024 6	0.008 6	0.006 2	0.011 5
2008 – 09 – 26	31.3	—	0.124 9	—	0.347 8	0.224 6	0.095 6	0.269 8

注："—"表示缺测数据；采集人，张建军；采集时间，2008 年。

表 3 – 17　蔡家川小流域 2009 年场降雨径流数据

时间 （年-月-日）	降水量/ mm	径流深/mm						
		1 号堰（JXF LSY_01）	2 号堰（JXF LSY_02）	3 号堰（JXF LSY_03）	4 号堰（JXF LSY_04）	5 号堰（JXF LSY_05）	6 号堰（JXF LSY_06）	7 号堰（JXF LSY_07）
2009 – 05 – 09	6.5	—	0.000 2	—	0.021 1	0.000 8	0.003 8	0.012 3
2009 – 05 – 10	—	—	0.110 1	—	0.152 5	0.041 1	0.029 5	0.050 3
2009 – 05 – 13	—	—	0.055 9	0.004 5	—	0.032 1	0.024 0	0.078 5
2009 – 05 – 16	—	—	0.006 1	0.098 8	0.067 1	0.000 9	0.005 2	0.067 0
2009 – 05 – 27	—	—	0.078 9	0.045 2	0.213 0	0.061 4	0.037 0	0.260 0
2009 – 06 – 18	—	—	0.017 5	—	0.031 5	0.012 5	0.013 3	0.017 3

（续）

时间 （年-月-日）	降水量/ mm	径流深/mm						
		1号堰（JXF LSY_01）	2号堰（JXF LSY_02）	3号堰（JXF LSY_03）	4号堰（JXF LSY_04）	5号堰（JXF LSY_05）	6号堰（JXF LSY_06）	7号堰（JXF LSY_07）
2009 - 07 - 08	15.2	—	0.013 3	—	0.050 0	0.009 2	0.001 0	0.021 1
2009 - 07 - 17	8.1	—	0.007 8	—	—	—	0.002 1	0.201 9
2009 - 07 - 20	37.3	—	0.170 9	0.076 9	0.099 3	0.355 3	0.046 2	0.155 5
2009 - 07 - 26	15.9	—	0.214 6	1.019 9	0.291 8	0.370 9	0.082 1	0.007 3
2009 - 08 - 16	11.1	—	0.024 8	0.006 5	0.010 3	0.007 9	0.006 7	0.002 8
2009 - 08 - 20	9.9	—	0.012 0	0.137 1	0.003 5	0.017 4	0.007 8	0.016 4
2009 - 08 - 21	7.7	—	0.059 7	0.722 7	0.013 2	0.052 7	0.025 8	0.055 9
2009 - 08 - 25	33.9	—	0.270 0	1.614 5	0.106 2	0.582 8	0.101 9	0.365 0
2009 - 08 - 28	—	—	0.188 4	0.022 7	0.990 6	0.534 0	0.118 1	0.324 0
2009 - 09 - 05	—	—	0.025 0	—		0.063 6	0.010 2	0.099 6
2009 - 09 - 08	—	—	0.025 3	—		0.029 4	0.025 7	0.026 7
2009 - 10 - 10	3.7	—	0.037 6			0.051 2	0.012 1	0.017 5

注："—"表示缺测数据；采集人，张建军；采集时间，2009年。

表 3-18 蔡家川小流域 2011 年场降雨径流数据

时间 （年-月-日）	降水量/ mm	径流深/mm						
		1号堰（JXF LSY_01）	2号堰（JXF LSY_02）	3号堰（JXF LSY_03）	4号堰（JXF LSY_04）	5号堰（JXF LSY_05）	6号堰（JXF LSY_06）	7号堰（JXF LSY_07）
2011 - 07 - 20	5.1	—	—	—	0.000 6	—	—	0.004 6
2011 - 07 - 24	20.0	—	—	—	0.001 1	—	—	0.324 6
2011 - 07 - 29	56.5	0.370 2	—	—	0.005 2	—	—	0.940 3
2011 - 08 - 17	15.9	0.053 0	—	—	0.001 8	—	—	—
2011 - 08 - 18	34.7	0.181 1	—	—	0.005 3	—	—	—
2011 - 09 - 03	9.0	0.020 2	—	—	0.011 5	—	—	—
2011 - 09 - 06	13.2	0.031 2	—	—	0.005 6	—	—	—
2011 - 09 - 11	25.3	0.152 1	—	—	0.012 1	—	—	—
2011 - 09 - 16	48.4	0.290 4	—	—	0.010 4	—	—	—
2011 - 10 - 22	12.6	0.011 4	—	—	—	—	—	—

注："—"表示缺测数据；采集人，张建军；采集时间，2011年。

表 3-19 蔡家川小流域 2012 年场降雨径流数据

时间 （年-月-日）	降水量/ mm	径流深/mm						
		1号堰（JXF LSY_01）	2号堰（JXF LSY_02）	3号堰（JXF LSY_03）	4号堰（JXF LSY_04）	5号堰（JXF LSY_05）	6号堰（JXF LSY_06）	7号堰（JXF LSY_07）
2012 - 05 - 28	18.9	0.004 0	0.011 1	—	0.001 3	—	0.013 6	0.033 8
2012 - 06 - 19	10.6		0.000 0	—	—	—	—	0.014 2
2012 - 06 - 24	13.2		0.000 0	—	—	—	—	0.041 6
2012 - 06 - 29	11.2		—	—	—	—	—	0.026 0

（续）

时间 （年-月-日）	降水量/ mm	径流深/mm						
		1 号堰（JXF LSY_01)	2 号堰（JXF LSY_02)	3 号堰（JXF LSY_03)	4 号堰（JXF LSY_04)	5 号堰（JXF LSY_05)	6 号堰（JXF LSY_06)	7 号堰（JXF LSY_07)
2012 - 07 - 08	28.4	—	—	—	—	—	0.040 8	0.093 4
2012 - 07 - 30	8.6	0.013 4	—	—	—	—	0.103 0	0.038 1
2012 - 08 - 12	22.7	—	—	—	0.004 7	—	0.002 4	
2012 - 08 - 17	20.5	—	—	—	—	—	0.186 0	
2012 - 09 - 01	9.4	0.014 5	—	—	—	—	0.596 0	0.146 6

注："—"表示缺测数据；采集人，张建军；采集时间，2012 年。

表 3 - 20　蔡家川小流域 2015 年场降雨径流数据

时间 （年-月-日）	降水量/ mm	径流深/mm						
		1 号堰（JXF LSY_01)	2 号堰（JXF LSY_02)	3 号堰（JXF LSY_03)	4 号堰（JXF LSY_04)	5 号堰（JXF LSY_05)	6 号堰（JXF LSY_06)	7 号堰（JXF LSY_07)
2015 - 05 - 21	8.6	—	0.008 3	—	—	—	0.030 4	
2015 - 06 - 17	3.5	—	0.000 1	—	—	—		
2015 - 07 - 17	21.7	0.019 2	0.017 5	—	—	—	0.001 3	
2015 - 07 - 29	32.0	0.021 2	0.086 4	—	—	—	0.000 8	
2015 - 08 - 03	3.3	—	—	—	—	—	0.000 2	
2015 - 08 - 14	3.6	—	—	—	—	—	0.001 7	
2015 - 08 - 25	5.9	—	0.000 3	—	—	—	0.001 0	
2015 - 09 - 03	10.1	0.004 1	—	—	—	—	0.003 8	
2015 - 09 - 10	5.7	—	0.001 2	—	—	—		
2015 - 09 - 22	6.0	—	0.001 1	—	—	—	0.000 8	
2015 - 10 - 06	14.2	—	0.005 2	—	—	—	0.002 1	

注："—"表示缺测数据；采集人，张建军；采集时间，2015 年。

3.2　径流小区径流量观测数据集

3.2.1　概述

　　长时间序列的地表径流测数据可为研究不同植被配置、下垫面因素的保土蓄水的作用机理，探索降雨侵蚀机理，揭示坡面土壤侵蚀机理，合理配置植被等关键科学问题发挥重要的作用。径流小区径流量观测数据集为 10 个常规监测站点 2005—2015 年观测的侵蚀性降雨产流数据，包括降雨历时、降雨总量、径流总量、径流深等指标。其中径流小区包括：十道弯径流小区 01 （JXFZH01JL_01)、十道弯径流小区 02 （JXFZH01JL_02)、十道弯径流小区 04 （JXFZH01JL_04)、十道弯径流小区 05 （JXFZH01JL_05)、十道弯径流小区 06 （JXFZH01JL_06)。

3.2.2　数据采集和处理方法

　　（1）数据采集

　　在山西吉县蔡家川流域选择了 10 种典型地类修建了标准径流小区，开展坡面尺度的地表径流观测。径流小区水平面积为 5 m×20 m，径流场下部安装堰箱，堰箱内使用 CR200X 自计水位计，每隔 10 min 记录堰箱内的水位变化。由堰口流出的径流保存在积水池内，雨后通过测定蓄水池内的水量得到地表径流总量，并利用该值对由堰箱和水位计计算得到的径流总量进行验证。在径流小区周边布设长期自计雨量计测定降雨过程（表 3-21）。

数据来源：仪器自动观测。

起止时间：2006—2015 年。

数据获取方法：CR200X 数据采集器。

原始数据观测频率：5 min/次。

数据产品观测层次：距地面 2 m。

表 3-21　径流小区布设概况

径流小区编号	面积/m²	海拔/m	地貌	坡度	植被类型	林木密度株/hm²	植被覆盖度/%
1 号油松林	100.00	1 133	梁峁坡	20°	油松	2 400	35
2 号刺槐林	100.00	1 109	梁峁坡	25°	刺槐	1 800	80
3 号刺槐林	100.00	1 114	梁峁坡	22°	刺槐	1 500	75
4 号灌木林	100.00	1 113	梁峁坡	19°	黄刺玫	1 700	60
5 号荒草地	100.00	1 115	梁峁坡	23°	臭蒿、苦荬菜、紫羊茅	—	50
6 号荒草地	100.00	1 117	梁峁坡	20°	臭蒿、苦荬菜、紫羊茅	—	30
7 号裸地	100.00	1 118	梁峁坡	21°	—	—	0
8 号次生林	100.00	1 040	沟坡	20°	山杨、栎树	1 600	100

（2）处理方法

根据水位变化推求径流量，一月中水位缺测 6 d 或以下时，按实有记录做月合计，缺测 7 d 或以上时，该月不做月合计。根据径流小区旁边雨量筒收集到的降雨数据，结合径流小区自动观测的水位数据，推算径流小区的产流量。

3.2.3　数据质量控制和评估

（1）多年数据比对，删除异常值或标注说明。

（2）水位在较短时间内出现变化时，应确定是否由降水引起。

（3）一日中水位缺测数小时但不是全天缺测时，按实有记录做日合计。全天缺测时，不做日合计，按缺测处理。

3.2.4　数据使用方法和建议

本数据集主要包括径流量和降水量数据集，研究径流小区径流量与降水量之间的关系，可建立区域水土流失预警机制，对水土保持措施的有效性进行比较，也可建立土壤侵蚀模型。

3.2.5　径流小区径流年观测数据

相关数据见表 3-22 至表 3-25。

表 3-22　2006 年径流小区产流数据表

观测时段	径流小区编号	降水总量/mm	径流总量/dm³	径流深/mm	径流系数/%
8.15	1	9.5	9.80	0.10	1.04

（续）

观测时段	径流小区编号	降水总量/mm	径流总量/dm³	径流深/mm	径流系数/%
8.25		31	75.80	0.76	2.45
8.28—8.29		26.5	27.19	0.27	1.03
8.30	1	11	5.10	0.05	0.46
9.4		29	17.62	0.18	0.61
9.19		8	16.75	0.17	2.09
9.19		10	20.14	0.20	2.01
8.15		9.5	3.08	0.03	0.32
8.25		31	13.68	0.14	0.44
8.28—8.29		26.5	45.24	0.45	1.71
8.30—8.31	2	21	22.55	0.23	1.07
9.4		41	42.72	0.43	1.04
9.21		17.5	4.96	0.05	0.28
9.27		11	4.55	0.05	0.41
8.15		9.5	9.82	0.10	1.03
8.25		31	71.96	0.72	2.32
8.28—8.29		26.5	42.90	0.43	1.62
8.30—8.31	3	21	22.55	0.23	1.07
9.4		15	20.94	0.21	1.40
9.19		18	36.87	0.36	2.00
9.27		11	42.90	0.43	3.90
8.15		9.5	25.86	0.26	2.72
8.25		31	226.75	2.27	7.31
8.28		26.5	91.23	0.91	3.44
8.30—8.31	4	21	32.61	0.33	1.55
9.19		18	27.29	0.27	1.52
9.27		11	42.90	0.43	3.90
8.15		9.5	1.32	0.01	0.14
8.25		31	331.48	3.31	10.69
8.28		26.5	55.66	0.57	2.14
8.30—8.31	5	21	32.61	0.33	1.55
9.19		18	27.29	0.27	1.52
9.27		11	42.90	0.43	3.90
8.15		9.5	3.01	0.03	0.32
8.25		31	660.43	6.60	21.30
8.28		41	1035.51	10.36	25.26
8.30	6	12	74.05	0.74	6.17
8.30—8.31		13	74.23	0.74	5.71
9.4		33	173.22	1.73	5.25
9.19		18	39.19	0.39	2.18

（续）

观测时段	径流小区编号	降水总量/mm	径流总量/dm³	径流深/mm	径流系数/%
8.15		9.5	8.87	0.09	0.93
8.25		31	800.99	8.01	25.84
8.28	7	41	1 123.16	11.23	27.39
8.30		12	49.12	0.49	4.09
9.4		33	1 038.77	10.39	31.48
9.19		18	111.31	1.11	6.18
8.15		9.5	11.76	0.12	1.24
8.25		21	51.91	0.52	2.47
8.28	8	36.5	98.01	0.98	2.69
8.30—8.31		15.8	50.32	0.50	3.18
9.19		10.2	27.29	0.27	2.68

注：采集人，张建军；采集时间，2006 年。

表 3-23　2007 年径流小区数据

观测时段	径流小区编号	降水总量/mm	径流总量/dm³	径流深/mm	径流系数/%
6.17—6.18		21	34.621	0.323	0.016
7.22		23	294.121	2.922 3	0.128
7.23		12.1	131.412	1.323	0.109
7.27		8	40.134	0.443	0.05
7.27		32.5	964.123	9.622	0.297
7.28	1	18	121.422	1.211	0.067
7.29		11.5	48.815	0.525	0.042
8.3		20.2	486.634	4.934	0.241
8.30—8.31		15.8	36.656	0.412	0.023
9.12		18.9	133.4	1.323	0.071
9.27—9.28		21.5	25.312	0.323	0.012
6.17—6.18		21	17.912	0.223	0.009
7.22		23	17.921	0.232	0.008
7.23		12.1	8.712	0.123	0.007
7.27		14	8.245	0.111	0.006
7.27		32.5	26.712	0.334	0.008
7.28	2	18	10.321	0.123	0.006
7.29		11.5	5.945	0.117	0.005
8.3		20.2	29.545	0.322	0.015
8.30—8.31		15.8	14.823	0.101	0.009
9.12		18.9	18.912	0.223	0.01
6.17—6.18		21	38.223	0.411	0.018
7.22	4	23	59.456	0.623	0.026
7.23		12.1	18.783	0.244	0.015

（续）

观测时段	径流小区编号	降水总量/mm	径流总量/dm³	径流深/mm	径流系数/%
7.27		14	26.423	0.321	0.019
7.27		32.5	85.714	0.912	0.026
7.28		18	26.136	0.301	0.014
7.29	4	10.5	14.548	0.104	0.014
8.3		20.2	75.458	0.812	0.037
8.30—8.31		15.8	17.926	0.211	0.011
9.12		18.9	36.825	0.405	0.019
9.27—9.28		19.2	26.427	0.312	0.014
6.17—6.18		21	33.634	0.302	0.016
7.22		23	289.356	2.915	0.126
7.23		12.1	79.421	0.811	0.066
7.27		8	34.323	0.325	0.043
7.27		32.5	668.6	6.711	0.206
7.28	5	18	99.321	1.011	0.055
7.29		11.5	56.821	0.604	0.049
8.3		20.2	182.734	1.811	0.09
8.30—8.31		15.8	9.834	0.123	0.006
9.12		18.9	70.612	0.716	0.037
9.27—9.28		19.2	13.323	0.121	0.007
6.17—6.18		21	77.124	0.812	0.037
7.22		23	745.324	7.534	0.324
7.23		12.1	227.098	2.398	0.188
7.27		8	90.234	0.918	0.113
7.27		32.5	1 403.6	14.021	0.432
7.28	7	18	295.198	3.387	0.164
7.29		11.5	128.008	1.334	0.111
8.3		20.2	488.824	4.912	0.242
8.30—8.31		15.8	38.4	0.400	0.024
9.12		18.9	226.9	2.314	0.12
9.27—9.28		19.2	64.223	0.632	0.033
6.17—6.18		21	9.008	0.100	0.004
7.22		23	22.123	0.200	0.01
7.23		12.1	7.511	0.101	0.006
7.27		14	7.323	0.100	0.005
7.27		32.5	3 544	0.305	0.011
7.28	8	18	11.623	0.100	0.006
7.29		11.5	4.745	0.000	0.004
8.3		20.2	34.621	0.321	0.017
8.30—8.31		15.8	6.587	0.100	0.004
9.12		18.9	14.534	0.100	0.008
9.27—9.28		21.5	7.681	0.100	0.004

注：采集人，张建军；采集时间，2007 年。

表 3 - 24   2008 年径流数据

观测时段	径流小区编号	降水总量/mm	径流总量/dm³	径流深/mm	径流系数/%
6.14		8	9.801	0.102	1.23
6.22		8.4	13.682	0.143	1.63
6.29		5.3	5.101	0.052	0.96
7.4—7.5	1	21.3	27.192	0.274	1.28
7.29		4.9	17.62	0.185	3.59
8.14		30.9	75.803	0.763	2.45
8.20		36.5	120.146	1.203	3.29
6.14		8	5.893	0.066	0.74
6.22		8.4	5.66	0.063	0.67
6.29		5.3	4.413	0.042	0.83
7.4—7.5	2	21.3	6.624	0.075	0.31
7.29		4.9	1.482	0.012	0.30
8.14		30.9	24.883	0.253	0.81
8.20		36.5	28.255	0.28	0.77
6.14		8	12.042	0.123	1.50
6.22		8.4	4.234	0.043	0.50
6.29		5.3	23.065	0.23	4.35
7.4—7.5	4	21.3	147.607	1.487	6.93
7.29		4.9	3.666	0.046	0.75
8.14		30.9	57.697	0.584	1.87
8.20		36.5	199.513	2.002	5.47
6.14		8	13.192	0.133	1.65
6.22		8.4	12.775	0.134	1.52
6.29		5.3	73.975	0.743	13.96
7.4	5	10.3	33.662	0.345	3.27
7.4—7.5		11	37.133	0.376	3.38
7.29		4.9	10.84	0.111	2.21
8.20		31.5	187.23	1.874	5.94
6.14		8	7.011	0.072	0.88
6.29		5.3	26.864	0.271	5.07
7.4		10.3	67.561	0.683	6.56
7.4—7.5	6	11	40.000	0.402	3.64
7.29		4.9	31.900	0.322	6.51
8.20		31.5	148.144	1.481	4.70

注：采集人，张建军；采集时间，2008 年。

表 3-25　2009 年径流小区数据

观测时段	径流小区编号	降水总量/mm	径流总量/dm³	径流深/mm	径流系数/%
5.9		17	13.011	0.134	0.77
6.6		11.5	38.366	0.385	3.34
6.7		25.5	75.664	0.762	2.97
7.8	1	6.1	6.623	0.072	1.09
7.17		7.4	15.811	0.165	2.14
7.19—7.20		47.5	739.151	7.393	15.56
7.26		15.1	138.963	1.394	9.20
5.9		17	8.255	0.080	0.48
6.6		11.5	4.413	0.041	0.38
6.7		25.5	15.776	0.161	0.62
7.8	2	6.1	2.467	0.024	0.40
7.17		11.9	5.814	0.061	0.49
7.19—7.20		47.5	39.153	0.391	0.82
7.26		15.1	14.961	0.153	0.99
5.9		17	28.662	0.292	1.69
6.6		11.5	16.755	0.175	1.46
6.7		25.5	61.236	0.616	2.40
7.8	4	6.1	5.677	0.066	0.93
7.17		11.9	22.798	0.233	1.92
7.19—7.20		47.5	99.264	0.992	2.09
5.9		17	17.021	0.171	1.00
6.6		11.5	50.002	0.503	4.35
6.7	5	25.5	102.814	1.035	4.03
7.8		10.8	59.233	0.593	5.48
7.17		11.9	82.404	0.826	6.92
5.9		17	23.017	0.231	1.35
6.6		11.5	50.004	0.503	4.35
6.7		25.5	101.086	1.016	3.96
7.8	6	10.8	97.943	0.983	9.07
7.19—7.20		47.5	212.223	2.121	4.47
7.26		15.1	84.551	0.853	5.60
8.16		9.2	20.672	0.211	2.25
5.9		17	44.113	0.443	2.59
5.26		24.5	30.86	0.311	1.26
6.6		11.5	53.722	0.542	4.67
25.5	8	25.5	324.09	3.244	12.71
7.26		15.1	97.122	0.976	6.43
8.16		9.2	1.253	0.016	0.14

注：采集人，张建军；采集时间，2009 年。

3.3　林内降雨与树干流观测数据集

3.3.1　概述

　　森林对降水的再分配作用分为 3 部分，分别为林内降雨、树干流和林冠截留。其中，林内降雨包括两部分：一部分是降水通过林冠间隙直接落到林地上，称为穿透雨；另一部分是落在枝、叶上的降水受重力作用，滴落到林地上，称为滴落量。穿透雨和滴落量之和，称为林内降水量。树干流流量是指降水过程中水落到林冠上，沿枝、叶集中到树干顺势流下，最终沿根系渗入土壤的那部分降水。干流量通常很小，主要受林冠结构、分枝角度、叶片倾斜角度及质地、树干表皮粗糙度、树干径级等因素的影响，干流率较低，一般在 5% 左右。林冠截留量是指在降水过程中吸附在枝、干、叶表面或凹陷处的那部分降水，其中一小部分被植物吸收，大部分通过蒸发返回到大气中。三者均与郁闭度、冠层结构、叶面积指数、降水特性及气象因素有关。林冠对降雨再分配的过程，是森林水文效应的体现，对林地水文平衡和养分循环具有重要意义。

3.3.2　数据采集和处理方法

　　（1）数据采集

　　在山西吉县蔡家川流域选择了油松、刺槐与次生林 3 种林分别设样点（表 3 - 26），开展林内降雨与树干流的观测。

　　林内降雨测定通过在每个试验林地内随机放置 3 个 15 cm×100 cm 的铁质林内降雨集水槽，将集水槽周围的灌草清理干净以免影响收集结果，集水槽一端底部连接一只 25 L 的集水桶。每场降雨过后立即用量筒分别测定集水量，并将其计量单位换算为 mm，取其平均值作为林内降水量。

$$P_1 = \frac{1}{n}\sum_{i=1}^{n}\frac{V_i}{S_i} \quad n=3, i=1、2、3$$

　　式中，P_1 为林内降水量（mm），V 为集水量（mL），S 为集水桶底面积（cm²）。

　　树干流通过在每个试验林地中选取 3 棵标准木，采用包裹式集水法收集树干流并导入集水桶，保证在整个收集过程中树干流无损失。每场降雨过后立即用量筒分别测定集水量，并将其计量单位换算为 mm，取其平均值作为树干流量。

$$P_2 = \frac{1}{n}\sum_{i=1}^{n}\frac{V_i}{S_i} \quad n=3, i=1、2、3$$

　　式中，P_2 为树干流平均值（mm），V 为集水量（mL），S 为集水桶底面积（cm²）。

表 3 - 26　样点信息

地类	刺槐林			油松林			次生林		
序号	1	2	3	1	2	3	1	2	3
林冠投影面积（m²）	16.96	17.53	13.48	14.73	14.48	12.20	7.41	7.46	10.17

　　（2）处理方法

　　多年数据比对，删除异常值或标注说明；数据在较短时间内出现变化时，应确定是否由降水问题引起。

3.3.3　数据质量与评估

　　多年数据比对，删除异常值或标注说明；多次测量取平均值。

3.3.4 数据使用方法和建议

整理不同年限标准木树干流及林冠截流量，可为探讨黄土高原小流域水资源的合理利用提供理论支撑，也为洪峰的发生发展提供参考。

3.3.5 林内降雨、树干流年观测数据

相关数据见表 3-27 至表 3-31。

表 3-27 2007 年林内降雨、树干流年观测数据

时间（月-日）	降水量/mm	林分	序号	林内降雨/mm	树干流/mm	林冠截留量/mm	林冠截留率/%	树干流率/%
07-20	8	刺槐	1	5.95	0.10	1.95	24.36	1.27
			2	5.45	0.16	2.39	29.81	2.06
			3	5.60	0.31	2.09	26.14	3.86
		油松	1	6.25	0.12	1.63	20.36	1.51
			2	6.50	0.03	1.47	18.39	0.36
			3	3.90	0.05	4.05	50.67	0.58
		次生林	1	6.79	0.14	1.07	13.42	1.77
			3	6.84	0.30	0.86	10.78	3.72
07-22	35	刺槐	1	18.95	0.50	15.55	44.42	1.44
			2	23.75	0.58	10.67	30.48	1.66
			3	22.00	0.75	12.25	35.01	2.13
		油松	2	28.25	0.38	6.37	18.21	1.08
			3	29.25	0.56	5.19	14.84	1.59
		次生林	1	16.85	0.59	17.56	50.17	1.68
			2	17.35	0.39	17.26	49.30	1.13
			3	15.50	0.98	18.52	52.92	2.80
07-26	40	刺槐	1	21.90	0.70	17.40	43.49	1.76
			2	22.65	0.59	16.76	41.91	1.47
			3	24.90	0.66	14.44	36.10	1.65
		油松	1	31.75	0.83	7.42	18.54	2.09
			2	27.20	0.28	12.52	31.29	0.71
			3	23.25	0.49	16.26	40.66	1.21
07-27	28	刺槐	1	21.75	0.80	5.45	15.57	2.86
			2	24.00	1.18	2.82	8.05	4.22
			3	23.65	1.27	3.08	8.81	4.52
		次生林	1	51.00	2.11	6.89	11.48	3.52
			2	50.00	1.04	8.96	14.93	1.74
			3	55.50	2.46	2.04	3.40	4.10
07-29	44	刺槐	1	22.75	0.76	20.49	46.56	1.74
			2	28.00	1.11	14.89	33.83	2.53
			3	23.95	1.50	18.55	42.16	3.41

（续）

时间（月-日）	降水量/mm	林分	序号	林内降雨/mm	树干流/mm	林冠截留量/mm	林冠截留率/%	树干流率/%
07-29	44	油松	1	30.10	0.87	13.03	29.62	1.97
			2	30.05	0.25	13.70	31.14	0.57
			3	28.65	0.53	14.82	33.68	1.20
07-30	4	刺槐	1	2.60	0.08	1.32	32.91	2.09
			2	2.20	0.13	1.67	41.72	3.28
			3	2.50	0.19	1.31	32.77	4.73
		油松	1	1.60	0.04	2.36	58.89	1.11
			2	3.84	0.02	0.14	3.55	0.45
			3	3.38	0.06	0.56	14.07	1.56
		次生林	1	28.45	1.24	15.31	34.01	2.76
			2	31.80	0.25	12.95	28.77	0.56
			3	30.20	1.68	13.12	29.15	3.74
08-31	39	刺槐	1	37.10	1.20	0.70	1.79	3.08
			2	32.00	0.93	6.07	15.57	2.38
			3	28.75	1.26	8.99	23.05	3.23
		油松	1	31.15	0.99	6.86	17.60	2.53
			3	35.50	0.58	2.92	7.48	1.49
		次生林	1	30.95	2.34	5.71	14.64	6.00
			2	32.50	0.29	6.21	15.91	0.76
			3	36.40	0.95	1.65	4.22	2.45
09-5	25.3	刺槐	1	14.20	0.65	10.45	41.29	2.59
			2	11.75	0.44	13.11	51.82	1.74
			3	14.75	0.62	9.93	39.24	2.46
		油松	1	9.70	0.46	15.14	59.82	1.84
			2	15.70	0.20	9.40	37.14	0.80
			3	15.90	0.08	9.32	36.83	0.32
		次生林	1	5.25	0.50	19.55	77.29	1.96
			2	4.60	0.04	20.66	81.66	0.16
			3	5.00	0.11	20.19	79.79	0.45
09-9	10.5	刺槐	1	8.60	0.24	1.66	15.76	2.33
			2	9.80	0.45	0.25	2.36	4.31
			3	9.65	0.04	0.81	7.67	0.42
		油松	1	11.20	0.46	3.34	22.28	3.05
			2	13.60	0.04	1.36	9.08	0.25
			3	13.00	0.20	1.80	12.02	1.31
		次生林	1	9.60	0.79	0.11	1.08	7.49
			2	9.25	0.11	1.14	10.87	1.03
			3	9.25	0.25	1.00	9.51	2.40

（续）

时间（月-日）	降水量/mm	林分	序号	林内降雨/ mm	树干流/ mm	林冠截留量/ mm	林冠截留率/ %	树干流率/ %
09 - 13	27.8	次生林	1	11.80	1.00	15.00	53.97	3.58
			2	11.35	0.06	16.39	58.95	0.23
			3	11.10	0.24	16.46	59.19	0.88
09 - 30	86.4	刺槐	1	29.00	0.07	57.33	66.36	0.08
			2	30.00	0.07	56.33	65.20	0.08
			3	28.00	0.67	57.73	66.82	0.77
		油松	1	25.00	0.82	60.58	70.11	0.95
			2	22.80	0.37	63.23	73.19	0.42
			3	40.65	0.51	45.24	52.36	0.59
		次生林	1	36.50	3.10	46.80	54.16	3.59
			2	34.75	0.06	51.59	59.71	0.07
			3	44.00	1.37	41.03	47.49	1.59
10 - 12	49.6	刺槐	1	25.00	0.30	24.30	48.98	0.61
			2	30.00	0.35	19.25	38.81	0.71
			3	26.00	0.38	23.22	46.82	0.76
		油松	1	25.00	0.48	24.12	48.63	0.97
			2	27.50	0.43	21.67	43.69	0.86
			3	25.50	0.28	23.82	48.03	0.56
		次生林	1	30.00	2.02	17.58	35.44	4.08
			2	27.05	0.11	22.44	45.23	0.23
			3	28.65	0.83	20.12	40.57	1.67
10 - 24	7	刺槐	1	3.30	0.19	3.51	50.18	2.68
			3	4.70	0.30	2.00	28.62	4.24
		油松	1	4.25	0.19	2.56	36.57	2.72
			2	5.00	0.04	1.96	27.95	0.62
			3	5.90	0.09	1.01	14.48	1.23
		次生林	1	5.50	0.39	1.11	15.90	5.53
			2	5.50	0.15	1.35	19.32	2.11
			3	5.00	0.16	1.84	26.32	2.25

注：采集人，张建军；采集时间，2007 年。

表 3 - 28　2008 年林内降雨、树干流年观测数据

时间（月-日）	降水量/mm	林分	序号	林内降雨/ mm	树干流/ mm	林冠截留量/ mm	林冠截留率/ %	树干流率/ %
07 - 05	21.3	刺槐	1	15.50	0.51	5.29	24.85	2.38
			2	17.55	0.19	3.56	16.72	0.88
			3	17.70	0.45	3.15	14.78	2.12
		油松	1	17.10	0.33	3.87	18.17	1.55
			2	17.20	0.07	4.03	18.94	0.31
			3	13.25	0.15	7.90	37.08	0.72

（续）

时间（月-日）	降水量/mm	林分	序号	林内降雨/mm	树干流/mm	林冠截留量/mm	林冠截留率/%	树干流率/%
07-05	21.3	次生林	1	16.75	0.42	4.13	19.40	1.96
			2	17.25	0.11	3.94	18.48	0.53
			3	16.50	0.46	4.34	20.37	2.17
07-17	6.3	刺槐	1	5.10	0.09	1.11	17.67	1.38
			2	2.77	0.01	3.53	55.97	0.14
			3	3.78	0.11	2.42	38.38	1.70
		油松	1	3.01	0.08	3.21	50.92	1.30
			2	6.20	0.02	0.08	1.32	0.27
			3	4.03	0.04	2.24	35.52	0.59
07-29	4.7	刺槐	1	2.90	0.08	1.72	36.54	1.76
			2	2.30	0.20	2.20	46.80	4.26
			3	2.50	0.10	2.10	44.61	2.19
		油松	1	1.25	0.06	3.39	72.10	1.30
			2	3.15	0.01	1.54	32.69	0.29
			3	3.50	0.03	1.17	24.80	0.73
		次生林	1	1.35	0.04	3.32	70.53	16.49
			2	4.05	0.05	0.60	12.83	1.00
			3	3.70	0.10	0.90	19.06	2.22
08-08	4.7	刺槐	1	3.45	0.21	1.04	22.15	4.44
			2	3.55	0.59	0.56	12.00	12.46
			3	3.40	0.29	1.01	21.56	6.10
	3.5	次生林	1	3.20	0.04	0.26	7.36	1.21
			2	3.35	0.04	0.11	3.25	1.03
			3	2.85	0.07	0.58	16.68	1.90
08-14	12.5	刺槐	1	7.80	0.28	4.42	35.37	2.23
			2	9.25	0.06	3.19	25.50	0.50
			3	9.50	0.11	2.90	23.16	0.84
		油松	1	8.00	0.14	4.36	34.91	1.09
			2	11.30	0.04	1.17	9.32	0.28
			3	10.00	0.07	2.43	19.45	0.55
	30.9	次生林	1	23.00	0.34	7.56	24.45	1.11
			2	22.70	0.64	7.56	24.48	2.06
			3	23.25	1.28	6.37	20.62	4.14
08-16	5	油松	1	2.45	0.15	2.41	48.11	2.89
			2	3.93	0.02	1.06	21.11	0.39
			3	3.05	0.03	1.92	38.41	0.59
	5.2	次生林	1	3.55	0.04	1.61	30.93	0.80
			2	4.05	0.07	1.08	20.75	1.37
			3	4.05	0.12	1.03	19.85	2.27

（续）

时间（月-日）	降水量/mm	林分	序号	林内降雨/mm	树干流/mm	林冠截留量/mm	林冠截留率/%	树干流率/%
08-20	41.2	刺槐	1	26.55	0.69	13.96	33.89	1.67
			2	29.55	0.61	11.04	26.79	1.48
			3	26.40	1.35	13.45	32.65	3.28
		次生林	1	27.45	0.38	13.37	32.45	0.92
			2	28.10	0.80	12.30	29.84	1.95
			3	27.40	1.60	12.20	29.60	3.89
08-30	20.4	刺槐	1	17.80	0.52	2.08	10.21	2.53
			2	19.00	0.06	1.34	6.57	0.29
			3	16.55	0.90	2.95	14.47	4.40
		次生林	1	14.45	0.06	5.89	28.89	0.28
			2	13.20	0.37	6.83	33.47	1.82
			3	17.45	0.72	2.23	10.91	3.55
09-10	23	刺槐	1	17.00	0.52	5.48	23.82	2.27
			2	14.05	0.58	8.37	36.39	2.52
			3	16.15	0.82	6.03	26.23	3.55
		次生林	1	20.50	0.10	2.40	10.42	0.45
			2	20.50	0.59	1.91	8.29	2.58
			3	19.25	0.89	2.86	12.44	3.87
09-29	53	刺槐	1	32.00	0.65	20.35	38.40	1.22
			2	37.00	0.59	15.41	29.10	1.11
			3	32.05	1.54	19.41	36.60	2.90
		油松	1	47.40	1.00	4.60	8.70	1.88
			2	49.75	0.26	2.99	5.60	0.49
			3	47.25	0.61	5.14	9.70	1.15
		次生林	1	41.25	0.20	11.55	21.80	0.38
			2	42.00	1.50	9.50	17.90	2.83
			3	40.50	1.76	10.74	20.30	3.32

注：采集人，张建军；采集时间，2008 年。

表 3-29 2009 年林内降雨年观测数据

时间（月-日）	序号	林分	树种	林内降雨/mm	林分	树种	林内降雨/mm	林分	树种	林内降雨/mm
09-09	1	次生林	林内	15.00	油松卯1	林内	17.75	油松卯2	林内	17.70
	2			17.70			14.30			15.50
	3			15.50			20.90			17.25
	平均			16.07			17.65			16.82
	1		杨树	14.10		油松	38.00		油松	22.40
	2			23.00			16.85			60.00
	3			14.40			4.25			17.50
	平均			17.17			19.70			33.30

（续）

时间（月-日）	序号	林分	树种	林内降雨/mm	林分	树种	林内降雨/mm	林分	树种	林内降雨/mm
10-10	1	次生林	林内	1.90	油松卯1	林内	7.95	油松卯2	林内	6.05
	2			12.20			13.55			7.55
	3			1.90			12.10			9.55
	平均			5.33			11.20			7.72
	1		杨树	22.70		油松	22.95		油松	10.40
	2			19.60			4.10			8.10
	3			24.10			8.80			46.50
	平均			22.13			11.95			21.67

注：采集人，张建军；采集时间，2009年。

表 3-30　2010 年林内降雨年观测数据

时间（月-日）	林分	树种	林内降雨/mm	林分	树种	林内降雨/mm	林分	树种	林内降雨/mm
06-03	次生林	林内	2.05	油松卯	林内	4.15	油松卯	林内	1.95
			2.70			2.65			1.00
			4.90			1.85			1.55
		平均值	3.22		平均值	2.88		平均值	1.50
			2.75			0.25			1.95
		杨树	2.05		油松	1.20		油松	3.15
			4.00			2.05			4.35
		平均值	2.93		平均值	1.17		平均值	3.15
06-08	次生林	林内	2.1	油松卯	林内	4.60	油松卯	林内	4.55
			7			4.55			5.50
			9.25			3.50			4.00
		平均值	6.12		平均值	4.22		平均值	4.68
			3.60			0.15			7.40
		杨树	8.00		油松	0.45		油松	3.90
			7.25			7.75			8.50
		平均值	6.28		平均值	2.78		平均值	6.60
07-01	次生林	林内	16.70	油松卯	林内	10.60	油松卯	林内	10.90
			17.30			15.20			8.65
			22.25			12.55			11.50
		平均值	18.75		平均值	12.78		平均值	10.35
			22.75			25.80			27.10
		杨树	15.25		油松	3.90		油松	55.25
			28.15			5.20			44.05
		平均值	22.05		平均值	11.63		平均值	42.13
07-01	次生林	林内	16.70	油松卯	林内	10.60	油松卯	林内	10.90
			17.30			15.20			8.65
			22.25			12.55			11.50

（续）

时间（月-日）	林分	树种	林内降雨/mm	林分	树种	林内降雨/mm	林分	树种	林内降雨/mm
		平均值	18.75		平均值	12.78		平均值	10.35
			22.75			25.80			27.10
07-01	次生林	杨树	15.25	油松卯	油松	3.90	油松卯	油松	55.25
			28.15			5.20			44.05
		平均值	22.05		平均值	11.63		平均值	42.13
			22.70			19.90			14.75
		林内	16.55		林内	23.50		林内	13.70
			29.55			25.65			15.45
07-10	次生林	平均值	22.93	油松卯	平均值	23.02	油松卯	平均值	14.63
			39.00			42.25			78.25
		杨树	9.25		油松	10.60		油松	52.15
			45.75			12.35			37.30
		平均值	31.33		平均值	21.73		平均值	55.90
			5.15			3.60			4.10
		林内	5.95		林内	5.20		林内	2.35
			7.00			4.80			2.55
07-16	次生林	平均值	6.03	油松卯	平均值	4.53	油松卯	平均值	3.00
			9.45			10.25			5.55
		杨树	3.85		油松	1.50		油松	18.45
			8.50			2.45			2.45
		平均值	7.27		平均值	4.73		平均值	8.82
			3.80			4.50			3.55
		林内	4.85		林内	5.95		林内	3.25
			5.10			4.75			4.05
07-19	次生林	平均值	4.58	油松卯	平均值	5.07	油松卯	平均值	3.62
			6.05			9.50			6.00
		杨树	3.15		油松	2.15		油松	22.50
			12.80			3.75			9.00
		平均值	7.33		平均值	5.13		平均值	12.50
			16.30			12.45			15.10
		林内	14.75		林内	18.95		林内	11.75
			19.00			16.65			14.15
07-26	次生林	平均值	16.68	油松卯	平均值	16.02	油松卯	平均值	13.67
			20.70			27.20			21.25
		杨树	8.60		油松	3.65		油松	
			34.90			5.50			42.95
		平均值	21.40		平均值	12.12		平均值	32.10
			9.50			4.90			5.35
08-03	次生林	林内	9.70	油松卯	林内	6.05	油松卯	林内	4.40
			11.05			5.15			5.90

（续）

时间（月-日）	林分	树种	林内降雨/mm	林分	树种	林内降雨/mm	林分	树种	林内降雨/mm
		平均值	10.08		平均值	5.37		平均值	5.22
			24.00			10.50			15.80
08-03	次生林	杨树	7.25	油松卵	油松	2.60	油松卵	油松	41.10
			25.05			3.05			18.20
		平均值	18.77		平均值	5.38		平均值	25.03
			12.75			13.90			11.85
		林内	14.30		林内	14.55		林内	10.60
			15.25			12.85			11.10
08-11	次生林	平均值	14.10	油松卵	平均值	13.77	油松卵	平均值	11.18
			19.65			38.55			18.90
		杨树	8.30		油松	6.00		油松	68.80
			39.10			5.35			32.45
		平均值	22.35		平均值	16.63		平均值	40.05
			8.25			7.65			7.40
		林内	6.40		林内	7.05		林内	6.00
			8.45			7.05			8.40
08-14	次生林	平均值	7.70	油松卵	平均值	7.25	油松卵	平均值	7.27
			14.05			12.75			6.00
		杨树	3.25		油松	1.75		油松	34.45
			15.50			3.55			14.65
		平均值	10.93		平均值	6.02		平均值	18.37
			49.00			44.90			32.15
		林内	48.60		林内	45.80		林内	33.00
			46.00			38.40			39.20
08-23	次生林	平均值	47.87	油松卵	平均值	43.03	油松卵	平均值	34.78
			120.50			102.45			50.00
		杨树	39.30		油松	25.80		油松	125.00
			150.50			18.90			111.45
		平均值	103.43		平均值	49.05		平均值	95.48
			5.60			6.65			5.60
		林内	5.75		林内	8.55		林内	4.00
			7.70			6.95			6.00
09-25	次生林	平均值	6.35	油松卵	平均值	7.38	油松卵	平均值	5.20
			7.15			13.95			10.90
		杨树	5.25		油松	2.15		油松	37.50
			16.35			2.40			18.50
		平均值	9.58		平均值	6.17		平均值	22.30

注：采集人，张建军；采集时间，2010 年。

表 3 - 31　2011 年林内降雨、树干流年观测数据

时间（月-日）	树种	林内降雨/mm	树干流/mm	树种	林内降雨/mm	树干流/mm	树种	林内降雨/mm	树干流/mm
04 - 21	刺槐	0.42	0.14	油松	0.60	0.01	次生林	0.55	0.19
		0.40	0.21		0.39	0.11		0.53	0.18
		0.35	0.38		0.45	0.03		0.53	0.40
	平均值	0.39	0.24	平均值	0.48	0.05	平均值	0.53	0.26
05 - 10	刺槐	1.49	1.49	油松	0.60	0.35	次生林	0.55	0.91
		0.65	0.65		0.39	1.40		0.53	1.92
		0.70	0.70		0.45	0.21		0.53	1.68
	平均值	0.95	0.95	平均值	0.48	0.66	平均值	0.53	1.50
05 - 30	刺槐	0.70	0.28	油松	0.83	0.53	次生林	0.88	0.13
		0.55	0.20		0.70	0.53		1.10	0.48
		0.30	0.69		0.75	0.54		1.45	0.72
	平均值	0.52	0.39	平均值	0.76	0.53	平均值	1.14	0.44
05 - 30	刺槐	0.22	0.05	油松	0.27	0.07	次生林	0.26	0.06
		0.15	0.19		0.23	0.07		0.28	0.01
		0.24	0.07		0.19	0.06		0.27	0.11
	平均值	0.20	0.10	平均值	0.23	0.07	平均值	0.27	0.06

注：采集人，张建军；采集时间，2011 年。

3.4　土壤水分含水量和水分常数数据集

3.4.1　概述

　　长时间序列的林地土壤水分观测数据是水循环、植物生长、土壤承载能力、林分结构等科学研究中不可缺少的基本资料，具有重要的理论与实践意义。吉县土壤含水量和水分常数观测数据集分为两部分，一部分为吉县站 3 个林地土壤水分综合观测场 2006—2015 年所观测的，以月、年为尺度的观测数据，包括土壤含水量（土壤质量含水量和土壤体积含水量）和土壤水分常数（土壤完全持水量、土壤田间持水量、土壤孔隙度、土壤容重）；另一部分为 12 个土壤水分监测点，布设点有油松峁人工油松林、秀家山人工刺槐林、北坡人工刺槐林、东杨家峁人工侧柏林、西杨家峁人工侧柏和刺槐混交林以及苹果园内共布设油松峁，其中每个样点均在水平阶和斜坡上各布设仪器，具体位置见图 3 - 3。

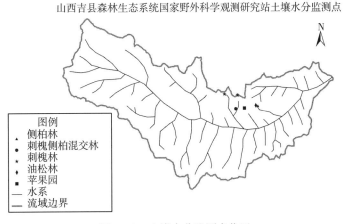

山西吉县森林生态系统国家野外科学观测研究站土壤水分监测点

图例
▲ 侧柏林
● 刺槐侧柏混交林
● 刺槐林
★ 油松林
■ 苹果园
— 水系
— 流域边界

图 3 - 3　土壤水分监测点位置

3.4.2　数据采集和处理方法

（1）数据采集

吉县站 3 个林地土壤水分综合观测场 2006—2015 年观测的土壤水分观测数据，各观测项目的观测频次分别为土壤质量含水量每 2 个月 1 次，土壤体积含水量 1 次/月，土壤水分常数为 1 次/年，观测对象为刺槐林地、油松林地、次生林林地，观测层次为 0～20 cm、20～40 cm、40～60 cm、60～80 cm、80～100 cm，3 个林地土壤水分综合观测场分别为吉县站蔡家川十道湾刺槐纯林综合观测场（JXFZH01）、吉县站蔡家川东杨家峁油松林（JXFZH03）、吉县站蔡家川冯家疙瘩天然次生林（JXFZH03）。

12 个土壤水分监测点为 2010—2015 年观测的土壤水分观测数据，观测深度为 0～200 cm，观测频率为 30 min 1 次，按照每天 48 次取平均值，即为当天土壤含水量，然后再对其进行月平均计算。

蔡家川林外气象综合观测场（JXFQX01）自 2006 年建成以来，一直连续收集气象站的土壤含水量数据。通过 CR3000 数据采集器收集 10 cm、20 cm、40 cm、60 cm、80 cm、100 cm 的土壤含水量传感器上的含水量数据，观测频率为 1 次/h。

（2）数据测定

吉县 2006—2015 年林地土壤水分观测数据中质量含水量采用土钻取土，通过烘干法进行测定；体积含水量采用 TDR 土壤水分观测系统和中子管进行测定；土壤水分常数采用计算和实测相结合的方法（表 3 - 32）。

表 3 - 32　吉县站林地土壤含水量及水分常数测定

测试项目	检测方法	单位	小数位数
质量含水量	烘干法	%	1
体积含水量	TDR 测定、中子管测定	%	1
土壤完全持水量	计算法	%	2
土壤田间持水量	计算法	%	2
土壤孔隙度	计算法	%	2
容重	环刀法	g/cm³	2

3.4.3　数据质量控制和评估

针对吉县站开展的林地土壤含水量和土壤水分常数的观测项目，建立了完善的质量控制过程，以保证数据资料的准确性和完整性。

采样阶段，由长期工作在吉县站的专业人员于每一样地内选取 3 个剖面进行相关土壤样品的采集，尽量避免人为误差的出现。

实测阶段，由专业测量仪器和熟练掌握测定方法的站点工作人员统一测定，所测数据要保证做到：数据真实、记录规范、书写清晰。

数据整理阶段，主要分为两个步骤：

（1）进行了原始数据的整理、转换、格式统一。

（2）通过一系列质量控制方法，去除随机误差及系统误差，包括使用极值检查、内部一致性检查，同时将所获取的数据与历史信息进行比较，以保证数据的准确。

入库阶段，对所获得数据由吉县站数据观测人员和数据整编人员根据吉县站制定的数据标准格式（包含数据名称、时间范围、字段说明、观测方法、知识产权等）进行填写，经过站长和数据管理员审核认定，批准上报。

3.4.4 数据使用方法和建议

2006—2015 年吉县林地土壤水分监测数据中，个别年份的个别月份因人工采样差异和仪器故障等原因存在数据项缺失情况。土壤含水量和土壤水分常数作为土壤的一个重要物理参数，是水循环、植物生长、土壤承载能力、林分结构等科学研究中不可缺少的基本资料。吉县站长期监测、累积的林地土壤水分观测资料，表征了吉县 3 种林分条件下林地土壤水分的动态变化趋势，为改善当地土壤水分状况，遏制土壤干化现象的发生，提高当地林业产业的发展等方面均具有重要的科学意义。

3.4.5 数据

（1）体积含水量（表 3-33 至表 3-111）

表 3-33 2006 年综合观测场林地土壤体积含水量观测数据

时间（年-月）	样地代码	样地名称	探测深度/cm	体积含水量/%	重复数	标准差
2006-03	JXFZH03	吉县站次生林综合观测场	20	15.0	3	0.38
2006-03	JXFZH03	吉县站次生林综合观测场	40	12.6	3	0.23
2006-03	JXFZH03	吉县站次生林综合观测场	60	11.9	3	0.26
2006-03	JXFZH03	吉县站次生林综合观测场	80	14.8	3	0.55
2006-03	JXFZH03	吉县站次生林综合观测场	100	16.3	3	0.51
2006-03	JXFZH02	吉县站油松人工林综合观测场	20	14.7	3	0.58
2006-03	JXFZH02	吉县站油松人工林综合观测场	40	17.6	3	0.53
2006-03	JXFZH02	吉县站油松人工林综合观测场	60	18.3	3	0.50
2006-03	JXFZH02	吉县站油松人工林综合观测场	80	16.4	3	0.49
2006-03	JXFZH02	吉县站油松人工林综合观测场	100	17.7	3	0.44
2006-03	JXFZH01	吉县站刺槐人工林综合观测场	20	13.5	3	0.41
2006-03	JXFZH01	吉县站刺槐人工林综合观测场	40	18.4	3	0.50
2006-03	JXFZH01	吉县站刺槐人工林综合观测场	60	20.5	3	0.32
2006-03	JXFZH01	吉县站刺槐人工林综合观测场	80	20.3	3	0.23
2006-03	JXFZH01	吉县站刺槐人工林综合观测场	100	20.5	3	0.45
2006-04	JXFZH03	吉县站次生林综合观测场	20	22.6	3	0.24
2006-04	JXFZH03	吉县站次生林综合观测场	40	21.2	3	0.23
2006-04	JXFZH03	吉县站次生林综合观测场	60	18.9	3	0.47
2006-04	JXFZH03	吉县站次生林综合观测场	80	19.3	3	0.34
2006-04	JXFZH03	吉县站次生林综合观测场	100	18.8	3	0.46
2006-04	JXFZH02	吉县站油松人工林综合观测场	20	14.4	3	0.43
2006-04	JXFZH02	吉县站油松人工林综合观测场	40	17.0	3	0.21
2006-04	JXFZH02	吉县站油松人工林综合观测场	60	17.2	3	0.43
2006-04	JXFZH02	吉县站油松人工林综合观测场	80	15.9	3	0.57
2006-04	JXFZH02	吉县站油松人工林综合观测场	100	17.3	3	0.56
2006-04	JXFZH01	吉县站刺槐人工林综合观测场	20	13.5	3	0.51
2006-04	JXFZH01	吉县站刺槐人工林综合观测场	40	18.5	3	0.35
2006-04	JXFZH01	吉县站刺槐人工林综合观测场	60	20.3	3	0.24
2006-04	JXFZH01	吉县站刺槐人工林综合观测场	80	19.7	3	0.33

（续）

时间（年-月）	样地代码	样地名称	探测深度/cm	体积含水量/%	重复数	标准差
2006 - 04	JXFZH01	吉县站刺槐人工林综合观测场	100	20.3	3	0.26
2006 - 05	JXFZH03	吉县站次生林综合观测场	20	16.8	3	0.27
2006 - 05	JXFZH03	吉县站次生林综合观测场	40	17.4	3	0.23
2006 - 05	JXFZH03	吉县站次生林综合观测场	60	17.8	3	0.52
2006 - 05	JXFZH03	吉县站次生林综合观测场	80	18.9	3	0.34
2006 - 05	JXFZH03	吉县站次生林综合观测场	100	18.7	3	0.59
2006 - 05	JXFZH01	吉县站刺槐人工林综合观测场	20	12.8	3	0.30
2006 - 05	JXFZH01	吉县站刺槐人工林综合观测场	40	17.7	3	0.38
2006 - 05	JXFZH01	吉县站刺槐人工林综合观测场	60	19.4	3	0.58
2006 - 05	JXFZH01	吉县站刺槐人工林综合观测场	80	20.0	3	0.39
2006 - 05	JXFZH01	吉县站刺槐人工林综合观测场	100	20.4	3	0.35
2006 - 06	JXFZH03	吉县站次生林综合观测场	20	16.6	3	0.28
2006 - 06	JXFZH03	吉县站次生林综合观测场	40	18.5	3	0.46
2006 - 06	JXFZH03	吉县站次生林综合观测场	60	17.2	3	0.48
2006 - 06	JXFZH03	吉县站次生林综合观测场	80	18.2	3	0.46
2006 - 06	JXFZH03	吉县站次生林综合观测场	100	18.4	3	0.57
2006 - 06	JXFZH02	吉县站油松人工林综合观测场	20	15.9	3	0.36
2006 - 06	JXFZH02	吉县站油松人工林综合观测场	40	18.4	3	0.29
2006 - 06	JXFZH02	吉县站油松人工林综合观测场	60	17.5	3	0.56
2006 - 06	JXFZH02	吉县站油松人工林综合观测场	80	13.9	3	0.26
2006 - 06	JXFZH02	吉县站油松人工林综合观测场	100	15.1	3	0.35
2006 - 06	JXFZH01	吉县站刺槐人工林综合观测场	20	15.1	3	0.42
2006 - 06	JXFZH01	吉县站刺槐人工林综合观测场	40	21.9	3	0.26
2006 - 06	JXFZH01	吉县站刺槐人工林综合观测场	60	23.1	3	0.30
2006 - 06	JXFZH01	吉县站刺槐人工林综合观测场	80	22.5	3	0.46
2006 - 06	JXFZH01	吉县站刺槐人工林综合观测场	100	22.9	3	0.24
2006 - 07	JXFZH03	吉县站次生林综合观测场	20	16.9	3	0.26
2006 - 07	JXFZH03	吉县站次生林综合观测场	40	13.6	3	0.28
2006 - 07	JXFZH03	吉县站次生林综合观测场	60	12.9	3	0.46
2006 - 07	JXFZH03	吉县站次生林综合观测场	80	15.4	3	0.45
2006 - 07	JXFZH03	吉县站次生林综合观测场	100	16.7	3	0.44
2006 - 07	JXFZH02	吉县站油松人工林综合观测场	20	13.8	3	0.23
2006 - 07	JXFZH02	吉县站油松人工林综合观测场	40	13.4	3	0.23
2006 - 07	JXFZH02	吉县站油松人工林综合观测场	60	13.7	3	0.43
2006 - 07	JXFZH02	吉县站油松人工林综合观测场	80	13.0	3	0.42
2006 - 07	JXFZH02	吉县站油松人工林综合观测场	100	14.8	3	0.56
2006 - 07	JXFZH01	吉县站刺槐人工林综合观测场	20	15.3	3	0.52
2006 - 07	JXFZH01	吉县站刺槐人工林综合观测场	40	16.6	3	0.50
2006 - 07	JXFZH01	吉县站刺槐人工林综合观测场	60	17.1	3	0.47

（续）

时间（年-月）	样地代码	样地名称	探测深度/cm	体积含水量/%	重复数	标准差
2006 - 07	JXFZH01	吉县站刺槐人工林综合观测场	80	17.9	3	0.35
2006 - 07	JXFZH01	吉县站刺槐人工林综合观测场	100	19.2	3	0.32
2006 - 08	JXFZH03	吉县站次生林综合观测场	20	14.1	3	0.27
2006 - 08	JXFZH03	吉县站次生林综合观测场	40	11.7	3	0.25
2006 - 08	JXFZH03	吉县站次生林综合观测场	60	11.4	3	0.43
2006 - 08	JXFZH03	吉县站次生林综合观测场	80	13.2	3	0.24
2006 - 08	JXFZH03	吉县站次生林综合观测场	100	14.1	3	0.55
2006 - 08	JXFZH02	吉县站油松人工林综合观测场	20	10.2	3	0.31
2006 - 08	JXFZH02	吉县站油松人工林综合观测场	40	12.1	3	0.20
2006 - 08	JXFZH02	吉县站油松人工林综合观测场	60	11.5	3	0.29
2006 - 08	JXFZH02	吉县站油松人工林综合观测场	80	11.0	3	0.21
2006 - 08	JXFZH02	吉县站油松人工林综合观测场	100	12.5	3	0.29
2006 - 08	JXFZH01	吉县站刺槐人工林综合观测场	20	10.6	3	0.47
2006 - 08	JXFZH01	吉县站刺槐人工林综合观测场	40	12.5	3	0.46
2006 - 08	JXFZH01	吉县站刺槐人工林综合观测场	60	13.7	3	0.54
2006 - 08	JXFZH01	吉县站刺槐人工林综合观测场	80	14.5	3	0.22
2006 - 08	JXFZH01	吉县站刺槐人工林综合观测场	100	14.8	3	0.26
2006 - 09	JXFZH03	吉县站次生林综合观测场	20	23.1	3	0.52
2006 - 09	JXFZH03	吉县站次生林综合观测场	40	23.1	3	0.35
2006 - 09	JXFZH03	吉县站次生林综合观测场	60	20.5	3	0.24
2006 - 09	JXFZH03	吉县站次生林综合观测场	80	20.7	3	0.60
2006 - 09	JXFZH03	吉县站次生林综合观测场	100	20.2	3	0.22
2006 - 09	JXFZH02	吉县站油松人工林综合观测场	20	21.2	3	0.49
2006 - 09	JXFZH02	吉县站油松人工林综合观测场	40	23.7	3	0.26
2006 - 09	JXFZH02	吉县站油松人工林综合观测场	60	22.8	3	0.33
2006 - 09	JXFZH02	吉县站油松人工林综合观测场	80	19.7	3	0.50
2006 - 09	JXFZH02	吉县站油松人工林综合观测场	100	18.8	3	0.39
2006 - 09	JXFZH01	吉县站刺槐人工林综合观测场	20	18.4	3	0.20
2006 - 09	JXFZH01	吉县站刺槐人工林综合观测场	40	26.8	3	0.42
2006 - 09	JXFZH01	吉县站刺槐人工林综合观测场	60	28.2	3	0.60
2006 - 09	JXFZH01	吉县站刺槐人工林综合观测场	80	27.2	3	0.43
2006 - 09	JXFZH01	吉县站刺槐人工林综合观测场	100	28.2	3	0.41
2006 - 10	JXFZH03	吉县站次生林综合观测场	20	22.6	3	0.57
2006 - 10	JXFZH03	吉县站次生林综合观测场	40	22.9	3	0.47
2006 - 10	JXFZH03	吉县站次生林综合观测场	60	22.1	3	0.57
2006 - 10	JXFZH03	吉县站次生林综合观测场	80	24.7	3	0.34
2006 - 10	JXFZH03	吉县站次生林综合观测场	100	23.3	3	0.25
2006 - 10	JXFZH02	吉县站油松人工林综合观测场	20	19.7	3	0.25
2006 - 10	JXFZH02	吉县站油松人工林综合观测场	40	23.2	3	0.60

（续）

时间（年-月）	样地代码	样地名称	探测深度/cm	体积含水量/%	重复数	标准差
2006 - 10	JXFZH02	吉县站油松人工林综合观测场	60	23.0	3	0.35
2006 - 10	JXFZH02	吉县站油松人工林综合观测场	80	20.4	3	0.37
2006 - 10	JXFZH02	吉县站油松人工林综合观测场	100	22.8	3	0.59
2006 - 10	JXFZH01	吉县站刺槐人工林综合观测场	20	19.3	3	0.27
2006 - 10	JXFZH01	吉县站刺槐人工林综合观测场	40	25.7	3	0.42
2006 - 10	JXFZH01	吉县站刺槐人工林综合观测场	60	26.1	3	0.54
2006 - 10	JXFZH01	吉县站刺槐人工林综合观测场	80	25.4	3	0.43
2006 - 10	JXFZH01	吉县站刺槐人工林综合观测场	100	26.8	3	0.27
2006 - 11	JXFZH03	吉县站次生林综合观测场	20	19.7	3	0.29
2006 - 11	JXFZH03	吉县站次生林综合观测场	40	20.1	3	0.38
2006 - 11	JXFZH03	吉县站次生林综合观测场	60	19.3	3	0.54
2006 - 11	JXFZH03	吉县站次生林综合观测场	80	22.1	3	0.42
2006 - 11	JXFZH03	吉县站次生林综合观测场	100	22.1	3	0.22
2006 - 11	JXFZH02	吉县站油松人工林综合观测场	20	16.0	3	0.35
2006 - 11	JXFZH02	吉县站油松人工林综合观测场	40	19.1	3	0.56
2006 - 11	JXFZH02	吉县站油松人工林综合观测场	60	18.9	3	0.55
2006 - 11	JXFZH02	吉县站油松人工林综合观测场	80	18.1	3	0.23
2006 - 11	JXFZH02	吉县站油松人工林综合观测场	100	20.6	3	0.37
2006 - 11	JXFZH01	吉县站刺槐人工林综合观测场	20	14.0	3	0.34
2006 - 11	JXFZH01	吉县站刺槐人工林综合观测场	40	22.1	3	0.58
2006 - 11	JXFZH01	吉县站刺槐人工林综合观测场	60	23.5	3	0.53
2006 - 11	JXFZH01	吉县站刺槐人工林综合观测场	80	23.0	3	0.24
2006 - 11	JXFZH01	吉县站刺槐人工林综合观测场	100	24.2	3	0.35
2006 - 12	JXFZH03	吉县站次生林综合观测场	20	13.9	3	0.29
2006 - 12	JXFZH03	吉县站次生林综合观测场	40	15.8	3	0.38
2006 - 12	JXFZH03	吉县站次生林综合观测场	60	18.4	3	0.43
2006 - 12	JXFZH03	吉县站次生林综合观测场	80	21.0	3	0.30
2006 - 12	JXFZH03	吉县站次生林综合观测场	100	21.6	3	0.49
2006 - 12	JXFZH02	吉县站油松人工林综合观测场	20	14.2	3	0.54
2006 - 12	JXFZH02	吉县站油松人工林综合观测场	40	16.8	3	0.30
2006 - 12	JXFZH02	吉县站油松人工林综合观测场	60	17.8	3	0.21
2006 - 12	JXFZH02	吉县站油松人工林综合观测场	80	17.2	3	0.54
2006 - 12	JXFZH02	吉县站油松人工林综合观测场	100	19.5	3	0.42
2006 - 12	JXFZH01	吉县站刺槐人工林综合观测场	20	15.2	3	0.57
2006 - 12	JXFZH01	吉县站刺槐人工林综合观测场	40	19.5	3	0.33
2006 - 12	JXFZH01	吉县站刺槐人工林综合观测场	60	20.4	3	0.46
2006 - 12	JXFZH01	吉县站刺槐人工林综合观测场	80	21.2	3	0.21
2006 - 12	JXFZH01	吉县站刺槐人工林综合观测场	100	22.0	3	0.39

注：采集人，毕华兴；采集时间，2006 年。

表 3 - 34　2007 年综合观测场林地土壤体积含水量观测数据

时间（年-月）	样地代码	样地名称	探测深度/cm	体积含水量/%	重复数	标准差
2007 - 01	JXFZH03	吉县站次生林综合观测场	20	10.5	3	0.45
2007 - 01	JXFZH03	吉县站次生林综合观测场	40	11.6	3	0.44
2007 - 01	JXFZH03	吉县站次生林综合观测场	60	12.5	3	0.60
2007 - 01	JXFZH03	吉县站次生林综合观测场	80	17.2	3	0.47
2007 - 01	JXFZH03	吉县站次生林综合观测场	100	18.6	3	0.59
2007 - 01	JXFZH02	吉县站油松人工林综合观测场	20	11.0	3	0.51
2007 - 01	JXFZH02	吉县站油松人工林综合观测场	40	13.1	3	0.28
2007 - 01	JXFZH02	吉县站油松人工林综合观测场	60	14.0	3	0.35
2007 - 01	JXFZH02	吉县站油松人工林综合观测场	80	15.7	3	0.40
2007 - 01	JXFZH02	吉县站油松人工林综合观测场	100	18.4	3	0.53
2007 - 01	JXFZH01	吉县站刺槐人工林综合观测场	20	11.5	3	0.22
2007 - 01	JXFZH01	吉县站刺槐人工林综合观测场	40	17.5	3	0.34
2007 - 01	JXFZH01	吉县站刺槐人工林综合观测场	60	20.5	3	0.38
2007 - 01	JXFZH01	吉县站刺槐人工林综合观测场	80	20.9	3	0.32
2007 - 01	JXFZH01	吉县站刺槐人工林综合观测场	100	21.7	3	0.25
2007 - 02	JXFZH03	吉县站次生林综合观测场	20	16.2	3	0.27
2007 - 02	JXFZH03	吉县站次生林综合观测场	40	15.7	3	0.55
2007 - 02	JXFZH03	吉县站次生林综合观测场	60	15.2	3	0.55
2007 - 02	JXFZH03	吉县站次生林综合观测场	80	16.6	3	0.41
2007 - 02	JXFZH03	吉县站次生林综合观测场	100	18.8	3	0.45
2007 - 02	JXFZH02	吉县站油松人工林综合观测场	20	14.2	3	0.25
2007 - 02	JXFZH02	吉县站油松人工林综合观测场	40	16.4	3	0.60
2007 - 02	JXFZH02	吉县站油松人工林综合观测场	60	16.7	3	0.56
2007 - 02	JXFZH02	吉县站油松人工林综合观测场	80	16.7	3	0.50
2007 - 02	JXFZH02	吉县站油松人工林综合观测场	100	18.0	3	0.36
2007 - 02	JXFZH01	吉县站刺槐人工林综合观测场	20	13.2	3	0.28
2007 - 02	JXFZH01	吉县站刺槐人工林综合观测场	40	19.7	3	0.39
2007 - 02	JXFZH01	吉县站刺槐人工林综合观测场	60	21.6	3	0.33
2007 - 02	JXFZH01	吉县站刺槐人工林综合观测场	80	21.0	3	0.41
2007 - 02	JXFZH01	吉县站刺槐人工林综合观测场	100	21.0	3	0.54
2007 - 03	JXFZH03	吉县站次生林综合观测场	20	23.9	3	0.46
2007 - 03	JXFZH03	吉县站次生林综合观测场	40	23.6	3	0.38
2007 - 03	JXFZH03	吉县站次生林综合观测场	60	19.1	3	0.31
2007 - 03	JXFZH03	吉县站次生林综合观测场	80	19.6	3	0.60
2007 - 03	JXFZH03	吉县站次生林综合观测场	100	19.0	3	0.37
2007 - 03	JXFZH02	吉县站油松人工林综合观测场	20	16.3	3	0.55
2007 - 03	JXFZH02	吉县站油松人工林综合观测场	40	20.0	3	0.39
2007 - 03	JXFZH02	吉县站油松人工林综合观测场	60	19.2	3	0.47
2007 - 03	JXFZH02	吉县站油松人工林综合观测场	80	17.9	3	0.54

（续）

时间（年-月）	样地代码	样地名称	探测深度/cm	体积含水量/%	重复数	标准差
2007 - 03	JXFZH02	吉县站油松人工林综合观测场	100	19.1	3	0.40
2007 - 03	JXFZH01	吉县站刺槐人工林综合观测场	20	15.1	3	0.31
2007 - 03	JXFZH01	吉县站刺槐人工林综合观测场	40	20.4	3	0.28
2007 - 03	JXFZH01	吉县站刺槐人工林综合观测场	60	23.0	3	0.41
2007 - 03	JXFZH01	吉县站刺槐人工林综合观测场	80	22.2	3	0.37
2007 - 03	JXFZH01	吉县站刺槐人工林综合观测场	100	27.2	3	0.28
2007 - 04	JXFZH03	吉县站次生林综合观测场	20	19.3	3	0.49
2007 - 04	JXFZH03	吉县站次生林综合观测场	40	21.0	3	0.40
2007 - 04	JXFZH03	吉县站次生林综合观测场	60	20.6	3	0.37
2007 - 04	JXFZH03	吉县站次生林综合观测场	80	22.0	3	0.20
2007 - 04	JXFZH03	吉县站次生林综合观测场	100	22.2	3	0.22
2007 - 04	JXFZH02	吉县站油松人工林综合观测场	20	11.2	3	0.55
2007 - 04	JXFZH02	吉县站油松人工林综合观测场	40	16.4	3	0.38
2007 - 04	JXFZH02	吉县站油松人工林综合观测场	60	17.4	3	0.37
2007 - 04	JXFZH02	吉县站油松人工林综合观测场	80	16.9	3	0.59
2007 - 04	JXFZH02	吉县站油松人工林综合观测场	100	17.9	3	0.45
2007 - 04	JXFZH01	吉县站刺槐人工林综合观测场	20	9.1	3	0.33
2007 - 04	JXFZH01	吉县站刺槐人工林综合观测场	40	16.3	3	0.46
2007 - 04	JXFZH01	吉县站刺槐人工林综合观测场	60	21.1	3	0.50
2007 - 04	JXFZH01	吉县站刺槐人工林综合观测场	80	21.3	3	0.37
2007 - 04	JXFZH01	吉县站刺槐人工林综合观测场	100	21.9	3	0.48
2007 - 05	JXFZH03	吉县站次生林综合观测场	20	13.3	3	0.47
2007 - 05	JXFZH03	吉县站次生林综合观测场	40	14.8	3	0.43
2007 - 05	JXFZH03	吉县站次生林综合观测场	60	15.9	3	0.50
2007 - 05	JXFZH03	吉县站次生林综合观测场	80	18.8	3	0.23
2007 - 05	JXFZH03	吉县站次生林综合观测场	100	19.1	3	0.36
2007 - 05	JXFZH02	吉县站油松人工林综合观测场	20	9.2	3	0.32
2007 - 05	JXFZH02	吉县站油松人工林综合观测场	40	13.4	3	0.29
2007 - 05	JXFZH02	吉县站油松人工林综合观测场	60	14.3	3	0.50
2007 - 05	JXFZH02	吉县站油松人工林综合观测场	80	14.6	3	0.49
2007 - 05	JXFZH02	吉县站油松人工林综合观测场	100	16.1	3	0.50
2007 - 05	JXFZH01	吉县站刺槐人工林综合观测场	20	7.2	3	0.45
2007 - 05	JXFZH01	吉县站刺槐人工林综合观测场	40	12.1	3	0.27
2007 - 05	JXFZH01	吉县站刺槐人工林综合观测场	60	15.6	3	0.25
2007 - 05	JXFZH01	吉县站刺槐人工林综合观测场	80	18.1	3	0.27
2007 - 05	JXFZH01	吉县站刺槐人工林综合观测场	100	18.8	3	0.36
2007 - 06	JXFZH03	吉县站次生林综合观测场	20	19.0	3	0.54
2007 - 06	JXFZH03	吉县站次生林综合观测场	40	18.4	3	0.27
2007 - 06	JXFZH03	吉县站次生林综合观测场	60	14.0	3	0.42

（续）

时间（年-月）	样地代码	样地名称	探测深度/cm	体积含水量/%	重复数	标准差
2007 – 06	JXFZH03	吉县站次生林综合观测场	80	16.0	3	0.48
2007 – 06	JXFZH03	吉县站次生林综合观测场	100	16.5	3	0.43
2007 – 06	JXFZH02	吉县站油松人工林综合观测场	20	14.1	3	0.26
2007 – 06	JXFZH02	吉县站油松人工林综合观测场	40	15.6	3	0.27
2007 – 06	JXFZH02	吉县站油松人工林综合观测场	60	13.8	3	0.20
2007 – 06	JXFZH02	吉县站油松人工林综合观测场	80	13.1	3	0.51
2007 – 06	JXFZH02	吉县站油松人工林综合观测场	100	14.9	3	0.50
2007 – 06	JXFZH01	吉县站刺槐人工林综合观测场	20	13.3	3	0.43
2007 – 06	JXFZH01	吉县站刺槐人工林综合观测场	40	18.1	3	0.43
2007 – 06	JXFZH01	吉县站刺槐人工林综合观测场	60	18.6	3	0.45
2007 – 06	JXFZH01	吉县站刺槐人工林综合观测场	80	15.6	3	0.31
2007 – 06	JXFZH01	吉县站刺槐人工林综合观测场	100	15.7	3	0.23
2007 – 07	JXFZH03	吉县站次生林综合观测场	20	19.4	3	0.52
2007 – 07	JXFZH03	吉县站次生林综合观测场	40	19.5	3	0.49
2007 – 07	JXFZH03	吉县站次生林综合观测场	60	18.4	3	0.50
2007 – 07	JXFZH03	吉县站次生林综合观测场	80	18.8	3	0.41
2007 – 07	JXFZH03	吉县站次生林综合观测场	100	18.2	3	0.24
2007 – 07	JXFZH02	吉县站油松人工林综合观测场	20	14.9	3	0.47
2007 – 07	JXFZH02	吉县站油松人工林综合观测场	40	17.9	3	0.24
2007 – 07	JXFZH02	吉县站油松人工林综合观测场	60	17.4	3	0.45
2007 – 07	JXFZH02	吉县站油松人工林综合观测场	80	15.4	3	0.58
2007 – 07	JXFZH02	吉县站油松人工林综合观测场	100	14.9	3	0.45
2007 – 07	JXFZH01	吉县站刺槐人工林综合观测场	20	13.6	3	0.46
2007 – 07	JXFZH01	吉县站刺槐人工林综合观测场	40	19.4	3	0.24
2007 – 07	JXFZH01	吉县站刺槐人工林综合观测场	60	21.9	3	0.45
2007 – 07	JXFZH01	吉县站刺槐人工林综合观测场	80	20.5	3	0.50
2007 – 07	JXFZH01	吉县站刺槐人工林综合观测场	100	18.7	3	0.53
2007 – 08	JXFZH03	吉县站次生林综合观测场	20	18.6	3	0.59
2007 – 08	JXFZH03	吉县站次生林综合观测场	40	19.8	3	0.31
2007 – 08	JXFZH03	吉县站次生林综合观测场	60	20.1	3	0.39
2007 – 08	JXFZH03	吉县站次生林综合观测场	80	22.1	3	0.45
2007 – 08	JXFZH03	吉县站次生林综合观测场	100	22.6	3	0.46
2007 – 08	JXFZH02	吉县站油松人工林综合观测场	20	14.0	3	0.29
2007 – 08	JXFZH02	吉县站油松人工林综合观测场	40	18.4	3	0.38
2007 – 08	JXFZH02	吉县站油松人工林综合观测场	60	19.3	3	0.37
2007 – 08	JXFZH02	吉县站油松人工林综合观测场	80	19.1	3	0.37
2007 – 08	JXFZH02	吉县站油松人工林综合观测场	100	18.8	3	0.42
2007 – 08	JXFZH01	吉县站刺槐人工林综合观测场	20	13.7	3	0.58
2007 – 08	JXFZH01	吉县站刺槐人工林综合观测场	40	19.4	3	0.30

（续）

时间（年-月）	样地代码	样地名称	探测深度/cm	体积含水量/%	重复数	标准差
2007 - 08	JXFZH01	吉县站刺槐人工林综合观测场	60	23.7	3	0.35
2007 - 08	JXFZH01	吉县站刺槐人工林综合观测场	80	23.8	3	0.24
2007 - 08	JXFZH01	吉县站刺槐人工林综合观测场	100	36.1	3	0.59
2007 - 09	JXFZH03	吉县站次生林综合观测场	20	26.5	3	0.39
2007 - 09	JXFZH03	吉县站次生林综合观测场	40	25.1	3	0.57
2007 - 09	JXFZH03	吉县站次生林综合观测场	60	22.7	3	0.40
2007 - 09	JXFZH03	吉县站次生林综合观测场	80	23.4	3	0.22
2007 - 09	JXFZH03	吉县站次生林综合观测场	100	22.1	3	0.40
2007 - 09	JXFZH02	吉县站油松人工林综合观测场	20	21.5	3	0.26
2007 - 09	JXFZH02	吉县站油松人工林综合观测场	40	24.1	3	0.42
2007 - 09	JXFZH02	吉县站油松人工林综合观测场	60	22.6	3	0.25
2007 - 09	JXFZH02	吉县站油松人工林综合观测场	80	19.7	3	0.57
2007 - 09	JXFZH02	吉县站油松人工林综合观测场	100	19.4	3	0.43
2007 - 09	JXFZH01	吉县站刺槐人工林综合观测场	20	20.8	3	0.52
2007 - 09	JXFZH01	吉县站刺槐人工林综合观测场	40	26.6	3	0.40
2007 - 09	JXFZH01	吉县站刺槐人工林综合观测场	60	29.6	3	0.23
2007 - 09	JXFZH01	吉县站刺槐人工林综合观测场	80	28.9	3	0.40
2007 - 09	JXFZH01	吉县站刺槐人工林综合观测场	100	27.2	3	0.47
2007 - 10	JXFZH03	吉县站次生林综合观测场	20	25.7	3	0.48
2007 - 10	JXFZH03	吉县站次生林综合观测场	40	24.0	3	0.28
2007 - 10	JXFZH03	吉县站次生林综合观测场	60	25.2	3	0.22
2007 - 10	JXFZH03	吉县站次生林综合观测场	80	28.5	3	0.30
2007 - 10	JXFZH03	吉县站次生林综合观测场	100	25.2	3	0.36
2007 - 10	JXFZH02	吉县站油松人工林综合观测场	20	22.2	3	0.35
2007 - 10	JXFZH02	吉县站油松人工林综合观测场	40	25.4	3	0.43
2007 - 10	JXFZH02	吉县站油松人工林综合观测场	60	25.0	3	0.43
2007 - 10	JXFZH02	吉县站油松人工林综合观测场	80	24.2	3	0.52
2007 - 10	JXFZH02	吉县站油松人工林综合观测场	100	26.5	3	0.47
2007 - 10	JXFZH01	吉县站刺槐人工林综合观测场	20	20.4	3	0.60
2007 - 10	JXFZH01	吉县站刺槐人工林综合观测场	40	25.6	3	0.32
2007 - 10	JXFZH01	吉县站刺槐人工林综合观测场	60	30.6	3	0.24
2007 - 10	JXFZH01	吉县站刺槐人工林综合观测场	80	30.0	3	0.55
2007 - 10	JXFZH01	吉县站刺槐人工林综合观测场	100	28.0	3	0.49
2007 - 11	JXFZH03	吉县站次生林综合观测场	20	19.3	3	0.51
2007 - 11	JXFZH03	吉县站次生林综合观测场	40	20.6	3	0.26
2007 - 11	JXFZH03	吉县站次生林综合观测场	60	21.4	3	0.35
2007 - 11	JXFZH03	吉县站次生林综合观测场	80	24.8	3	0.56
2007 - 11	JXFZH03	吉县站次生林综合观测场	100	23.2	3	0.56
2007 - 11	JXFZH02	吉县站油松人工林综合观测场	20	17.6	3	0.56

（续）

时间（年-月）	样地代码	样地名称	探测深度/cm	体积含水量/%	重复数	标准差
2007 - 11	JXFZH02	吉县站油松人工林综合观测场	40	21.4	3	0.52
2007 - 11	JXFZH02	吉县站油松人工林综合观测场	60	21.7	3	0.47
2007 - 11	JXFZH02	吉县站油松人工林综合观测场	80	22.0	3	0.60
2007 - 11	JXFZH02	吉县站油松人工林综合观测场	100	23.6	3	0.33
2007 - 11	JXFZH01	吉县站刺槐人工林综合观测场	20	16.0	3	0.38
2007 - 11	JXFZH01	吉县站刺槐人工林综合观测场	40	21.6	3	0.23
2007 - 11	JXFZH01	吉县站刺槐人工林综合观测场	60	25.7	3	0.54
2007 - 11	JXFZH01	吉县站刺槐人工林综合观测场	80	25.2	3	0.25
2007 - 11	JXFZH01	吉县站刺槐人工林综合观测场	100	25.8	3	0.34
2007 - 12	JXFZH03	吉县站次生林综合观测场	20	12.9	3	0.26
2007 - 12	JXFZH03	吉县站次生林综合观测场	40	16.0	3	0.51
2007 - 12	JXFZH03	吉县站次生林综合观测场	60	19.2	3	0.30
2007 - 12	JXFZH03	吉县站次生林综合观测场	80	22.8	3	0.56
2007 - 12	JXFZH03	吉县站次生林综合观测场	100	22.4	3	0.43
2007 - 12	JXFZH02	吉县站油松人工林综合观测场	20	13.2	3	0.44
2007 - 12	JXFZH02	吉县站油松人工林综合观测场	40	17.9	3	0.30
2007 - 12	JXFZH02	吉县站油松人工林综合观测场	60	20.0	3	0.24
2007 - 12	JXFZH02	吉县站油松人工林综合观测场	80	18.6	3	0.54
2007 - 12	JXFZH02	吉县站油松人工林综合观测场	100	21.9	3	0.46
2007 - 12	JXFZH01	吉县站刺槐人工林综合观测场	20	15.4	3	0.33
2007 - 12	JXFZH01	吉县站刺槐人工林综合观测场	40	20.7	3	0.41
2007 - 12	JXFZH01	吉县站刺槐人工林综合观测场	60	23.8	3	0.41
2007 - 12	JXFZH01	吉县站刺槐人工林综合观测场	80	23.4	3	0.34
2007 - 12	JXFZH01	吉县站刺槐人工林综合观测场	100	24.1	3	0.24

注：采集人，毕华兴；采集时间，2007 年。

表 3 - 35　2008 年综合观测场林地土壤体积含水量观测数据

时间（年-月）	样地代码	样地名称	探测深度/cm	体积含水量/%	重复数	标准差
2008 - 01	JXFZH03	吉县站次生林综合观测场	20	12.0	3	0.44
2008 - 01	JXFZH03	吉县站次生林综合观测场	40	14.4	3	0.26
2008 - 01	JXFZH03	吉县站次生林综合观测场	60	19.1	3	0.24
2008 - 01	JXFZH03	吉县站次生林综合观测场	80	21.5	3	0.48
2008 - 01	JXFZH03	吉县站次生林综合观测场	100	21.4	3	0.34
2008 - 01	JXFZH02	吉县站油松人工林综合观测场	20	10.7	3	0.36
2008 - 01	JXFZH02	吉县站油松人工林综合观测场	40	14.0	3	0.46
2008 - 01	JXFZH02	吉县站油松人工林综合观测场	60	17.9	3	0.49
2008 - 01	JXFZH02	吉县站油松人工林综合观测场	80	19.1	3	0.32
2008 - 01	JXFZH02	吉县站油松人工林综合观测场	100	20.9	3	0.47
2008 - 01	JXFZH01	吉县站刺槐人工林综合观测场	20	15.6	3	0.42

（续）

时间（年-月）	样地代码	样地名称	探测深度/cm	体积含水量/%	重复数	标准差
2008－01	JXFZH01	吉县站刺槐人工林综合观测场	40	19.0	3	0.23
2008－01	JXFZH01	吉县站刺槐人工林综合观测场	60	23.8	3	0.45
2008－01	JXFZH01	吉县站刺槐人工林综合观测场	80	23.0	3	0.49
2008－01	JXFZH01	吉县站刺槐人工林综合观测场	100	23.3	3	0.58
2008－02	JXFZH03	吉县站次生林综合观测场	20	16.6	3	0.51
2008－02	JXFZH03	吉县站次生林综合观测场	40	18.5	3	0.36
2008－02	JXFZH03	吉县站次生林综合观测场	60	20.6	3	0.44
2008－02	JXFZH03	吉县站次生林综合观测场	80	22.0	3	0.54
2008－02	JXFZH03	吉县站次生林综合观测场	100	21.2	3	0.36
2008－02	JXFZH02	吉县站油松人工林综合观测场	20	16.9	3	0.49
2008－02	JXFZH02	吉县站油松人工林综合观测场	40	18.5	3	0.27
2008－02	JXFZH02	吉县站油松人工林综合观测场	60	18.1	3	0.33
2008－02	JXFZH02	吉县站油松人工林综合观测场	80	18.5	3	0.23
2008－02	JXFZH02	吉县站油松人工林综合观测场	100	19.7	3	0.57
2008－02	JXFZH01	吉县站刺槐人工林综合观测场	20	15.2	3	0.50
2008－02	JXFZH01	吉县站刺槐人工林综合观测场	40	20.8	3	0.44
2008－02	JXFZH01	吉县站刺槐人工林综合观测场	60	24.0	3	0.41
2008－02	JXFZH01	吉县站刺槐人工林综合观测场	80	22.5	3	0.47
2008－02	JXFZH01	吉县站刺槐人工林综合观测场	100	20.3	3	0.58
2008－03	JXFZH03	吉县站次生林综合观测场	20	22.1	3	0.32
2008－03	JXFZH03	吉县站次生林综合观测场	40	21.0	3	0.24
2008－03	JXFZH03	吉县站次生林综合观测场	60	18.7	3	0.22
2008－03	JXFZH03	吉县站次生林综合观测场	80	18.9	3	0.50
2008－03	JXFZH03	吉县站次生林综合观测场	100	20.1	3	0.46
2008－03	JXFZH02	吉县站油松人工林综合观测场	20	18.5	3	0.22
2008－03	JXFZH02	吉县站油松人工林综合观测场	40	21.8	3	0.26
2008－03	JXFZH02	吉县站油松人工林综合观测场	60	20.9	3	0.43
2008－03	JXFZH02	吉县站油松人工林综合观测场	80	19.2	3	0.37
2008－03	JXFZH02	吉县站油松人工林综合观测场	100	19.9	3	0.21
2008－03	JXFZH01	吉县站刺槐人工林综合观测场	20	16.7	3	0.56
2008－03	JXFZH01	吉县站刺槐人工林综合观测场	40	22.8	3	0.38
2008－03	JXFZH01	吉县站刺槐人工林综合观测场	60	24.7	3	0.60
2008－03	JXFZH01	吉县站刺槐人工林综合观测场	80	23.6	3	0.56
2008－03	JXFZH01	吉县站刺槐人工林综合观测场	100	23.0	3	0.36
2008－04	JXFZH03	吉县站次生林综合观测场	20	19.5	3	0.47
2008－04	JXFZH03	吉县站次生林综合观测场	40	22.3	3	0.24
2008－04	JXFZH03	吉县站次生林综合观测场	60	22.5	3	0.59
2008－04	JXFZH03	吉县站次生林综合观测场	80	22.4	3	0.55
2008－04	JXFZH03	吉县站次生林综合观测场	100	22.6	3	0.33

（续）

时间（年-月）	样地代码	样地名称	探测深度/cm	体积含水量/%	重复数	标准差
2008 - 04	JXFZH02	吉县站油松人工林综合观测场	20	15.1	3	0.51
2008 - 04	JXFZH02	吉县站油松人工林综合观测场	40	19.4	3	0.47
2008 - 04	JXFZH02	吉县站油松人工林综合观测场	60	20.2	3	0.44
2008 - 04	JXFZH02	吉县站油松人工林综合观测场	80	19.1	3	0.23
2008 - 04	JXFZH02	吉县站油松人工林综合观测场	100	20.3	3	0.36
2008 - 04	JXFZH01	吉县站刺槐人工林综合观测场	20	15.3	3	0.27
2008 - 04	JXFZH01	吉县站刺槐人工林综合观测场	40	21.3	3	0.31
2008 - 04	JXFZH01	吉县站刺槐人工林综合观测场	60	22.9	3	0.25
2008 - 04	JXFZH01	吉县站刺槐人工林综合观测场	80	22.9	3	0.26
2008 - 04	JXFZH01	吉县站刺槐人工林综合观测场	100	22.7	3	0.36
2008 - 05	JXFZH03	吉县站次生林综合观测场	20	16.6	3	0.56
2008 - 05	JXFZH03	吉县站次生林综合观测场	40	18.1	3	0.59
2008 - 05	JXFZH03	吉县站次生林综合观测场	60	19.9	3	0.56
2008 - 05	JXFZH03	吉县站次生林综合观测场	80	21.3	3	0.46
2008 - 05	JXFZH03	吉县站次生林综合观测场	100	22.2	3	0.36
2008 - 05	JXFZH02	吉县站油松人工林综合观测场	20	14.1	3	0.22
2008 - 05	JXFZH02	吉县站油松人工林综合观测场	40	16.5	3	0.22
2008 - 05	JXFZH02	吉县站油松人工林综合观测场	60	17.6	3	0.27
2008 - 05	JXFZH02	吉县站油松人工林综合观测场	80	17.4	3	0.30
2008 - 05	JXFZH02	吉县站油松人工林综合观测场	100	19.2	3	0.28
2008 - 05	JXFZH01	吉县站刺槐人工林综合观测场	20	13.7	3	0.38
2008 - 05	JXFZH01	吉县站刺槐人工林综合观测场	40	18.2	3	0.48
2008 - 05	JXFZH01	吉县站刺槐人工林综合观测场	60	22.8	3	0.36
2008 - 05	JXFZH01	吉县站刺槐人工林综合观测场	80	23.2	3	0.51
2008 - 05	JXFZH01	吉县站刺槐人工林综合观测场	100	23.4	3	0.59
2008 - 06	JXFZH03	吉县站次生林综合观测场	20	14.7	3	0.40
2008 - 06	JXFZH03	吉县站次生林综合观测场	40	14.8	3	0.44
2008 - 06	JXFZH03	吉县站次生林综合观测场	60	14.7	3	0.30
2008 - 06	JXFZH03	吉县站次生林综合观测场	80	15.8	3	0.24
2008 - 06	JXFZH03	吉县站次生林综合观测场	100	16.8	3	0.36
2008 - 06	JXFZH02	吉县站油松人工林综合观测场	20	12.4	3	0.42
2008 - 06	JXFZH02	吉县站油松人工林综合观测场	40	13.8	3	0.53
2008 - 06	JXFZH02	吉县站油松人工林综合观测场	60	13.8	3	0.44
2008 - 06	JXFZH02	吉县站油松人工林综合观测场	80	14.1	3	0.22
2008 - 06	JXFZH02	吉县站油松人工林综合观测场	100	15.4	3	0.52
2008 - 06	JXFZH01	吉县站刺槐人工林综合观测场	20	16.9	3	0.38
2008 - 06	JXFZH01	吉县站刺槐人工林综合观测场	40	17.6	3	0.37
2008 - 06	JXFZH01	吉县站刺槐人工林综合观测场	60	17.0	3	0.24
2008 - 06	JXFZH01	吉县站刺槐人工林综合观测场	80	17.2	3	0.28

（续）

时间（年-月）	样地代码	样地名称	探测深度/cm	体积含水量/%	重复数	标准差
2008 - 06	JXFZH01	吉县站刺槐人工林综合观测场	100	17.8	3	0.55
2008 - 07	JXFZH03	吉县站次生林综合观测场	20	14.7	3	0.32
2008 - 07	JXFZH03	吉县站次生林综合观测场	40	15.5	3	0.29
2008 - 07	JXFZH03	吉县站次生林综合观测场	60	15.2	3	0.20
2008 - 07	JXFZH03	吉县站次生林综合观测场	80	15.5	3	0.48
2008 - 07	JXFZH03	吉县站次生林综合观测场	100	16.0	3	0.35
2008 - 07	JXFZH02	吉县站油松人工林综合观测场	20	13.4	3	0.41
2008 - 07	JXFZH02	吉县站油松人工林综合观测场	40	14.3	3	0.59
2008 - 07	JXFZH02	吉县站油松人工林综合观测场	60	14.3	3	0.21
2008 - 07	JXFZH02	吉县站油松人工林综合观测场	80	14.3	3	0.22
2008 - 07	JXFZH02	吉县站油松人工林综合观测场	100	15.5	3	0.53
2008 - 07	JXFZH01	吉县站刺槐人工林综合观测场	20	14.6	3	0.40
2008 - 07	JXFZH01	吉县站刺槐人工林综合观测场	40	18.4	3	0.48
2008 - 07	JXFZH01	吉县站刺槐人工林综合观测场	60	19.4	3	0.39
2008 - 07	JXFZH01	吉县站刺槐人工林综合观测场	80	18.0	3	0.51
2008 - 07	JXFZH01	吉县站刺槐人工林综合观测场	100	17.2	3	0.30
2008 - 08	JXFZH03	吉县站次生林综合观测场	20	17.2	3	0.48
2008 - 08	JXFZH03	吉县站次生林综合观测场	40	16.8	3	0.25
2008 - 08	JXFZH03	吉县站次生林综合观测场	60	13.3	3	0.55
2008 - 08	JXFZH03	吉县站次生林综合观测场	80	14.7	3	0.47
2008 - 08	JXFZH03	吉县站次生林综合观测场	100	15.1	3	0.40
2008 - 08	JXFZH02	吉县站油松人工林综合观测场	20	14.5	3	0.40
2008 - 08	JXFZH02	吉县站油松人工林综合观测场	40	14.7	3	0.31
2008 - 08	JXFZH02	吉县站油松人工林综合观测场	60	14.4	3	0.32
2008 - 08	JXFZH02	吉县站油松人工林综合观测场	80	14.3	3	0.25
2008 - 08	JXFZH02	吉县站油松人工林综合观测场	100	15.2	3	0.47
2008 - 08	JXFZH01	吉县站刺槐人工林综合观测场	20	15.9	3	0.57
2008 - 08	JXFZH01	吉县站刺槐人工林综合观测场	40	17.9	3	0.41
2008 - 08	JXFZH01	吉县站刺槐人工林综合观测场	60	17.9	3	0.30
2008 - 08	JXFZH01	吉县站刺槐人工林综合观测场	80	16.5	3	0.45
2008 - 08	JXFZH01	吉县站刺槐人工林综合观测场	100	16.3	3	0.55
2008 - 09	JXFZH03	吉县站次生林综合观测场	20	20.3	3	0.54
2008 - 09	JXFZH03	吉县站次生林综合观测场	40	19.4	3	0.22
2008 - 09	JXFZH03	吉县站次生林综合观测场	60	14.6	3	0.21
2008 - 09	JXFZH03	吉县站次生林综合观测场	80	13.2	3	0.33
2008 - 09	JXFZH03	吉县站次生林综合观测场	100	13.3	3	0.56
2008 - 09	JXFZH02	吉县站油松人工林综合观测场	20	17.9	3	0.59
2008 - 09	JXFZH02	吉县站油松人工林综合观测场	40	16.2	3	0.21
2008 - 09	JXFZH02	吉县站油松人工林综合观测场	60	12.6	3	0.38

（续）

时间（年-月）	样地代码	样地名称	探测深度/cm	体积含水量/%	重复数	标准差
2008－09	JXFZH02	吉县站油松人工林综合观测场	80	11.7	3	0.45
2008－09	JXFZH02	吉县站油松人工林综合观测场	100	12.8	3	0.25
2008－09	JXFZH01	吉县站刺槐人工林综合观测场	20	18.8	3	0.27
2008－09	JXFZH01	吉县站刺槐人工林综合观测场	40	22.1	3	0.53
2008－09	JXFZH01	吉县站刺槐人工林综合观测场	60	18.9	3	0.33
2008－09	JXFZH01	吉县站刺槐人工林综合观测场	80	13.8	3	0.58
2008－09	JXFZH01	吉县站刺槐人工林综合观测场	100	13.8	3	0.40
2008－11	JXFZH03	吉县站次生林综合观测场	20	16.3	3	0.55
2008－11	JXFZH03	吉县站次生林综合观测场	40	17.6	3	0.38
2008－11	JXFZH03	吉县站次生林综合观测场	60	17.1	3	0.53
2008－11	JXFZH03	吉县站次生林综合观测场	80	17.2	3	0.43
2008－11	JXFZH03	吉县站次生林综合观测场	100	17.0	3	0.28
2008－11	JXFZH02	吉县站油松人工林综合观测场	20	14.0	3	0.24
2008－11	JXFZH02	吉县站油松人工林综合观测场	40	16.4	3	0.28
2008－11	JXFZH02	吉县站油松人工林综合观测场	60	16.7	3	0.33
2008－11	JXFZH02	吉县站油松人工林综合观测场	80	15.2	3	0.60
2008－11	JXFZH02	吉县站油松人工林综合观测场	100	16.1	3	0.30
2008－11	JXFZH01	吉县站刺槐人工林综合观测场	20	13.8	3	0.24
2008－11	JXFZH01	吉县站刺槐人工林综合观测场	40	16.6	3	0.35
2008－11	JXFZH01	吉县站刺槐人工林综合观测场	60	18.1	3	0.46
2008－11	JXFZH01	吉县站刺槐人工林综合观测场	80	20.2	3	0.32
2008－11	JXFZH01	吉县站刺槐人工林综合观测场	100	19.4	3	0.24

注：采集人，毕华兴；采集时间，2008 年。

表 3－36　2009 年综合观测场林地土壤体积含水量观测数据

时间（年-月）	样地代码	样地名称	探测深度/cm	体积含水量/%	重复数	标准差
2009－01	JXFZH03	吉县站次生林综合观测场	20	8.8	3	0.26
2009－01	JXFZH03	吉县站次生林综合观测场	40	9.8	3	0.41
2009－01	JXFZH03	吉县站次生林综合观测场	60	14.1	3	0.41
2009－01	JXFZH03	吉县站次生林综合观测场	80	14.4	3	0.38
2009－01	JXFZH03	吉县站次生林综合观测场	100	15.0	3	0.49
2009－01	JXFZH02	吉县站油松人工林综合观测场	20	8.9	3	0.27
2009－01	JXFZH02	吉县站油松人工林综合观测场	40	11.5	3	0.46
2009－01	JXFZH02	吉县站油松人工林综合观测场	60	13.2	3	0.38
2009－01	JXFZH02	吉县站油松人工林综合观测场	80	13.6	3	0.45
2009－01	JXFZH02	吉县站油松人工林综合观测场	100	14.9	3	0.35
2009－01	JXFZH01	吉县站刺槐人工林综合观测场	20	9.4	3	0.37
2009－01	JXFZH01	吉县站刺槐人工林综合观测场	40	12.0	3	0.46
2009－01	JXFZH01	吉县站刺槐人工林综合观测场	60	15.3	3	0.48

（续）

时间（年-月）	样地代码	样地名称	探测深度/cm	体积含水量/%	重复数	标准差
2009-01	JXFZH01	吉县站刺槐人工林综合观测场	80	15.4	3	0.23
2009-01	JXFZH01	吉县站刺槐人工林综合观测场	100	15.1	3	0.25
2009-02	JXFZH03	吉县站次生林综合观测场	20	12.2	3	0.40
2009-02	JXFZH03	吉县站次生林综合观测场	40	11.9	3	0.27
2009-02	JXFZH03	吉县站次生林综合观测场	60	11.6	3	0.33
2009-02	JXFZH03	吉县站次生林综合观测场	80	13.5	3	0.43
2009-02	JXFZH03	吉县站次生林综合观测场	100	14.4	3	0.29
2009-02	JXFZH02	吉县站油松人工林综合观测场	20	11.9	3	0.54
2009-02	JXFZH02	吉县站油松人工林综合观测场	40	13.7	3	0.48
2009-02	JXFZH02	吉县站油松人工林综合观测场	60	13.8	3	0.23
2009-02	JXFZH02	吉县站油松人工林综合观测场	80	13.9	3	0.24
2009-02	JXFZH02	吉县站油松人工林综合观测场	100	14.3	3	0.38
2009-02	JXFZH01	吉县站刺槐人工林综合观测场	20	12.3	3	0.31
2009-02	JXFZH01	吉县站刺槐人工林综合观测场	40	14.2	3	0.34
2009-02	JXFZH01	吉县站刺槐人工林综合观测场	60	15.7	3	0.27
2009-02	JXFZH01	吉县站刺槐人工林综合观测场	80	15.2	3	0.39
2009-02	JXFZH01	吉县站刺槐人工林综合观测场	100	14.9	3	0.52
2009-03	JXFZH03	吉县站次生林综合观测场	20	17.6	3	0.59
2009-03	JXFZH03	吉县站次生林综合观测场	40	15.3	3	0.39
2009-03	JXFZH03	吉县站次生林综合观测场	60	12.9	3	0.21
2009-03	JXFZH03	吉县站次生林综合观测场	80	15.0	3	0.35
2009-03	JXFZH03	吉县站次生林综合观测场	100	14.3	3	0.47
2009-03	JXFZH02	吉县站油松人工林综合观测场	20	12.8	3	0.53
2009-03	JXFZH02	吉县站油松人工林综合观测场	40	14.9	3	0.25
2009-03	JXFZH02	吉县站油松人工林综合观测场	60	15.0	3	0.35
2009-03	JXFZH02	吉县站油松人工林综合观测场	80	14.1	3	0.20
2009-03	JXFZH02	吉县站油松人工林综合观测场	100	14.5	3	0.32
2009-03	JXFZH01	吉县站刺槐人工林综合观测场	20	13.0	3	0.23
2009-03	JXFZH01	吉县站刺槐人工林综合观测场	40	14.8	3	0.47
2009-03	JXFZH01	吉县站刺槐人工林综合观测场	60	15.7	3	0.56
2009-03	JXFZH01	吉县站刺槐人工林综合观测场	80	15.2	3	0.54
2009-03	JXFZH01	吉县站刺槐人工林综合观测场	100	14.8	3	0.52
2009-04	JXFZH03	吉县站次生林综合观测场	20	16.2	3	0.30
2009-04	JXFZH03	吉县站次生林综合观测场	40	16.4	3	0.50
2009-04	JXFZH03	吉县站次生林综合观测场	60	15.4	3	0.21
2009-04	JXFZH03	吉县站次生林综合观测场	80	16.2	3	0.59
2009-04	JXFZH03	吉县站次生林综合观测场	100	14.5	3	0.42
2009-04	JXFZH02	吉县站油松人工林综合观测场	20	10.9	3	0.54
2009-04	JXFZH02	吉县站油松人工林综合观测场	40	13.3	3	0.44

（续）

时间（年-月）	样地代码	样地名称	探测深度/cm	体积含水量/%	重复数	标准差
2009 - 04	JXFZH02	吉县站油松人工林综合观测场	60	13.9	3	0.59
2009 - 04	JXFZH02	吉县站油松人工林综合观测场	80	13.7	3	0.34
2009 - 04	JXFZH02	吉县站油松人工林综合观测场	100	14.5	3	0.58
2009 - 04	JXFZH01	吉县站刺槐人工林综合观测场	20	9.7	3	0.43
2009 - 04	JXFZH01	吉县站刺槐人工林综合观测场	40	13.2	3	0.35
2009 - 04	JXFZH01	吉县站刺槐人工林综合观测场	60	15.0	3	0.41
2009 - 04	JXFZH01	吉县站刺槐人工林综合观测场	80	15.3	3	0.23
2009 - 04	JXFZH01	吉县站刺槐人工林综合观测场	100	15.0	3	0.38
2009 - 05	JXFZH03	吉县站次生林综合观测场	20	23.6	3	0.48
2009 - 05	JXFZH03	吉县站次生林综合观测场	40	20.2	3	0.57
2009 - 05	JXFZH03	吉县站次生林综合观测场	60	15.7	3	0.21
2009 - 05	JXFZH03	吉县站次生林综合观测场	80	14.4	3	0.26
2009 - 05	JXFZH03	吉县站次生林综合观测场	100	14.1	3	0.47
2009 - 05	JXFZH02	吉县站油松人工林综合观测场	20	18.1	3	0.27
2009 - 05	JXFZH02	吉县站油松人工林综合观测场	40	18.1	3	0.33
2009 - 05	JXFZH02	吉县站油松人工林综合观测场	60	16.0	3	0.29
2009 - 05	JXFZH02	吉县站油松人工林综合观测场	80	14.7	3	0.42
2009 - 05	JXFZH02	吉县站油松人工林综合观测场	100	14.0	3	0.36
2009 - 05	JXFZH01	吉县站刺槐人工林综合观测场	20	17.8	3	0.53
2009 - 05	JXFZH01	吉县站刺槐人工林综合观测场	40	17.6	3	0.22
2009 - 05	JXFZH01	吉县站刺槐人工林综合观测场	60	19.2	3	0.54
2009 - 05	JXFZH01	吉县站刺槐人工林综合观测场	80	17.3	3	0.56
2009 - 05	JXFZH01	吉县站刺槐人工林综合观测场	100	16.1	3	0.41
2009 - 06	JXFZH03	吉县站次生林综合观测场	20	14.0	3	0.49
2009 - 06	JXFZH03	吉县站次生林综合观测场	40	14.6	3	0.23
2009 - 06	JXFZH03	吉县站次生林综合观测场	60	14.4	3	0.46
2009 - 06	JXFZH03	吉县站次生林综合观测场	80	14.2	3	0.39
2009 - 06	JXFZH03	吉县站次生林综合观测场	100	14.5	3	0.37
2009 - 06	JXFZH02	吉县站油松人工林综合观测场	20	13.1	3	0.48
2009 - 06	JXFZH02	吉县站油松人工林综合观测场	40	14.8	3	0.43
2009 - 06	JXFZH02	吉县站油松人工林综合观测场	60	15.1	3	0.35
2009 - 06	JXFZH02	吉县站油松人工林综合观测场	80	14.7	3	0.28
2009 - 06	JXFZH02	吉县站油松人工林综合观测场	100	14.5	3	0.36
2009 - 06	JXFZH01	吉县站刺槐人工林综合观测场	20	12.5	3	0.42
2009 - 06	JXFZH01	吉县站刺槐人工林综合观测场	40	14.2	3	0.35
2009 - 06	JXFZH01	吉县站刺槐人工林综合观测场	60	15.9	3	0.21
2009 - 06	JXFZH01	吉县站刺槐人工林综合观测场	80	15.7	3	0.33
2009 - 06	JXFZH01	吉县站刺槐人工林综合观测场	100	16.2	3	0.40
2009 - 07	JXFZH03	吉县站次生林综合观测场	20	17.3	3	0.33

（续）

时间（年-月）	样地代码	样地名称	探测深度/cm	体积含水量/%	重复数	标准差
2009 - 07	JXFZH03	吉县站次生林综合观测场	40	17.0	3	0.26
2009 - 07	JXFZH03	吉县站次生林综合观测场	60	16.7	3	0.44
2009 - 07	JXFZH03	吉县站次生林综合观测场	80	15.0	3	0.39
2009 - 07	JXFZH03	吉县站次生林综合观测场	100	14.3	3	0.46
2009 - 07	JXFZH02	吉县站油松人工林综合观测场	20	14.4	3	0.46
2009 - 07	JXFZH02	吉县站油松人工林综合观测场	40	14.8	3	0.41
2009 - 07	JXFZH02	吉县站油松人工林综合观测场	60	13.9	3	0.36
2009 - 07	JXFZH02	吉县站油松人工林综合观测场	80	14.0	3	0.60
2009 - 07	JXFZH02	吉县站油松人工林综合观测场	100	14.2	3	0.23
2009 - 07	JXFZH01	吉县站刺槐人工林综合观测场	20	14.9	3	0.42
2009 - 07	JXFZH01	吉县站刺槐人工林综合观测场	40	14.9	3	0.48
2009 - 07	JXFZH01	吉县站刺槐人工林综合观测场	60	14.8	3	0.30
2009 - 07	JXFZH01	吉县站刺槐人工林综合观测场	80	14.6	3	0.36
2009 - 07	JXFZH01	吉县站刺槐人工林综合观测场	100	14.1	3	0.53
2009 - 09	JXFZH03	吉县站次生林综合观测场	20	22.7	3	0.51
2009 - 09	JXFZH03	吉县站次生林综合观测场	40	24.5	3	0.26
2009 - 09	JXFZH03	吉县站次生林综合观测场	60	21.5	3	0.49
2009 - 09	JXFZH03	吉县站次生林综合观测场	80	22.8	3	0.33
2009 - 09	JXFZH03	吉县站次生林综合观测场	100	20.1	3	0.45
2009 - 09	JXFZH02	吉县站油松人工林综合观测场	20	18.9	3	0.26
2009 - 09	JXFZH02	吉县站油松人工林综合观测场	40	19.8	3	0.59
2009 - 09	JXFZH02	吉县站油松人工林综合观测场	60	19.2	3	0.35
2009 - 09	JXFZH02	吉县站油松人工林综合观测场	80	18.3	3	0.35
2009 - 09	JXFZH02	吉县站油松人工林综合观测场	100	16.3	3	0.48
2009 - 09	JXFZH01	吉县站刺槐人工林综合观测场	20	17.0	3	0.54
2009 - 09	JXFZH01	吉县站刺槐人工林综合观测场	40	18.4	3	0.52
2009 - 09	JXFZH01	吉县站刺槐人工林综合观测场	60	20.3	3	0.24
2009 - 09	JXFZH01	吉县站刺槐人工林综合观测场	80	18.6	3	0.36
2009 - 09	JXFZH01	吉县站刺槐人工林综合观测场	100	17.4	3	0.42
2009 - 10	JXFZH03	吉县站次生林综合观测场	20	20.4	3	0.53
2009 - 10	JXFZH03	吉县站次生林综合观测场	40	20.1	3	0.21
2009 - 10	JXFZH03	吉县站次生林综合观测场	60	17.8	3	0.42
2009 - 10	JXFZH03	吉县站次生林综合观测场	80	19.5	3	0.29
2009 - 10	JXFZH03	吉县站次生林综合观测场	100	18.7	3	0.36
2009 - 10	JXFZH02	吉县站油松人工林综合观测场	20	14.1	3	0.49
2009 - 10	JXFZH02	吉县站油松人工林综合观测场	40	14.7	3	0.25
2009 - 10	JXFZH02	吉县站油松人工林综合观测场	60	15.4	3	0.33
2009 - 10	JXFZH02	吉县站油松人工林综合观测场	80	16.0	3	0.42
2009 - 10	JXFZH02	吉县站油松人工林综合观测场	100	14.9	3	0.21

（续）

时间（年-月）	样地代码	样地名称	探测深度/cm	体积含水量/%	重复数	标准差
2009－10	JXFZH01	吉县站刺槐人工林综合观测场	20	13.2	3	0.53
2009－10	JXFZH01	吉县站刺槐人工林综合观测场	40	13.4	3	0.29
2009－10	JXFZH01	吉县站刺槐人工林综合观测场	60	15.6	3	0.37
2009－10	JXFZH01	吉县站刺槐人工林综合观测场	80	16.2	3	0.39
2009－10	JXFZH01	吉县站刺槐人工林综合观测场	100	16.2	3	0.24
2009－11	JXFZH03	吉县站次生林综合观测场	20	17.6	3	0.29
2009－11	JXFZH03	吉县站次生林综合观测场	40	17.8	3	0.49
2009－11	JXFZH03	吉县站次生林综合观测场	60	18.5	3	0.32
2009－11	JXFZH03	吉县站次生林综合观测场	80	18.2	3	0.54
2009－11	JXFZH03	吉县站次生林综合观测场	100	17.9	3	0.58
2009－11	JXFZH02	吉县站油松人工林综合观测场	20	13.3	3	0.31
2009－11	JXFZH02	吉县站油松人工林综合观测场	40	14.2	3	0.25
2009－11	JXFZH02	吉县站油松人工林综合观测场	60	15.0	3	0.50
2009－11	JXFZH02	吉县站油松人工林综合观测场	80	15.3	3	0.21
2009－11	JXFZH02	吉县站油松人工林综合观测场	100	15.2	3	0.34
2009－11	JXFZH01	吉县站刺槐人工林综合观测场	20	11.7	3	0.28
2009－11	JXFZH01	吉县站刺槐人工林综合观测场	40	13.9	3	0.36
2009－11	JXFZH01	吉县站刺槐人工林综合观测场	60	15.8	3	0.33
2009－11	JXFZH01	吉县站刺槐人工林综合观测场	80	16.1	3	0.50
2009－11	JXFZH01	吉县站刺槐人工林综合观测场	100	15.9	3	0.54
2009－12	JXFZH03	吉县站次生林综合观测场	20	16.0	3	0.56
2009－12	JXFZH03	吉县站次生林综合观测场	40	17.1	3	0.44
2009－12	JXFZH03	吉县站次生林综合观测场	60	17.0	3	0.53
2009－12	JXFZH03	吉县站次生林综合观测场	80	17.9	3	0.30
2009－12	JXFZH03	吉县站次生林综合观测场	100	18.0	3	0.29
2009－12	JXFZH02	吉县站油松人工林综合观测场	20	13.8	3	0.28
2009－12	JXFZH02	吉县站油松人工林综合观测场	40	14.9	3	0.42
2009－12	JXFZH02	吉县站油松人工林综合观测场	60	14.6	3	0.59
2009－12	JXFZH02	吉县站油松人工林综合观测场	80	14.7	3	0.29
2009－12	JXFZH02	吉县站油松人工林综合观测场	100	15.3	3	0.44
2009－12	JXFZH01	吉县站刺槐人工林综合观测场	20	14.8	3	0.42
2009－12	JXFZH01	吉县站刺槐人工林综合观测场	40	16.2	3	0.59
2009－12	JXFZH01	吉县站刺槐人工林综合观测场	60	18.0	3	0.26
2009－12	JXFZH01	吉县站刺槐人工林综合观测场	80	16.5	3	0.52
2009－12	JXFZH01	吉县站刺槐人工林综合观测场	100	16.3	3	0.21

注：采集人，毕华兴；采集时间，2009 年。

表 3-37　2010 年综合观测场林地土壤体积含水量观测数据

时间（年-月）	样地代码	样地名称	探测深度/cm	体积含水量/%	重复数	标准差
2010 - 01	JXFZH03	吉县站次生林综合观测场	20	11.2	3	0.33
2010 - 01	JXFZH03	吉县站次生林综合观测场	40	12.4	3	0.45
2010 - 01	JXFZH03	吉县站次生林综合观测场	60	15.1	3	0.21
2010 - 01	JXFZH03	吉县站次生林综合观测场	80	17.4	3	0.54
2010 - 01	JXFZH03	吉县站次生林综合观测场	100	18.3	3	0.40
2010 - 01	JXFZH02	吉县站油松人工林综合观测场	20	15.1	3	0.28
2010 - 01	JXFZH02	吉县站油松人工林综合观测场	40	16.0	3	0.49
2010 - 01	JXFZH02	吉县站油松人工林综合观测场	60	15.3	3	0.34
2010 - 01	JXFZH02	吉县站油松人工林综合观测场	80	14.1	3	0.41
2010 - 01	JXFZH02	吉县站油松人工林综合观测场	100	13.7	3	0.45
2010 - 01	JXFZH01	吉县站刺槐人工林综合观测场	20	10.9	3	0.21
2010 - 01	JXFZH01	吉县站刺槐人工林综合观测场	40	11.7	3	0.35
2010 - 01	JXFZH01	吉县站刺槐人工林综合观测场	60	13.2	3	0.28
2010 - 01	JXFZH01	吉县站刺槐人工林综合观测场	80	14.8	3	0.24
2010 - 01	JXFZH01	吉县站刺槐人工林综合观测场	100	15.0	3	0.28
2010 - 02	JXFZH03	吉县站次生林综合观测场	20	12.3	3	0.59
2010 - 02	JXFZH03	吉县站次生林综合观测场	40	11.8	3	0.57
2010 - 02	JXFZH03	吉县站次生林综合观测场	60	12.9	3	0.55
2010 - 02	JXFZH03	吉县站次生林综合观测场	80	15.5	3	0.35
2010 - 02	JXFZH03	吉县站次生林综合观测场	100	17.2	3	0.42
2010 - 02	JXFZH02	吉县站油松人工林综合观测场	20	14.3	3	0.24
2010 - 02	JXFZH02	吉县站油松人工林综合观测场	40	16.4	3	0.52
2010 - 02	JXFZH02	吉县站油松人工林综合观测场	60	15.9	3	0.41
2010 - 02	JXFZH02	吉县站油松人工林综合观测场	80	14.6	3	0.52
2010 - 02	JXFZH02	吉县站油松人工林综合观测场	100	13.6	3	0.31
2010 - 02	JXFZH01	吉县站刺槐人工林综合观测场	20	12.1	3	0.48
2010 - 02	JXFZH01	吉县站刺槐人工林综合观测场	40	12.5	3	0.46
2010 - 02	JXFZH01	吉县站刺槐人工林综合观测场	60	13.8	3	0.48
2010 - 02	JXFZH01	吉县站刺槐人工林综合观测场	80	13.9	3	0.58
2010 - 02	JXFZH01	吉县站刺槐人工林综合观测场	100	14.3	3	0.47
2010 - 03	JXFZH03	吉县站次生林综合观测场	20	20.6	3	0.23
2010 - 03	JXFZH03	吉县站次生林综合观测场	40	16.7	3	0.57
2010 - 03	JXFZH03	吉县站次生林综合观测场	60	14.8	3	0.24
2010 - 03	JXFZH03	吉县站次生林综合观测场	80	16.6	3	0.40
2010 - 03	JXFZH03	吉县站次生林综合观测场	100	16.6	3	0.28
2010 - 03	JXFZH02	吉县站油松人工林综合观测场	20	13.5	3	0.39
2010 - 03	JXFZH02	吉县站油松人工林综合观测场	40	15.6	3	0.43
2010 - 03	JXFZH02	吉县站油松人工林综合观测场	60	14.9	3	0.46
2010 - 03	JXFZH02	吉县站油松人工林综合观测场	80	13.9	3	0.22

（续）

时间（年-月）	样地代码	样地名称	探测深度/cm	体积含水量/%	重复数	标准差
2010 - 03	JXFZH02	吉县站油松人工林综合观测场	100	13.1	3	0.30
2010 - 03	JXFZH01	吉县站刺槐人工林综合观测场	20	13.4	3	0.55
2010 - 03	JXFZH01	吉县站刺槐人工林综合观测场	40	15.3	3	0.56
2010 - 03	JXFZH01	吉县站刺槐人工林综合观测场	60	14.4	3	0.59
2010 - 03	JXFZH01	吉县站刺槐人工林综合观测场	80	14.7	3	0.55
2010 - 03	JXFZH01	吉县站刺槐人工林综合观测场	100	14.7	3	0.27
2010 - 04	JXFZH03	吉县站次生林综合观测场	20	21.5	3	0.25
2010 - 04	JXFZH03	吉县站次生林综合观测场	40	21.6	3	0.51
2010 - 04	JXFZH03	吉县站次生林综合观测场	60	19.6	3	0.58
2010 - 04	JXFZH03	吉县站次生林综合观测场	80	19.7	3	0.55
2010 - 04	JXFZH03	吉县站次生林综合观测场	100	17.2	3	0.59
2010 - 04	JXFZH02	吉县站油松人工林综合观测场	20	13.0	3	0.22
2010 - 04	JXFZH02	吉县站油松人工林综合观测场	40	14.8	3	0.41
2010 - 04	JXFZH02	吉县站油松人工林综合观测场	60	14.7	3	0.46
2010 - 04	JXFZH02	吉县站油松人工林综合观测场	80	14.0	3	0.21
2010 - 04	JXFZH02	吉县站油松人工林综合观测场	100	13.2	3	0.35
2010 - 04	JXFZH01	吉县站刺槐人工林综合观测场	20	12.7	3	0.54
2010 - 04	JXFZH01	吉县站刺槐人工林综合观测场	40	13.6	3	0.27
2010 - 04	JXFZH01	吉县站刺槐人工林综合观测场	60	13.4	3	0.33
2010 - 04	JXFZH01	吉县站刺槐人工林综合观测场	80	14.3	3	0.53
2010 - 04	JXFZH01	吉县站刺槐人工林综合观测场	100	14.9	3	0.54
2010 - 05	JXFZH03	吉县站次生林综合观测场	20	16.1	3	0.52
2010 - 05	JXFZH03	吉县站次生林综合观测场	40	15.1	3	0.42
2010 - 05	JXFZH03	吉县站次生林综合观测场	60	15.5	3	0.29
2010 - 05	JXFZH03	吉县站次生林综合观测场	80	17.2	3	0.36
2010 - 05	JXFZH03	吉县站次生林综合观测场	100	16.9	3	0.25
2010 - 05	JXFZH02	吉县站油松人工林综合观测场	20	12.6	3	0.60
2010 - 05	JXFZH02	吉县站油松人工林综合观测场	40	14.1	3	0.47
2010 - 05	JXFZH02	吉县站油松人工林综合观测场	60	14.2	3	0.37
2010 - 05	JXFZH02	吉县站油松人工林综合观测场	80	13.6	3	0.53
2010 - 05	JXFZH02	吉县站油松人工林综合观测场	100	12.8	3	0.24
2010 - 05	JXFZH01	吉县站刺槐人工林综合观测场	20	11.9	3	0.60
2010 - 05	JXFZH01	吉县站刺槐人工林综合观测场	40	13.2	3	0.26
2010 - 05	JXFZH01	吉县站刺槐人工林综合观测场	60	13.1	3	0.45
2010 - 05	JXFZH01	吉县站刺槐人工林综合观测场	80	13.6	3	0.52
2010 - 05	JXFZH01	吉县站刺槐人工林综合观测场	100	14.0	3	0.47
2010 - 06	JXFZH03	吉县站次生林综合观测场	20	12.4	3	0.30
2010 - 06	JXFZH03	吉县站次生林综合观测场	40	12.3	3	0.55
2010 - 06	JXFZH03	吉县站次生林综合观测场	60	12.3	3	0.37

（续）

时间（年-月）	样地代码	样地名称	探测深度/cm	体积含水量/%	重复数	标准差
2010 - 06	JXFZH03	吉县站次生林综合观测场	80	13.3	3	0.39
2010 - 06	JXFZH03	吉县站次生林综合观测场	100	13.9	3	0.58
2010 - 06	JXFZH02	吉县站油松人工林综合观测场	20	10.2	3	0.31
2010 - 06	JXFZH02	吉县站油松人工林综合观测场	40	12.0	3	0.28
2010 - 06	JXFZH02	吉县站油松人工林综合观测场	60	13.0	3	0.34
2010 - 06	JXFZH02	吉县站油松人工林综合观测场	80	12.9	3	0.28
2010 - 06	JXFZH02	吉县站油松人工林综合观测场	100	12.8	3	0.51
2010 - 06	JXFZH01	吉县站刺槐人工林综合观测场	20	10.9	3	0.44
2010 - 06	JXFZH01	吉县站刺槐人工林综合观测场	40	12.4	3	0.55
2010 - 06	JXFZH01	吉县站刺槐人工林综合观测场	60	12.6	3	0.53
2010 - 06	JXFZH01	吉县站刺槐人工林综合观测场	80	13.5	3	0.54
2010 - 06	JXFZH01	吉县站刺槐人工林综合观测场	100	13.9	3	0.58
2010 - 07	JXFZH03	吉县站次生林综合观测场	20	16.8	3	0.32
2010 - 07	JXFZH03	吉县站次生林综合观测场	40	14.7	3	0.37
2010 - 07	JXFZH03	吉县站次生林综合观测场	60	12.5	3	0.23
2010 - 07	JXFZH03	吉县站次生林综合观测场	80	13.5	3	0.27
2010 - 07	JXFZH03	吉县站次生林综合观测场	100	13.8	3	0.24
2010 - 07	JXFZH02	吉县站油松人工林综合观测场	20	13.3	3	0.28
2010 - 07	JXFZH02	吉县站油松人工林综合观测场	40	12.8	3	0.43
2010 - 07	JXFZH02	吉县站油松人工林综合观测场	60	12.8	3	0.49
2010 - 07	JXFZH02	吉县站油松人工林综合观测场	80	12.9	3	0.26
2010 - 07	JXFZH02	吉县站油松人工林综合观测场	100	12.8	3	0.36
2010 - 07	JXFZH01	吉县站刺槐人工林综合观测场	20	12.6	3	0.49
2010 - 07	JXFZH01	吉县站刺槐人工林综合观测场	40	12.9	3	0.21
2010 - 07	JXFZH01	吉县站刺槐人工林综合观测场	60	12.6	3	0.28
2010 - 07	JXFZH01	吉县站刺槐人工林综合观测场	80	13.3	3	0.23
2010 - 07	JXFZH01	吉县站刺槐人工林综合观测场	100	14.1	3	0.32
2010 - 08	JXFZH03	吉县站次生林综合观测场	20	17.7	3	0.38
2010 - 08	JXFZH03	吉县站次生林综合观测场	40	18.7	3	0.38
2010 - 08	JXFZH03	吉县站次生林综合观测场	60	17.3	3	0.47
2010 - 08	JXFZH03	吉县站次生林综合观测场	80	17.6	3	0.52
2010 - 08	JXFZH03	吉县站次生林综合观测场	100	14.6	3	0.34
2010 - 08	JXFZH02	吉县站油松人工林综合观测场	20	15.1	3	0.57
2010 - 08	JXFZH02	吉县站油松人工林综合观测场	40	18.2	3	0.39
2010 - 08	JXFZH02	吉县站油松人工林综合观测场	60	17.9	3	0.33
2010 - 08	JXFZH02	吉县站油松人工林综合观测场	80	15.7	3	0.36
2010 - 08	JXFZH02	吉县站油松人工林综合观测场	100	14.7	3	0.34
2010 - 08	JXFZH01	吉县站刺槐人工林综合观测场	20	13.8	3	0.57
2010 - 08	JXFZH01	吉县站刺槐人工林综合观测场	40	15.0	3	0.48

（续）

时间（年-月）	样地代码	样地名称	探测深度/cm	体积含水量/%	重复数	标准差
2010 - 08	JXFZH01	吉县站刺槐人工林综合观测场	60	14.9	3	0.35
2010 - 08	JXFZH01	吉县站刺槐人工林综合观测场	80	14.1	3	0.21
2010 - 08	JXFZH01	吉县站刺槐人工林综合观测场	100	14.1	3	0.23
2010 - 09	JXFZH03	吉县站次生林综合观测场	20	17.3	3	0.58
2010 - 09	JXFZH03	吉县站次生林综合观测场	40	16.7	3	0.37
2010 - 09	JXFZH03	吉县站次生林综合观测场	60	16.0	3	0.50
2010 - 09	JXFZH03	吉县站次生林综合观测场	80	17.4	3	0.50
2010 - 09	JXFZH03	吉县站次生林综合观测场	100	16.3	3	0.24
2010 - 09	JXFZH02	吉县站油松人工林综合观测场	20	14.3	3	0.48
2010 - 09	JXFZH02	吉县站油松人工林综合观测场	40	16.3	3	0.20
2010 - 09	JXFZH02	吉县站油松人工林综合观测场	60	16.7	3	0.38
2010 - 09	JXFZH02	吉县站油松人工林综合观测场	80	16.4	3	0.28
2010 - 09	JXFZH02	吉县站油松人工林综合观测场	100	15.3	3	0.43
2010 - 09	JXFZH01	吉县站刺槐人工林综合观测场	20	13.6	3	0.52
2010 - 09	JXFZH01	吉县站刺槐人工林综合观测场	40	14.6	3	0.56
2010 - 09	JXFZH01	吉县站刺槐人工林综合观测场	60	14.5	3	0.44
2010 - 09	JXFZH01	吉县站刺槐人工林综合观测场	80	14.5	3	0.33
2010 - 09	JXFZH01	吉县站刺槐人工林综合观测场	100	14.3	3	0.28
2010 - 10	JXFZH03	吉县站次生林综合观测场	20	12.6	3	0.47
2010 - 10	JXFZH03	吉县站次生林综合观测场	40	12.8	3	0.24
2010 - 10	JXFZH03	吉县站次生林综合观测场	60	13.1	3	0.37
2010 - 10	JXFZH03	吉县站次生林综合观测场	80	14.5	3	0.51
2010 - 10	JXFZH03	吉县站次生林综合观测场	100	14.1	3	0.59
2010 - 10	JXFZH02	吉县站油松人工林综合观测场	20	11.0	3	0.49
2010 - 10	JXFZH02	吉县站油松人工林综合观测场	40	12.2	3	0.44
2010 - 10	JXFZH02	吉县站油松人工林综合观测场	60	12.9	3	0.35
2010 - 10	JXFZH02	吉县站油松人工林综合观测场	80	13.3	3	0.21
2010 - 10	JXFZH02	吉县站油松人工林综合观测场	100	13.0	3	0.36
2010 - 10	JXFZH01	吉县站刺槐人工林综合观测场	20	16.6	3	0.38
2010 - 10	JXFZH01	吉县站刺槐人工林综合观测场	40	12.6	3	0.26
2010 - 10	JXFZH01	吉县站刺槐人工林综合观测场	60	12.8	3	0.49
2010 - 10	JXFZH01	吉县站刺槐人工林综合观测场	80	13.0	3	0.30
2010 - 10	JXFZH01	吉县站刺槐人工林综合观测场	100	13.6	3	0.21
2010 - 11	JXFZH03	吉县站次生林综合观测场	20	11.1	3	0.60
2010 - 11	JXFZH03	吉县站次生林综合观测场	40	11.7	3	0.60
2010 - 11	JXFZH03	吉县站次生林综合观测场	60	11.9	3	0.28
2010 - 11	JXFZH03	吉县站次生林综合观测场	80	13.3	3	0.51
2010 - 11	JXFZH03	吉县站次生林综合观测场	100	13.0	3	0.43
2010 - 11	JXFZH02	吉县站油松人工林综合观测场	20	9.5	3	0.32

（续）

时间（年-月）	样地代码	样地名称	探测深度/cm	体积含水量/%	重复数	标准差
2010 - 11	JXFZH02	吉县站油松人工林综合观测场	40	10.8	3	0.21
2010 - 11	JXFZH02	吉县站油松人工林综合观测场	60	11.8	3	0.22
2010 - 11	JXFZH02	吉县站油松人工林综合观测场	80	12.0	3	0.43
2010 - 11	JXFZH02	吉县站油松人工林综合观测场	100	12.0	3	0.50
2010 - 11	JXFZH01	吉县站刺槐人工林综合观测场	20	10.3	3	0.49
2010 - 11	JXFZH01	吉县站刺槐人工林综合观测场	40	11.3	3	0.24
2010 - 11	JXFZH01	吉县站刺槐人工林综合观测场	60	11.5	3	0.54
2010 - 11	JXFZH01	吉县站刺槐人工林综合观测场	80	12.3	3	0.32
2010 - 11	JXFZH01	吉县站刺槐人工林综合观测场	100	12.7	3	0.33
2010 - 12	JXFZH03	吉县站次生林综合观测场	20	8.6	3	0.48
2010 - 12	JXFZH03	吉县站次生林综合观测场	40	10.5	3	0.25
2010 - 12	JXFZH03	吉县站次生林综合观测场	60	11.5	3	0.40
2010 - 12	JXFZH03	吉县站次生林综合观测场	80	12.4	3	0.46
2010 - 12	JXFZH03	吉县站次生林综合观测场	100	12.8	3	0.25
2010 - 12	JXFZH02	吉县站油松人工林综合观测场	20	7.1	3	0.25
2010 - 12	JXFZH02	吉县站油松人工林综合观测场	40	10.1	3	0.33
2010 - 12	JXFZH02	吉县站油松人工林综合观测场	60	17.8	3	0.47
2010 - 12	JXFZH02	吉县站油松人工林综合观测场	80	11.6	3	0.40
2010 - 12	JXFZH02	吉县站油松人工林综合观测场	100	11.7	3	0.51
2010 - 12	JXFZH01	吉县站刺槐人工林综合观测场	20	12.9	3	0.50
2010 - 12	JXFZH01	吉县站刺槐人工林综合观测场	40	10.3	3	0.35
2010 - 12	JXFZH01	吉县站刺槐人工林综合观测场	60	10.9	3	0.39
2010 - 12	JXFZH01	吉县站刺槐人工林综合观测场	80	12.1	3	0.56
2010 - 12	JXFZH01	吉县站刺槐人工林综合观测场	100	12.6	3	0.31

注：采集人，毕华兴；采集时间，2010 年。

表 3 - 38　2011 年综合观测场林地土壤体积含水量观测数据

时间（年-月）	样地代码	样地名称	探测深度/cm	体积含水量/%	重复数	标准差
2011 - 02	JXFZH03	吉县站次生林综合观测场	20	7.7	3	0.49
2011 - 02	JXFZH03	吉县站次生林综合观测场	40	8.7	3	0.43
2011 - 02	JXFZH03	吉县站次生林综合观测场	60	9.1	3	0.33
2011 - 02	JXFZH03	吉县站次生林综合观测场	80	11.1	3	0.42
2011 - 02	JXFZH03	吉县站次生林综合观测场	100	12.1	3	0.46
2011 - 02	JXFZH02	吉县站油松人工林综合观测场	20	7.1	3	0.22
2011 - 02	JXFZH02	吉县站油松人工林综合观测场	40	9.7	3	0.24
2011 - 02	JXFZH02	吉县站油松人工林综合观测场	60	10.7	3	0.44
2011 - 02	JXFZH02	吉县站油松人工林综合观测场	80	11.2	3	0.39
2011 - 02	JXFZH02	吉县站油松人工林综合观测场	100	11.1	3	0.39
2011 - 02	JXFZH01	吉县站刺槐人工林综合观测场	20	7.6	3	0.45

(续)

时间（年-月）	样地代码	样地名称	探测深度/cm	体积含水量/%	重复数	标准差
2011－02	JXFZH01	吉县站刺槐人工林综合观测场	40	8.8	3	0.55
2011－02	JXFZH01	吉县站刺槐人工林综合观测场	60	10.0	3	0.46
2011－02	JXFZH01	吉县站刺槐人工林综合观测场	80	11.6	3	0.36
2011－02	JXFZH01	吉县站刺槐人工林综合观测场	100	12.6	3	0.36
2011－03	JXFZH03	吉县站次生林综合观测场	20	8.9	3	0.47
2011－03	JXFZH03	吉县站次生林综合观测场	40	10.0	3	0.42
2011－03	JXFZH03	吉县站次生林综合观测场	60	9.9	3	0.38
2011－03	JXFZH03	吉县站次生林综合观测场	80	11.5	3	0.30
2011－03	JXFZH03	吉县站次生林综合观测场	100	12.1	3	0.27
2011－03	JXFZH02	吉县站油松人工林综合观测场	20	8.2	3	0.38
2011－03	JXFZH02	吉县站油松人工林综合观测场	40	9.9	3	0.46
2011－03	JXFZH02	吉县站油松人工林综合观测场	60	10.7	3	0.38
2011－03	JXFZH02	吉县站油松人工林综合观测场	80	11.0	3	0.57
2011－03	JXFZH02	吉县站油松人工林综合观测场	100	10.9	3	0.46
2011－03	JXFZH01	吉县站刺槐人工林综合观测场	20	9.2	3	0.51
2011－03	JXFZH01	吉县站刺槐人工林综合观测场	40	10.7	3	0.29
2011－03	JXFZH01	吉县站刺槐人工林综合观测场	60	11.2	3	0.59
2011－03	JXFZH01	吉县站刺槐人工林综合观测场	80	11.2	3	0.54
2011－03	JXFZH01	吉县站刺槐人工林综合观测场	100	11.9	3	0.56
2011－04	JXFZH03	吉县站次生林综合观测场	20	11.5	3	0.48
2011－04	JXFZH03	吉县站次生林综合观测场	40	12.0	3	0.48
2011－04	JXFZH03	吉县站次生林综合观测场	60	11.2	3	0.53
2011－04	JXFZH03	吉县站次生林综合观测场	80	12.3	3	0.24
2011－04	JXFZH03	吉县站次生林综合观测场	100	12.8	3	0.57
2011－04	JXFZH02	吉县站油松人工林综合观测场	20	8.2	3	0.56
2011－04	JXFZH02	吉县站油松人工林综合观测场	40	10.3	3	0.56
2011－04	JXFZH02	吉县站油松人工林综合观测场	60	11.4	3	0.31
2011－04	JXFZH02	吉县站油松人工林综合观测场	80	11.7	3	0.27
2011－04	JXFZH02	吉县站油松人工林综合观测场	100	11.4	3	0.52
2011－04	JXFZH01	吉县站刺槐人工林综合观测场	20	9.0	3	0.48
2011－04	JXFZH01	吉县站刺槐人工林综合观测场	40	10.4	3	0.33
2011－04	JXFZH01	吉县站刺槐人工林综合观测场	60	10.9	3	0.36
2011－04	JXFZH01	吉县站刺槐人工林综合观测场	80	11.7	3	0.50
2011－04	JXFZH01	吉县站刺槐人工林综合观测场	100	12.7	3	0.34
2011－05	JXFZH03	吉县站次生林综合观测场	20	16.5	3	0.48
2011－05	JXFZH03	吉县站次生林综合观测场	40	16.6	3	0.25
2011－05	JXFZH03	吉县站次生林综合观测场	60	12.6	3	0.53
2011－05	JXFZH03	吉县站次生林综合观测场	80	12.6	3	0.59
2011－05	JXFZH03	吉县站次生林综合观测场	100	13.0	3	0.25

（续）

时间（年-月）	样地代码	样地名称	探测深度/cm	体积含水量/%	重复数	标准差
2011 - 05	JXFZH02	吉县站油松人工林综合观测场	20	15.2	3	0.36
2011 - 05	JXFZH02	吉县站油松人工林综合观测场	40	14.8	3	0.59
2011 - 05	JXFZH02	吉县站油松人工林综合观测场	60	13.8	3	0.46
2011 - 05	JXFZH02	吉县站油松人工林综合观测场	80	12.8	3	0.37
2011 - 05	JXFZH02	吉县站油松人工林综合观测场	100	12.0	3	0.42
2011 - 05	JXFZH01	吉县站刺槐人工林综合观测场	20	13.0	3	0.30
2011 - 05	JXFZH01	吉县站刺槐人工林综合观测场	40	12.3	3	0.60
2011 - 05	JXFZH01	吉县站刺槐人工林综合观测场	60	11.3	3	0.27
2011 - 05	JXFZH01	吉县站刺槐人工林综合观测场	80	11.9	3	0.58
2011 - 05	JXFZH01	吉县站刺槐人工林综合观测场	100	12.2	3	0.52
2011 - 06	JXFZH03	吉县站次生林综合观测场	20	11.3	3	0.44
2011 - 06	JXFZH03	吉县站次生林综合观测场	40	12.3	3	0.48
2011 - 06	JXFZH03	吉县站次生林综合观测场	60	11.8	3	0.37
2011 - 06	JXFZH03	吉县站次生林综合观测场	80	13.0	3	0.54
2011 - 06	JXFZH03	吉县站次生林综合观测场	100	13.3	3	0.55
2011 - 06	JXFZH02	吉县站油松人工林综合观测场	20	9.2	3	0.57
2011 - 06	JXFZH02	吉县站油松人工林综合观测场	40	11.3	3	0.24
2011 - 06	JXFZH02	吉县站油松人工林综合观测场	60	12.1	3	0.43
2011 - 06	JXFZH02	吉县站油松人工林综合观测场	80	12.5	3	0.30
2011 - 06	JXFZH02	吉县站油松人工林综合观测场	100	12.1	3	0.36
2011 - 06	JXFZH01	吉县站刺槐人工林综合观测场	20	13.4	3	0.50
2011 - 06	JXFZH01	吉县站刺槐人工林综合观测场	40	10.8	3	0.21
2011 - 06	JXFZH01	吉县站刺槐人工林综合观测场	60	11.3	3	0.49
2011 - 06	JXFZH01	吉县站刺槐人工林综合观测场	80	11.7	3	0.29
2011 - 06	JXFZH01	吉县站刺槐人工林综合观测场	100	12.3	3	0.56
2011 - 07	JXFZH03	吉县站次生林综合观测场	20	17.6	3	0.51
2011 - 07	JXFZH03	吉县站次生林综合观测场	40	17.0	3	0.29
2011 - 07	JXFZH03	吉县站次生林综合观测场	60	15.6	3	0.57
2011 - 07	JXFZH03	吉县站次生林综合观测场	80	16.4	3	0.34
2011 - 07	JXFZH03	吉县站次生林综合观测场	100	16.8	3	0.32
2011 - 07	JXFZH02	吉县站油松人工林综合观测场	20	15.0	3	0.54
2011 - 07	JXFZH02	吉县站油松人工林综合观测场	40	16.2	3	0.28
2011 - 07	JXFZH02	吉县站油松人工林综合观测场	60	16.1	3	0.56
2011 - 07	JXFZH02	吉县站油松人工林综合观测场	80	14.9	3	0.51
2011 - 07	JXFZH02	吉县站油松人工林综合观测场	100	14.2	3	0.24
2011 - 07	JXFZH01	吉县站刺槐人工林综合观测场	20	14.6	3	0.30
2011 - 07	JXFZH01	吉县站刺槐人工林综合观测场	40	15.0	3	0.25
2011 - 07	JXFZH01	吉县站刺槐人工林综合观测场	60	14.8	3	0.40
2011 - 07	JXFZH01	吉县站刺槐人工林综合观测场	80	14.0	3	0.53

（续）

时间（年-月）	样地代码	样地名称	探测深度/cm	体积含水量/%	重复数	标准差
2011 - 07	JXFZH01	吉县站刺槐人工林综合观测场	100	13.5	3	0.42
2011 - 08	JXFZH03	吉县站次生林综合观测场	20	23.8	3	0.60
2011 - 08	JXFZH03	吉县站次生林综合观测场	40	26.8	3	0.31
2011 - 08	JXFZH03	吉县站次生林综合观测场	60	25.4	3	0.33
2011 - 08	JXFZH03	吉县站次生林综合观测场	80	25.9	3	0.52
2011 - 08	JXFZH03	吉县站次生林综合观测场	100	24.8	3	0.53
2011 - 08	JXFZH02	吉县站油松人工林综合观测场	20	19.2	3	0.46
2011 - 08	JXFZH02	吉县站油松人工林综合观测场	40	22.2	3	0.29
2011 - 08	JXFZH02	吉县站油松人工林综合观测场	60	21.9	3	0.26
2011 - 08	JXFZH02	吉县站油松人工林综合观测场	80	19.5	3	0.33
2011 - 08	JXFZH02	吉县站油松人工林综合观测场	100	17.6	3	0.58
2011 - 08	JXFZH01	吉县站刺槐人工林综合观测场	20	18.0	3	0.34
2011 - 08	JXFZH01	吉县站刺槐人工林综合观测场	40	22.5	3	0.51
2011 - 08	JXFZH01	吉县站刺槐人工林综合观测场	60	23.3	3	0.52
2011 - 08	JXFZH01	吉县站刺槐人工林综合观测场	80	20.4	3	0.21
2011 - 08	JXFZH01	吉县站刺槐人工林综合观测场	100	18.4	3	0.28
2011 - 09	JXFZH03	吉县站次生林综合观测场	20	19.9	3	0.58
2011 - 09	JXFZH03	吉县站次生林综合观测场	40	20.4	3	0.52
2011 - 09	JXFZH03	吉县站次生林综合观测场	60	18.7	3	0.28
2011 - 09	JXFZH03	吉县站次生林综合观测场	80	20.0	3	0.43
2011 - 09	JXFZH03	吉县站次生林综合观测场	100	18.1	3	0.47
2011 - 09	JXFZH02	吉县站油松人工林综合观测场	20	16.2	3	0.28
2011 - 09	JXFZH02	吉县站油松人工林综合观测场	40	17.2	3	0.56
2011 - 09	JXFZH02	吉县站油松人工林综合观测场	60	16.8	3	0.39
2011 - 09	JXFZH02	吉县站油松人工林综合观测场	80	16.4	3	0.40
2011 - 09	JXFZH02	吉县站油松人工林综合观测场	100	15.3	3	0.49
2011 - 09	JXFZH01	吉县站刺槐人工林综合观测场	20	14.3	3	0.55
2011 - 09	JXFZH01	吉县站刺槐人工林综合观测场	40	15.1	3	0.34
2011 - 09	JXFZH01	吉县站刺槐人工林综合观测场	60	16.1	3	0.33
2011 - 09	JXFZH01	吉县站刺槐人工林综合观测场	80	15.5	3	0.57
2011 - 09	JXFZH01	吉县站刺槐人工林综合观测场	100	17.0	3	0.32
2011 - 10	JXFZH03	吉县站次生林综合观测场	20	16.8	3	0.50
2011 - 10	JXFZH03	吉县站次生林综合观测场	40	16.7	3	0.33
2011 - 10	JXFZH03	吉县站次生林综合观测场	60	15.6	3	0.38
2011 - 10	JXFZH03	吉县站次生林综合观测场	80	17.2	3	0.39
2011 - 10	JXFZH03	吉县站次生林综合观测场	100	16.7	3	0.37
2011 - 10	JXFZH02	吉县站油松人工林综合观测场	20	15.4	3	0.23
2011 - 10	JXFZH02	吉县站油松人工林综合观测场	40	13.8	3	0.26
2011 - 10	JXFZH02	吉县站油松人工林综合观测场	60	14.2	3	0.23

（续）

时间（年-月）	样地代码	样地名称	探测深度/cm	体积含水量/%	重复数	标准差
2011 - 10	JXFZH02	吉县站油松人工林综合观测场	80	14.7	3	0.37
2011 - 10	JXFZH02	吉县站油松人工林综合观测场	100	14.3	3	0.22
2011 - 10	JXFZH01	吉县站刺槐人工林综合观测场	20	11.6	3	0.32
2011 - 10	JXFZH01	吉县站刺槐人工林综合观测场	40	12.4	3	0.25
2011 - 10	JXFZH01	吉县站刺槐人工林综合观测场	60	14.0	3	0.20
2011 - 10	JXFZH01	吉县站刺槐人工林综合观测场	80	14.7	3	0.44
2011 - 10	JXFZH01	吉县站刺槐人工林综合观测场	100	14.8	3	0.41
2011 - 11	JXFZH03	吉县站次生林综合观测场	20	13.7	3	0.28
2011 - 11	JXFZH03	吉县站次生林综合观测场	40	14.4	3	0.30
2011 - 11	JXFZH03	吉县站次生林综合观测场	60	14.6	3	0.56
2011 - 11	JXFZH03	吉县站次生林综合观测场	80	15.8	3	0.31
2011 - 11	JXFZH03	吉县站次生林综合观测场	100	15.5	3	0.33
2011 - 11	JXFZH02	吉县站油松人工林综合观测场	20	11.8	3	0.39
2011 - 11	JXFZH02	吉县站油松人工林综合观测场	40	13.1	3	0.45
2011 - 11	JXFZH02	吉县站油松人工林综合观测场	60	13.6	3	0.51
2011 - 11	JXFZH02	吉县站油松人工林综合观测场	80	14.0	3	0.39
2011 - 11	JXFZH02	吉县站油松人工林综合观测场	100	14.4	3	0.31
2011 - 11	JXFZH01	吉县站刺槐人工林综合观测场	20	10.8	3	0.38
2011 - 11	JXFZH01	吉县站刺槐人工林综合观测场	40	11.8	3	0.46
2011 - 11	JXFZH01	吉县站刺槐人工林综合观测场	60	13.9	3	0.40
2011 - 11	JXFZH01	吉县站刺槐人工林综合观测场	80	14.4	3	0.44
2011 - 11	JXFZH01	吉县站刺槐人工林综合观测场	100	14.6	3	0.54
2011 - 12	JXFZH03	吉县站次生林综合观测场	20	12.8	3	0.59
2011 - 12	JXFZH03	吉县站次生林综合观测场	40	14.3	3	0.40
2011 - 12	JXFZH03	吉县站次生林综合观测场	60	14.8	3	0.48
2011 - 12	JXFZH03	吉县站次生林综合观测场	80	15.6	3	0.60
2011 - 12	JXFZH03	吉县站次生林综合观测场	100	15.8	3	0.36
2011 - 12	JXFZH02	吉县站油松人工林综合观测场	20	13.2	3	0.43
2011 - 12	JXFZH02	吉县站油松人工林综合观测场	40	13.2	3	0.45
2011 - 12	JXFZH02	吉县站油松人工林综合观测场	60	13.2	3	0.29
2011 - 12	JXFZH02	吉县站油松人工林综合观测场	80	13.7	3	0.60
2011 - 12	JXFZH02	吉县站油松人工林综合观测场	100	14.3	3	0.47
2011 - 12	JXFZH01	吉县站刺槐人工林综合观测场	20	12.5	3	0.36
2011 - 12	JXFZH01	吉县站刺槐人工林综合观测场	40	14.2	3	0.37
2011 - 12	JXFZH01	吉县站刺槐人工林综合观测场	60	15.4	3	0.43
2011 - 12	JXFZH01	吉县站刺槐人工林综合观测场	80	14.8	3	0.37
2011 - 12	JXFZH01	吉县站刺槐人工林综合观测场	100	14.7	3	0.55

注：采集人，毕华兴；采集时间，2011 年。

表 3 - 39　2012 年综合观测场林地土壤体积含水量观测数据

时间（年-月）	样地代码	样地名称	探测深度/cm	体积含水量/%	重复数	标准差
2012 - 01	JXFZH03	吉县站次生林综合观测场	20	6.2	3	0.40
2012 - 01	JXFZH03	吉县站次生林综合观测场	40	7.6	3	0.51
2012 - 01	JXFZH03	吉县站次生林综合观测场	60	10.3	3	0.20
2012 - 01	JXFZH03	吉县站次生林综合观测场	80	12.2	3	0.56
2012 - 01	JXFZH03	吉县站次生林综合观测场	100	12.6	3	0.35
2012 - 01	JXFZH02	吉县站油松人工林综合观测场	20	8.4	3	0.20
2012 - 01	JXFZH02	吉县站油松人工林综合观测场	40	9.6	3	0.37
2012 - 01	JXFZH02	吉县站油松人工林综合观测场	60	10.7	3	0.33
2012 - 01	JXFZH02	吉县站油松人工林综合观测场	80	12.0	3	0.32
2012 - 01	JXFZH02	吉县站油松人工林综合观测场	100	12.7	3	0.49
2012 - 01	JXFZH01	吉县站刺槐人工林综合观测场	20	8.1	3	0.22
2012 - 01	JXFZH01	吉县站刺槐人工林综合观测场	40	10.3	3	0.45
2012 - 01	JXFZH01	吉县站刺槐人工林综合观测场	60	11.1	3	0.31
2012 - 01	JXFZH01	吉县站刺槐人工林综合观测场	80	11.8	3	0.37
2012 - 01	JXFZH01	吉县站刺槐人工林综合观测场	100	11.9	3	0.37
2012 - 02	JXFZH03	吉县站次生林综合观测场	20	7.9	3	0.47
2012 - 02	JXFZH03	吉县站次生林综合观测场	40	8.7	3	0.30
2012 - 02	JXFZH03	吉县站次生林综合观测场	60	9.0	3	0.59
2012 - 02	JXFZH03	吉县站次生林综合观测场	80	11.0	3	0.39
2012 - 02	JXFZH03	吉县站次生林综合观测场	100	12.0	3	0.31
2012 - 02	JXFZH02	吉县站油松人工林综合观测场	20	7.6	3	0.20
2012 - 02	JXFZH02	吉县站油松人工林综合观测场	40	8.9	3	0.53
2012 - 02	JXFZH02	吉县站油松人工林综合观测场	60	10.0	3	0.49
2012 - 02	JXFZH02	吉县站油松人工林综合观测场	80	11.5	3	0.36
2012 - 02	JXFZH02	吉县站油松人工林综合观测场	100	12.6	3	0.58
2012 - 02	JXFZH01	吉县站刺槐人工林综合观测场	20	8.3	3	0.52
2012 - 02	JXFZH01	吉县站刺槐人工林综合观测场	40	10.0	3	0.34
2012 - 02	JXFZH01	吉县站刺槐人工林综合观测场	60	11.0	3	0.41
2012 - 02	JXFZH01	吉县站刺槐人工林综合观测场	80	11.3	3	0.26
2012 - 02	JXFZH01	吉县站刺槐人工林综合观测场	100	11.7	3	0.32
2012 - 03	JXFZH03	吉县站次生林综合观测场	20	8.8	3	0.27
2012 - 03	JXFZH03	吉县站次生林综合观测场	40	9.9	3	0.39
2012 - 03	JXFZH03	吉县站次生林综合观测场	60	9.9	3	0.26
2012 - 03	JXFZH03	吉县站次生林综合观测场	80	11.5	3	0.23
2012 - 03	JXFZH03	吉县站次生林综合观测场	100	12.1	3	0.50
2012 - 03	JXFZH02	吉县站油松人工林综合观测场	20	9.1	3	0.54
2012 - 03	JXFZH02	吉县站油松人工林综合观测场	40	10.6	3	0.35
2012 - 03	JXFZH02	吉县站油松人工林综合观测场	60	11.1	3	0.52
2012 - 03	JXFZH02	吉县站油松人工林综合观测场	80	11.1	3	0.22

（续）

时间（年-月）	样地代码	样地名称	探测深度/cm	体积含水量/%	重复数	标准差
2012 - 03	JXFZH02	吉县站油松人工林综合观测场	100	11.9	3	0.44
2012 - 03	JXFZH01	吉县站刺槐人工林综合观测场	20	9.6	3	0.59
2012 - 03	JXFZH01	吉县站刺槐人工林综合观测场	40	10.4	3	0.21
2012 - 03	JXFZH01	吉县站刺槐人工林综合观测场	60	10.7	3	0.21
2012 - 03	JXFZH01	吉县站刺槐人工林综合观测场	80	11.0	3	0.49
2012 - 03	JXFZH01	吉县站刺槐人工林综合观测场	100	11.1	3	0.22
2012 - 04	JXFZH03	吉县站次生林综合观测场	20	20.0	3	0.41
2012 - 04	JXFZH03	吉县站次生林综合观测场	40	21.1	3	0.53
2012 - 04	JXFZH03	吉县站次生林综合观测场	60	17.6	3	0.40
2012 - 04	JXFZH03	吉县站次生林综合观测场	80	18.7	3	0.27
2012 - 04	JXFZH03	吉县站次生林综合观测场	100	18.5	3	0.58
2012 - 04	JXFZH02	吉县站油松人工林综合观测场	20	13.7	3	0.59
2012 - 04	JXFZH02	吉县站油松人工林综合观测场	40	16.0	3	0.45
2012 - 04	JXFZH02	吉县站油松人工林综合观测场	60	16.8	3	0.29
2012 - 04	JXFZH02	吉县站油松人工林综合观测场	80	16.0	3	0.56
2012 - 04	JXFZH02	吉县站油松人工林综合观测场	100	16.8	3	0.47
2012 - 04	JXFZH01	吉县站刺槐人工林综合观测场	20	12.3	3	0.35
2012 - 04	JXFZH01	吉县站刺槐人工林综合观测场	40	15.0	3	0.56
2012 - 04	JXFZH01	吉县站刺槐人工林综合观测场	60	16.3	3	0.35
2012 - 04	JXFZH01	吉县站刺槐人工林综合观测场	80	17.1	3	0.27
2012 - 04	JXFZH01	吉县站刺槐人工林综合观测场	100	17.5	3	0.26
2012 - 05	JXFZH03	吉县站次生林综合观测场	20	14.5	3	0.49
2012 - 05	JXFZH03	吉县站次生林综合观测场	40	15.3	3	0.21
2012 - 05	JXFZH03	吉县站次生林综合观测场	60	16.3	3	0.31
2012 - 05	JXFZH03	吉县站次生林综合观测场	80	19.4	3	0.31
2012 - 05	JXFZH03	吉县站次生林综合观测场	100	19.8	3	0.48
2012 - 05	JXFZH02	吉县站油松人工林综合观测场	20	10.7	3	0.22
2012 - 05	JXFZH02	吉县站油松人工林综合观测场	40	13.3	3	0.57
2012 - 05	JXFZH02	吉县站油松人工林综合观测场	60	14.4	3	0.26
2012 - 05	JXFZH02	吉县站油松人工林综合观测场	80	15.1	3	0.22
2012 - 05	JXFZH02	吉县站油松人工林综合观测场	100	16.7	3	0.59
2012 - 05	JXFZH01	吉县站刺槐人工林综合观测场	20	8.9	3	0.29
2012 - 05	JXFZH01	吉县站刺槐人工林综合观测场	40	10.9	3	0.24
2012 - 05	JXFZH01	吉县站刺槐人工林综合观测场	60	13.7	3	0.21
2012 - 05	JXFZH01	吉县站刺槐人工林综合观测场	80	16.4	3	0.59
2012 - 05	JXFZH01	吉县站刺槐人工林综合观测场	100	17.8	3	0.42
2012 - 06	JXFZH03	吉县站次生林综合观测场	20	10.5	3	0.58
2012 - 06	JXFZH03	吉县站次生林综合观测场	40	11.9	3	0.21
2012 - 06	JXFZH03	吉县站次生林综合观测场	60	11.6	3	0.27

（续）

时间（年-月）	样地代码	样地名称	探测深度/cm	体积含水量/%	重复数	标准差
2012 - 06	JXFZH03	吉县站次生林综合观测场	80	13.8	3	0.28
2012 - 06	JXFZH03	吉县站次生林综合观测场	100	14.7	3	0.22
2012 - 06	JXFZH02	吉县站油松人工林综合观测场	20	9.6	3	0.22
2012 - 06	JXFZH02	吉县站油松人工林综合观测场	40	11.5	3	0.36
2012 - 06	JXFZH02	吉县站油松人工林综合观测场	60	12.4	3	0.59
2012 - 06	JXFZH02	吉县站油松人工林综合观测场	80	13.3	3	0.46
2012 - 06	JXFZH02	吉县站油松人工林综合观测场	100	14.1	3	0.32
2012 - 06	JXFZH01	吉县站刺槐人工林综合观测场	20	5.2	3	0.24
2012 - 06	JXFZH01	吉县站刺槐人工林综合观测场	40	8.2	3	0.22
2012 - 06	JXFZH01	吉县站刺槐人工林综合观测场	60	10.6	3	0.55
2012 - 06	JXFZH01	吉县站刺槐人工林综合观测场	80	12.2	3	0.42
2012 - 06	JXFZH01	吉县站刺槐人工林综合观测场	100	12.5	3	0.57
2012 - 07	JXFZH03	吉县站次生林综合观测场	20	15.8	3	0.40
2012 - 07	JXFZH03	吉县站次生林综合观测场	40	16.3	3	0.51
2012 - 07	JXFZH03	吉县站次生林综合观测场	60	13.0	3	0.32
2012 - 07	JXFZH03	吉县站次生林综合观测场	80	12.6	3	0.53
2012 - 07	JXFZH03	吉县站次生林综合观测场	100	13.1	3	0.57
2012 - 07	JXFZH02	吉县站油松人工林综合观测场	20	13.5	3	0.47
2012 - 07	JXFZH02	吉县站油松人工林综合观测场	40	15.9	3	0.28
2012 - 07	JXFZH02	吉县站油松人工林综合观测场	60	13.8	3	0.37
2012 - 07	JXFZH02	吉县站油松人工林综合观测场	80	11.3	3	0.40
2012 - 07	JXFZH02	吉县站油松人工林综合观测场	100	12.2	3	0.35
2012 - 07	JXFZH01	吉县站刺槐人工林综合观测场	20	9.8	3	0.38
2012 - 07	JXFZH01	吉县站刺槐人工林综合观测场	40	12.8	3	0.49
2012 - 07	JXFZH01	吉县站刺槐人工林综合观测场	60	12.6	3	0.26
2012 - 07	JXFZH01	吉县站刺槐人工林综合观测场	80	12.0	3	0.43
2012 - 07	JXFZH01	吉县站刺槐人工林综合观测场	100	12.2	3	0.58
2012 - 08	JXFZH03	吉县站次生林综合观测场	20	22.4	3	0.51
2012 - 08	JXFZH03	吉县站次生林综合观测场	40	22.1	3	0.31
2012 - 08	JXFZH03	吉县站次生林综合观测场	60	21.2	3	0.57
2012 - 08	JXFZH03	吉县站次生林综合观测场	80	18.1	3	0.30
2012 - 08	JXFZH03	吉县站次生林综合观测场	100	16.3	3	0.28
2012 - 08	JXFZH02	吉县站油松人工林综合观测场	20	19.0	3	0.39
2012 - 08	JXFZH02	吉县站油松人工林综合观测场	40	21.3	3	0.58
2012 - 08	JXFZH02	吉县站油松人工林综合观测场	60	31.5	3	0.57
2012 - 08	JXFZH02	吉县站油松人工林综合观测场	80	13.4	3	0.35
2012 - 08	JXFZH02	吉县站油松人工林综合观测场	100	13.0	3	0.46
2012 - 08	JXFZH01	吉县站刺槐人工林综合观测场	20	18.6	3	0.31
2012 - 08	JXFZH01	吉县站刺槐人工林综合观测场	40	20.2	3	0.44

（续）

时间（年-月）	样地代码	样地名称	探测深度/cm	体积含水量/%	重复数	标准差
2012－08	JXFZH01	吉县站刺槐人工林综合观测场	60	15.9	3	0.20
2012－08	JXFZH01	吉县站刺槐人工林综合观测场	80	12.5	3	0.58
2012－08	JXFZH01	吉县站刺槐人工林综合观测场	100	12.4	3	0.35
2012－09	JXFZH03	吉县站次生林综合观测场	20	21.0	3	0.59
2012－09	JXFZH03	吉县站次生林综合观测场	40	20.8	3	0.24
2012－09	JXFZH03	吉县站次生林综合观测场	60	19.4	3	0.46
2012－09	JXFZH03	吉县站次生林综合观测场	80	18.8	3	0.27
2012－09	JXFZH03	吉县站次生林综合观测场	100	16.4	3	0.41
2012－09	JXFZH02	吉县站油松人工林综合观测场	20	26.5	3	0.22
2012－09	JXFZH02	吉县站油松人工林综合观测场	40	19.5	3	0.46
2012－09	JXFZH02	吉县站油松人工林综合观测场	60	26.5	3	0.52
2012－09	JXFZH02	吉县站油松人工林综合观测场	80	14.4	3	0.33
2012－09	JXFZH02	吉县站油松人工林综合观测场	100	14.2	3	0.59
2012－09	JXFZH01	吉县站刺槐人工林综合观测场	20	15.4	3	0.60
2012－09	JXFZH01	吉县站刺槐人工林综合观测场	40	17.6	3	0.24
2012－09	JXFZH01	吉县站刺槐人工林综合观测场	60	15.2	3	0.58
2012－09	JXFZH01	吉县站刺槐人工林综合观测场	80	13.4	3	0.50
2012－09	JXFZH01	吉县站刺槐人工林综合观测场	100	13.4	3	0.26
2012－10	JXFZH03	吉县站次生林综合观测场	20	16.7	3	0.46
2012－10	JXFZH03	吉县站次生林综合观测场	40	15.7	3	0.50
2012－10	JXFZH03	吉县站次生林综合观测场	60	15.2	3	0.59
2012－10	JXFZH03	吉县站次生林综合观测场	80	17.3	3	0.36
2012－10	JXFZH03	吉县站次生林综合观测场	100	16.3	3	0.32
2012－10	JXFZH02	吉县站油松人工林综合观测场	20	10.3	3	0.45
2012－10	JXFZH02	吉县站油松人工林综合观测场	40	14.0	3	0.38
2012－10	JXFZH02	吉县站油松人工林综合观测场	60	13.9	3	0.49
2012－10	JXFZH02	吉县站油松人工林综合观测场	80	13.5	3	0.24
2012－10	JXFZH02	吉县站油松人工林综合观测场	100	21.6	3	0.30
2012－10	JXFZH01	吉县站刺槐人工林综合观测场	20	6.2	3	0.52
2012－10	JXFZH01	吉县站刺槐人工林综合观测场	40	10.4	3	0.51
2012－10	JXFZH01	吉县站刺槐人工林综合观测场	60	11.5	3	0.30
2012－10	JXFZH01	吉县站刺槐人工林综合观测场	80	12.1	3	0.35
2012－10	JXFZH01	吉县站刺槐人工林综合观测场	100	12.3	3	0.60
2012－11	JXFZH03	吉县站次生林综合观测场	20	18.0	3	0.50
2012－11	JXFZH03	吉县站次生林综合观测场	40	15.4	3	0.37
2012－11	JXFZH03	吉县站次生林综合观测场	60	14.9	3	0.40
2012－11	JXFZH03	吉县站次生林综合观测场	80	16.4	3	0.32
2012－11	JXFZH03	吉县站次生林综合观测场	100	15.5	3	0.24
2012－11	JXFZH02	吉县站油松人工林综合观测场	20	12.4	3	0.26

（续）

时间（年-月）	样地代码	样地名称	探测深度/cm	体积含水量/%	重复数	标准差
2012 - 11	JXFZH02	吉县站油松人工林综合观测场	40	13.9	3	0.43
2012 - 11	JXFZH02	吉县站油松人工林综合观测场	60	13.7	3	0.60
2012 - 11	JXFZH02	吉县站油松人工林综合观测场	80	13.2	3	0.38
2012 - 11	JXFZH02	吉县站油松人工林综合观测场	100	14.7	3	0.21
2012 - 11	JXFZH01	吉县站刺槐人工林综合观测场	20	9.1	3	0.42
2012 - 11	JXFZH01	吉县站刺槐人工林综合观测场	40	11.4	3	0.47
2012 - 11	JXFZH01	吉县站刺槐人工林综合观测场	60	12.3	3	0.34
2012 - 11	JXFZH01	吉县站刺槐人工林综合观测场	80	12.3	3	0.24
2012 - 11	JXFZH01	吉县站刺槐人工林综合观测场	100	12.6	3	0.43
2012 - 12	JXFZH03	吉县站次生林综合观测场	20	17.8	3	0.43
2012 - 12	JXFZH03	吉县站次生林综合观测场	40	14.7	3	0.20
2012 - 12	JXFZH03	吉县站次生林综合观测场	60	14.7	3	0.30
2012 - 12	JXFZH03	吉县站次生林综合观测场	80	16.7	3	0.42
2012 - 12	JXFZH03	吉县站次生林综合观测场	100	16.1	3	0.44
2012 - 12	JXFZH02	吉县站油松人工林综合观测场	20	12.6	3	0.28
2012 - 12	JXFZH02	吉县站油松人工林综合观测场	40	14.1	3	0.56
2012 - 12	JXFZH02	吉县站油松人工林综合观测场	60	13.5	3	0.44
2012 - 12	JXFZH02	吉县站油松人工林综合观测场	80	13.1	3	0.26
2012 - 12	JXFZH02	吉县站油松人工林综合观测场	100	14.6	3	0.32
2012 - 12	JXFZH01	吉县站刺槐人工林综合观测场	20	9.2	3	0.23
2012 - 12	JXFZH01	吉县站刺槐人工林综合观测场	40	11.7	3	0.20
2012 - 12	JXFZH01	吉县站刺槐人工林综合观测场	60	12.3	3	0.34
2012 - 12	JXFZH01	吉县站刺槐人工林综合观测场	80	11.9	3	0.21
2012 - 12	JXFZH01	吉县站刺槐人工林综合观测场	100	13.1	3	0.44

注：采集人，毕华兴；采集时间，2012 年。

表 3 - 40　2013 年综合观测场林地土壤体积含水量观测数据

时间（年-月）	样地代码	样地名称	探测深度/cm	体积含水量/%	重复数	标准差
2013 - 01	JXFZH03	吉县站次生林综合观测场	20	6.7	3	0.52
2013 - 01	JXFZH03	吉县站次生林综合观测场	40	8.8	3	0.40
2013 - 01	JXFZH03	吉县站次生林综合观测场	60	10.3	3	0.43
2013 - 01	JXFZH03	吉县站次生林综合观测场	80	14.4	3	0.28
2013 - 01	JXFZH03	吉县站次生林综合观测场	100	14.7	3	0.48
2013 - 01	JXFZH02	吉县站油松人工林综合观测场	20	13.0	3	0.54
2013 - 01	JXFZH02	吉县站油松人工林综合观测场	40	14.5	3	0.21
2013 - 01	JXFZH02	吉县站油松人工林综合观测场	60	14.3	3	0.30
2013 - 01	JXFZH02	吉县站油松人工林综合观测场	80	13.7	3	0.29
2013 - 01	JXFZH02	吉县站油松人工林综合观测场	100	14.8	3	0.59
2013 - 01	JXFZH01	吉县站刺槐人工林综合观测场	20	9.8	3	0.40

（续）

时间（年-月）	样地代码	样地名称	探测深度/cm	体积含水量/%	重复数	标准差
2013 - 01	JXFZH01	吉县站刺槐人工林综合观测场	40	12.8	3	0.57
2013 - 01	JXFZH01	吉县站刺槐人工林综合观测场	60	12.7	3	0.48
2013 - 01	JXFZH01	吉县站刺槐人工林综合观测场	80	12.2	3	0.32
2013 - 01	JXFZH01	吉县站刺槐人工林综合观测场	100	13.8	3	0.26
2013 - 04	JXFZH03	吉县站次生林综合观测场	20	14.7	3	0.40
2013 - 04	JXFZH03	吉县站次生林综合观测场	40	16.4	3	0.51
2013 - 04	JXFZH03	吉县站次生林综合观测场	60	16.4	3	0.22
2013 - 04	JXFZH03	吉县站次生林综合观测场	80	15.8	3	0.58
2013 - 04	JXFZH03	吉县站次生林综合观测场	100	16.5	3	0.59
2013 - 04	JXFZH02	吉县站油松人工林综合观测场	20	11.8	3	0.53
2013 - 04	JXFZH02	吉县站油松人工林综合观测场	40	13.8	3	0.27
2013 - 04	JXFZH02	吉县站油松人工林综合观测场	60	14.4	3	0.28
2013 - 04	JXFZH02	吉县站油松人工林综合观测场	80	14.0	3	0.30
2013 - 04	JXFZH02	吉县站油松人工林综合观测场	100	15.1	3	0.48
2013 - 04	JXFZH01	吉县站刺槐人工林综合观测场	20	9.0	3	0.22
2013 - 04	JXFZH01	吉县站刺槐人工林综合观测场	40	12.0	3	0.22
2013 - 04	JXFZH01	吉县站刺槐人工林综合观测场	60	12.8	3	0.41
2013 - 04	JXFZH01	吉县站刺槐人工林综合观测场	80	12.8	3	0.35
2013 - 04	JXFZH01	吉县站刺槐人工林综合观测场	100	13.6	3	0.48
2013 - 05	JXFZH03	吉县站次生林综合观测场	20	15.8	3	0.44
2013 - 05	JXFZH03	吉县站次生林综合观测场	40	14.6	3	0.22
2013 - 05	JXFZH03	吉县站次生林综合观测场	60	13.2	3	0.49
2013 - 05	JXFZH03	吉县站次生林综合观测场	80	14.4	3	0.22
2013 - 05	JXFZH03	吉县站次生林综合观测场	100	14.1	3	0.51
2013 - 05	JXFZH02	吉县站油松人工林综合观测场	20	12.0	3	0.43
2013 - 05	JXFZH02	吉县站油松人工林综合观测场	40	13.6	3	0.40
2013 - 05	JXFZH02	吉县站油松人工林综合观测场	60	13.1	3	0.45
2013 - 05	JXFZH02	吉县站油松人工林综合观测场	80	13.2	3	0.29
2013 - 05	JXFZH02	吉县站油松人工林综合观测场	100	14.6	3	0.42
2013 - 05	JXFZH01	吉县站刺槐人工林综合观测场	20	9.8	3	0.45
2013 - 05	JXFZH01	吉县站刺槐人工林综合观测场	40	13.2	3	0.36
2013 - 05	JXFZH01	吉县站刺槐人工林综合观测场	60	13.5	3	0.21
2013 - 05	JXFZH01	吉县站刺槐人工林综合观测场	80	14.2	3	0.50
2013 - 05	JXFZH01	吉县站刺槐人工林综合观测场	100	14.3	3	0.20
2013 - 06	JXFZH03	吉县站次生林综合观测场	20	15.5	3	0.39
2013 - 06	JXFZH03	吉县站次生林综合观测场	40	14.3	3	0.30
2013 - 06	JXFZH03	吉县站次生林综合观测场	60	13.3	3	0.28
2013 - 06	JXFZH03	吉县站次生林综合观测场	80	14.6	3	0.31
2013 - 06	JXFZH03	吉县站次生林综合观测场	100	14.0	3	0.23

（续）

时间（年-月）	样地代码	样地名称	探测深度/cm	体积含水量/%	重复数	标准差
2013 - 06	JXFZH02	吉县站油松人工林综合观测场	20	12.3	3	0.52
2013 - 06	JXFZH02	吉县站油松人工林综合观测场	40	13.8	3	0.55
2013 - 06	JXFZH02	吉县站油松人工林综合观测场	60	13.7	3	0.33
2013 - 06	JXFZH02	吉县站油松人工林综合观测场	80	13.7	3	0.53
2013 - 06	JXFZH02	吉县站油松人工林综合观测场	100	14.9	3	0.55
2013 - 06	JXFZH01	吉县站刺槐人工林综合观测场	20	9.8	3	0.28
2013 - 06	JXFZH01	吉县站刺槐人工林综合观测场	40	13.3	3	0.42
2013 - 06	JXFZH01	吉县站刺槐人工林综合观测场	60	13.9	3	0.51
2013 - 06	JXFZH01	吉县站刺槐人工林综合观测场	80	14.4	3	0.44
2013 - 06	JXFZH01	吉县站刺槐人工林综合观测场	100	14.7	3	0.55
2013 - 07	JXFZH03	吉县站次生林综合观测场	20	26.4	3	0.38
2013 - 07	JXFZH03	吉县站次生林综合观测场	40	31.1	3	0.59
2013 - 07	JXFZH03	吉县站次生林综合观测场	60	32.0	3	0.59
2013 - 07	JXFZH03	吉县站次生林综合观测场	80	32.8	3	0.40
2013 - 07	JXFZH03	吉县站次生林综合观测场	100	32.3	3	0.56
2013 - 07	JXFZH02	吉县站油松人工林综合观测场	20	23.7	3	0.28
2013 - 07	JXFZH02	吉县站油松人工林综合观测场	40	29.4	3	0.47
2013 - 07	JXFZH02	吉县站油松人工林综合观测场	60	29.7	3	0.56
2013 - 07	JXFZH02	吉县站油松人工林综合观测场	80	29.7	3	0.60
2013 - 07	JXFZH02	吉县站油松人工林综合观测场	100	30.9	3	0.35
2013 - 07	JXFZH01	吉县站刺槐人工林综合观测场	20	20.6	3	0.22
2013 - 07	JXFZH01	吉县站刺槐人工林综合观测场	40	27.3	3	0.38
2013 - 07	JXFZH01	吉县站刺槐人工林综合观测场	60	29.9	3	0.26
2013 - 07	JXFZH01	吉县站刺槐人工林综合观测场	80	31.6	3	0.51
2013 - 07	JXFZH01	吉县站刺槐人工林综合观测场	100	32.3	3	0.32
2013 - 08	JXFZH03	吉县站次生林综合观测场	20	21.4	3	0.48
2013 - 08	JXFZH03	吉县站次生林综合观测场	40	22.0	3	0.34
2013 - 08	JXFZH03	吉县站次生林综合观测场	60	21.2	3	0.29
2013 - 08	JXFZH03	吉县站次生林综合观测场	80	21.2	3	0.35
2013 - 08	JXFZH03	吉县站次生林综合观测场	100	21.5	3	0.28
2013 - 08	JXFZH02	吉县站油松人工林综合观测场	20	17.8	3	0.42
2013 - 08	JXFZH02	吉县站油松人工林综合观测场	40	20.0	3	0.55
2013 - 08	JXFZH02	吉县站油松人工林综合观测场	60	21.0	3	0.30
2013 - 08	JXFZH02	吉县站油松人工林综合观测场	80	21.5	3	0.60
2013 - 08	JXFZH02	吉县站油松人工林综合观测场	100	22.7	3	0.35
2013 - 08	JXFZH01	吉县站刺槐人工林综合观测场	20	13.2	3	0.43
2013 - 08	JXFZH01	吉县站刺槐人工林综合观测场	40	15.4	3	0.31
2013 - 08	JXFZH01	吉县站刺槐人工林综合观测场	60	18.9	3	0.22
2013 - 08	JXFZH01	吉县站刺槐人工林综合观测场	80	20.9	3	0.22

（续）

时间（年-月）	样地代码	样地名称	探测深度/cm	体积含水量/%	重复数	标准差
2013 - 08	JXFZH01	吉县站刺槐人工林综合观测场	100	19.6	3	0.27
2013 - 09	JXFZH03	吉县站次生林综合观测场	20	20.1	3	0.47
2013 - 09	JXFZH03	吉县站次生林综合观测场	40	20.1	3	0.51
2013 - 09	JXFZH03	吉县站次生林综合观测场	60	19.1	3	0.60
2013 - 09	JXFZH03	吉县站次生林综合观测场	80	21.1	3	0.60
2013 - 09	JXFZH03	吉县站次生林综合观测场	100	21.1	3	0.28
2013 - 09	JXFZH02	吉县站油松人工林综合观测场	20	16.0	3	0.58
2013 - 09	JXFZH02	吉县站油松人工林综合观测场	40	18.7	3	0.23
2013 - 09	JXFZH02	吉县站油松人工林综合观测场	60	19.8	3	0.52
2013 - 09	JXFZH02	吉县站油松人工林综合观测场	80	20.1	3	0.42
2013 - 09	JXFZH02	吉县站油松人工林综合观测场	100	22.0	3	0.52
2013 - 09	JXFZH01	吉县站刺槐人工林综合观测场	20	12.1	3	0.21
2013 - 09	JXFZH01	吉县站刺槐人工林综合观测场	40	15.9	3	0.37
2013 - 09	JXFZH01	吉县站刺槐人工林综合观测场	60	18.1	3	0.50
2013 - 09	JXFZH01	吉县站刺槐人工林综合观测场	80	20.4	3	0.54
2013 - 09	JXFZH01	吉县站刺槐人工林综合观测场	100	20.0	3	0.31
2013 - 10	JXFZH03	吉县站次生林综合观测场	20	25.1	3	0.40
2013 - 10	JXFZH03	吉县站次生林综合观测场	40	25.0	3	0.58
2013 - 10	JXFZH03	吉县站次生林综合观测场	60	21.9	3	0.28
2013 - 10	JXFZH03	吉县站次生林综合观测场	80	22.6	3	0.35
2013 - 10	JXFZH03	吉县站次生林综合观测场	100	21.3	3	0.43
2013 - 10	JXFZH02	吉县站油松人工林综合观测场	20	18.6	3	0.40
2013 - 10	JXFZH02	吉县站油松人工林综合观测场	40	22.0	3	0.35
2013 - 10	JXFZH02	吉县站油松人工林综合观测场	60	21.2	3	0.39
2013 - 10	JXFZH02	吉县站油松人工林综合观测场	80	20.5	3	0.59
2013 - 10	JXFZH02	吉县站油松人工林综合观测场	100	21.8	3	0.57
2013 - 10	JXFZH01	吉县站刺槐人工林综合观测场	20	14.6	3	0.38
2013 - 10	JXFZH01	吉县站刺槐人工林综合观测场	40	17.4	3	0.28
2013 - 10	JXFZH01	吉县站刺槐人工林综合观测场	60	17.7	3	0.20
2013 - 10	JXFZH01	吉县站刺槐人工林综合观测场	80	18.2	3	0.28
2013 - 10	JXFZH01	吉县站刺槐人工林综合观测场	100	18.6	3	0.56
2013 - 11	JXFZH03	吉县站次生林综合观测场	20	22.3	3	0.21
2013 - 11	JXFZH03	吉县站次生林综合观测场	40	23.7	3	0.39
2013 - 11	JXFZH03	吉县站次生林综合观测场	60	21.8	3	0.59
2013 - 11	JXFZH03	吉县站次生林综合观测场	80	22.1	3	0.60
2013 - 11	JXFZH03	吉县站次生林综合观测场	100	20.9	3	0.37
2013 - 11	JXFZH02	吉县站油松人工林综合观测场	20	18.5	3	0.28
2013 - 11	JXFZH02	吉县站油松人工林综合观测场	40	21.6	3	0.48
2013 - 11	JXFZH02	吉县站油松人工林综合观测场	60	20.4	3	0.26

（续）

时间（年-月）	样地代码	样地名称	探测深度/cm	体积含水量/%	重复数	标准差
2013-11	JXFZH02	吉县站油松人工林综合观测场	80	20.0	3	0.48
2013-11	JXFZH02	吉县站油松人工林综合观测场	100	21.3	3	0.28
2013-11	JXFZH01	吉县站刺槐人工林综合观测场	20	15.4	3	0.55
2013-11	JXFZH01	吉县站刺槐人工林综合观测场	40	17.4	3	0.42
2013-11	JXFZH01	吉县站刺槐人工林综合观测场	60	17.3	3	0.33
2013-11	JXFZH01	吉县站刺槐人工林综合观测场	80	17.6	3	0.54
2013-11	JXFZH01	吉县站刺槐人工林综合观测场	100	18.0	3	0.33

注：采集人，毕华兴；采集时间，2013 年。

表 3-41　2014 年综合观测场林地土壤体积含水量观测数据

时间（年-月）	样地代码	样地名称	探测深度/cm	体积含水量/%	重复数	标准差
2014-01	JXFZH03	吉县站次生林综合观测场	20	8.7	3	0.23
2014-01	JXFZH03	吉县站次生林综合观测场	40	11.9	3	0.33
2014-01	JXFZH03	吉县站次生林综合观测场	60	13.9	3	0.28
2014-01	JXFZH03	吉县站次生林综合观测场	80	17.7	3	0.46
2014-01	JXFZH03	吉县站次生林综合观测场	100	18.6	3	0.31
2014-01	JXFZH02	吉县站油松人工林综合观测场	20	8.0	3	0.51
2014-01	JXFZH02	吉县站油松人工林综合观测场	40	13.3	3	0.25
2014-01	JXFZH02	吉县站油松人工林综合观测场	60	15.2	3	0.33
2014-01	JXFZH02	吉县站油松人工林综合观测场	80	17.1	3	0.28
2014-01	JXFZH02	吉县站油松人工林综合观测场	100	19.3	3	0.36
2014-01	JXFZH01	吉县站刺槐人工林综合观测场	20	7.8	3	0.38
2014-01	JXFZH01	吉县站刺槐人工林综合观测场	40	14.6	3	0.36
2014-01	JXFZH01	吉县站刺槐人工林综合观测场	60	15.0	3	0.46
2014-01	JXFZH01	吉县站刺槐人工林综合观测场	80	14.9	3	0.53
2014-01	JXFZH01	吉县站刺槐人工林综合观测场	100	16.1	3	0.21
2014-03	JXFZH03	吉县站次生林综合观测场	20	22.7	3	0.59
2014-03	JXFZH03	吉县站次生林综合观测场	40	20.0	3	0.35
2014-03	JXFZH03	吉县站次生林综合观测场	60	18.5	3	0.25
2014-03	JXFZH03	吉县站次生林综合观测场	80	18.6	3	0.32
2014-03	JXFZH03	吉县站次生林综合观测场	100	18.5	3	0.26
2014-03	JXFZH02	吉县站油松人工林综合观测场	20	16.5	3	0.41
2014-03	JXFZH02	吉县站油松人工林综合观测场	40	19.7	3	0.33
2014-03	JXFZH02	吉县站油松人工林综合观测场	60	19.1	3	0.28
2014-03	JXFZH02	吉县站油松人工林综合观测场	80	18.4	3	0.24
2014-03	JXFZH02	吉县站油松人工林综合观测场	100	19.5	3	0.58
2014-03	JXFZH01	吉县站刺槐人工林综合观测场	20	12.7	3	0.56
2014-03	JXFZH01	吉县站刺槐人工林综合观测场	40	17.2	3	0.27
2014-03	JXFZH01	吉县站刺槐人工林综合观测场	60	17.1	3	0.42

（续）

时间（年-月）	样地代码	样地名称	探测深度/cm	体积含水量/%	重复数	标准差
2014-03	JXFZH01	吉县站刺槐人工林综合观测场	80	17.1	3	0.50
2014-03	JXFZH01	吉县站刺槐人工林综合观测场	100	17.2	3	0.56
2014-04	JXFZH03	吉县站次生林综合观测场	20	23.1	3	0.53
2014-04	JXFZH03	吉县站次生林综合观测场	40	24.7	3	0.29
2014-04	JXFZH03	吉县站次生林综合观测场	60	22.5	3	0.56
2014-04	JXFZH03	吉县站次生林综合观测场	80	22.6	3	0.45
2014-04	JXFZH03	吉县站次生林综合观测场	100	20.9	3	0.54
2014-04	JXFZH02	吉县站油松人工林综合观测场	20	18.3	3	0.47
2014-04	JXFZH02	吉县站油松人工林综合观测场	40	22.7	3	0.24
2014-04	JXFZH02	吉县站油松人工林综合观测场	60	20.6	3	0.56
2014-04	JXFZH02	吉县站油松人工林综合观测场	80	18.5	3	0.29
2014-04	JXFZH02	吉县站油松人工林综合观测场	100	19.0	3	0.52
2014-04	JXFZH01	吉县站刺槐人工林综合观测场	20	17.8	3	0.45
2014-04	JXFZH01	吉县站刺槐人工林综合观测场	40	23.8	3	0.30
2014-04	JXFZH01	吉县站刺槐人工林综合观测场	60	22.9	3	0.59
2014-04	JXFZH01	吉县站刺槐人工林综合观测场	80	20.5	3	0.59
2014-04	JXFZH01	吉县站刺槐人工林综合观测场	100	19.4	3	0.27
2014-05	JXFZH03	吉县站次生林综合观测场	20	24.1	3	0.39
2014-05	JXFZH03	吉县站次生林综合观测场	40	25.1	3	0.57
2014-05	JXFZH03	吉县站次生林综合观测场	60	23.5	3	0.36
2014-05	JXFZH03	吉县站次生林综合观测场	80	23.7	3	0.55
2014-05	JXFZH03	吉县站次生林综合观测场	100	21.7	3	0.49
2014-05	JXFZH02	吉县站油松人工林综合观测场	20	17.6	3	0.57
2014-05	JXFZH02	吉县站油松人工林综合观测场	40	23.0	3	0.56
2014-05	JXFZH02	吉县站油松人工林综合观测场	60	21.6	3	0.31
2014-05	JXFZH02	吉县站油松人工林综合观测场	80	19.5	3	0.55
2014-05	JXFZH02	吉县站油松人工林综合观测场	100	18.9	3	0.28
2014-05	JXFZH01	吉县站刺槐人工林综合观测场	20	15.2	3	0.47
2014-05	JXFZH01	吉县站刺槐人工林综合观测场	40	22.1	3	0.57
2014-05	JXFZH01	吉县站刺槐人工林综合观测场	60	24.1	3	0.43
2014-05	JXFZH01	吉县站刺槐人工林综合观测场	80	22.7	3	0.52
2014-05	JXFZH01	吉县站刺槐人工林综合观测场	100	22.2	3	0.34
2014-06	JXFZH03	吉县站次生林综合观测场	20	20.7	3	0.30
2014-06	JXFZH03	吉县站次生林综合观测场	40	19.8	3	0.49
2014-06	JXFZH03	吉县站次生林综合观测场	60	14.3	3	0.39
2014-06	JXFZH03	吉县站次生林综合观测场	80	15.4	3	0.42
2014-06	JXFZH03	吉县站次生林综合观测场	100	15.8	3	0.38
2014-06	JXFZH02	吉县站油松人工林综合观测场	20	16.5	3	0.24
2014-06	JXFZH02	吉县站油松人工林综合观测场	40	16.7	3	0.35

（续）

时间（年-月）	样地代码	样地名称	探测深度/cm	体积含水量/%	重复数	标准差
2014 - 06	JXFZH02	吉县站油松人工林综合观测场	60	15.7	3	0.39
2014 - 06	JXFZH02	吉县站油松人工林综合观测场	80	15.8	3	0.28
2014 - 06	JXFZH02	吉县站油松人工林综合观测场	100	16.9	3	0.46
2014 - 06	JXFZH01	吉县站刺槐人工林综合观测场	20	12.8	3	0.50
2014 - 06	JXFZH01	吉县站刺槐人工林综合观测场	40	15.0	3	0.36
2014 - 06	JXFZH01	吉县站刺槐人工林综合观测场	60	14.7	3	0.29
2014 - 06	JXFZH01	吉县站刺槐人工林综合观测场	80	16.3	3	0.28
2014 - 06	JXFZH01	吉县站刺槐人工林综合观测场	100	16.9	3	0.43
2014 - 07	JXFZH03	吉县站次生林综合观测场	20	21.9	3	0.44
2014 - 07	JXFZH03	吉县站次生林综合观测场	40	22.0	3	0.45
2014 - 07	JXFZH03	吉县站次生林综合观测场	60	18.6	3	0.56
2014 - 07	JXFZH03	吉县站次生林综合观测场	80	16.8	3	0.29
2014 - 07	JXFZH03	吉县站次生林综合观测场	100	14.9	3	0.54
2014 - 07	JXFZH02	吉县站油松人工林综合观测场	20	18.4	3	0.55
2014 - 07	JXFZH02	吉县站油松人工林综合观测场	40	20.4	3	0.48
2014 - 07	JXFZH02	吉县站油松人工林综合观测场	60	18.5	3	0.47
2014 - 07	JXFZH02	吉县站油松人工林综合观测场	80	15.8	3	0.37
2014 - 07	JXFZH02	吉县站油松人工林综合观测场	100	15.8	3	0.44
2014 - 07	JXFZH01	吉县站刺槐人工林综合观测场	20	16.1	3	0.51
2014 - 07	JXFZH01	吉县站刺槐人工林综合观测场	40	16.9	3	0.51
2014 - 07	JXFZH01	吉县站刺槐人工林综合观测场	60	14.7	3	0.51
2014 - 07	JXFZH01	吉县站刺槐人工林综合观测场	80	15.0	3	0.52
2014 - 07	JXFZH01	吉县站刺槐人工林综合观测场	100	15.5	3	0.31
2014 - 08	JXFZH03	吉县站次生林综合观测场	20	26.2	3	0.49
2014 - 08	JXFZH03	吉县站次生林综合观测场	40	28.0	3	0.54
2014 - 08	JXFZH03	吉县站次生林综合观测场	60	24.5	3	0.53
2014 - 08	JXFZH03	吉县站次生林综合观测场	80	21.9	3	0.31
2014 - 08	JXFZH03	吉县站次生林综合观测场	100	16.7	3	0.24
2014 - 08	JXFZH02	吉县站油松人工林综合观测场	20	20.7	3	0.24
2014 - 08	JXFZH02	吉县站油松人工林综合观测场	40	23.5	3	0.50
2014 - 08	JXFZH02	吉县站油松人工林综合观测场	60	21.0	3	0.39
2014 - 08	JXFZH02	吉县站油松人工林综合观测场	80	18.1	3	0.51
2014 - 08	JXFZH02	吉县站油松人工林综合观测场	100	16.9	3	0.36
2014 - 08	JXFZH01	吉县站刺槐人工林综合观测场	20	17.1	3	0.38
2014 - 08	JXFZH01	吉县站刺槐人工林综合观测场	40	19.6	3	0.35
2014 - 08	JXFZH01	吉县站刺槐人工林综合观测场	60	18.8	3	0.49
2014 - 08	JXFZH01	吉县站刺槐人工林综合观测场	80	17.4	3	0.50
2014 - 08	JXFZH01	吉县站刺槐人工林综合观测场	100	16.8	3	0.55
2014 - 09	JXFZH03	吉县站次生林综合观测场	20	25.1	3	0.46

（续）

时间（年-月）	样地代码	样地名称	探测深度/cm	体积含水量/%	重复数	标准差
2014 - 09	JXFZH03	吉县站次生林综合观测场	40	26.1	3	0.23
2014 - 09	JXFZH03	吉县站次生林综合观测场	60	24.3	3	0.30
2014 - 09	JXFZH03	吉县站次生林综合观测场	80	25.7	3	0.29
2014 - 09	JXFZH03	吉县站次生林综合观测场	100	20.2	3	0.55
2014 - 09	JXFZH02	吉县站油松人工林综合观测场	20	20.3	3	0.37
2014 - 09	JXFZH02	吉县站油松人工林综合观测场	40	23.6	3	0.42
2014 - 09	JXFZH02	吉县站油松人工林综合观测场	60	24.7	3	0.58
2014 - 09	JXFZH02	吉县站油松人工林综合观测场	80	23.5	3	0.20
2014 - 09	JXFZH02	吉县站油松人工林综合观测场	100	18.4	3	0.50
2014 - 09	JXFZH01	吉县站刺槐人工林综合观测场	20	18.8	3	0.60
2014 - 09	JXFZH01	吉县站刺槐人工林综合观测场	40	23.7	3	0.37
2014 - 09	JXFZH01	吉县站刺槐人工林综合观测场	60	25.1	3	0.28
2014 - 09	JXFZH01	吉县站刺槐人工林综合观测场	80	23.6	3	0.54
2014 - 09	JXFZH01	吉县站刺槐人工林综合观测场	100	22.3	3	0.52
2014 - 10	JXFZH03	吉县站次生林综合观测场	20	22.9	3	0.48
2014 - 10	JXFZH03	吉县站次生林综合观测场	40	25.1	3	0.22
2014 - 10	JXFZH03	吉县站次生林综合观测场	60	23.9	3	0.53
2014 - 10	JXFZH03	吉县站次生林综合观测场	80	24.5	3	0.52
2014 - 10	JXFZH03	吉县站次生林综合观测场	100	23.7	3	0.42
2014 - 10	JXFZH02	吉县站油松人工林综合观测场	20	19.4	3	0.55
2014 - 10	JXFZH02	吉县站油松人工林综合观测场	40	21.8	3	0.33
2014 - 10	JXFZH02	吉县站油松人工林综合观测场	60	23.7	3	0.44
2014 - 10	JXFZH02	吉县站油松人工林综合观测场	80	23.3	3	0.34
2014 - 10	JXFZH02	吉县站油松人工林综合观测场	100	20.9	3	0.55
2014 - 10	JXFZH01	吉县站刺槐人工林综合观测场	20	17.0	3	0.25
2014 - 10	JXFZH01	吉县站刺槐人工林综合观测场	40	20.1	3	0.26
2014 - 10	JXFZH01	吉县站刺槐人工林综合观测场	60	22.7	3	0.58
2014 - 10	JXFZH01	吉县站刺槐人工林综合观测场	80	23.1	3	0.22
2014 - 10	JXFZH01	吉县站刺槐人工林综合观测场	100	21.3	3	0.47
2014 - 11	JXFZH03	吉县站次生林综合观测场	20	21.2	3	0.26
2014 - 11	JXFZH03	吉县站次生林综合观测场	40	22.3	3	0.40
2014 - 11	JXFZH03	吉县站次生林综合观测场	60	20.9	3	0.56
2014 - 11	JXFZH03	吉县站次生林综合观测场	80	22.4	3	0.33
2014 - 11	JXFZH03	吉县站次生林综合观测场	100	21.6	3	0.27
2014 - 11	JXFZH02	吉县站油松人工林综合观测场	20	16.4	3	0.24
2014 - 11	JXFZH02	吉县站油松人工林综合观测场	40	19.4	3	0.34
2014 - 11	JXFZH02	吉县站油松人工林综合观测场	60	22.2	3	0.30
2014 - 11	JXFZH02	吉县站油松人工林综合观测场	80	21.5	3	0.45
2014 - 11	JXFZH02	吉县站油松人工林综合观测场	100	19.9	3	0.41

（续）

时间（年-月）	样地代码	样地名称	探测深度/cm	体积含水量/%	重复数	标准差
2014－11	JXFZH01	吉县站刺槐人工林综合观测场	20	11.4	3	0.55
2014－11	JXFZH01	吉县站刺槐人工林综合观测场	40	17.0	3	0.38
2014－11	JXFZH01	吉县站刺槐人工林综合观测场	60	19.5	3	0.55
2014－11	JXFZH01	吉县站刺槐人工林综合观测场	80	19.1	3	0.22
2014－11	JXFZH01	吉县站刺槐人工林综合观测场	100	19.0	3	0.50
2014－12	JXFZH03	吉县站次生林综合观测场	20	11.3	3	0.50
2014－12	JXFZH03	吉县站次生林综合观测场	40	14.9	3	0.32
2014－12	JXFZH03	吉县站次生林综合观测场	60	18.5	3	0.49
2014－12	JXFZH03	吉县站次生林综合观测场	80	22.5	3	0.36
2014－12	JXFZH03	吉县站次生林综合观测场	100	21.4	3	0.25
2014－12	JXFZH02	吉县站油松人工林综合观测场	20	12.9	3	0.49
2014－12	JXFZH02	吉县站油松人工林综合观测场	40	17.2	3	0.50
2014－12	JXFZH02	吉县站油松人工林综合观测场	60	18.7	3	0.52
2014－12	JXFZH02	吉县站油松人工林综合观测场	80	20.4	3	0.30
2014－12	JXFZH02	吉县站油松人工林综合观测场	100	18.9	3	0.41
2014－12	JXFZH01	吉县站刺槐人工林综合观测场	20	9.3	3	0.59
2014－12	JXFZH01	吉县站刺槐人工林综合观测场	40	13.6	3	0.24
2014－12	JXFZH01	吉县站刺槐人工林综合观测场	60	15.8	3	0.42
2014－12	JXFZH01	吉县站刺槐人工林综合观测场	80	17.6	3	0.49
2014－12	JXFZH01	吉县站刺槐人工林综合观测场	100	16.4	3	0.45

注：采集人，毕华兴；采集时间，2014 年。

表 3－42　2015 年综合观测场林地土壤体积含水量观测数据

时间（年-月）	样地代码	样地名称	探测深度/cm	体积含水量/%	重复数	标准差
2015－01	JXFZH03	吉县站次生林综合观测场	20	11.2	3	0.51
2015－01	JXFZH03	吉县站次生林综合观测场	40	14.6	3	0.45
2015－01	JXFZH03	吉县站次生林综合观测场	60	16.9	3	0.38
2015－01	JXFZH03	吉县站次生林综合观测场	80	20.5	3	0.25
2015－01	JXFZH03	吉县站次生林综合观测场	100	20.5	3	0.57
2015－01	JXFZH02	吉县站油松人工林综合观测场	20	13.4	3	0.43
2015－01	JXFZH02	吉县站油松人工林综合观测场	40	17.1	3	0.27
2015－01	JXFZH02	吉县站油松人工林综合观测场	60	19.5	3	0.53
2015－01	JXFZH02	吉县站油松人工林综合观测场	80	20.5	3	0.35
2015－01	JXFZH02	吉县站油松人工林综合观测场	100	20.4	3	0.33
2015－01	JXFZH01	吉县站刺槐人工林综合观测场	20	11.3	3	0.57
2015－01	JXFZH01	吉县站刺槐人工林综合观测场	40	16.1	3	0.60
2015－01	JXFZH01	吉县站刺槐人工林综合观测场	60	18.5	3	0.52
2015－01	JXFZH01	吉县站刺槐人工林综合观测场	80	19.7	3	0.43
2015－01	JXFZH01	吉县站刺槐人工林综合观测场	100	19.4	3	0.34

（续）

时间（年-月）	样地代码	样地名称	探测深度/cm	体积含水量/%	重复数	标准差
2015－02	JXFZH03	吉县站次生林综合观测场	20	12.2	3	0.25
2015－02	JXFZH03	吉县站次生林综合观测场	40	15.0	3	0.29
2015－02	JXFZH03	吉县站次生林综合观测场	60	15.7	3	0.58
2015－02	JXFZH03	吉县站次生林综合观测场	80	20.6	3	0.56
2015－02	JXFZH03	吉县站次生林综合观测场	100	20.7	3	0.54
2015－02	JXFZH02	吉县站油松人工林综合观测场	20	13.4	3	0.24
2015－02	JXFZH02	吉县站油松人工林综合观测场	40	17.1	3	0.56
2015－02	JXFZH02	吉县站油松人工林综合观测场	60	18.5	3	0.37
2015－02	JXFZH02	吉县站油松人工林综合观测场	80	19.4	3	0.58
2015－02	JXFZH02	吉县站油松人工林综合观测场	100	21.2	3	0.29
2015－02	JXFZH01	吉县站刺槐人工林综合观测场	20	12.3	3	0.46
2015－02	JXFZH01	吉县站刺槐人工林综合观测场	40	18.8	3	0.58
2015－02	JXFZH01	吉县站刺槐人工林综合观测场	60	19.9	3	0.28
2015－02	JXFZH01	吉县站刺槐人工林综合观测场	80	20.7	3	0.53
2015－02	JXFZH01	吉县站刺槐人工林综合观测场	100	20.8	3	0.36
2015－03	JXFZH03	吉县站次生林综合观测场	20	21.4	3	0.25
2015－03	JXFZH03	吉县站次生林综合观测场	40	23.3	3	0.42
2015－03	JXFZH03	吉县站次生林综合观测场	60	19.7	3	0.58
2015－03	JXFZH03	吉县站次生林综合观测场	80	20.3	3	0.25
2015－03	JXFZH03	吉县站次生林综合观测场	100	19.3	3	0.52
2015－03	JXFZH02	吉县站油松人工林综合观测场	20	9.9	3	0.22
2015－03	JXFZH02	吉县站油松人工林综合观测场	40	16.2	3	0.39
2015－03	JXFZH02	吉县站油松人工林综合观测场	60	18.0	3	0.46
2015－03	JXFZH02	吉县站油松人工林综合观测场	80	19.9	3	0.39
2015－03	JXFZH02	吉县站油松人工林综合观测场	100	19.9	3	0.43
2015－03	JXFZH01	吉县站刺槐人工林综合观测场	20	13.1	3	0.55
2015－03	JXFZH01	吉县站刺槐人工林综合观测场	40	16.9	3	0.48
2015－03	JXFZH01	吉县站刺槐人工林综合观测场	60	19.2	3	0.56
2015－03	JXFZH01	吉县站刺槐人工林综合观测场	80	20.2	3	0.53
2015－03	JXFZH01	吉县站刺槐人工林综合观测场	100	19.8	3	0.56
2015－04	JXFZH03	吉县站次生林综合观测场	20	21.1	3	0.25
2015－04	JXFZH03	吉县站次生林综合观测场	40	22.0	3	0.37
2015－04	JXFZH03	吉县站次生林综合观测场	60	19.5	3	0.32
2015－04	JXFZH03	吉县站次生林综合观测场	80	20.2	3	0.44
2015－04	JXFZH03	吉县站次生林综合观测场	100	18.9	3	0.44
2015－04	JXFZH02	吉县站油松人工林综合观测场	20	14.5	3	0.34
2015－04	JXFZH02	吉县站油松人工林综合观测场	40	17.8	3	0.35
2015－04	JXFZH02	吉县站油松人工林综合观测场	60	18.3	3	0.23
2015－04	JXFZH02	吉县站油松人工林综合观测场	80	18.6	3	0.44

（续）

时间（年-月）	样地代码	样地名称	探测深度/cm	体积含水量/%	重复数	标准差
2015 - 04	JXFZH02	吉县站油松人工林综合观测场	100	18.8	3	0.58
2015 - 04	JXFZH01	吉县站刺槐人工林综合观测场	20	13.0	3	0.34
2015 - 04	JXFZH01	吉县站刺槐人工林综合观测场	40	18.7	3	0.38
2015 - 04	JXFZH01	吉县站刺槐人工林综合观测场	60	19.8	3	0.22
2015 - 04	JXFZH01	吉县站刺槐人工林综合观测场	80	20.5	3	0.44
2015 - 04	JXFZH01	吉县站刺槐人工林综合观测场	100	20.4	3	0.24
2015 - 05	JXFZH03	吉县站次生林综合观测场	20	15.7	3	0.59
2015 - 05	JXFZH03	吉县站次生林综合观测场	40	15.9	3	0.60
2015 - 05	JXFZH03	吉县站次生林综合观测场	60	14.1	3	0.22
2015 - 05	JXFZH03	吉县站次生林综合观测场	80	15.6	3	0.59
2015 - 05	JXFZH03	吉县站次生林综合观测场	100	15.4	3	0.39
2015 - 05	JXFZH02	吉县站油松人工林综合观测场	20	10.8	3	0.25
2015 - 05	JXFZH02	吉县站油松人工林综合观测场	40	14.1	3	0.33
2015 - 05	JXFZH02	吉县站油松人工林综合观测场	60	15.3	3	0.33
2015 - 05	JXFZH02	吉县站油松人工林综合观测场	80	15.0	3	0.42
2015 - 05	JXFZH02	吉县站油松人工林综合观测场	100	16.0	3	0.26
2015 - 05	JXFZH01	吉县站刺槐人工林综合观测场	20	9.0	3	0.22
2015 - 05	JXFZH01	吉县站刺槐人工林综合观测场	40	13.9	3	0.24
2015 - 05	JXFZH01	吉县站刺槐人工林综合观测场	60	15.4	3	0.54
2015 - 05	JXFZH01	吉县站刺槐人工林综合观测场	80	16.1	3	0.24
2015 - 05	JXFZH01	吉县站刺槐人工林综合观测场	100	16.8	3	0.23
2015 - 06	JXFZH03	吉县站次生林综合观测场	20	15.1	3	0.36
2015 - 06	JXFZH03	吉县站次生林综合观测场	40	14.5	3	0.22
2015 - 06	JXFZH03	吉县站次生林综合观测场	60	13.2	3	0.50
2015 - 06	JXFZH03	吉县站次生林综合观测场	80	14.0	3	0.22
2015 - 06	JXFZH03	吉县站次生林综合观测场	100	13.8	3	0.56
2015 - 06	JXFZH02	吉县站油松人工林综合观测场	20	11.9	3	0.31
2015 - 06	JXFZH02	吉县站油松人工林综合观测场	40	14.1	3	0.52
2015 - 06	JXFZH02	吉县站油松人工林综合观测场	60	13.9	3	0.51
2015 - 06	JXFZH02	吉县站油松人工林综合观测场	80	13.9	3	0.47
2015 - 06	JXFZH02	吉县站油松人工林综合观测场	100	14.9	3	0.52
2015 - 06	JXFZH01	吉县站刺槐人工林综合观测场	20	8.8	3	0.53
2015 - 06	JXFZH01	吉县站刺槐人工林综合观测场	40	11.9	3	0.28
2015 - 06	JXFZH01	吉县站刺槐人工林综合观测场	60	13.8	3	0.48
2015 - 06	JXFZH01	吉县站刺槐人工林综合观测场	80	14.7	3	0.23
2015 - 06	JXFZH01	吉县站刺槐人工林综合观测场	100	15.0	3	0.28
2015 - 07	JXFZH03	吉县站次生林综合观测场	20	13.9	3	0.54
2015 - 07	JXFZH03	吉县站次生林综合观测场	40	13.7	3	0.58
2015 - 07	JXFZH03	吉县站次生林综合观测场	60	12.6	3	0.51

84

（续）

时间（年-月）	样地代码	样地名称	探测深度/cm	体积含水量/%	重复数	标准差
2015－07	JXFZH03	吉县站次生林综合观测场	80	13.5	3	0.49
2015－07	JXFZH03	吉县站次生林综合观测场	100	13.3	3	0.57
2015－07	JXFZH02	吉县站油松人工林综合观测场	20	12.5	3	0.32
2015－07	JXFZH02	吉县站油松人工林综合观测场	40	14.0	3	0.57
2015－07	JXFZH02	吉县站油松人工林综合观测场	60	14.0	3	0.20
2015－07	JXFZH02	吉县站油松人工林综合观测场	80	13.9	3	0.43
2015－07	JXFZH02	吉县站油松人工林综合观测场	100	14.7	3	0.60
2015－07	JXFZH01	吉县站刺槐人工林综合观测场	20	9.1	3	0.47
2015－07	JXFZH01	吉县站刺槐人工林综合观测场	40	12.9	3	0.36
2015－07	JXFZH01	吉县站刺槐人工林综合观测场	60	13.9	3	0.47
2015－07	JXFZH01	吉县站刺槐人工林综合观测场	80	14.3	3	0.23
2015－07	JXFZH01	吉县站刺槐人工林综合观测场	100	14.6	3	0.39
2015－08	JXFZH03	吉县站次生林综合观测场	20	12.4	3	0.40
2015－08	JXFZH03	吉县站次生林综合观测场	40	13.6	3	0.22
2015－08	JXFZH03	吉县站次生林综合观测场	60	13.1	3	0.43
2015－08	JXFZH03	吉县站次生林综合观测场	80	13.8	3	0.38
2015－08	JXFZH03	吉县站次生林综合观测场	100	13.8	3	0.58
2015－08	JXFZH02	吉县站油松人工林综合观测场	20	10.4	3	0.24
2015－08	JXFZH02	吉县站油松人工林综合观测场	40	13.2	3	0.33
2015－08	JXFZH02	吉县站油松人工林综合观测场	60	13.3	3	0.46
2015－08	JXFZH02	吉县站油松人工林综合观测场	80	13.5	3	0.59
2015－08	JXFZH02	吉县站油松人工林综合观测场	100	14.4	3	0.28
2015－08	JXFZH01	吉县站刺槐人工林综合观测场	20	7.4	3	0.55
2015－08	JXFZH01	吉县站刺槐人工林综合观测场	40	12.5	3	0.24
2015－08	JXFZH01	吉县站刺槐人工林综合观测场	60	13.4	3	0.50
2015－08	JXFZH01	吉县站刺槐人工林综合观测场	80	13.9	3	0.46
2015－08	JXFZH01	吉县站刺槐人工林综合观测场	100	14.3	3	0.30
2015－09	JXFZH03	吉县站次生林综合观测场	20	18.9	3	0.30
2015－09	JXFZH03	吉县站次生林综合观测场	40	13.1	3	0.25
2015－09	JXFZH03	吉县站次生林综合观测场	60	12.3	3	0.42
2015－09	JXFZH03	吉县站次生林综合观测场	80	13.4	3	0.24
2015－09	JXFZH03	吉县站次生林综合观测场	100	13.3	3	0.34
2015－09	JXFZH02	吉县站油松人工林综合观测场	20	13.2	3	0.28
2015－09	JXFZH02	吉县站油松人工林综合观测场	40	13.9	3	0.32
2015－09	JXFZH02	吉县站油松人工林综合观测场	60	13.6	3	0.26
2015－09	JXFZH02	吉县站油松人工林综合观测场	80	13.8	3	0.38
2015－09	JXFZH02	吉县站油松人工林综合观测场	100	14.7	3	0.45
2015－09	JXFZH01	吉县站刺槐人工林综合观测场	20	10.5	3	0.21
2015－09	JXFZH01	吉县站刺槐人工林综合观测场	40	12.8	3	0.45

（续）

时间（年-月）	样地代码	样地名称	探测深度/cm	体积含水量/%	重复数	标准差
2015 - 09	JXFZH01	吉县站刺槐人工林综合观测场	60	13.5	3	0.38
2015 - 09	JXFZH01	吉县站刺槐人工林综合观测场	80	14.1	3	0.47
2015 - 09	JXFZH01	吉县站刺槐人工林综合观测场	100	14.4	3	0.27
2015 - 10	JXFZH03	吉县站次生林综合观测场	20	17.2	3	0.40
2015 - 10	JXFZH03	吉县站次生林综合观测场	40	13.9	3	0.28
2015 - 10	JXFZH03	吉县站次生林综合观测场	60	12.2	3	0.20
2015 - 10	JXFZH03	吉县站次生林综合观测场	80	13.0	3	0.24
2015 - 10	JXFZH03	吉县站次生林综合观测场	100	12.8	3	0.59
2015 - 10	JXFZH02	吉县站油松人工林综合观测场	20	14.4	3	0.21
2015 - 10	JXFZH02	吉县站油松人工林综合观测场	40	13.6	3	0.44
2015 - 10	JXFZH02	吉县站油松人工林综合观测场	60	13.5	3	0.30
2015 - 10	JXFZH02	吉县站油松人工林综合观测场	80	13.5	3	0.32
2015 - 10	JXFZH02	吉县站油松人工林综合观测场	100	14.8	3	0.36
2015 - 10	JXFZH01	吉县站刺槐人工林综合观测场	20	12.3	3	0.42
2015 - 10	JXFZH01	吉县站刺槐人工林综合观测场	40	13.3	3	0.32
2015 - 10	JXFZH01	吉县站刺槐人工林综合观测场	60	13.6	3	0.54
2015 - 10	JXFZH01	吉县站刺槐人工林综合观测场	80	13.9	3	0.24
2015 - 10	JXFZH01	吉县站刺槐人工林综合观测场	100	14.2	3	0.25
2015 - 11	JXFZH03	吉县站次生林综合观测场	20	25.2	3	0.41
2015 - 11	JXFZH03	吉县站次生林综合观测场	40	21.3	3	0.39
2015 - 11	JXFZH03	吉县站次生林综合观测场	60	14.1	3	0.54
2015 - 11	JXFZH03	吉县站次生林综合观测场	80	13.6	3	0.41
2015 - 11	JXFZH03	吉县站次生林综合观测场	100	13.5	3	0.47
2015 - 11	JXFZH02	吉县站油松人工林综合观测场	20	19.4	3	0.29
2015 - 11	JXFZH02	吉县站油松人工林综合观测场	40	18.2	3	0.52
2015 - 11	JXFZH02	吉县站油松人工林综合观测场	60	14.6	3	0.32
2015 - 11	JXFZH02	吉县站油松人工林综合观测场	80	13.7	3	0.37
2015 - 11	JXFZH02	吉县站油松人工林综合观测场	100	14.7	3	0.57
2015 - 11	JXFZH01	吉县站刺槐人工林综合观测场	20	17.2	3	0.51
2015 - 11	JXFZH01	吉县站刺槐人工林综合观测场	40	18.4	3	0.37
2015 - 11	JXFZH01	吉县站刺槐人工林综合观测场	60	14.8	3	0.38
2015 - 11	JXFZH01	吉县站刺槐人工林综合观测场	80	14.2	3	0.33
2015 - 11	JXFZH01	吉县站刺槐人工林综合观测场	100	14.5	3	0.56
2015 - 12	JXFZH03	吉县站次生林综合观测场	20	22.9	3	0.45
2015 - 12	JXFZH03	吉县站次生林综合观测场	40	21.1	3	0.32
2015 - 12	JXFZH03	吉县站次生林综合观测场	60	14.5	3	0.51
2015 - 12	JXFZH03	吉县站次生林综合观测场	80	13.0	3	0.30
2015 - 12	JXFZH03	吉县站次生林综合观测场	100	13.5	3	0.25
2015 - 12	JXFZH02	吉县站油松人工林综合观测场	20	18.5	3	0.21

（续）

时间（年-月）	样地代码	样地名称	探测深度/cm	体积含水量/%	重复数	标准差
2015-12	JXFZH02	吉县站油松人工林综合观测场	40	18.1	3	0.46
2015-12	JXFZH02	吉县站油松人工林综合观测场	60	13.9	3	0.29
2015-12	JXFZH02	吉县站油松人工林综合观测场	80	13.2	3	0.25
2015-12	JXFZH02	吉县站油松人工林综合观测场	100	13.6	3	0.38
2015-12	JXFZH01	吉县站刺槐人工林综合观测场	20	16.3	3	0.54
2015-12	JXFZH01	吉县站刺槐人工林综合观测场	40	18.7	3	0.28
2015-12	JXFZH01	吉县站刺槐人工林综合观测场	60	14.8	3	0.56
2015-12	JXFZH01	吉县站刺槐人工林综合观测场	80	13.6	3	0.31
2015-12	JXFZH01	吉县站刺槐人工林综合观测场	100	14.1	3	0.59

注：采集人，毕华兴；采集时间，2015年。

表 3-43　土壤水分监测点油松峁油松斜坡（JXFZH03SF_01）2010 年土壤体积含水量

采样层次/cm	月份					
	7	8	9	10	11	12
10	17.18	18.81	14.58	10.88	9.30	8.04
20	18.70	20.93	16.66	12.57	11.46	11.16
30	12.98	16.27	15.29	11.79	10.84	10.66
40	12.59	15.16	15.96	12.46	11.50	11.31
50	13.54	14.68	16.48	13.41	12.39	12.16
60	13.79	14.01	14.82	13.45	12.55	12.32
70	13.07	13.25	13.39	12.81	12.04	11.82
80	13.33	13.52	13.53	13.00	12.26	12.04
90	13.43	13.64	13.64	13.15	12.46	12.24
100	13.09	13.32	13.32	12.88	12.28	12.07
120	12.95	13.20	13.18	12.82	12.24	12.02
140	13.43	13.71	13.74	13.45	12.91	12.70
160	13.01	13.31	13.38	13.15	12.65	12.43
180	17.71	18.18	18.34	18.05	17.35	17.03
200	16.87	17.32	17.54	17.31	16.72	16.43

注：采集人，张建军；采集时间，2010年。

表 3-44　土壤水分监测点油松峁油松斜坡（JXFZH03SF_01）2011 年土壤体积含水量

采样层次/cm	月份										
	2	3	4	5	6	7	8	9	10	11	12
10	7.7	10.3	8.9	13.4	8.6	15.9	20.5	23.2	21.8	17.7	14.0
20	10.8	11.2	11.6	15.6	11.9	13.9	22.8	26.0	24.2	19.2	19.4
30	10.4	10.6	11.2	13.3	11.7	12.4	21.0	23.4	21.8	16.9	19.9
40	10.8	11.0	11.8	12.5	12.6	12.9	21.7	25.3	23.6	18.2	22.1
50	11.6	11.8	12.6	13.0	13.4	13.4	21.3	26.7	25.2	19.3	24.0

(续)

采样层次/cm	月份										
	2	3	4	5	6	7	8	9	10	11	12
60	11.8	12.0	12.8	13.2	13.7	13.7	18.9	27.1	25.9	19.8	24.8
70	11.3	11.5	12.1	12.5	12.9	12.9	16.3	25.5	25.3	19.2	24.3
80	11.5	11.6	12.3	12.7	13.1	13.2	14.9	25.0	26.0	19.7	25.1
90	11.6	11.8	12.4	12.8	13.2	13.3	13.6	23.4	26.1	19.8	25.4
100	11.4	11.5	12.0	12.3	12.6	12.7	12.9	19.5	24.7	18.7	24.1
120	11.3	11.4	11.9	12.2	12.5	12.7	12.9	16.1	22.4	17.0	22.2
140	11.9	12.0	12.3	12.6	12.8	13.0	13.2	14.0	20.7	16.2	21.6
160	11.5	11.7	12.1	12.5	12.8	13.0	13.2	13.2	16.7	15.1	20.8
180	15.7	15.8	16.2	16.7	17.1	17.5	17.8	17.9	18.1	16.0	25.1
200	15.1	15.2	15.4	15.7	16.1	16.4	16.8	16.9	16.8	13.0	20.6

注：采集人，张建军；采集时间，2011 年。

表 3－45　土壤水分监测点油松峁油松斜坡（JXFZH03SF_01）2012 年土壤体积含水量

采样层次/cm	月份									
	1	2	3	4	5	6	7	8	11	12
10	10.6	12.0	21.2	16.6	11.1	11.5	16.4	20.1	11.3	8.7
20	13.9	13.9	23.0	20.0	14.2	12.7	16.9	20.9	12.0	11.3
30	13.9	13.0	19.7	19.0	13.8	12.3	14.9	17.5	11.5	11.1
40	18.2	14.6	21.3	20.7	15.1	13.3	14.3	17.2	12.1	11.8
50	21.3	17.9	22.5	22.2	16.6	14.2	14.5	16.9	13.2	12.9
60	22.4	20.4	22.4	22.8	17.8	14.7	14.8	16.0	13.8	13.5
70	22.2	20.5	21.4	22.1	17.7	14.2	14.1	14.3	13.8	12.9
80	23.3	21.7	22.0	22.9	19.1	14.9	14.6	14.8	13.7	13.3
90	23.7	22.3	22.2	23.2	20.0	15.3	14.7	14.9	13.5	13.2
100	22.6	21.4	21.2	22.2	19.5	15.1	14.3	14.4	13.2	12.9
120	21.1	20.3	19.9	20.8	19.2	15.4	14.3	14.4	13.1	12.8
140	20.7	20.0	19.5	20.2	19.3	16.3	15.0	14.9	13.7	13.4
160	20.2	19.6	19.1	19.7	19.4	17.2	15.7	15.2	14.0	13.7
180	25.3	24.8	24.5	25.0	25.3	23.8	22.1	21.2	19.2	18.8
200	23.4	23.4	23.1	23.5	23.9	23.1	21.7	20.8	19.0	18.6

注：采集人，张建军；采集时间，2012 年。

表 3－46　土壤水分监测点油松峁油松斜坡（JXFZH03SF_01）2013 年土壤体积含水量

采样层次/cm	月份					
	5	6	7	8	9	10
10	11.1	11.0	22.3	16.6	16.5	18.2
20	13.3	13.3	25.4	18.7	17.6	19.3
30	12.1	12.6	24.0	20.5	18.4	20.2

（续）

采样层次/cm	月份					
	5	6	7	8	9	10
40	12.8	13.1	25.5	22.3	19.1	20.9
50	13.8	14.1	26.1	24.4	20.5	22.2
60	14.2	14.5	25.1	25.4	21.0	22.2
70	13.6	13.8	23.6	25.3	20.3	20.7
80	13.9	14.2	23.6	26.6	21.2	20.5
90	13.8	14.1	22.7	26.6	21.4	19.9
100	13.3	13.6	20.8	25.5	20.6	18.6
120	13.2	13.5	18.5	25.0	20.9	18.5
140	13.5	13.9	17.1	24.6	21.0	18.8
160	13.6	13.9	15.6	24.1	21.3	19.3
180	18.2	18.6	19.0	27.6	27.2	25.3
200	17.4	17.6	17.9	21.9	24.6	23.4

注：采集人，张建军；采集时间，2013年。

表 3-47　土壤水分监测点油松峁油松斜坡（JXFZH03SF＿01）2014年土壤体积含水量

采样层次/cm	月份					
	2	3	4	5	6	7
10	19.5	15.0	18.5	16.0	11.9	19.3
20	17.0	15.2	18.3	17.7	14.1	19.9
30	16.3	15.9	17.7	18.9	14.6	18.1
40	16.4	16.1	16.8	19.3	14.1	16.9
50	17.7	17.1	16.5	19.5	15.0	16.2
60	18.1	17.7	15.9	18.3	15.3	15.6
70	17.3	16.9	15.1	15.8	14.6	14.7
80	17.7	17.5	15.8	16.0	15.2	15.2
90	17.5	17.4	15.7	15.7	15.0	15.0
100	16.5	16.2	14.8	14.9	14.4	14.4
120	16.0	16.0	14.9	14.9	14.4	14.5
140	16.0	16.1	15.4	15.4	14.8	14.8
160	16.2	16.2	15.9	15.9	15.1	15.1
180	21.3	21.3	21.2	21.2	20.2	20.2
200	20.0	20.0	20.0	20.1	19.3	19.3

注：采集人，张建军；采集时间，2014年。

表 3-48　土壤水分监测点油松峁油松斜坡（JXFZH03SF＿01）2015年土壤体积含水量

采样层次/cm	月份								
	1	5	6	7	8	9	10	11	12
10	9.7	9.5	9.1	6.8	6.0	8.9	12.2	19.1	13.7

（续）

采样层次/cm	月份								
	1	5	6	7	8	9	10	11	12
20	11.2	10.5	10.1	6.5	5.3	7.4	7.7	14.4	13.1
30	14.8	13.3	12.7	8.3	7.2	10.2	9.8	14.5	16.4
40	16.4	13.9	13.5	9.0	8.2	11.7	11.2	12.4	16.9
50	18.1	14.8	14.5	9.3	8.2	11.8	11.3	11.0	13.2
60	18.8	15.2	15.0	9.8	8.9	13.0	12.5	12.1	12.0
70	18.1	14.5	14.3	9.0	7.7	11.2	10.8	10.3	9.8
80	18.9	15.0	14.9	9.4	8.2	11.9	11.6	11.1	10.6
90	19.0	14.8	14.7	9.4	8.3	12.2	11.8	11.4	11.0
100	18.1	14.2	14.1	8.9	7.7	11.4	11.1	10.7	10.4
120	17.2	14.1	14.1	8.4	6.6	9.7	9.5	9.2	8.8
140	16.1	14.3	14.4	8.9	7.3	11.0	10.8	10.6	10.3
160	15.0	14.6	14.6	8.9	7.1	10.8	10.6	10.3	9.9
180	19.0	19.1	19.0	12.0	10.1	15.4	15.2	14.8	14.3
200	18.1	18.0	17.8	11.5	10.1	15.5	15.3	15.0	14.4

注：采集人，张建军；采集时间，2015 年。

表 3-49　土壤水分监测点油松峁油松水平阶（JXFZH03SF_02）2010 年土壤体积含水量

采样层次/cm	月份					
	7	8	9	10	11	12
10	22.4	27.1	20.8	14.9	13.7	11.2
20	20.1	26.4	21.7	15.5	14.3	10.7
30	16.8	25.8	22.6	16.1	15.0	11.3
40	15.6	24.1	22.8	16.2	15.2	12.2
50	14.9	21.3	21.4	15.4	14.5	12.3
60	15.5	21.0	22.4	16.2	15.2	11.8
70	17.2	22.3	25.5	19.0	17.3	12.0
80	19.6	23.5	27.5	22.1	20.2	12.2
90	18.4	21.2	25.6	20.5	18.7	12.1
100	19.3	19.8	23.8	22.1	19.8	12.0
120	20.6	21.1	21.7	21.8	20.8	12.7
140	7.4	7.6	7.8	7.8	7.6	12.4
160	19.8	20.2	20.5	20.3	19.8	17.0
180	16.8	17.1	17.3	17.2	16.8	16.4
200	22.4	27.1	20.8	14.9	13.7	11.2

注：采集人，张建军；采集时间，2010 年。

90

表 3-50　土壤水分监测点油松峁油松水平阶（JXFZH03SF_02）**2011 年土壤体积含水量**

采样层次/cm	月份									
	2	3	4	5	6	7	8	9	10	11
10	8.9	11.7	11.0	16.5	11.6	20.7	26.1	27.6	25.0	26.5
20	12.1	12.7	13.3	19.7	14.6	23.6	30.5	31.7	28.5	29.8
30	13.0	13.2	14.0	20.3	15.3	22.4	31.5	32.1	28.7	29.2
40	13.9	14.0	14.6	20.1	15.9	21.2	31.6	31.7	28.5	28.3
50	14.1	14.2	14.8	19.2	15.9	19.9	31.1	30.9	28.2	27.4
60	13.5	13.5	14.1	16.2	15.0	17.6	28.9	28.6	26.2	25.2
70	14.1	14.2	14.6	15.2	15.4	17.1	29.4	29.1	27.0	25.7
80	16.0	16.1	16.5	16.9	17.3	18.7	31.5	31.2	29.3	27.9
90	18.4	18.4	18.9	19.2	19.6	20.8	32.2	32.3	30.7	29.2
100	17.1	17.2	17.5	18.0	18.4	19.2	30.9	31.2	29.8	28.3
120	17.4	17.5	18.0	18.6	19.0	19.4	28.9	31.9	31.2	29.9
140	18.8	18.9	19.1	19.5	19.9	20.2	25.6	31.6	31.5	30.6
160	7.0	7.0	7.1	7.1	7.3	7.5	8.3	12.3	13.1	12.7
180	18.1	18.1	18.3	18.6	18.9	19.3	19.8	26.2	29.3	28.8
200	15.5	15.5	15.6	15.8	16.0	16.3	16.6	17.5	22.3	22.6

注：采集人，张建军；采集时间，2011 年。

表 3-51　土壤水分监测点油松峁油松水平阶（JXFZH03SF_02）**2012 年土壤体积含水量**

采样层次/cm	月份									
	1	2	3	4	5	6	7	8	11	12
10	18.5	18.7	21.3	16.8	15.3	16.9	19.2	24.8	13.3	12.2
20	25.9	24.2	24.6	18.7	17.4	18.0	21.1	27.8	15.0	14.4
30	26.6	25.5	25.5	19.7	17.4	16.7	20.7	26.8	15.2	14.8
40	26.4	25.4	25.3	20.6	17.7	17.0	20.0	24.2	15.7	15.3
50	25.8	24.9	24.8	20.8	17.2	16.6	18.2	21.9	15.5	15.2
60	23.9	23.1	22.9	19.9	16.1	15.7	16.1	18.9	14.8	14.4
70	24.6	23.8	23.6	21.4	17.0	16.2	16.5	17.7	15.4	15.1
80	27.1	26.3	26.0	24.6	20.1	18.4	18.6	18.9	17.4	17.1
90	28.2	27.6	27.2	26.2	22.5	20.5	20.7	21.0	19.8	19.4
100	27.2	26.6	26.2	25.2	21.5	19.5	19.8	20.1	18.7	18.3
120	28.9	28.4	28.1	27.7	26.0	23.5	22.4	22.3	20.3	19.9
140	29.7	29.2	29.0	28.8	27.7	25.9	24.9	24.5	22.1	21.6
160	28.9	28.5	28.3	28.2	27.5	26.2	25.3	24.9	22.5	22.1
180	28.2	27.8	27.6	27.7	27.3	26.4	25.7	25.3	22.9	22.5
200	22.5	22.3	22.2	22.2	22.1	21.6	21.2	21.0	19.5	19.1

注：采集人，张建军；采集时间，2012 年。

表 3-52　土壤水分监测点油松峁油松水平阶（JXFZH03SF _ 02）2013 年土壤体积含水量

采样层次/cm	月份											
	1	2	3	4	5	6	7	8	9	10	11	12
10	12.3	12.3	11.3	12.6	15.7	15.3	29.2	22.5	21.6	19.7	17.4	15.8
20	14.1	14.5	14.6	14.5	16.9	17.4	33.1	25.1	24.8	22.3	18.5	18.1
30	14.5	14.9	15.3	15.1	15.6	16.5	33.2	25.5	25.1	22.6	19.1	18.6
40	15.0	15.3	15.8	15.7	16.1	16.6	33.1	25.9	24.6	23.1	19.9	19.2
50	14.8	15.1	15.5	15.5	15.8	16.3	32.3	26.3	23.3	23.2	19.8	19.1
60	14.1	14.3	14.6	14.8	15.1	15.5	30.2	25.3	21.5	21.9	18.9	18.2
70	14.7	14.8	15.2	15.3	15.6	16.0	29.9	26.5	22.1	22.4	19.6	18.9
80	16.6	16.8	17.1	17.2	17.5	18.0	30.7	29.5	24.9	24.6	22.1	21.4
90	18.9	19.1	19.5	19.8	20.3	20.9	30.8	31.5	27.3	26.4	24.7	24.1
100	17.8	17.9	18.1	18.2	18.5	19.0	28.4	30.6	26.0	24.3	23.1	22.6
120	19.3	19.3	19.5	19.4	19.4	19.8	27.1	32.4	29.0	27.0	25.7	25.2
140	21.0	21.0	21.0	20.8	20.7	21.0	25.9	33.0	30.3	28.5	27.2	26.6
160	21.4	21.3	21.3	21.0	20.8	21.0	23.7	31.6	29.8	28.2	27.0	26.4
180	21.9	21.6	21.5	21.2	20.9	20.9	21.6	30.3	29.2	27.9	26.8	26.2
200	18.6	18.3	18.3	18.2	18.1	18.1	18.1	22.0	23.0	22.4	21.7	21.3

注：采集人，张建军；采集时间，2013 年。

表 3-53　土壤水分监测点油松峁油松水平阶（JXFZH03SF _ 02）2015 年土壤体积含水量

采样层次/cm	月份									
	1	4	5	6	7	8	9	10	11	12
10	14.4	14.3	15.6	14.2	15.2	15.6	14.9	16.0	22.3	20.6
20	17.4	16.8	17.2	16.5	17.9	17.9	15.6	16.2	24.0	23.7
30	18.0	17.1	16.8	16.2	17.6	17.9	15.7	15.2	20.3	21.8
40	18.5	17.3	17.0	16.9	17.6	17.8	16.4	15.9	16.6	18.5
50	18.4	16.7	16.5	16.5	16.7	17.0	16.2	15.8	15.4	15.4
60	17.8	16.0	16.0	16.1	16.3	16.4	16.0	15.6	15.2	14.8
70	18.5	16.3	16.3	16.4	16.6	16.7	16.4	16.0	15.5	14.9
80	21.1	18.6	18.3	18.4	18.6	18.7	18.4	18.0	17.6	17.1
90	24.2	22.2	21.9	22.1	22.4	22.6	22.3	21.9	21.3	20.8
100	21.7	19.5	19.2	19.4	19.6	19.8	19.5	19.1	18.5	17.8
120	22.7	21.2	20.5	20.3	20.5	20.5	20.2	19.7	19.2	18.5
140	22.2	21.8	21.4	21.3	21.4	21.5	21.3	21.0	20.7	20.2
160	8.9	8.7	8.5	8.3	8.4	8.4	8.3	8.2	8.0	7.7
180	21.3	21.1	20.9	20.7	20.7	20.9	20.8	20.4	19.9	19.2
200	18.0	17.8	17.9	17.8	17.8	17.8	17.7	17.5	17.2	16.7

注：采集人，张建军；采集时间，2012 年。

表 3-54 土壤水分监测点秀家山刺槐林斜坡（JXFZH05SF_01）**2010 年土壤体积含水量**

采样层次/cm	月份				
	7	8	9	10	11
10	10.7	11.9	10.7	8.7	8.6
20	16.2	20.0	18.0	13.7	13.2
30	12.5	17.6	18.1	13.6	12.3
40	11.8	15.9	17.5	13.3	12.1
50	12.2	15.4	18.2	14.1	12.9
60	12.3	14.0	17.5	14.3	13.1
70	12.2	12.6	15.5	14.1	12.9
80	12.0	12.1	13.3	13.0	12.2
90	11.2	11.4	11.8	11.8	11.1
100	11.5	11.5	11.4	11.2	10.7
120	11.2	11.4	11.4	11.1	10.6
140	9.6	9.8	9.8	9.7	9.3
160	10.1	10.3	10.3	10.2	9.8
180	10.4	10.7	10.7	10.6	10.2
200	11.0	11.3	11.4	11.2	10.9

注：采集人，张建军；采集时间，2010 年。

表 3-55 土壤水分监测点秀家山刺槐林斜坡（JXFZH05SF_01）**2011 年土壤体积含水量**

采样层次/cm	月份										
	2	3	4	5	6	7	8	9	10	11	12
10	5.9	7.7	8.0	10.2	5.3	11.2	14.3	16.3	14.8	15.9	7.6
20	12.5	12.1	13.4	17.0	10.9	15.0	22.4	25.2	22.7	23.9	14.6
30	11.1	12.0	13.8	17.1	12.5	13.6	24.5	27.3	24.6	25.1	19.3
40	10.3	11.5	12.8	14.9	12.2	12.8	23.5	26.6	24.1	24.5	20.7
50	10.9	12.5	13.4	14.2	12.8	13.0	23.9	28.0	25.8	26.0	23.5
60	11.2	12.4	13.0	13.3	12.6	12.3	22.1	27.8	25.8	25.9	23.9
70	11.3	11.7	12.6	13.1	12.7	12.4	19.5	28.4	27.1	27.0	25.4
80	10.5	10.9	11.8	12.4	12.1	12.0	16.8	27.4	27.2	27.2	25.9
90	9.8	10.1	10.9	11.5	11.4	11.2	14.4	25.1	26.1	26.8	25.9
100	9.5	9.7	10.3	10.9	11.0	10.8	12.3	23.3	25.5	26.4	25.6
120	9.6	9.7	10.3	10.7	10.8	10.9	11.1	17.0	22.6	22.6	22.2
140	8.4	8.4	8.7	9.1	9.2	9.3	9.5	11.3	18.2	18.7	19.2
160	8.9	8.9	9.2	9.6	9.7	9.8	10.1	10.2	16.5	19.0	20.4
180	9.2	9.3	9.5	9.8	9.9	10.0	10.3	10.4	11.4	16.1	19.3
200	9.8	9.8	10.0	10.3	10.5	10.7	10.9	11.0	10.9	11.3	17.0

注：采集人，张建军；采集时间，2011 年。

表 3 - 56　土壤水分监测点秀家山刺槐林斜坡（JXFZH05SF＿01）2012 年土壤体积含水量

采样层次/cm	月份									
	1	2	3	4	5	6	7	8	11	12
10	5.2	5.7	13.1	14.3	8.3	7.2	11.3	13.4	12.7	7.0
20	9.6	9.7	19.4	23.0	15.6	11.4	16.3	19.2	18.9	11.8
30	12.1	11.8	19.4	26.0	18.4	12.4	16.7	19.3	20.8	13.5
40	12.2	11.4	16.0	25.1	18.6	12.4	15.5	17.9	20.0	13.6
50	14.0	12.1	15.1	26.3	20.8	13.2	14.8	17.7	20.4	14.3
60	16.9	13.1	15.3	25.6	21.6	13.7	13.3	16.2	19.1	14.1
70	20.7	14.3	17.1	25.3	23.1	15.0	13.7	15.2	18.1	14.6
80	22.1	16.8	19.1	24.4	23.3	15.6	13.8	14.2	15.6	14.2
90	22.8	19.6	19.6	23.6	23.3	16.2	13.5	13.6	14.0	13.4
100	23.0	20.6	20.0	22.8	23.1	17.1	13.6	13.7	13.7	13.2
120	20.6	19.1	18.3	19.8	20.8	16.9	13.5	13.2	13.0	12.6
140	18.1	17.1	16.4	16.9	18.2	15.6	12.2	11.5	11.3	10.8
160	19.5	18.6	18.0	18.1	19.5	17.4	13.8	12.5	12.5	12.0
180	19.0	18.3	17.7	17.7	19.1	17.9	14.9	13.1	12.8	12.6
200	18.3	17.9	17.6	17.3	18.3	18.0	15.9	14.0	13.3	12.9

注：采集人，张建军；采集时间，2012 年。

表 3 - 57　土壤水分监测点秀家山刺槐林斜坡（JXFZH05SF＿01）2013 年土壤体积含水量

采样层次/cm	月份											
	1	2	3	4	5	6	7	8	9	10	11	12
10	3.9	6.3	9.4	7.2	7.7	6.9	16.5	12.3	11.6	11.2	11.2	5.7
20	6.5	8.8	13.9	12.3	11.9	11.1	24.7	19.9	18.5	18.3	18.1	12.3
30	7.9	9.6	12.9	13.4	12.3	12.2	27.5	22.8	19.9	20.5	19.5	15.9
40	8.6	9.9	12.2	12.7	12.1	12.0	26.3	22.8	19.3	20.1	19.0	16.8
50	9.9	11.2	12.6	13.1	12.6	12.6	26.4	24.6	20.1	21.1	20.0	18.7
60	10.4	11.5	12.2	12.7	12.5	12.5	25.0	24.8	19.5	20.5	19.5	18.6
70	11.7	12.0	12.7	13.4	13.4	13.5	25.5	26.8	20.4	21.2	20.3	19.6
80	12.0	12.0	12.6	13.3	13.5	13.4	24.9	27.1	20.2	20.0	19.3	18.9
90	11.7	11.7	12.2	12.8	13.0	12.8	23.2	26.5	19.7	18.2	18.0	17.9
100	11.7	11.7	12.1	12.7	12.9	12.7	21.9	26.6	19.1	16.9	16.9	17.0
120	11.3	11.3	11.6	12.1	12.4	12.4	18.1	23.7	16.7	14.7	14.4	14.3
140	9.7	9.7	9.8	10.2	10.4	10.4	13.8	21.0	15.4	13.0	12.5	12.2
160	10.8	10.7	10.9	11.2	11.4	11.2	13.2	22.2	17.4	14.9	14.3	13.8
180	11.2	11.1	11.2	11.6	11.7	11.5	11.7	20.3	17.7	15.4	14.5	13.9
200	11.9	11.8	11.8	12.1	12.2	12.1	12.2	15.5	16.7	15.3	14.6	14.0

注：采集人，张建军；采集时间，2013 年。

表 3-58 土壤水分监测点秀家山刺槐林斜坡（JXFZH05SF_01）2014 年土壤体积含水量

采样层次/cm	月份											
	1	2	3	4	5	6	7	8	9	10	11	12
10	4.4	7.5	13.5	14.8	12.8	8.8	11.0	12.4	13.2	8.5	9.0	5.0
20	9.1	11.7	21.0	23.3	21.4	14.6	17.2	19.9	20.3	13.9	15.9	12.0
30	11.2	12.5	20.6	24.9	24.7	15.3	16.6	21.3	22.3	16.0	18.7	15.7
40	11.3	12.5	18.9	23.4	24.2	14.6	15.7	20.7	21.9	16.2	18.9	17.1
50	13.2	14.6	19.3	24.0	25.4	15.3	15.8	21.0	22.0	17.0	20.2	18.6
60	15.3	15.2	17.9	23.1	25.3	15.4	14.5	19.8	21.0	16.8	20.0	18.5
70	18.0	17.1	18.5	23.9	27.0	17.0	15.1	19.5	22.1	18.2	22.1	20.6
80	18.0	17.3	17.8	22.7	26.7	16.9	14.9	17.0	21.2	18.2	22.1	20.6
90	17.4	16.9	17.1	20.8	25.5	16.4	14.1	14.3	19.0	17.4	21.4	20.1
100	16.8	16.6	16.6	19.2	24.4	16.1	14.2	13.9	17.2	16.5	20.8	19.6
120	14.3	14.4	14.5	15.3	19.7	14.8	13.8	13.5	13.6	12.1	16.7	16.1
140	12.1	12.1	12.2	12.7	14.2	12.4	11.7	11.3	11.3	8.5	11.7	11.8
160	13.4	13.3	13.3	13.7	14.3	13.4	12.8	12.1	12.2	9.0	12.0	11.8
180	13.4	13.2	13.1	13.5	14.0	13.4	13.0	12.3	12.4	9.2	12.1	11.7
200	13.5	13.3	13.2	13.5	13.9	13.8	13.5	13.1	13.2	9.8	12.9	12.4

注：采集人，张建军；采集时间，2014 年。

表 3-59 土壤水分监测点秀家山刺槐林斜坡（JXFZH05SF_01）2015 年土壤体积含水量

采样层次/cm	月份								
	1	5	6	7	8	9	10	11	12
10	4.4	6.9	5.9	5.1	4.8	5.8	7.9	9.4	7.7
20	9.6	14.1	13.7	12.5	10.7	11.2	12.3	19.9	18.6
30	12.2	13.7	13.4	13.6	12.9	11.8	11.3	22.0	21.6
40	13.7	12.8	12.4	12.5	12.7	11.6	11.2	19.4	20.4
50	16.9	13.2	12.8	12.9	13.3	12.3	11.9	15.4	19.0
60	17.4	13.2	12.6	12.6	12.7	12.0	11.6	11.7	14.2
70	19.8	15.1	14.1	14.0	14.2	13.5	13.1	12.5	12.6
80	19.9	15.0	14.2	14.1	14.3	13.7	13.4	12.7	12.5
90	19.4	14.7	13.4	13.1	13.3	12.9	12.6	12.0	11.7
100	19.0	14.6	13.6	13.4	13.4	13.0	12.8	12.0	11.7
120	15.8	12.8	13.2	13.1	13.2	13.0	12.8	12.3	12.1
140	11.8	10.4	11.0	10.9	11.1	10.9	10.8	10.5	10.3
160	11.6	10.7	11.7	11.4	11.5	11.4	11.3	11.0	10.9
180	11.5	10.6	11.8	11.4	11.3	11.3	11.3	10.9	10.8
200	12.1	10.6	12.5	12.4	12.4	12.5	12.5	12.6	12.5

注：采集人，张建军；采集时间，2015 年。

表 3 - 60 土壤水分监测点秀家山刺槐林水平阶（JXFZH05SF_02）2010 年土壤体积含水量

采样层次/cm	月份				
	7	8	9	10	11
10	21.1	23.1	21.2	18.5	17.0
20	16.3	22.2	18.4	14.0	14.3
30	13.6	23.2	21.3	15.9	15.3
40	9.7	17.7	17.5	12.4	11.5
50	10.5	18.3	19.5	14.3	13.1
60	8.4	14.4	16.5	11.3	10.2
70	8.1	11.9	15.5	10.8	9.9
80	8.6	9.5	14.4	11.2	10.2
90	9.0	9.4	12.0	11.3	10.4
100	11.1	11.4	12.5	12.6	11.9
120	10.7	10.9	11.2	11.2	10.8
140	10.8	11.0	11.1	11.0	10.7
160	10.6	10.8	10.9	10.9	10.6
180	10.7	11.0	11.1	11.0	10.7
200	11.2	11.5	11.6	11.6	11.3

注：采集人，张建军；采集时间，2010 年。

表 3 - 61 土壤水分监测点秀家山刺槐林水平阶（JXFZH05SF_02）2011 年土壤体积含水量

采样层次/cm	月份										
	2	3	4	5	6	7	8	9	10	11	12
10	16.8	18.9	18.7	17.6	11.2	18.6	23.8	27.0	25.4	26.9	17.1
20	11.0	14.7	16.5	16.7	10.7	15.6	21.6	26.7	25.2	27.3	19.6
30	13.0	15.5	17.7	19.7	13.9	17.2	23.2	28.8	27.9	29.9	25.8
40	9.4	11.7	13.7	15.4	11.2	13.1	17.5	24.7	24.6	26.3	23.6
50	11.0	12.7	13.7	14.2	12.1	12.7	15.8	23.1	24.2	25.4	23.7
60	9.4	9.8	10.4	10.5	9.0	8.9	9.9	17.6	21.8	22.5	21.2
70	8.6	8.9	9.5	9.8	8.8	8.6	9.0	14.6	20.8	21.5	20.7
80	8.9	9.1	9.7	10.1	9.0	8.8	9.2	13.1	20.6	21.2	21.1
90	9.1	9.2	9.8	10.3	9.5	9.4	9.7	12.7	21.3	22.0	22.3
100	10.6	10.7	11.1	11.5	11.1	10.9	11.2	13.4	22.0	23.1	23.6
120	9.8	9.9	10.1	10.4	10.4	10.5	10.7	10.9	18.5	20.1	21.1
140	9.8	9.9	10.0	10.2	10.3	10.3	10.6	10.6	13.3	17.7	20.2
160	9.6	9.7	9.9	10.1	10.2	10.4	10.6	10.6	10.6	13.1	19.0
180	9.6	9.6	9.7	9.8	10.0	10.2	10.4	10.4	10.3	10.3	15.5
200	10.3	10.3	10.4	10.5	10.7	10.9	11.1	11.2	11.1	10.9	11.2

注：采集人，张建军；采集时间，2011 年。

表 3 - 62　土壤水分监测点秀家山刺槐林水平阶（JXFZH05SF＿02）2012 年土壤体积含水量

采样层次/cm	月份											
	1	2	3	4	5	6	7	8	9	10	11	12
10	12.2	12.6	23.7	25.8	15.3	14.1	19.4	24.5	22.6	15.0	14.1	11.4
20	11.1	11.0	19.6	26.3	14.8	11.4	15.3	21.1	20.2	12.9	11.7	10.6
30	15.4	14.5	19.5	30.0	19.8	15.2	16.6	21.6	22.6	16.9	15.7	15.0
40	13.3	11.0	13.8	25.3	16.9	12.2	12.4	15.6	16.4	13.2	12.1	11.5
50	17.1	12.8	14.8	23.8	17.5	12.6	12.8	13.8	14.3	13.2	12.6	12.0
60	17.6	11.1	13.9	20.1	16.7	10.0	9.5	9.9	10.2	9.7	9.2	8.8
70	18.0	14.2	14.9	18.3	16.9	10.0	9.3	9.6	9.6	9.3	8.8	8.4
80	19.1	17.2	16.5	18.5	18.7	11.2	10.0	10.4	10.3	9.9	9.4	9.0
90	20.4	18.8	17.9	19.5	20.1	12.5	11.0	11.3	11.3	10.8	10.3	9.8
100	21.8	20.4	19.4	20.6	21.8	15.1	12.5	13.0	13.1	12.5	11.8	11.3
120	19.8	18.7	17.9	18.4	19.7	16.1	12.9	12.8	12.7	12.2	11.7	11.3
140	19.1	18.1	17.4	17.4	18.8	16.9	13.7	12.7	12.7	12.3	11.9	11.5
160	18.7	17.9	17.3	17.1	18.2	17.3	14.8	13.1	13.0	12.6	12.3	11.9
180	17.4	17.0	16.5	16.3	17.2	16.8	15.0	13.3	12.8	12.4	12.0	11.6
200	14.8	15.9	15.9	15.7	16.3	16.4	15.5	14.3	13.7	13.3	13.0	12.5

注：采集人，张建军；采集时间，2012 年。

表 3 - 63　土壤水分监测点秀家山刺槐林水平阶（JXFZH05SF＿02）2013 年土壤体积含水量

采样层次/cm	月份											
	1	2	3	4	5	6	7	8	9	10	11	12
10	9.0	12.4	17.3	14.3	15.4	14.0	28.3	21.1	21.5	23.0	22.6	15.0
20	7.8	9.8	13.4	12.9	11.8	11.2	27.5	18.0	19.0	21.2	20.7	16.0
30	12.3	14.4	16.8	17.0	15.6	15.2	30.9	22.0	21.3	25.0	24.3	22.2
40	9.5	11.0	12.3	12.1	10.9	10.5	24.2	17.1	14.8	18.5	18.1	17.4
50	11.0	11.9	12.7	13.6	13.4	13.1	23.5	20.2	16.6	20.0	20.2	18.6
60	8.4	8.5	9.0	9.7	9.8	9.6	19.3	18.3	12.6	12.6	13.5	14.1
70	8.2	8.2	8.6	9.7	9.4	9.3	18.8	18.6	12.6	11.7	11.9	12.3
80	8.7	8.7	9.1	9.7	10.0	9.9	16.8	20.9	14.4	13.0	12.7	12.7
90	9.5	9.5	9.9	10.5	10.6	10.7	17.4	22.9	16.0	14.2	13.7	13.4
100	11.0	11.0	11.2	11.8	12.3	12.2	16.8	25.1	18.5	16.2	15.4	15.1
120	11.0	11.0	11.2	11.6	11.9	11.9	16.2	22.9	17.1	14.9	14.4	14.0
140	11.2	11.2	11.2	11.7	11.9	11.9	22.6	17.1	15.1	14.6	14.1	
160	11.6	11.5	11.6	11.9	12.0	12.0	13.5	21.9	17.8	15.7	15.0	14.4
180	11.3	11.2	11.2	11.5	11.6	11.5	11.7	18.5	16.9	15.1	14.5	13.8
200	12.2	12.0	12.0	12.2	12.3	12.2	12.3	14.4	15.6	14.8	14.3	13.7

注：采集人，张建军；采集时间，2013 年。

表 3-64　土壤水分监测点秀家山刺槐林水平阶（JXFZH05SF_02）2014 年土壤体积含水量

采样层次/cm	月份											
	1	2	3	4	5	6	7	8	9	10	11	12
10	11.5	16.4	26.7	23.0	18.3	15.1	20.3	22.0	18.1	17.9	16.4	12.3
20	10.2	12.4	23.8	25.6	21.0	14.7	18.3	22.2	15.8	19.2	17.6	14.5
30	15.0	16.2	25.5	29.7	25.7	17.4	19.9	24.8	18.5	24.3	23.0	21.6
40	12.5	13.7	19.7	23.7	21.6	12.0	12.8	18.4	13.5	20.1	19.4	17.4
50	16.3	17.2	19.8	25.9	25.6	15.5	15.5	18.7	16.3	22.9	21.8	20.8
60	13.7	13.0	13.7	18.9	20.5	11.1	10.6	10.9	10.9	18.0	16.9	16.0
70	12.7	12.5	12.6	16.1	20.0	11.3	10.6	10.4	10.6	17.9	16.6	15.6
80	13.0	13.2	13.3	15.2	20.7	13.1	11.5	11.2	11.4	18.6	17.9	16.9
90	13.5	13.8	13.9	15.1	21.2	14.3	12.2	11.9	12.0	18.9	18.4	17.5
100	15.0	15.2	15.4	16.2	21.6	16.2	13.8	13.4	13.5	19.7	19.3	18.5
120	13.8	13.8	14.0	14.6	17.4	14.9	13.1	12.7	12.8	15.6	15.9	15.7
140	13.8	13.7	13.8	14.3	15.0	13.8	13.2	12.9	13.0	13.3	13.6	13.9
160	14.0	13.8	13.8	14.1	14.5	13.6	13.4	13.1	13.2	13.3	13.5	12.8
180	13.3	13.1	13.0	13.3	13.7	13.0	12.9	12.5	12.6	12.5	12.3	12.0
200	13.3	13.0	12.9	13.1	13.5	13.4	13.4	13.1	13.2	13.2	13.0	12.5

注：采集人，张建军；采集时间，2014 年。

表 3-65　土壤水分监测点秀家山刺槐林水平阶（JXFZH05SF_02）2015 年土壤体积含水量

采样层次/cm	月份						
	1	5	6	7	8	9	11
10	4.4	6.9	5.9	5.1	4.8	5.8	9.4
20	9.6	14.1	13.7	12.5	10.7	11.2	19.9
30	12.2	13.7	13.4	13.6	12.9	11.8	22.0
40	13.7	12.8	12.4	12.5	12.7	11.6	19.4
50	16.9	13.2	12.8	12.9	13.3	12.3	15.4
60	17.4	13.2	12.6	12.6	12.7	12.0	11.7
70	19.8	15.1	14.1	14.0	14.2	13.5	12.5
80	19.9	15.0	14.2	14.1	14.3	13.7	12.7
90	19.4	14.7	13.4	13.1	13.3	12.9	12.0
100	19.0	14.6	13.6	13.4	13.4	13.0	12.0
120	15.8	12.8	13.2	13.1	13.2	13.0	12.3
140	11.8	10.4	11.0	10.9	11.1	10.9	10.5
160	11.6	10.7	11.7	11.4	11.5	11.4	11.0
180	11.5	10.3	11.8	11.4	11.3	11.3	10.9
200	12.1	10.6	12.5	12.4	12.4	12.5	12.6

注：采集人，张建军；采集时间，2015 年。

表 3-66　土壤水分监测点北坡刺槐林斜坡（JXFZH07SF_01）**2010 年土壤体积含水量**

采样层次/cm	月份				
	7	8	9	10	11
10	14.2	16.8	12.6	8.9	8.2
20	14.8	19.9	15.7	12.3	11.5
30	14.4	20.0	18.2	14.9	14.0
40	14.5	18.2	18.4	15.1	14.2
50	14.3	15.5	17.0	14.4	13.4
60	13.2	13.4	14.3	13.1	12.5
70	13.1	13.2	13.5	12.9	12.4
80	12.0	12.1	12.2	11.8	11.4
90	12.9	13.0	13.0	12.7	12.3
100	11.8	12.0	11.9	11.7	11.3
120	9.8	10.0	9.9	9.8	9.6
140	10.5	10.7	10.6	10.5	10.3
160	10.7	10.8	10.9	10.8	10.5
180	12.0	12.2	12.3	12.2	12.0
200	11.8	12.0	12.1	12.1	11.9

注：采集人，张建军；采集时间，2010 年。

表 3-67　土壤水分监测点北坡刺槐林斜坡（JXFZH07SF_01）**2011 年土壤体积含水量**

采样层次/cm	月份									
	3	4	5	6	7	8	9	10	11	12
10	10.5	8.2	13.5	7.1	14.5	18.9	21.3	18.3	22.2	18.6
20	10.9	11.6	18.2	12.0	15.6	23.6	26.7	22.5	26.5	25.4
30	13.2	14.5	19.6	15.4	16.6	26.9	30.0	26.8	28.3	28.9
40	13.5	14.6	16.3	15.3	16.0	26.1	29.5	27.1	27.1	27.7
50	12.8	13.8	14.7	14.7	14.8	23.8	28.1	26.8	26.2	26.8
60	11.9	12.6	13.1	13.2	13.2	19.3	25.4	24.9	23.9	24.6
70	11.8	12.5	12.9	13.1	13.2	16.9	25.1	25.8	24.5	25.3
80	10.9	11.4	11.7	11.8	13.5	21.0	22.7	21.6	22.3	
90	11.8	12.2	12.4	12.6	12.6	13.1	20.0	23.3	22.6	23.3
100	10.8	11.1	11.4	11.5	11.6	11.8	16.6	21.6	21.2	21.9
120	9.0	9.3	9.5	9.6	9.8	9.8	11.2	16.4	16.3	17.3
140	9.7	9.9	10.2	10.3	10.5	10.5	10.5	12.7	15.8	17.4
160	9.9	10.2	10.6	10.7	10.8	11.1	11.1	11.1	12.0	14.6
180	11.3	11.4	11.6	11.8	11.9	12.1	12.1	12.1	12.1	12.4
200	11.2	11.3	11.5	11.6	11.8	12.0	12.1	12.0	11.9	11.8

注：采集人，张建军；采集时间，2011 年。

表 3 - 68　土壤水分监测点北坡刺槐林斜坡（JXFZH07SF_01）**2012 年土壤体积含水量**

采样层次/cm	月份								
	1	2	3	4	5	6	7	8	12
10	11.4	12.9	20.5	16.5	10.7	10.8	16.2	19.3	9.9
20	16.1	15.3	23.9	21.1	14.4	12.8	18.2	22.3	12.0
30	24.5	21.2	27.2	25.4	18.1	15.5	19.9	23.6	14.0
40	25.1	23.5	25.4	25.5	19.5	15.8	17.7	20.0	13.8
50	25.1	23.9	24.8	25.6	20.7	15.8	16.0	16.8	13.6
60	23.1	22.1	22.6	23.6	20.1	14.7	14.5	14.7	13.0
70	23.9	22.9	23.2	24.2	21.4	15.3	14.9	15.2	13.5
80	21.2	20.4	20.4	21.4	19.5	14.1	13.6	13.9	12.5
90	22.4	21.7	21.6	22.5	21.4	15.7	14.6	14.8	13.6
100	21.1	20.4	20.2	21.1	20.3	14.7	13.3	13.6	12.4
120	17.3	16.8	16.6	17.1	17.1	13.5	11.9	12.1	11.0
140	17.8	17.4	17.2	17.6	18.1	14.4	12.6	12.7	11.5
160	16.9	17.0	16.9	17.1	17.6	15.2	13.6	13.6	12.3
180	14.5	16.4	17.0	17.7	18.7	17.1	15.5	15.3	13.6
200	11.8	12.2	13.1	14.3	15.5	14.9	14.0	14.3	13.6

注：采集人，张建军；采集时间，2012 年。

表 3 - 69　土壤水分监测点北坡刺槐林斜坡（JXFZH07SF_01）**2013 年土壤体积含水量**

采样层次/cm	月份										
	1	2	3	4	5	6	7	8	9	10	12
10	8.7	10.3	7.9	8.3	10.6	10.3	22.5	17.0	15.7	12.5	9.2
20	10.9	12.4	12.3	11.6	13.6	13.5	28.1	20.2	19.3	15.2	12.9
30	13.5	14.3	15.1	15.1	15.6	15.8	32.3	23.2	21.2	17.8	15.3
40	13.4	14.0	14.9	15.2	15.6	15.7	31.4	24.8	20.2	17.9	14.9
50	13.2	13.7	14.4	14.8	15.2	15.3	29.7	26.1	19.4	17.8	14.7
60	12.6	12.9	13.5	13.9	14.3	14.4	26.5	24.9	18.3	16.4	13.9
70	13.1	13.4	13.9	14.3	14.7	14.9	25.7	26.0	19.2	16.8	14.4
80	12.1	12.3	12.8	13.2	13.6	13.7	22.6	24.2	18.1	15.6	13.5
90	13.3	13.4	13.9	14.2	14.6	14.7	22.8	25.9	19.6	16.9	14.8
100	12.1	12.2	12.6	13.0	13.4	13.5	21.3	25.6	18.4	15.6	13.7
120	10.7	10.8	11.0	11.4	11.7	11.9	16.7	21.9	15.3	13.4	12.0
140	11.2	11.2	11.5	11.8	12.2	12.4	15.8	22.9	16.1	13.9	12.4
160	12.0	11.9	12.2	12.5	12.8	13.0	14.7	22.0	16.6	14.3	12.9
180	13.1	13.1	13.3	13.7	14.0	14.2	14.5	22.4	18.1	15.6	13.9
200	13.2	13.2	13.3	13.6	13.9	14.1	14.4	16.6	16.8	15.4	13.9

注：采集人，张建军；采集时间，2013 年。

表 3-70　土壤水分监测点北坡刺槐林斜坡（JXFZH07SF＿01）2014 年土壤体积含水量

采样层次/cm	月份									
	1	2	3	4	5	6	7	8	9	10
10	7.8	8.2	10.8	17.5	17.2	12.5	18.2	18.4	19.5	18.6
20	12.2	11.8	13.7	21.6	22.3	16.5	21.5	23.6	23.8	22.5
30	14.9	14.8	15.9	22.6	26.2	18.7	23.6	26.2	27.1	25.7
40	14.5	14.5	15.3	19.2	24.7	17.7	21.9	24.7	25.9	25.4
50	14.3	14.4	15.0	16.6	22.2	16.1	19.7	22.7	24.4	25.5
60	13.5	13.6	14.0	14.8	18.7	15.1	17.2	19.9	22.4	24.2
70	14.0	14.1	14.4	15.2	17.0	15.5	16.2	18.4	22.9	25.8
80	13.1	13.2	13.4	14.1	14.8	14.4	14.8	15.8	20.2	24.0
90	14.5	14.5	14.7	15.3	15.7	15.5	15.8	16.1	19.0	23.4
100	13.3	13.3	13.5	14.1	14.5	14.4	14.7	14.7	16.3	21.0
120	11.7	11.7	11.8	12.3	12.6	12.5	12.8	12.8	12.8	13.2
140	12.0	12.0	12.1	12.6	12.9	12.8	13.1	13.1	13.1	13.1
160	12.5	12.5	12.5	12.9	13.2	13.1	13.4	13.5	13.5	13.4
180	13.4	13.4	13.4	13.8	14.1	14.0	14.3	14.4	14.5	14.3
200	13.5	13.4	13.4	13.7	14.0	14.0	14.3	14.3	14.3	14.2

注：采集人，张建军；采集时间，2014 年。

表 3-71　土壤水分监测点北坡刺槐林斜坡（JXFZH07SF＿01）2015 年土壤体积含水量

采样层次/cm	月份							
	1	5	6	7	8	9	10	12
10	11.2	11.7	9.2	8.6	8.1	10.3	11.2	18.0
20	16.0	14.8	12.2	11.9	11.5	11.5	11.4	21.4
30	20.3	18.0	14.9	14.4	13.7	13.5	13.1	21.5
40	20.2	18.1	15.2	13.1	10.2	10.0	9.7	11.3
50	20.5	18.3	15.2	16.0	17.3	16.8	16.4	16.4
60	19.4	17.6	14.7	14.4	14.1	13.8	13.4	13.0
70	20.6	18.9	15.8	14.9	13.8	13.5	13.1	12.4
80	19.5	18.3	15.1	15.4	15.3	16.0	15.6	15.2
90	20.6	19.5	16.1	17.8	20.6	20.3	19.9	19.0
100	18.4	17.3	14.6	13.3	11.9	11.7	11.4	11.1
120	13.5	13.6	12.3	12.6	13.3	13.1	12.8	12.1
140	12.7	13.5	12.5	12.2	12.0	11.9	11.7	11.5
160	12.6	13.3	12.8	12.1	11.3	11.1	11.1	10.6
180	13.4	14.1	13.8	12.7	11.3	11.3	11.1	10.7
200	13.2	13.7	13.5	13.4	13.3	13.3	13.2	12.7

注：采集人，张建军；采集时间，2015 年。

表 3-72　土壤水分监测点北坡刺槐林水平阶（JXFZH07SF_02）2010 年土壤体积含水量

采样层次/cm	月份				
	7	8	9	10	11
10	17.5	18.6	15.4	11.6	11.1
20	17.7	20.7	16.0	12.1	11.3
30	16.5	20.6	18.3	14.6	13.6
40	14.4	17.2	17.9	14.5	13.6
50	11.1	11.7	13.3	11.4	10.7
60	14.6	14.8	16.0	14.7	13.9
70	12.2	12.3	12.7	12.3	11.7
80	11.9	12.0	12.1	11.8	11.4
90	13.2	13.3	13.3	13.0	12.5
100	12.4	12.5	12.5	12.2	11.9
120	12.3	12.5	12.4	12.3	11.9
140	11.8	11.9	11.9	11.8	11.5
160	13.0	13.2	13.2	13.1	12.8
180	12.0	12.2	12.2	12.1	11.9
200	12.8	13.0	13.1	13.0	12.7

注：采集人，张建军；采集时间，2010 年。

表 3-73　土壤水分监测点北坡刺槐林水平阶（JXFZH07SF_02）2011 年土壤体积含水量

采样层次/cm	月份									
	3	4	5	6	7	8	9	10	11	12
10	14.4	11.9	15.6	10.2	17.6	20.8	23.0	19.5	22.3	19.7
20	12.0	12.1	17.4	11.5	16.7	22.1	24.9	21.2	23.3	23.1
30	13.4	14.3	19.6	14.8	18.3	26.1	28.9	25.5	26.3	27.2
40	13.0	13.9	16.8	14.9	16.1	25.5	27.8	25.0	24.9	25.8
50	10.2	10.8	11.6	11.5	12.0	20.4	22.8	20.8	20.3	21.2
60	13.2	13.9	14.5	14.4	14.8	26.1	30.2	28.4	27.3	28.4
70	11.1	11.7	12.4	12.4	12.5	18.8	24.6	24.1	22.8	23.7
80	10.8	11.2	11.6	11.7	11.7	14.8	22.8	23.2	21.9	22.9
90	11.9	12.5	13.1	13.2	13.3	15.2	24.9	26.3	24.7	25.6
100	11.2	11.6	11.9	12.0	12.1	12.6	21.2	24.3	22.8	23.9
120	11.1	11.4	11.6	11.8	11.9	12.1	16.2	23.1	21.9	22.6
140	10.7	10.9	11.1	11.3	11.4	11.6	12.8	19.4	19.0	19.6
160	11.9	12.2	12.5	12.6	12.8	13.0	13.1	17.5	20.6	21.8
180	11.0	11.2	11.4	11.6	11.8	12.0	12.0	12.5	15.9	18.2
200	11.8	12.0	12.2	12.4	12.6	12.8	12.9	12.8	13.2	15.1

注：采集人，张建军；采集时间，2011 年。

表 3-74　土壤水分监测点北坡刺槐林水平阶（JXFZH07SF_02）2012 年土壤体积含水量

采样层次/cm	月份								
	1	2	3	4	5	6	7	8	12
10	12.0	12.8	20.8	19.1	13.6	13.5	19.3	22.6	12.2
20	16.4	13.9	21.7	20.9	14.0	11.9	16.0	20.6	10.7
30	23.5	20.4	25.1	25.1	17.7	14.7	17.5	20.2	13.1
40	23.1	21.4	23.3	23.9	17.8	14.7	15.6	17.3	13.2
50	19.2	18.1	19.0	19.7	15.3	11.9	11.9	12.5	10.4
60	26.4	25.0	25.6	26.6	21.2	15.5	15.4	15.5	13.3
70	22.3	21.4	21.5	22.6	19.1	13.8	13.7	13.9	12.1
80	21.7	21.4	20.8	21.8	18.7	13.2	13.0	13.3	11.7
90	24.3	23.4	23.1	24.2	21.1	15.1	14.9	15.0	13.4
100	22.9	22.1	21.8	22.5	20.2	14.0	13.5	13.8	12.3
120	21.8	21.2	20.9	21.6	20.9	14.9	13.5	13.7	12.3
140	19.2	18.8	18.5	19.1	19.0	14.6	13.3	13.4	12.2
160	22.1	21.7	21.4	21.8	21.9	17.7	15.1	14.9	13.4
180	19.4	19.2	19.0	19.3	19.6	17.1	14.1	13.4	12.1
200	18.7	19.4	19.4	19.6	20.2	18.9	16.0	14.7	13.1

注：采集人，张建军；采集时间，2012 年。

表 3-75　土壤水分监测点北坡刺槐林水平阶（JXFZH07SF_02）2013 年土壤体积含水量

采样层次/cm	月份										
	1	2	3	4	5	6	7	8	9	10	12
10	9.7	13.5	12.5	11.7	14.2	13.2	24.6	20.5	19.4	17.3	12.9
20	9.7	11.2	11.9	11.7	12.7	12.5	25.8	19.5	18.7	16.0	12.6
30	12.6	13.5	15.3	14.6	14.8	14.8	29.6	22.0	20.1	18.1	14.4
40	12.8	13.2	14.0	14.4	14.8	14.9	28.3	22.2	18.8	17.8	14.3
50	10.1	10.4	10.9	11.3	11.7	11.8	22.1	19.1	14.5	14.3	11.4
60	12.9	13.2	13.8	14.4	14.8	15.0	27.3	25.5	18.0	17.1	14.5
70	11.8	11.9	12.4	12.9	13.4	13.5	22.5	22.5	16.1	14.9	13.0
80	11.4	11.6	12.0	12.4	12.8	13.0	21.5	22.1	15.6	14.3	12.6
90	13.0	13.1	13.5	14.0	14.4	14.6	23.5	24.6	17.4	16.0	14.3
100	12.0	12.1	12.4	12.8	13.2	13.5	21.4	23.8	16.3	14.9	13.4
120	11.9	12.0	12.2	12.6	13.0	13.3	19.2	24.0	16.3	14.8	13.4
140	11.8	11.8	12.0	12.4	12.8	13.0	17.1	22.7	15.7	14.3	13.0
160	13.0	13.0	13.2	13.5	13.8	14.1	17.2	25.2	18.0	15.9	14.3
180	11.8	11.7	11.8	12.1	12.4	12.6	13.8	22.3	16.6	14.7	13.2
200	12.8	12.7	12.7	13.0	13.3	13.5	13.8	19.3	17.2	15.5	14.1

注：采集人，张建军；采集时间，2013 年。

表 3-76　土壤水分监测点北坡刺槐林水平阶（JXFZH07SF_02）2014 年土壤体积含水量

采样层次/cm	月份											
	1	2	3	4	5	6	7	8	9	10	11	12
10	11.8	13.5	16.5	20.7	20.2	15.5	20.8	21.1	22.2	14.3	13.2	11.8
20	12.0	12.5	15.1	20.5	21.3	15.3	19.6	21.9	22.7	16.0	15.1	12.0
30	14.5	16.0	15.7	21.6	25.4	16.9	20.9	25.2	26.1	20.9	19.7	14.5
40	14.1	14.3	14.8	18.1	23.6	15.7	19.0	23.4	24.5	20.7	19.5	14.1
50	11.1	11.3	11.6	12.8	17.9	12.5	14.2	17.8	19.0	17.2	16.2	11.1
60	14.1	14.3	14.7	15.6	20.8	15.8	16.5	21.3	23.8	22.6	21.2	14.1
70	12.7	12.9	13.2	13.9	15.8	14.3	14.4	16.0	19.5	19.7	18.5	12.7
80	12.3	12.4	12.6	13.2	14.1	13.7	13.7	14.1	17.5	19.0	18.0	12.3
90	14.0	14.0	14.2	14.8	15.4	15.2	15.4	15.5	18.2	20.8	19.7	14.0
100	13.1	13.1	13.3	13.8	14.2	14.2	14.4	14.4	14.7	19.7	18.7	13.1
120	13.0	13.0	13.2	13.7	14.0	14.0	14.3	14.4	14.5	17.9	17.4	13.0
140	12.7	12.7	12.8	13.2	13.6	13.5	13.9	13.9	14.0	14.5	14.5	12.7
160	13.9	13.8	13.8	14.3	14.6	14.6	14.9	15.0	15.0	14.9	14.7	13.9
180	12.8	12.7	12.7	13.1	13.4	13.4	13.7	13.8	13.9	13.7	13.4	12.8
200	13.6	13.5	13.5	13.8	14.1	14.2	14.5	14.6	14.7	14.5	14.2	13.6

注：采集人，张建军；采集时间，2014 年。

表 3-77　土壤水分监测点北坡刺槐林水平阶（JXFZH07SF_02）2015 年土壤体积含水量

采样层次/cm	月份								
	1	3	5	6	7	8	9	10	12
10	13.9	14.4	12.5	11.1	10.6	9.6	11.9	12.1	18.5
20	15.0	15.5	12.9	11.4	11.1	10.7	10.7	10.5	19.9
30	19.2	19.5	16.9	15.1	14.9	14.7	14.1	14.1	21.7
40	19.1	19.3	16.2	15.1	15.0	14.8	14.4	14.0	15.1
50	15.7	15.7	13.1	12.2	12.1	12.0	11.7	11.4	11.1
60	20.5	20.4	16.7	15.4	15.4	15.3	14.9	14.5	13.8
70	17.9	17.8	15.2	14.0	13.9	13.9	13.5	13.2	12.5
80	17.5	17.2	14.7	13.5	13.6	13.8	13.6	13.3	12.5
90	19.1	18.8	16.2	15.1	15.0	15.1	14.9	14.5	13.8
100	18.1	17.8	15.3	14.2	14.2	14.3	14.1	13.8	13.1
120	17.0	16.7	15.1	14.1	14.2	14.3	14.3	14.0	13.3
140	14.4	14.6	14.1	13.5	13.5	13.6	13.6	13.4	12.8
160	14.5	14.9	15.2	14.5	14.6	14.7	14.6	14.5	13.9
180	13.1	13.2	13.7	13.3	13.3	13.3	13.3	13.2	12.7
200	13.8	13.8	14.5	14.2	14.3	14.3	14.4	14.3	13.8

注：采集人，张建军；采集时间，2015 年。

表 3-78　土壤水分监测点东杨家峁侧柏林斜坡（JXFZH02SF_01）2010 年土壤体积含水量

采样层次/cm	月份				
	7	8	9	10	11
10	21.9	23.3	19.1	15.7	14.4
20	18.4	20.0	17.9	14.5	13.1
30	15.6	18.9	19.5	15.4	13.7
40	13.7	15.9	18.8	15.2	13.3
50	13.8	14.6	17.3	14.8	13.2
60	13.7	13.9	15.4	14.1	12.9
70	14.0	14.1	14.5	13.9	13.1
80	14.1	14.1	14.2	13.8	13.1
90	14.3	14.4	14.4	14.0	13.4
100	14.7	14.8	14.8	14.4	13.8
120	14.5	14.7	14.7	14.4	13.8
140	14.4	14.6	14.7	14.4	13.9
160	14.0	14.3	14.4	14.2	13.7
180	13.2	13.4	13.7	13.5	13.0
200	17.4	17.6	17.9	17.7	17.1

注：采集人，张建军；采集时间，2010 年。

表 3-79　土壤水分监测点东杨家峁侧柏林斜坡（JXFZH02SF_01）2011 年土壤体积含水量

采样层次/cm	月份								
	3	4	5	6	7	8	9	10	11
10	14.0	13.1	17.5	12.3	18.7	24.4	27.8	24.6	27.8
20	12.8	13.0	16.8	13.3	15.1	23.5	26.5	23.6	24.9
30	13.4	13.9	17.3	14.9	16.1	25.9	29.4	26.6	27.0
40	12.8	13.2	14.0	13.8	14.0	23.5	28.1	26.1	25.8
50	12.4	12.9	13.3	13.6	13.6	21.1	27.8	26.5	25.8
60	12.1	12.7	13.0	13.4	13.4	18.9	26.7	26.1	25.3
70	12.4	13.0	13.4	13.8	13.9	18.2	27.3	27.6	26.7
80	12.4	13.0	13.2	13.6	13.7	16.3	26.0	27.1	26.3
90	12.6	13.2	13.4	13.8	13.9	14.7	24.4	26.9	26.1
100	12.9	13.3	13.5	13.8	14.0	14.2	21.2	26.1	25.4
120	13.0	13.5	14.0	14.3	14.4	14.7	17.9	25.1	24.7
140	13.0	13.2	13.3	13.4	13.5	13.8	14.3	20.3	21.8
160	12.8	12.9	13.1	13.1	13.1	13.7	14.0	15.1	20.0
180	12.0	11.9	11.8	11.5	11.5	12.3	12.8	13.0	13.8
200	16.0	15.9	16.0	15.8	15.9	16.6	17.0	17.2	17.2

注：采集人，张建军；采集时间，2011 年。

表 3 - 80　土壤水分监测点东杨家峁侧柏林斜坡（JXFZH02SF_01）2012 年土壤体积含水量

采样层次/cm	月份							
	2	3	4	5	6	7	8	12
10	16.1	22.6	20.5	16.0	15.9	22.0	25.6	16.5
20	22.7	29.0	26.5	21.4	18.9	27.1	31.8	21.9
30	24.6	26.1	25.1	21.7	17.6	24.0	29.0	21.2
40	25.8	26.9	26.0	22.7	18.2	23.5	29.2	21.6
50	25.8	26.5	25.9	23.0	18.5	21.6	27.1	21.4
60	27.1	27.5	27.2	24.8	20.6	21.2	26.3	22.7
70	27.6	27.8	27.6	25.5	21.7	20.4	24.7	23.1
80	27.9	27.8	27.8	26.0	22.4	20.5	23.4	23.4
90	28.6	28.5	28.5	26.8	23.4	21.5	22.9	24.0
100	26.8	26.5	26.4	25.0	22.1	20.3	20.4	22.1
120	25.2	24.9	25.1	24.5	22.5	21.0	20.3	21.3
140	25.6	25.4	25.5	25.5	24.5	23.4	22.7	22.4
160	27.8	27.4	27.3	26.8	25.3	24.1	23.5	22.8
180	31.6	31.3	31.4	31.6	31.2	30.9	30.7	29.6
200	30.2	29.9	30.0	30.3	30.3	30.3	30.4	29.4

注：采集人，张建军；采集时间，2012 年。

表 3 - 81　土壤水分监测点东杨家峁侧柏林斜坡（JXFZH02SF_01）2013 年土壤体积含水量

采样层次/cm	月份										
	1	2	3	4	5	6	7	8	9	10	12
10	10.7	14.8	12.5	13.4	15.9	15.3	28.3	20.0	19.9	20.3	15.6
20	10.2	14.7	14.0	13.2	14.5	14.3	27.0	20.9	20.4	21.6	16.8
30	12.1	16.6	16.1	15.0	15.2	15.7	30.1	24.8	23.5	24.6	19.3
40	12.5	16.2	15.7	14.5	14.3	14.7	28.0	25.1	23.1	24.3	19.9
50	13.8	15.9	15.7	14.7	14.4	14.7	26.6	25.8	23.3	24.1	20.4
60	14.9	15.6	15.8	14.9	14.3	14.5	24.6	25.7	23.1	23.5	20.3
70	16.3	16.5	16.8	15.8	15.1	15.2	25.1	27.4	24.4	24.6	21.6
80	16.5	16.5	16.7	15.9	15.0	15.0	23.9	27.2	24.1	24.2	21.5
90	16.7	16.8	17.1	16.5	15.8	15.8	23.2	27.7	24.7	24.6	22.2
100	16.0	16.2	16.4	16.1	15.6	15.6	21.9	27.7	24.6	24.2	22.0
120	16.2	16.4	16.7	16.6	16.3	16.2	20.3	27.7	25.1	24.2	22.4
140	15.2	15.4	15.6	15.7	15.5	15.3	17.2	24.6	22.9	22.1	20.8
160	16.0	16.0	16.2	16.2	16.0	15.7	15.9	23.4	22.8	22.0	20.8
180	15.3	15.3	15.3	15.1	14.4	14.1	14.4	17.5	19.9	19.7	18.9
200	19.1	19.0	19.0	19.0	18.4	18.1	18.3	19.3	20.1	20.4	20.2

注：采集人，张建军；采集时间，2013 年。

106

表 3 - 82　土壤水分监测点东杨家峁侧柏林斜坡（JXFZH02SF＿01）**2014 年土壤体积含水量**

采样层次/cm	月份									
	1	2	3	4	5	6	7	8	9	11
10	11.8	17.2	17.7	22.4	20.3	17.6	21.8	23.6	25.0	18.0
20	13.2	18.5	18.2	21.3	21.7	18.2	21.7	23.8	25.3	20.0
30	15.5	20.6	20.4	22.7	25.2	20.5	24.8	27.1	29.2	23.6
40	17.6	19.6	19.8	21.0	24.5	20.1	24.0	26.6	28.5	23.7
50	19.0	19.6	20.0	20.5	23.9	20.8	23.6	26.4	28.1	24.0
60	19.3	19.6	19.9	20.0	22.9	20.8	22.6	25.4	27.3	24.0
70	20.7	20.7	21.0	20.8	23.3	21.8	22.9	26.2	28.5	25.7
80	20.7	20.6	20.8	20.4	22.2	21.4	21.7	24.9	27.6	25.5
90	21.4	21.3	21.5	21.2	22.2	22.0	21.5	24.3	27.4	26.2
100	21.3	21.2	21.3	21.0	21.4	21.3	20.4	22.5	26.4	26.2
120	21.8	21.6	21.7	21.5	21.4	21.2	20.3	20.3	24.6	26.6
140	20.2	20.1	20.1	20.1	19.8	19.3	18.7	18.1	19.7	24.3
160	20.3	20.2	20.3	20.3	20.1	19.5	19.0	18.5	18.3	24.4
180	18.7	18.7	18.7	18.7	18.7	18.3	18.0	17.6	17.4	22.8
200	20.3	20.6	20.8	21.0	21.2	21.3	21.3	21.1	21.0	23.0

注：采集人，张建军；采集时间，2014 年。

表 3 - 83　土壤水分监测点东杨家峁侧柏林斜坡（JXFZH02SF＿01）**2015 年土壤体积含水量**

采样层次/cm	月份						
	5	6	7	8	9	10	12
10	14.41	14.5	14.67	13.49	15.11	15.52	18.54
20	14.09	14.1	14.05	13.27	13.13	12.94	19.02
30	16.25	15.61	15.84	15.31	14.8	14.11	21.21
40	16.35	15.05	15.12	14.7	14.17	13.5	19.27
50	17.43	15.45	15.35	15.09	14.56	13.92	16.74
60	18.22	15.87	15.12	14.75	14.29	13.72	13.82
70	19.64	17.14	15.96	15.48	15.03	14.49	13.59
80	19.89	17.46	15.9	15.31	14.87	14.38	13.33
90	21.01	18.61	16.89	16.31	15.89	15.41	14.35
100	20.87	18.34	16.63	16.06	15.68	15.23	14.18
120	21.79	19.77	17.76	16.81	16.36	15.99	15.05
140	20.48	18.55	16.78	15.89	15.5	15.18	14.37
160	21.15	19.33	17.45	16.3	15.82	15.55	14.89
180	20.26	18.34	16.28	14.84	14.33	14.09	13.66
200	23.72	22.47	20.71	19.23	18.66	18.38	17.76

注：采集人，张建军；采集时间，2015 年。

表 3－84　土壤水分监测点东杨家峁侧柏林水平阶（JXFZH02SF＿02）**2010 年土壤体积含水量**

采样层次/cm	月份				
	7	8	9	10	11
10	22.1	22.7	20.5	17.4	15.7
20	24.6	28.0	26.4	22.6	19.0
30	19.6	25.2	25.2	21.9	18.2
40	15.7	24.9	26.3	22.8	18.9
50	14.3	22.8	25.9	22.5	18.8
60	14.9	22.8	27.3	24.1	20.4
70	15.2	22.0	26.6	23.9	20.6
80	15.7	21.7	26.6	24.2	21.1
90	16.2	21.2	26.6	24.4	21.4
100	15.2	18.7	24.1	22.3	19.7
120	15.5	16.1	20.7	20.1	18.4
140	18.2	18.1	19.1	19.7	19.2
160	17.7	17.7	18.1	18.3	18.1
180	25.8	26.1	26.5	26.5	26.2
200	27.2	27.4	27.5	27.5	27.2

注：采集人，张建军；采集时间，2010 年。

表 3－85　土壤水分监测点东杨家峁侧柏林水平阶（JXFZH02SF＿02）**2011 年土壤体积含水量**

采样层次/cm	月份									
	3	4	5	6	7	8	9	10	11	12
10	13.9	11.6	17.0	11.2	19.3	25.2	26.3	24.0	24.8	20.9
20	16.3	15.4	22.6	15.7	22.5	33.1	33.7	31.5	31.2	29.4
30	15.4	14.8	20.6	15.3	20.1	31.2	31.3	29.7	29.0	27.9
40	15.7	15.0	19.4	15.2	19.9	32.8	32.8	31.2	30.2	29.1
50	15.5	14.4	16.3	14.3	18.2	32.3	32.2	30.9	29.7	28.9
60	16.7	15.5	15.1	14.7	17.9	33.1	33.0	31.9	30.7	30.0
70	16.9	16.1	15.1	15.1	17.5	32.8	32.8	32.0	30.8	30.3
80	17.4	16.5	15.4	15.4	17.3	32.4	32.6	31.9	30.8	30.4
90	17.7	16.8	15.6	15.6	17.2	32.4	33.1	32.5	31.4	31.1
100	16.4	15.5	14.4	14.3	15.4	29.4	30.6	30.2	29.1	29.0
120	15.9	15.5	14.8	14.8	14.8	25.6	28.0	27.5	26.8	26.6
140	17.7	17.5	16.9	16.8	16.7	22.5	27.7	27.5	26.8	26.6
160	16.9	16.8	16.5	16.4	16.2	20.5	28.0	29.6	29.0	28.9
180	24.6	24.4	24.1	24.0	23.7	25.3	32.0	33.2	32.8	32.5
200	25.5	25.4	25.3	25.4	25.2	25.5	28.6	31.1	31.0	30.8

注：采集人，张建军；采集时间，2011 年。

表 3-86　土壤水分监测点东杨家峁侧柏林水平阶（JXFZH02SF_02）2012 年土壤体积含水量

采样层次/cm	月份								
	1	2	3	4	5	6	7	8	12
10	14.9	16.1	22.6	20.5	16.0	15.9	22.0	25.6	16.5
20	26.4	22.7	29.0	26.5	21.4	18.9	27.1	31.8	21.9
30	26.2	24.6	26.1	25.1	21.7	17.6	24.0	29.0	21.2
40	27.3	25.8	26.9	26.0	22.7	18.2	23.5	29.2	21.6
50	27.2	25.8	26.5	25.9	23.0	18.5	21.6	27.1	21.4
60	28.5	27.1	27.5	27.2	24.8	20.6	21.2	26.3	22.7
70	28.9	27.6	27.8	27.6	25.5	21.7	20.4	24.7	23.1
80	29.1	27.9	27.8	27.8	26.0	22.4	20.5	23.4	23.4
90	29.8	28.6	28.5	28.5	26.8	23.4	21.5	22.9	24.0
100	27.8	26.8	26.5	26.4	25.0	22.1	20.3	20.4	22.1
120	25.9	25.2	24.9	25.1	24.5	22.5	21.0	20.3	21.3
140	26.1	25.6	25.4	25.5	25.5	24.5	23.4	22.7	22.4
160	28.4	27.8	27.4	27.3	26.8	25.3	24.1	23.5	22.8
180	32.0	31.6	31.3	31.4	31.6	31.2	30.9	30.7	29.6
200	30.5	30.2	29.9	30.0	30.3	30.3	30.3	30.4	29.4

注：采集人，张建军；采集时间，2012 年。

表 3-87　土壤水分监测点东杨家峁侧柏林水平阶（JXFZH02SF_02）2013 年土壤体积含水量

采样层次/cm	月份										
	1	2	3	4	5	6	7	8	9	10	12
10	13.5	16.5	14.0	13.0	15.3	15.7	28.4	24.5	23.5	23.8	17.6
20	19.1	21.5	19.1	16.9	18.4	19.1	35.3	31.4	30.5	31.1	25.2
30	19.6	20.4	19.0	16.6	15.9	16.5	32.8	29.4	28.7	29.3	24.4
40	20.6	20.9	19.5	16.9	15.8	16.0	34.6	30.7	29.6	30.5	24.9
50	20.5	20.6	19.3	16.7	15.4	15.3	34.0	30.5	29.1	30.1	24.8
60	21.8	21.8	20.9	18.2	16.4	16.2	34.5	32.0	30.2	31.2	26.1
70	22.3	22.2	21.4	19.0	17.0	16.7	33.8	32.2	30.1	31.0	26.5
80	22.5	22.4	21.6	19.2	17.3	17.1	32.8	32.4	30.1	30.5	26.7
90	23.2	23.0	22.1	19.7	18.0	17.7	32.2	33.3	30.7	31.0	27.5
100	21.3	21.2	20.4	18.4	16.7	16.2	28.4	31.0	28.4	28.6	25.6
120	20.7	20.6	20.2	19.1	17.5	16.8	25.2	29.4	27.2	27.0	24.8
140	21.9	21.8	21.6	20.9	19.6	18.9	24.7	29.3	27.9	27.6	25.9
160	22.3	22.2	21.9	21.2	20.0	19.1	24.5	31.8	29.8	29.5	27.4
180	28.9	28.7	28.6	28.2	27.3	26.7	28.9	35.0	34.3	34.0	32.5
200	28.7	28.5	28.5	28.5	28.4	28.3	29.0	33.5	33.2	33.1	31.6

注：采集人，张建军；采集时间，2013 年。

表 3 - 88　土壤水分监测点东杨家峁侧柏林水平阶（JXFZH02SF＿02）**2014 年土壤体积含水量**

采样层次/cm	月份								
	1	2	3	4	5	6	7	8	9
10	18.3	18.7	18.5	22.8	23.1	19.9	25.3	25.7	26.7
20	24.6	24.4	24.0	27.4	29.6	26.6	32.1	32.7	33.5
30	23.8	23.4	23.2	24.7	27.7	25.8	30.0	31.5	32.0
40	24.2	23.9	23.6	24.3	28.3	26.5	31.0	33.1	33.4
50	24.0	23.7	23.4	23.2	27.1	25.6	30.1	32.4	32.6
60	25.3	25.0	24.7	24.2	27.6	26.3	30.7	33.2	33.5
70	25.8	25.4	25.1	24.3	27.0	25.7	29.8	32.8	33.3
80	25.9	25.5	25.1	24.3	26.3	25.1	28.8	32.0	32.8
90	26.7	26.4	26.0	25.2	26.3	25.3	28.2	32.0	33.2
100	24.9	24.5	24.0	23.3	23.7	23.1	24.7	28.9	30.5
120	24.2	23.9	23.6	23.1	23.0	22.7	22.5	25.8	27.7
140	25.3	25.0	24.8	24.5	24.3	23.9	23.4	25.3	27.6
160	26.8	26.3	25.8	25.3	25.0	24.3	23.8	24.6	28.2
180	31.9	31.5	31.2	31.2	31.2	31.0	30.9	30.9	32.5
200	31.0	30.7	30.5	30.6	30.9	30.9	31.1	31.2	31.7

注：采集人，张建军；采集时间，2014 年。

表 3 - 89　土壤水分监测点东杨家峁侧柏林水平阶（JXFZH02SF＿02）**2015 年土壤体积含水量**

采样层次/cm	月份							
	1	5	6	7	8	9	10	12
10	19.5	15.4	14.2	15.9	15.5	13.9	16.4	18.6
20	26.1	19.0	17.4	19.4	19.1	16.2	17.7	23.2
30	25.6	18.7	16.8	17.0	17.3	15.5	15.2	21.0
40	26.4	18.9	17.0	16.7	16.7	15.8	15.3	18.7
50	26.1	19.5	16.5	16.0	15.9	15.3	14.8	15.3
60	27.5	21.6	17.8	16.9	16.7	16.2	15.8	15.3
70	28.0	22.4	18.5	17.5	17.3	17.0	16.6	15.8
80	27.9	22.7	18.9	17.7	17.5	17.2	16.8	16.0
90	28.7	23.7	19.7	18.3	17.9	17.6	17.2	16.5
100	26.9	22.5	18.9	17.1	16.6	16.3	16.0	15.4
120	25.7	22.8	20.0	17.7	17.0	16.6	16.4	15.8
140	26.4	24.3	21.8	19.6	18.9	18.5	18.3	17.8
160	28.3	25.3	22.6	20.3	19.2	18.7	18.5	18.1
180	32.8	31.4	29.3	27.0	26.0	25.5	25.2	24.8
200	32.2	31.5	30.8	29.8	28.7	27.7	27.1	26.7

注：采集人，张建军；采集时间，2015 年。

表 3-90　土壤水分监测点西杨家峁人工侧柏、刺槐混交林斜坡（JXFZH06SF_01）2010 年土壤体积含水量

采样层次/cm	月份				
	7	8	9	10	11
10	16.5	13.5	9.0	8.2	16.5
20	20.3	17.6	12.4	11.3	20.3
30	19.4	18.5	13.4	12.6	19.4
40	14.5	16.0	11.8	10.5	14.5
50	12.4	14.6	12.2	10.9	12.4
60	11.8	12.4	11.7	10.8	11.8
70	11.9	12.1	11.7	10.9	11.9
80	11.4	11.4	11.1	10.4	11.4
90	11.3	11.3	11.1	10.5	11.3
100	12.1	12.2	11.9	11.3	12.1
120	17.1	17.4	17.0	16.1	17.1
140	10.0	9.7	9.5	9.0	10.0
160	11.2	11.3	11.1	10.7	11.2
180	10.8	10.8	10.7	10.3	10.8
200	12.5	12.6	12.4	12.0	12.5

注：采集人，张建军；采集时间，2010 年。

表 3-91　土壤水分监测点西杨家峁人工侧柏、刺槐混交林斜坡（JXFZH06SF_01）2011 年土壤体积含水量

采样层次/cm	月份									
	3	4	5	6	7	8	9	10	11	12
10	10.8	8.9	12.2	7.2	14.0	19.9	21.2	18.6	20.5	13.5
20	11.4	12.0	15.7	11.3	15.2	25.3	26.8	23.4	25.2	21.0
30	11.9	12.9	15.1	12.8	14.5	27.0	29.0	25.7	26.5	24.9
40	9.7	10.7	11.2	11.2	11.9	22.8	25.4	23.3	22.9	22.4
50	10.1	11.0	11.6	11.9	11.9	21.8	25.9	24.3	23.7	23.4
60	10.0	10.8	11.3	11.5	11.5	17.8	25.0	24.2	23.6	23.5
70	10.2	10.8	11.2	11.4	11.5	15.2	24.3	24.3	23.6	23.6
80	9.6	10.2	10.6	10.9	11.0	12.9	22.6	23.6	23.0	23.0
90	9.7	10.2	10.5	10.8	10.9	11.4	20.6	22.7	22.1	22.2
100	10.5	11.0	11.5	11.7	11.9	12.1	19.4	24.4	23.9	24.1
120	14.8	15.3	15.8	15.9	16.1	16.5	19.5	27.9	27.7	28.2
140	8.0	8.3	8.6	8.8	8.9	9.0	9.2	14.7	16.4	17.4
160	9.7	10.0	10.5	10.7	10.9	11.2	11.2	12.1	15.5	18.1
180	9.4	9.6	9.8	10.0	10.2	10.4	10.5	10.4	10.8	13.5
200	10.8	11.0	11.2	11.5	11.7	12.0	12.0	11.9	11.8	11.9

注：采集人，张建军；采集时间，2011 年。

表 3-92　土壤水分监测点西杨家峁人工侧柏、刺槐混交林斜坡（JXFZH06SF_01）2012 年土壤体积含水量

采样	月份											
层次/cm	1	2	3	4	5	6	7	8	9	10	11	12
10	9.8	11.5	19.4	15.7	9.9	9.5	13.6	17.8	14.5	7.7	7.7	7.8
20	13.6	13.8	23.5	20.7	14.1	12.1	15.7	19.4	17.5	10.9	9.9	9.7
30	17.7	15.6	24.8	23.8	15.9	13.1	14.8	18.3	18.4	12.6	11.5	11.0
40	19.5	15.9	21.2	21.4	15.9	11.0	11.1	12.0	12.1	10.3	9.3	8.9
50	21.2	18.9	21.0	22.1	18.2	12.2	12.0	12.2	12.0	11.2	10.3	9.7
60	21.6	19.7	20.9	22.1	19.2	12.6	12.0	12.1	11.9	11.3	10.6	10.0
70	21.9	20.2	20.8	22.1	19.9	13.3	12.4	12.5	12.3	11.8	11.0	10.5
80	21.5	20.2	20.4	21.6	19.9	13.6	12.2	12.3	12.1	11.7	11.0	10.4
90	20.9	19.8	19.8	21.1	19.9	14.2	12.3	12.3	12.2	11.8	11.2	10.7
100	22.7	21.7	21.6	23.1	22.1	16.2	13.6	13.6	13.5	13.1	12.5	12.0
120	27.4	26.7	26.5	27.8	27.8	22.8	19.4	18.6	18.2	18.0	17.3	16.5
140	17.1	16.8	16.5	17.4	17.5	13.7	11.3	11.0	10.8	10.5	10.1	9.6
160	18.6	18.4	18.2	19.0	19.6	15.8	13.2	13.0	12.9	12.6	12.2	11.7
180	15.6	15.9	15.9	16.4	17.1	14.7	12.1	11.5	11.5	11.3	10.9	10.5
200	13.4	15.7	16.4	17.0	17.9	16.0	13.6	13.0	13.0	12.8	12.5	12.1

注：采集人，张建军；采集时间，2012 年。

表 3-93　土壤水分监测点西杨家峁人工侧柏、刺槐混交林斜坡（JXFZH06SF_01）2013 年土壤体积含水量

采样	月份											
层次/cm	1	2	3	4	5	6	7	8	9	10	11	12
10	6.8	9.9	8.3	7.7	10.2	9.8	21.4	16.1	14.8	13.8	11.9	9.2
20	9.2	10.5	10.9	10.5	11.2	11.8	26.2	19.9	18.0	17.2	14.6	13.4
30	10.5	11.3	12.0	12.1	12.6	13.1	30.7	23.3	19.2	19.7	16.4	15.7
40	8.6	9.1	9.8	10.0	10.4	10.9	24.3	22.3	15.9	16.2	13.5	12.5
50	9.4	9.7	10.5	10.8	11.4	11.8	23.5	24.5	17.4	16.2	14.5	13.4
60	9.7	10.0	10.5	10.9	11.5	11.9	22.1	24.4	17.8	15.4	14.3	13.5
70	10.1	10.4	10.9	11.3	11.8	12.2	21.7	25.2	18.4	15.3	14.4	13.8
80	10.1	10.2	10.7	11.1	11.6	12.0	19.9	24.9	18.2	14.9	14.1	13.5
90	10.3	10.4	10.8	11.2	11.7	12.0	18.4	24.1	18.2	15.0	14.0	13.4
100	11.6	11.7	12.1	12.5	13.0	13.3	19.3	26.5	20.3	16.8	15.6	15.0
120	15.7	15.9	16.4	17.0	17.8	18.3	22.5	32.3	27.5	24.5	23.2	22.3
140	9.3	9.2	9.5	9.8	10.1	10.3	11.2	18.8	15.3	13.0	12.4	11.8
160	11.3	11.3	11.5	11.8	12.1	12.4	12.8	16.8	16.5	14.8	14.2	13.6
180	10.2	10.1	10.2	10.5	10.7	11.0	11.3	12.1	12.9	12.4	12.0	11.5
200	11.7	11.5	11.6	11.9	12.2	12.4	12.7	13.2	13.6	13.5	13.1	12.6

注：采集人，张建军；采集时间，2013 年。

表 3-94　土壤水分监测点西杨家峁人工侧柏、刺槐混交林斜坡（JXFZH06SF_01）2014 年土壤体积含水量

采样层次/cm	月份										
	1	3	4	5	6	7	8	9	10	11	12
10	7.7	12.4	17.1	16.2	11.7	14.2	17.6	17.5	16.0	13.0	9.8
20	11.5	15.9	19.7	20.5	14.9	16.3	21.5	21.7	20.3	17.4	15.6
30	14.4	17.3	20.7	23.4	15.9	16.6	24.6	25.0	24.0	20.5	19.1
40	12.1	14.0	15.6	17.8	12.5	12.1	17.3	20.0	20.5	17.8	16.2
50	13.0	14.3	15.1	17.4	13.7	13.1	15.1	20.3	21.7	19.1	17.5
60	13.2	14.1	14.5	15.7	13.7	13.1	13.1	18.4	20.6	18.8	17.4
70	13.5	14.3	14.7	15.0	14.1	13.6	13.3	17.1	20.0	18.7	17.5
80	13.2	13.9	14.3	14.3	13.6	13.4	13.1	14.8	17.2	17.1	16.4
90	13.2	13.7	14.0	14.0	13.5	13.2	12.9	13.2	13.8	15.0	15.0
100	14.7	15.1	15.5	15.5	15.0	14.6	14.3	14.4	14.5	14.8	15.0
120	21.8	22.3	22.8	22.9	22.6	22.0	21.2	21.2	21.1	20.7	20.1
140	11.4	11.6	11.9	12.0	11.7	11.5	11.1	11.1	11.1	10.8	10.4
160	13.2	13.3	13.6	13.8	13.6	13.6	13.4	13.5	13.4	13.1	12.5
180	11.2	11.2	11.5	11.7	11.8	11.9	11.8	11.9	11.8	11.6	11.1
200	12.3	12.2	12.5	12.9	13.0	13.2	13.3	13.4	13.3	13.0	12.5

注：采集人，张建军；采集时间，2014 年。

表 3-95　土壤水分监测点西杨家峁人工侧柏、刺槐混交林斜坡（JXFZH06SF_01）2015 年土壤体积含水量

采样层次/cm	月份						
	1	5	6	7	8	9	11
10	9.0	15.0	9.6	8.9	9.2	9.5	11.6
20	14.2	15.1	12.3	11.7	11.5	11.2	14.0
30	18.1	16.4	13.5	15.1	16.1	15.9	18.9
40	15.6	14.3	11.5	14.0	15.7	15.5	15.6
50	16.8	16.2	12.6	15.4	17.4	17.1	16.8
60	16.8	16.1	12.6	15.5	17.6	17.3	17.0
70	17.0	16.1	13.1	14.1	14.9	14.7	14.4
80	16.0	15.3	12.9	16.5	19.1	19.0	18.7
90	14.8	14.8	12.7	16.4	19.2	19.1	18.8
100	15.0	15.9	14.1	14.9	15.6	15.5	15.2
120	20.0	22.0	20.6	19.8	19.4	19.4	19.4
140	10.1	11.2	10.8	10.9	11.0	10.9	10.8
160	12.2	13.1	12.9	12.9	12.8	12.8	12.6
180	10.8	11.4	11.4	11.6	11.6	11.6	11.5
200	12.1	12.6	12.8	13.6	14.1	14.1	13.9

注：采集人，张建军；采集时间，2015 年。

表 3-96　土壤水分监测点西杨家峁人工侧柏、刺槐混交林水平阶

（JXFZH06SF _ 022010）**2010 年土壤体积含水量**

采样层次/cm	月份				
	7	8	9	10	11
10	15.9	17.1	14.8	10.7	8.7
20	14.9	18.3	14.7	10.4	8.9
30	15.6	21.0	19.9	15.2	13.8
40	9.4	14.4	14.5	10.3	8.8
50	9.1	12.5	14.5	10.5	8.8
60	12.0	13.2	16.2	13.1	11.5
70	11.9	12.3	14.9	13.2	11.6
80	12.5	13.0	14.7	13.9	12.7
90	11.2	11.4	12.2	11.8	10.9
100	11.6	11.8	12.2	12.0	11.2
120	12.5	12.7	13.0	12.8	12.2
140	13.5	13.8	14.0	13.9	13.4
160	12.4	12.7	12.9	13.1	12.8
180	14.9	15.5	15.8	15.9	15.7
200	12.4	12.7	12.9	12.9	12.6

注：采集人，张建军；采集时间，2010 年。

表 3-97　土壤水分监测点西杨家峁人工侧柏、刺槐混交林水平阶

（JXFZH06SF _ 022010）**2011 年土壤体积含水量**

采样层次/cm	月份									
	3	4	5	6	7	8	9	10	11	12
10	8.3	7.8	14.2	8.2	18.0	23.7	25.1	22.5	24.5	15.4
20	8.0	8.4	14.2	9.4	15.2	24.1	25.5	22.3	23.4	19.0
30	12.2	13.1	18.8	14.7	18.0	31.2	32.6	29.9	29.7	27.4
40	8.0	8.5	10.7	9.3	11.0	24.3	26.0	23.6	23.0	21.7
50	7.9	8.4	9.0	9.1	10.4	23.1	24.8	23.2	22.1	21.3
60	10.4	10.9	11.4	11.7	12.3	25.5	29.4	28.5	26.7	26.3
70	10.4	10.9	11.4	11.7	11.9	23.1	28.4	27.9	26.0	25.9
80	12.9	12.2	11.8	12.7	13.3	21.0	27.9	27.9	26.2	26.2
90	9.8	10.2	10.6	10.9	11.0	16.0	24.9	25.4	23.7	23.8
100	10.2	10.4	10.6	10.8	11.0	14.3	23.0	23.8	22.4	22.6
120	11.1	11.3	11.7	11.9	12.2	13.0	22.4	24.9	23.8	24.0
140	12.2	12.4	12.6	12.9	13.1	13.5	17.6	24.0	23.4	23.6
160	11.7	11.9	12.1	12.3	12.6	13.0	13.8	20.0	21.0	21.6
180	14.7	14.7	14.5	14.7	14.9	15.2	15.3	15.6	21.3	22.6
200	11.6	11.6	11.7	12.0	12.2	12.5	12.6	12.5	13.4	17.7

注：采集人，张建军；采集时间，2011 年。

表3-98　土壤水分监测点西杨家峁人工侧柏、刺槐混交林水平阶
（JXFZH06SF_022010）**2012 年土壤体积含水量**

采样层次/cm	月份							
	1	2	3	4	5	6	7	8
10	10.9	11.2	21.1	17.5	12.6	12.4	19.0	22.2
20	11.1	10.5	18.9	17.7	12.4	10.9	16.7	21.9
30	21.6	17.2	26.5	25.5	19.3	16.4	21.4	26.3
40	18.2	14.7	20.0	19.0	13.5	10.6	13.5	16.2
50	19.1	17.4	19.1	19.2	14.6	10.9	11.4	13.4
60	24.2	22.4	22.9	23.6	18.7	13.7	13.6	14.0
70	24.2	22.6	22.6	23.3	19.8	14.1	13.7	13.9
80	24.8	23.4	23.2	23.8	21.6	16.9	15.7	14.8
90	22.6	21.3	20.9	21.5	19.6	15.0	13.1	13.2
100	21.5	20.4	19.9	20.5	19.2	15.4	13.3	13.3
120	23.1	22.4	21.8	22.3	21.6	18.2	15.4	14.9
140	22.9	22.3	21.8	22.2	22.0	19.6	17.1	16.3
160	21.3	20.9	20.5	20.5	20.5	18.8	16.8	15.8
180	22.7	22.4	22.1	22.0	22.2	21.1	19.8	19.7
200	18.6	18.5	18.3	18.3	18.5	17.8	16.6	15.5

注：采集人，张建军；采集时间，2012 年。

表3-99　土壤水分监测点西杨家峁人工侧柏、刺槐混交林水平阶
（JXFZH06SF_022010）**2013 年土壤体积含水量**

采样层次/cm	月份											
	1	2	3	4	5	6	7	8	9	10	11	12
10	7.4	9.5	8.0	8.0	11.6	11.5	25.7	20.3	18.8	20.0	18.9	10.3
20	7.8	9.1	8.7	8.7	10.8	11.1	26.3	20.0	18.8	20.6	17.4	13.7
30	12.8	13.5	14.0	13.9	14.4	15.2	31.5	25.3	24.3	28.1	23.3	20.9
40	8.7	9.0	9.1	9.2	9.6	10.1	26.2	21.1	17.4	21.2	16.0	14.6
50	8.8	9.1	9.2	9.3	9.7	10.2	23.8	21.9	17.1	20.3	15.7	14.7
60	10.9	10.9	11.1	11.3	11.7	12.3	25.3	26.8	19.6	21.1	17.3	16.3
70	11.6	11.7	11.7	12.0	12.4	13.0	24.8	27.5	20.6	20.0	17.6	16.7
80	13.7	13.5	14.1	14.5	14.6	15.4	26.0	30.0	23.9	22.2	20.6	19.8
90	11.1	11.2	11.3	11.4	11.7	21.6	21.6	26.0	20.0	17.8	16.2	15.4
100	11.2	11.2	11.4	11.4	11.7	12.2	19.7	24.8	19.6	17.4	15.9	15.1
120	12.5	12.5	12.6	12.6	12.9	13.4	19.0	26.6	21.9	19.8	17.9	16.9
140	13.8	13.8	13.8	13.8	14.0	14.5	18.0	26.8	23.2	21.4	19.5	18.5
160	13.6	13.5	13.5	13.5	13.7	14.1	17.5	23.6	21.4	20.0	18.6	17.6
180	17.4	17.3	17.1	17.2	17.5	18.0	18.5	24.5	24.7	23.7	22.3	21.3
200	13.1	13.0	12.9	12.9	13.0	13.4	13.8	15.0	16.6	16.3	15.7	15.1

注：采集人，张建军；采集时间，2013 年。

表 3-100　土壤水分监测点西杨家峁人工侧柏、刺槐混交林水平阶

（JXFZH06SF _ 022010）**2014 年土壤体积含水量**

采样层次/cm	月份						
	1	2	3	4	5	6	7
10	12.5	16.1	17.0	22.3	22.6	16.2	23.0
20	13.6	14.6	14.6	18.5	21.0	16.1	23.7
30	20.2	20.0	20.2	22.1	26.4	19.5	27.0
40	14.2	13.9	13.6	13.8	18.9	13.3	17.8
50	14.5	14.3	13.7	12.3	15.9	12.8	14.7
60	16.1	16.1	15.7	14.4	15.3	14.8	14.7
70	16.5	16.5	16.3	15.2	15.3	15.0	14.8
80	19.6	19.7	20.1	19.5	19.4	18.4	18.1
90	15.2	15.2	15.1	14.6	14.5	14.1	13.9
100	14.9	14.9	14.8	14.5	14.5	13.8	14.2
120	16.7	16.5	16.3	16.1	16.2	15.4	15.2
140	18.2	17.9	17.7	17.6	17.7	16.8	16.7
160	17.3	17.0	16.8	16.8	16.9	15.9	15.7
180	20.9	20.6	20.5	20.6	20.8	19.9	19.5
200	14.8	14.6	14.5	14.7	15.0	14.7	14.7

注：采集人，张建军；采集时间，2014 年。

表 3-101　土壤水分监测点苹果园斜坡（JXFZH04SF _ 01）2010 年土壤体积含水量

采样层次/cm	月份				
	7	8	9	10	11
10	22.6	23.9	20.5	14.0	10.7
20	15.5	18.4	17.6	11.6	9.7
30	11.6	16.6	19.1	13.0	11.3
40	10.3	14.0	18.7	13.5	11.7
50	10.3	12.1	17.1	13.5	11.9
60	12.6	13.2	16.6	14.9	13.3
70	14.3	14.9	16.3	15.7	14.2
80	16.7	16.7	16.9	16.3	15.0
90	12.3	12.2	12.1	11.7	10.9
100	16.5	16.0	15.6	15.0	14.1
120	15.2	15.1	14.9	14.3	13.4
140	13.7	14.1	14.1	13.6	12.9
160	12.3	12.8	13.1	12.8	12.3
180	11.8	12.2	12.5	12.4	12.0
200	10.9	11.2	11.3	11.3	11.0

注：采集人，张建军；采集时间，2010 年。

表 3 - 102　土壤水分监测点苹果园斜坡（JXFZH04SF＿01）**2011 年土壤体积含水量**

采样层次/cm	月份										
	2	3	4	5	6	7	8	9	10	11	12
10	16.1	21.2	22.4	21.4	17.5	21.4	23.7	25.0	23.2	21.9	12.4
20	24.3	25.3	29.3	31.3	27.4	27.5	29.8	30.6	27.6	29.1	21.8
30	27.0	27.1	30.3	36.6	34.3	31.1	34.2	30.9	27.5	28.9	25.8
40	22.2	22.5	24.8	28.4	30.5	27.7	33.0	26.7	23.7	24.4	22.9
50	24.1	24.6	27.3	29.4	32.4	31.3	34.9	30.7	28.0	27.7	26.7
60	21.7	22.1	24.2	26.0	28.2	28.2	33.6	33.4	28.6	28.3	26.8
70	20.2	20.5	22.3	24.0	25.5	25.9	29.9	37.3	32.0	31.4	29.0
80	20.9	21.2	22.7	24.1	25.3	25.6	27.1	42.2	40.5	39.6	36.5
90	15.3	15.5	16.4	17.4	18.0	18.3	18.5	29.9	36.0	34.0	31.4
100	15.7	15.9	16.7	17.4	18.0	18.3	18.4	25.5	36.4	35.3	33.7
120	15.4	15.6	16.2	16.9	17.4	17.7	17.9	19.8	28.8	29.0	30.4
140	15.7	19.3	27.6	28.0	19.6	16.1	15.1	14.9	21.7	23.4	22.5
160	15.3	15.5	16.2	17.2	17.7	18.1	18.3	18.2	19.1	23.4	25.4
180	22.3	22.2	23.7	37.9	39.6	30.0	30.8	29.6	30.2	34.8	46.0
200	13.7	13.8	14.1	14.6	14.9	15.3	15.5	15.5	15.3	15.1	14.9

注：采集人，张建军；采集时间，2011 年。

表 3 - 103　土壤水分监测点苹果园斜坡（JXFZH04SF＿01）**2012 年土壤体积含水量**

采样层次/cm	月份											
	1	2	3	4	5	6	7	8	9	10	11	12
10	9.2	10.0	18.2	14.6	10.8	14.6	21.6	23.3	21.2	—	—	9.8
20	14.4	14.3	24.6	23.1	15.7	16.9	26.6	29.3	26.5	16.9	14.8	9.6
30	16.2	14.8	23.7	24.5	15.9	15.4	25.2	29.8	26.9	17.8	16.0	11.2
40	18.4	14.4	21.8	21.2	14.3	14.1	22.2	28.0	24.0	18.1	16.3	11.3
50	24.7	22.1	25.0	25.6	20.3	20.9	25.5	29.7	28.3	24.6	20.7	11.3
60	25.1	23.8	25.3	26.2	23.3	23.9	27.2	30.2	27.5	24.8	20.8	12.5
70	27.7	26.8	27.7	29.2	28.3	28.6	30.4	33.3	29.9	27.8	23.3	13.6
80	34.3	33.0	33.6	36.2	36.0	35.8	36.4	39.7	40.9	36.8	29.5	14.1
90	29.3	28.1	28.2	30.3	30.6	30.2	30.1	31.5	34.5	31.9	26.0	13.7
100	31.4	30.1	29.9	32.1	32.6	32.1	31.8	32.3	35.1	—	—	14.6
120	29.9	29.0	28.7	31.1	32.4	31.6	31.2	30.8	32.1	32.0	27.5	17.4
140	21.2	20.3	19.9	21.5	23.3	25.7	26.7	28.8	39.6	37.6	29.1	19.4
160	25.2	24.5	24.0	24.7	25.8	25.8	25.7	25.5	25.0	24.8	24.4	22.5
180	50.3	51.3	51.3	52.7	44.2	39.6	40.3	42.5	42.1	41.0	35.9	23.2
200	15.4	16.7	17.7	18.7	20.1	20.8	20.9	20.8	20.5	20.0	20.8	22.4

注：采集人，张建军；采集时间，2012 年。

表 3 - 104　土壤水分监测点苹果园斜坡（JXFZH04SF＿01）2013 年土壤体积含水量

采样 层次/cm	月份											
	1	2	3	4	5	6	7	8	9	10	11	12
10	8.0	14.3	13.5	11.1	14.2	21.0	30.0	22.1	20.3	20.1	18.9	13.7
20	6.6	11.4	12.2	10.6	11.1	20.5	33.0	21.9	19.3	18.9	17.0	12.4
30	8.0	12.2	13.2	12.3	11.1	15.8	38.0	24.6	21.6	21.5	19.5	16.6
40	8.9	11.8	12.6	12.1	10.9	11.2	41.8	39.4	22.9	23.3	21.0	19.3
50	10.2	11.2	12.1	11.9	11.0	11.1	30.7	27.0	23.6	23.8	22.1	20.9
60	12.0	12.3	13.2	13.1	12.1	12.1	30.5	27.5	23.8	23.2	22.5	21.6
70	13.2	13.4	14.3	14.2	13.0	12.9	27.5	27.2	23.2	22.4	21.7	20.9
80	13.8	13.9	14.6	14.5	13.1	12.9	28.8	29.4	23.5	21.3	20.5	20.1
90	13.2	13.2	13.7	13.5	12.0	11.5	29.6	28.7	—	—	—	—
100	14.1	14.1	14.6	14.5	13.0	12.5	36.5	47.6	47.4	40.8	26.1	18.8
120	16.5	16.2	16.6	16.5	14.7	14.1	26.9	30.5	25.0	21.4	19.6	18.7
140	17.9	17.4	17.6	17.9	17.1	16.1	23.1	26.0	23.0	20.7	19.4	18.5
160	21.0	20.1	20.1	20.6	19.8	18.6	24.9	28.8	25.1	22.7	21.4	20.3
180	21.6	20.8	20.8	21.3	21.0	20.1	24.7	30.5	26.7	24.4	22.9	21.7
200	20.9	20.0	19.9	20.3	20.3	19.6	22.6	37.0	33.0	30.1	27.7	25.8

注：采集人，张建军；采集时间，2013 年。

表 3 - 105　土壤水分监测点苹果园斜坡（JXFZH04SF＿01）2014 年土壤体积含水量

采样层次/cm	月份										
	1	2	3	4	5	6	7	8	9	10	12
10	11.0	18.0	21.9	23.0	22.0	14.4	21.0	23.1	24.8	21.2	16.8
20	8.5	17.6	19.3	22.5	22.7	12.7	18.7	21.7	23.8	20.4	16.2
30	12.4	18.7	20.1	23.0	24.2	14.6	19.2	23.1	25.4	22.5	18.7
40	16.7	18.9	20.8	24.4	27.1	19.2	22.4	24.4	26.5	23.7	19.7
50	19.6	20.5	22.7	25.7	29.8	25.2	27.5	29.0	27.7	23.3	19.7
60	20.7	21.1	22.9	25.4	30.6	29.6	28.3	34.1	34.0	25.1	21.4
70	20.4	20.7	22.2	24.1	26.9	29.4	29.4	32.7	39.6	31.1	26.6
80	19.8	19.9	20.9	22.2	22.7	23.6	23.7	24.8	34.7	37.3	33.0
100	18.1	17.9	18.4	19.5	19.6	18.9	18.3	18.2	21.9	33.6	31.1
120	18.0	18.0	18.4	19.3	19.2	18.0	17.1	16.9	16.9	24.3	24.3
140	17.8	17.6	17.8	18.5	18.3	17.2	16.0	15.7	15.5	16.3	18.7
160	19.4	19.0	19.1	19.7	19.5	18.3	17.1	16.8	16.9	16.9	17.2
180	20.7	20.3	20.2	20.8	21.0	20.5	19.8	19.4	19.3	19.2	18.8
200	24.2	23.5	23.3	23.8	24.2	24.4	24.0	23.3	22.6	21.8	21.0

注：采集人，张建军；采集时间，2013 年。

表 3-106　土壤水分监测点苹果园水平阶（JXFZH04SF_02）2010 年土壤体积含水量

采样层次/cm	月份				
	7	8	9	10	11
10	29.3	29.0	24.1	20.5	18.3
20	39.2	37.7	30.4	27.6	26.0
30	38.8	43.3	37.9	33.0	30.1
40	25.3	34.4	37.6	31.5	27.4
50	27.4	31.0	37.9	33.5	29.4
60	26.1	27.1	32.1	29.5	26.3
70	23.7	23.9	26.2	25.8	23.7
80	23.9	23.9	24.7	25.0	23.6
90	17.6	17.6	17.6	17.5	16.8
100	18.6	18.6	18.4	18.0	17.3
120	18.8	18.9	18.6	18.0	17.2
140	34.9	25.2	25.6	31.9	30.5
160	17.9	18.2	18.1	17.8	17.2
180	25.8	28.5	28.7	28.4	27.5
200	15.5	15.8	15.8	15.7	15.2

注：采集人，张建军；采集时间，2010 年。

表 3-107　土壤水分监测点苹果园水平阶（JXFZH04SF_02）2011 年土壤体积含水量

采样层次/cm	月份										
	2	3	4	5	6	7	8	9	10	11	12
10	7.3	11.8	11.6	15.7	8.8	16.6	27.1	30.7	28.1	29.5	15.6
20	9.3	9.8	11.1	14.1	9.6	11.3	22.4	26.2	23.3	24.4	15.4
30	11.6	11.9	13.2	14.3	12.8	12.7	23.7	27.2	24.5	25.1	19.9
40	12.0	12.1	13.5	13.5	13.4	12.6	22.1	27.6	24.7	25.1	22.4
50	11.6	11.7	13.2	13.4	13.5	13.1	18.8	25.8	23.4	23.5	21.9
60	12.2	12.5	14.0	14.3	14.5	14.3	20.1	27.9	24.2	24.2	23.0
70	12.3	12.7	14.4	15.3	15.7	15.6	19.3	29.7	23.3	22.5	21.7
80	13.1	13.4	14.7	15.3	15.8	15.5	16.0	27.6	23.7	22.9	22.6
90	9.6	9.8	10.7	11.3	11.8	11.6	11.5	19.4	21.0	19.6	18.9
100	12.3	12.6	13.5	14.1	14.6	14.4	14.3	22.0	27.7	24.7	22.1
120	11.6	11.8	12.6	13.3	13.8	13.8	13.9	20.2	31.9	28.7	25.1
140	11.2	11.5	11.9	12.4	12.7	12.8	13.0	14.9	28.3	27.9	27.4
160	10.8	11.0	11.5	12.0	12.3	12.4	12.6	12.7	22.5	26.2	27.3
180	10.7	10.8	11.1	11.4	11.7	11.8	12.1	12.2	13.5	20.5	23.9
200	9.9	10.0	10.2	10.4	10.6	10.8	11.0	11.1	11.0	11.5	17.0

注：采集人，张建军；采集时间，2011 年。

表 3-108　土壤水分监测点苹果园水平阶（JXFZH04SF_02）2012 年土壤体积含水量

采样层次/cm	月份										
	1	2	3	4	5	6	7	8	9	10	11
10	10.2	11.1	24.5	22.9	13.3	12.1	21.2	27.7	26.6	16.4	14.6
20	8.4	8.5	18.6	19.9	11.4	9.5	15.9	22.6	22.7	13.7	11.0
30	11.0	10.4	18.8	22.0	13.3	11.0	14.9	22.3	24.2	14.7	11.9
40	13.4	11.1	18.9	22.5	13.2	10.5	11.4	21.5	24.6	14.4	11.6
50	16.7	11.1	18.3	21.1	13.4	10.6	10.8	19.8	23.3	13.9	11.6
60	19.3	15.3	18.6	21.4	14.5	11.7	11.8	19.8	24.3	15.0	12.8
70	19.1	17.1	17.4	19.7	14.5	11.5	11.5	19.5	25.0	16.7	14.0
80	21.0	19.6	19.1	20.6	16.4	12.3	12.2	19.4	24.2	17.5	14.5
90	17.6	16.5	16.0	17.1	13.9	9.9	9.7	17.3	23.1	17.3	14.2
100	20.2	19.0	18.3	19.3	17.2	12.4	12.2	19.5	24.4	18.4	15.2
120	22.5	21.1	20.4	21.1	20.5	17.0	15.5	21.5	27.6	21.4	18.6
140	25.1	23.5	22.6	23.3	23.6	21.5	19.6	21.0	27.5	23.8	21.6
160	26.3	25.1	24.3	25.0	25.9	24.0	22.0	22.5	27.4	27.6	25.0
180	23.7	22.9	22.3	22.8	23.7	22.4	20.8	20.7	27.8	27.1	25.5
200	20.6	20.9	20.7	21.1	22.3	21.5	19.9	18.8	24.4	26.2	24.6

注：采集人，张建军；采集时间，2012 年。

表 3-109　土壤水分监测点苹果园水平阶（JXFZH04SF_02）2013 年土壤体积含水量

采样层次/cm	月份											
	1	2	3	4	5	6	7	8	9	10	11	12
20	16.1	16.1	16.1	16.1	16.1	16.8	29.5	24.2	24.3	23.4	20.3	17.1
30	17.6	17.6	17.6	17.6	17.6	21.6	31.4	25.4	25.0	24.1	21.2	19.8
40	18.2	18.2	18.2	18.2	18.2	22.0	30.6	24.6	23.8	23.0	20.5	19.7
50	24.3	24.3	24.3	24.3	24.3	25.7	33.2	28.8	27.0	26.3	23.8	22.7
60	23.9	23.9	23.9	23.9	23.9	24.7	34.1	28.6	26.4	25.6	23.4	22.3
70	27.0	27.0	27.0	27.0	27.0	27.1	35.1	29.4	27.2	26.4	24.4	23.2
80	35.4	35.4	35.4	35.4	35.4	34.1	40.8	34.2	31.5	30.4	28.2	26.8
90	30.6	30.6	30.6	30.6	30.6	29.0	33.5	27.9	25.6	24.5	22.9	21.7
120	31.2	31.2	31.2	31.2	31.2	30.1	37.5	36.1	32.6	31.2	29.3	27.6
140	32.5	32.5	32.5	32.5	32.5	27.2	30.4	38.4	34.0	31.4	28.6	26.2
160	24.6	24.6	24.6	24.6	24.6	23.7	29.4	42.6	39.6	37.3	35.0	32.7
180	40.4	40.4	40.4	40.4	40.4	47.5	55.8	54.7	55.9	53.8	55.7	57.4
200	19.8	19.8	19.8	19.8	19.8	19.3	20.9	36.0	36.5	35.2	33.6	31.7

注：采集人，张建军；采集时间，2013 年。

表 3-110　土壤水分监测点苹果园水平阶（JXFZH04SF_02）**2014 年土壤体积含水量**

采样层次/cm	月份										
	1	3	4	5	6	7	8	9	10	11	12
10	8.2	11.5	13.1	16.3	15.6	11.9	18.0	18.1	18.6	15.5	11.7
20	14.6	19.3	20.6	25.4	25.2	18.9	26.6	27.5	27.7	23.5	19.8
30	17.9	19.8	21.1	25.4	26.1	19.5	28.3	29.2	29.1	25.2	22.5
40	18.7	19.2	20.1	22.9	24.3	16.9	27.2	28.6	28.4	24.6	22.3
50	21.9	22.0	22.7	24.4	26.4	19.3	27.3	31.4	31.4	28.5	25.9
60	21.6	21.5	22.1	23.4	25.2	19.6	25.6	30.2	31.0	28.4	25.7
70	22.5	22.4	22.8	23.9	25.4	22.0	24.7	30.0	31.4	29.0	26.3
80	25.9	25.7	26.1	27.2	28.8	26.7	27.8	33.2	36.0	33.7	30.8
90	21.0	20.8	21.0	21.9	22.9	22.4	22.4	25.7	28.0	27.3	25.1
100	22.7	22.5	22.7	23.5	24.5	25.5	25.3	27.6	29.3	28.6	26.7
120	26.4	26.0	26.0	26.9	27.6	28.5	28.4	29.8	32.7	31.1	28.6
140	24.3	23.6	23.5	24.6	26.9	30.8	32.7	30.4	33.1	31.7	29.7
160	31.0	30.1	29.9	30.6	31.1	32.1	32.3	32.4	34.3	34.3	31.2
200	30.0	29.0	28.6	29.1	29.5	30.2	30.6	30.6	30.9	34.6	34.0

注：采集人，张建军；采集时间，2014 年。

表 3-111　土壤水分监测点苹果园水平阶（JXFZH04SF_02）**2015 年土壤体积含水量**

采样层次/cm	月份								
	1	5	6	7	8	9	10	11	12
10	9.9	11.8	10.5	10.7	10.2	10.0	11.5	17.2	16.1
20	18.4	19.1	19.2	20.4	20.4	20.2	20.0	25.2	24.3
30	21.4	20.6	20.2	21.9	21.7	21.1	20.1	25.4	23.8
40	20.9	19.7	20.2	21.3	21.0	19.7	18.9	25.6	27.1
50	24.0	22.2	22.2	22.5	21.9	20.6	20.0	20.4	22.2
60	23.6	22.3	21.6	21.4	21.1	19.9	19.3	18.7	18.6
70	24.2	23.9	22.9	22.0	21.2	19.9	19.5	18.9	18.6
80	28.2	28.2	27.2	26.1	25.0	22.6	21.9	21.0	20.7
90	22.8	22.8	22.2	21.4	20.6	18.6	18.0	17.2	16.9
100	24.4	24.4	24.0	23.5	23.4	21.6	21.0	19.8	19.3
120	26.0	25.6	25.3	24.5	23.3	21.3	20.9	20.7	20.4
140	27.1	25.4	30.4	33.3	30.3	24.4	23.9	25.2	28.4
160	27.8	27.2	27.3	27.1	26.8	25.4	24.8	23.4	22.9
180	42.7	41.4	41.0	41.6	42.9	41.2	41.1	35.7	35.1
200	30.9	30.2	30.6	30.3	29.7	28.4	27.9	26.0	25.4

注：采集人，张建军；采集时间，2015 年。

（2）质量含水量（表 3-112 至表 3-121）

表 3-112 2006 年综合观测场林地土壤质量含水量观测数据

时间（年-月）	样地代码	采样层次/cm	质量含水量/%
2006 - 09	JXFZH03	20	14.6
2006 - 09	JXFZH03	40	15.2
2006 - 09	JXFZH03	60	16.4
2006 - 09	JXFZH03	80	16.6
2006 - 09	JXFZH03	100	16.5
2006 - 09	JXFZH02	20	12.4
2006 - 09	JXFZH02	40	14.2
2006 - 09	JXFZH02	60	14.6
2006 - 09	JXFZH02	80	14.8
2006 - 09	JXFZH02	100	14.6
2006 - 09	JXFZH01	20	12.2
2006 - 09	JXFZH01	40	14.7
2006 - 09	JXFZH01	60	13.7
2006 - 09	JXFZH01	80	14.7
2006 - 09	JXFZH01	100	14.4
2006 - 11	JXFZH03	20	15.2
2006 - 11	JXFZH03	40	14.4
2006 - 11	JXFZH03	60	11.7
2006 - 11	JXFZH03	80	11.4
2006 - 11	JXFZH03	100	15.1
2006 - 11	JXFZH02	20	10.1
2006 - 11	JXFZH02	40	12.3
2006 - 11	JXFZH02	60	10.1
2006 - 11	JXFZH02	80	10.6
2006 - 11	JXFZH02	100	12.8
2006 - 11	JXFZH01	20	11.3
2006 - 11	JXFZH01	40	10.3
2006 - 11	JXFZH01	60	11.7
2006 - 11	JXFZH01	80	9.9
2006 - 11	JXFZH01	100	8.7

注：采集人，毕华兴；采集时间，2010 年。

表 3-113 2007 年综合观测场林地土壤质量含水量观测数据

时间（年-月）	样地代码	采样层次/cm	质量含水量/%
2007 - 03	JXFZH03	20	23.3
2007 - 03	JXFZH03	40	17.0
2007 - 03	JXFZH03	60	15.9

（续）

时间（年-月）	样地代码	采样层次/cm	质量含水量/%
2007 - 03	JXFZH03	80	15.4
2007 - 03	JXFZH03	100	15.3
2007 - 03	JXFZH02	20	18.5
2007 - 03	JXFZH02	40	15.5
2007 - 03	JXFZH02	60	15.2
2007 - 03	JXFZH02	80	14.3
2007 - 03	JXFZH02	100	20.6
2007 - 03	JXFZH01	20	15.6
2007 - 03	JXFZH01	40	16.2
2007 - 03	JXFZH01	60	14.5
2007 - 03	JXFZH01	80	13.9
2007 - 03	JXFZH01	100	13.8
2007 - 05	JXFZH03	20	10.1
2007 - 05	JXFZH03	40	11.5
2007 - 05	JXFZH03	60	12.0
2007 - 05	JXFZH03	80	13.2
2007 - 05	JXFZH03	100	11.5
2007 - 05	JXFZH02	20	7.1
2007 - 05	JXFZH02	40	8.8
2007 - 05	JXFZH02	60	9.4
2007 - 05	JXFZH02	80	10.1
2007 - 05	JXFZH02	100	11.2
2007 - 05	JXFZH01	20	8.3
2007 - 05	JXFZH01	40	10.8
2007 - 05	JXFZH01	60	12.5
2007 - 05	JXFZH01	80	11.3
2007 - 05	JXFZH01	100	11.8
2007 - 07	JXFZH03	20	16.8
2007 - 07	JXFZH03	40	14.6
2007 - 07	JXFZH03	60	14.4
2007 - 07	JXFZH03	80	14.6
2007 - 07	JXFZH03	100	16.4
2007 - 07	JXFZH02	20	12.0
2007 - 07	JXFZH02	40	10.0
2007 - 07	JXFZH02	60	9.3
2007 - 07	JXFZH02	80	10.0
2007 - 07	JXFZH02	100	9.5
2007 - 07	JXFZH01	20	9.2
2007 - 07	JXFZH01	40	9.5

（续）

时间（年-月）	样地代码	采样层次/cm	质量含水量/%
2007 - 07	JXFZH01	60	10.7
2007 - 07	JXFZH01	80	10.6
2007 - 07	JXFZH01	100	10.4
2007 - 09	JXFZH03	20	17.1
2007 - 09	JXFZH03	40	14.5
2007 - 09	JXFZH03	60	11.9
2007 - 09	JXFZH03	80	10.8
2007 - 09	JXFZH03	100	11.4
2007 - 09	JXFZH02	20	17.3
2007 - 09	JXFZH02	40	15.8
2007 - 09	JXFZH02	60	15.0
2007 - 09	JXFZH02	80	14.4
2007 - 09	JXFZH02	100	13.8
2007 - 09	JXFZH01	20	15.0
2007 - 09	JXFZH01	40	16.0
2007 - 09	JXFZH01	60	12.5
2007 - 09	JXFZH01	80	14.8
2007 - 09	JXFZH01	100	14.1
2007 - 11	JXFZH03	20	11.8
2007 - 11	JXFZH03	40	11.5
2007 - 11	JXFZH03	60	12.8
2007 - 11	JXFZH03	80	13.0
2007 - 11	JXFZH03	100	12.6
2007 - 11	JXFZH02	20	14.2
2007 - 11	JXFZH02	40	13.3
2007 - 11	JXFZH02	60	14.0
2007 - 11	JXFZH02	80	15.6
2007 - 11	JXFZH02	100	13.1
2007 - 11	JXFZH01	20	14.1
2007 - 11	JXFZH01	40	18.2
2007 - 11	JXFZH01	60	15.7
2007 - 11	JXFZH01	80	16.9
2007 - 11	JXFZH01	100	15.4

注：采集人，毕华兴；采集时间，2007 年。

表 3 - 114　2008 年综合观测场林地土壤质量含水量观测数据

时间（年-月）	样地代码	采样层次/cm	质量含水量/%
2008 - 03	JXFZH03	20	21.8
2008 - 03	JXFZH03	40	16.8

（续）

时间（年-月）	样地代码	采样层次/cm	质量含水量/%
2008 – 03	JXFZH03	60	21.3
2008 – 03	JXFZH03	80	17.1
2008 – 03	JXFZH03	100	16.9
2008 – 03	JXFZH02	20	13.1
2008 – 03	JXFZH02	40	16.1
2008 – 03	JXFZH02	60	17.3
2008 – 03	JXFZH02	80	14.9
2008 – 03	JXFZH02	100	14.1
2008 – 03	JXFZH01	20	14.0
2008 – 03	JXFZH01	40	15.3
2008 – 03	JXFZH01	60	14.7
2008 – 03	JXFZH01	80	14.2
2008 – 03	JXFZH01	100	14.3
2008 – 07	JXFZH03	20	10.3
2008 – 07	JXFZH03	40	12.7
2008 – 07	JXFZH03	60	9.5
2008 – 07	JXFZH03	80	9.3
2008 – 07	JXFZH03	100	10.3
2008 – 07	JXFZH02	20	9.1
2008 – 07	JXFZH02	40	8.3
2008 – 07	JXFZH02	60	8.0
2008 – 07	JXFZH02	80	7.5
2008 – 07	JXFZH02	100	8.0
2008 – 07	JXFZH01	20	10.8
2008 – 07	JXFZH01	40	10.1
2008 – 07	JXFZH01	60	10.2
2008 – 07	JXFZH01	80	10.4
2008 – 07	JXFZH01	100	10.2
2008 – 09	JXFZH03	20	13.2
2008 – 09	JXFZH03	40	11.1
2008 – 09	JXFZH03	60	13.7
2008 – 09	JXFZH03	80	9.7
2008 – 09	JXFZH03	100	16.2
2008 – 09	JXFZH02	20	11.7
2008 – 09	JXFZH02	40	8.7
2008 – 09	JXFZH02	60	17.1
2008 – 09	JXFZH02	80	10.5
2008 – 09	JXFZH02	100	9.8
2008 – 09	JXFZH01	20	10.7

（续）

时间（年-月）	样地代码	采样层次/cm	质量含水量/%
2008 - 09	JXFZH01	40	12.3
2008 - 09	JXFZH01	60	12.3
2008 - 09	JXFZH01	80	13.5
2008 - 09	JXFZH01	100	12.9

注：采集人，毕华兴；采集时间，2008 年。

表 3 - 115　2009 年综合观测场林地土壤质量含水量观测数据

时间（年-月）	样地代码	采样层次/cm	质量含水量/%
2009 - 03	JXFZH03	20	15.8
2009 - 03	JXFZH03	40	13.4
2009 - 03	JXFZH03	60	12.3
2009 - 03	JXFZH03	80	10.4
2009 - 03	JXFZH03	100	13.6
2009 - 03	JXFZH02	20	9.3
2009 - 03	JXFZH02	40	10.4
2009 - 03	JXFZH02	60	10.4
2009 - 03	JXFZH02	80	9.8
2009 - 03	JXFZH02	100	9.9
2009 - 03	JXFZH01	20	11.6
2009 - 03	JXFZH01	40	10.2
2009 - 03	JXFZH01	60	12.6
2009 - 03	JXFZH01	80	11.4
2009 - 03	JXFZH01	100	12.0
2009 - 05	JXFZH03	20	13.5
2009 - 05	JXFZH03	40	13.8
2009 - 05	JXFZH03	60	13.3
2009 - 05	JXFZH03	80	12.8
2009 - 05	JXFZH03	100	12.0
2009 - 05	JXFZH02	20	11.8
2009 - 05	JXFZH02	40	12.0
2009 - 05	JXFZH02	60	10.7
2009 - 05	JXFZH02	80	8.4
2009 - 05	JXFZH02	100	8.1
2009 - 05	JXFZH01	20	13.0
2009 - 05	JXFZH01	40	14.3
2009 - 05	JXFZH01	60	13.1
2009 - 05	JXFZH01	80	9.6
2009 - 05	JXFZH01	100	10.6
2009 - 07	JXFZH03	20	13.8

（续）

时间（年-月）	样地代码	采样层次/cm	质量含水量/%
2009 – 07	JXFZH03	40	10.5
2009 – 07	JXFZH03	60	9.2
2009 – 07	JXFZH03	80	9.5
2009 – 07	JXFZH03	100	9.0
2009 – 07	JXFZH02	20	12.4
2009 – 07	JXFZH02	40	10.3
2009 – 07	JXFZH02	60	8.3
2009 – 07	JXFZH02	80	8.1
2009 – 07	JXFZH02	100	8.5
2009 – 07	JXFZH01	20	14.5
2009 – 07	JXFZH01	40	14.2
2009 – 07	JXFZH01	60	12.7
2009 – 07	JXFZH01	80	11.6
2009 – 07	JXFZH01	100	10.3
2009 – 09	JXFZH03	20	14.1
2009 – 09	JXFZH03	40	14.0
2009 – 09	JXFZH03	60	13.2
2009 – 09	JXFZH03	80	11.5
2009 – 09	JXFZH03	100	9.6
2009 – 09	JXFZH02	20	13.4
2009 – 09	JXFZH02	40	14.4
2009 – 09	JXFZH02	60	13.8
2009 – 09	JXFZH02	80	13.5
2009 – 09	JXFZH02	100	13.1
2009 – 09	JXFZH01	20	13.8
2009 – 09	JXFZH01	40	14.3
2009 – 09	JXFZH01	60	14.4
2009 – 09	JXFZH01	80	13.9
2009 – 09	JXFZH01	100	13.1
2009 – 11	JXFZH03	20	13.5
2009 – 11	JXFZH03	40	12.3
2009 – 11	JXFZH03	60	12.8
2009 – 11	JXFZH03	80	11.2
2009 – 11	JXFZH03	100	9.8
2009 – 11	JXFZH02	20	9.9
2009 – 11	JXFZH02	40	11.2
2009 – 11	JXFZH02	60	11.3
2009 – 11	JXFZH02	80	11.3
2009 – 11	JXFZH02	100	10.8

（续）

时间（年-月）	样地代码	采样层次/cm	质量含水量/%
2009 - 11	JXFZH01	20	10.1
2009 - 11	JXFZH01	40	11.6
2009 - 11	JXFZH01	60	11.5
2009 - 11	JXFZH01	80	11.3
2009 - 11	JXFZH01	100	11.2

注：采集人，毕华兴；采集时间，2009 年。

表 3 - 116　2010 年综合观测场林地土壤质量含水量观测数据

时间（年-月）	样地代码	采样层次/cm	质量含水量/%
2010 - 03	JXFZH03	20	19.3
2010 - 03	JXFZH03	40	19.1
2010 - 03	JXFZH03	60	16.6
2010 - 03	JXFZH03	80	12.6
2010 - 03	JXFZH03	100	11.5
2010 - 03	JXFZH02	20	10.1
2010 - 03	JXFZH02	40	13.0
2010 - 03	JXFZH02	60	13.1
2010 - 03	JXFZH02	80	12.8
2010 - 03	JXFZH02	100	11.3
2010 - 03	JXFZH01	20	14.8
2010 - 03	JXFZH01	40	15.2
2010 - 03	JXFZH01	60	15.4
2010 - 03	JXFZH01	80	14.9
2010 - 03	JXFZH01	100	14.4
2010 - 05	JXFZH03	20	13.3
2010 - 05	JXFZH03	40	10.1
2010 - 05	JXFZH03	60	9.3
2010 - 05	JXFZH03	80	9.4
2010 - 05	JXFZH03	100	9.6
2010 - 05	JXFZH02	20	14.5
2010 - 05	JXFZH02	40	13.4
2010 - 05	JXFZH02	60	13.4
2010 - 05	JXFZH02	80	14.7
2010 - 05	JXFZH02	100	13.4
2010 - 05	JXFZH01	20	15.9
2010 - 05	JXFZH01	40	13.8
2010 - 05	JXFZH01	60	14.2
2010 - 05	JXFZH01	80	14.4
2010 - 05	JXFZH01	100	13.8

（续）

时间（年-月）	样地代码	采样层次/cm	质量含水量/%
2010 - 07	JXFZH03	20	15.6
2010 - 07	JXFZH03	40	7.0
2010 - 07	JXFZH03	60	6.9
2010 - 07	JXFZH03	80	8.9
2010 - 07	JXFZH03	100	8.7
2010 - 07	JXFZH02	20	9.1
2010 - 07	JXFZH02	40	8.0
2010 - 07	JXFZH02	60	8.7
2010 - 07	JXFZH02	80	8.2
2010 - 07	JXFZH02	100	17.6
2010 - 07	JXFZH01	20	10.9
2010 - 07	JXFZH01	40	10.1
2010 - 07	JXFZH01	60	9.1
2010 - 07	JXFZH01	80	9.1
2010 - 07	JXFZH01	100	9.0
2010 - 09	JXFZH03	20	15.5
2010 - 09	JXFZH03	40	14.6
2010 - 09	JXFZH03	60	13.4
2010 - 09	JXFZH03	80	11.2
2010 - 09	JXFZH03	100	10.4
2010 - 09	JXFZH02	20	17.8
2010 - 09	JXFZH02	40	15.8
2010 - 09	JXFZH02	60	13.4
2010 - 09	JXFZH02	80	12.2
2010 - 09	JXFZH02	100	13.2
2010 - 09	JXFZH01	20	15.0
2010 - 09	JXFZH01	40	20.8
2010 - 09	JXFZH01	60	14.7
2010 - 09	JXFZH01	80	13.3
2010 - 09	JXFZH01	100	13.2
2010 - 11	JXFZH03	20	10.1
2010 - 11	JXFZH03	40	9.3
2010 - 11	JXFZH03	60	9.3
2010 - 11	JXFZH03	80	9.6
2010 - 11	JXFZH03	100	9.6
2010 - 11	JXFZH02	20	14.2
2010 - 11	JXFZH02	40	12.6
2010 - 11	JXFZH02	60	12.9
2010 - 11	JXFZH02	80	10.6

（续）

时间（年-月）	样地代码	采样层次/cm	质量含水量/%
2010 - 11	JXFZH02	100	10.4
2010 - 11	JXFZH01	20	10.2
2010 - 11	JXFZH01	40	11.3
2010 - 11	JXFZH01	60	10.9
2010 - 11	JXFZH01	80	10.7
2010 - 11	JXFZH01	100	10.4

注：采集人，毕华兴；采集时间，2010 年。

表 3 - 117　2011 年综合观测场林地土壤质量含水量观测数据

时间（年-月）	样地代码	采样层次/cm	质量含水量/%
2011 - 03	JXFZH03	20	10.0
2011 - 03	JXFZH03	40	9.8
2011 - 03	JXFZH03	60	9.7
2011 - 03	JXFZH03	80	9.3
2011 - 03	JXFZH03	100	10.1
2011 - 03	JXFZH02	20	7.4
2011 - 03	JXFZH02	40	8.2
2011 - 03	JXFZH02	60	8.1
2011 - 03	JXFZH02	80	8.2
2011 - 03	JXFZH02	100	7.8
2011 - 03	JXFZH01	20	11.0
2011 - 03	JXFZH01	40	10.6
2011 - 03	JXFZH01	60	9.8
2011 - 03	JXFZH01	80	9.5
2011 - 03	JXFZH01	100	9.3
2011 - 05	JXFZH03	20	10.6
2011 - 05	JXFZH03	40	9.8
2011 - 05	JXFZH03	60	9.8
2011 - 05	JXFZH03	80	8.9
2011 - 05	JXFZH03	100	9.5
2011 - 05	JXFZH02	20	9.4
2011 - 05	JXFZH02	40	8.1
2011 - 05	JXFZH02	60	7.4
2011 - 05	JXFZH02	80	7.2
2011 - 05	JXFZH02	100	6.9
2011 - 05	JXFZH01	20	10.2
2011 - 05	JXFZH01	40	11.9
2011 - 05	JXFZH01	60	9.3
2011 - 05	JXFZH01	80	8.9

（续）

时间（年-月）	样地代码	采样层次/cm	质量含水量/%
2011 - 05	JXFZH01	100	6.7
2011 - 07	JXFZH03	20	12.4
2011 - 07	JXFZH03	40	8.2
2011 - 07	JXFZH03	60	7.6
2011 - 07	JXFZH03	80	7.7
2011 - 07	JXFZH03	100	8.5
2011 - 07	JXFZH02	20	12.7
2011 - 07	JXFZH02	40	7.9
2011 - 07	JXFZH02	60	6.9
2011 - 07	JXFZH02	80	6.8
2011 - 07	JXFZH02	100	6.9
2011 - 07	JXFZH01	20	12.4
2011 - 07	JXFZH01	40	11.9
2011 - 07	JXFZH01	60	9.2
2011 - 07	JXFZH01	80	8.6
2011 - 07	JXFZH01	100	8.0
2011 - 09	JXFZH03	20	16.5
2011 - 09	JXFZH03	40	16.9
2011 - 09	JXFZH03	60	16.3
2011 - 09	JXFZH03	80	16.5
2011 - 09	JXFZH03	100	16.6
2011 - 09	JXFZH02	20	15.3
2011 - 09	JXFZH02	40	16.1
2011 - 09	JXFZH02	60	16.5
2011 - 09	JXFZH02	80	16.1
2011 - 09	JXFZH02	100	15.8
2011 - 09	JXFZH01	20	17.0
2011 - 09	JXFZH01	40	17.0
2011 - 09	JXFZH01	60	16.6
2011 - 09	JXFZH01	80	16.5
2011 - 09	JXFZH01	100	16.2
2011 - 11	JXFZH03	20	19.0
2011 - 11	JXFZH03	40	18.5
2011 - 11	JXFZH03	60	17.8
2011 - 11	JXFZH03	80	17.3
2011 - 11	JXFZH03	100	18.2
2011 - 11	JXFZH02	20	17.8
2011 - 11	JXFZH02	40	16.6
2011 - 11	JXFZH02	60	16.3

（续）

时间（年-月）	样地代码	采样层次/cm	质量含水量/%
2011 - 11	JXFZH02	80	16.3
2011 - 11	JXFZH02	100	16.5
2011 - 11	JXFZH01	20	18.7
2011 - 11	JXFZH01	40	17.7
2011 - 11	JXFZH01	60	17.9
2011 - 11	JXFZH01	80	18.7
2011 - 11	JXFZH01	100	18.7

注：采集人，毕华兴；采集时间，2011 年。

表 3 - 118　2012 年综合观测场林地土壤质量含水量观测数据

时间（年-月）	样地代码	采样层次/cm	质量含水量/%
2012 - 03	JXFZH03	20	19.4
2012 - 03	JXFZH03	40	17.8
2012 - 03	JXFZH03	60	17.1
2012 - 03	JXFZH03	80	18.6
2012 - 03	JXFZH03	100	18.8
2012 - 03	JXFZH02	20	19.1
2012 - 03	JXFZH02	40	25.7
2012 - 03	JXFZH02	60	25.1
2012 - 03	JXFZH02	80	21.1
2012 - 03	JXFZH02	100	21.8
2012 - 03	JXFZH01	20	19.4
2012 - 03	JXFZH01	40	17.8
2012 - 03	JXFZH01	60	17.1
2012 - 03	JXFZH01	80	18.6
2012 - 03	JXFZH01	100	18.8
2012 - 05	JXFZH03	20	8.8
2012 - 05	JXFZH03	40	11.3
2012 - 05	JXFZH03	60	8.6
2012 - 05	JXFZH03	80	13.4
2012 - 05	JXFZH03	100	11.6
2012 - 05	JXFZH02	20	7.4
2012 - 05	JXFZH02	40	9.1
2012 - 05	JXFZH02	60	11.3
2012 - 05	JXFZH02	80	9.6
2012 - 05	JXFZH02	100	10.0
2012 - 05	JXFZH01	20	7.1
2012 - 05	JXFZH01	40	9.0
2012 - 05	JXFZH01	60	9.6

（续）

时间（年-月）	样地代码	采样层次/cm	质量含水量/%
2012 - 05	JXFZH01	80	8.4
2012 - 05	JXFZH01	100	7.9
2012 - 07	JXFZH03	20	15.0
2012 - 07	JXFZH03	40	11.6
2012 - 07	JXFZH03	60	7.2
2012 - 07	JXFZH03	80	8.9
2012 - 07	JXFZH03	100	10.2
2012 - 07	JXFZH02	20	11.3
2012 - 07	JXFZH02	40	9.7
2012 - 07	JXFZH02	60	9.1
2012 - 07	JXFZH02	80	7.9
2012 - 07	JXFZH02	100	5.4
2012 - 07	JXFZH01	20	13.8
2012 - 07	JXFZH01	40	10.2
2012 - 07	JXFZH01	60	10.6
2012 - 07	JXFZH01	80	9.4
2012 - 07	JXFZH01	100	10.3
2012 - 09	JXFZH03	20	12.4
2012 - 09	JXFZH03	40	15.0
2012 - 09	JXFZH03	60	13.3
2012 - 09	JXFZH03	80	9.4
2012 - 09	JXFZH03	100	16.8
2012 - 09	JXFZH02	20	15.7
2012 - 09	JXFZH02	40	15.8
2012 - 09	JXFZH02	60	16.4
2012 - 09	JXFZH02	80	16.0
2012 - 09	JXFZH02	100	16.7
2012 - 09	JXFZH01	20	18.1
2012 - 09	JXFZH01	40	19.9
2012 - 09	JXFZH01	60	16.2
2012 - 09	JXFZH01	80	15.7
2012 - 09	JXFZH01	100	12.9
2012 - 11	JXFZH03	20	14.7
2012 - 11	JXFZH03	40	13.7
2012 - 11	JXFZH03	60	13.9
2012 - 11	JXFZH03	80	14.6
2012 - 11	JXFZH03	100	14.7
2012 - 11	JXFZH02	20	13.8
2012 - 11	JXFZH02	40	12.7

（续）

时间（年-月）	样地代码	采样层次/cm	质量含水量/%
2012 - 11	JXFZH02	60	12.5
2012 - 11	JXFZH02	80	12.4
2012 - 11	JXFZH02	100	12.6
2012 - 11	JXFZH01	20	15.0
2012 - 11	JXFZH01	40	14.5
2012 - 11	JXFZH01	60	13.9
2012 - 11	JXFZH01	80	13.4
2012 - 11	JXFZH01	100	14.2

注：采集人，毕华兴；采集时间，2012 年。

表 3 - 119　2013 年综合观测场林地土壤质量含水量观测数据

时间（年-月）	样地代码	采样层次/cm	质量含水量/%
2013 - 03	JXFZH03	20	10.5
2013 - 03	JXFZH03	40	12.4
2013 - 03	JXFZH03	60	11.4
2013 - 03	JXFZH03	80	11.0
2013 - 03	JXFZH03	100	10.8
2013 - 03	JXFZH02	20	7.0
2013 - 03	JXFZH02	40	9.4
2013 - 03	JXFZH02	60	9.3
2013 - 03	JXFZH02	80	9.4
2013 - 03	JXFZH02	100	8.8
2013 - 03	JXFZH01	20	9.3
2013 - 03	JXFZH01	40	11.4
2013 - 03	JXFZH01	60	11.3
2013 - 03	JXFZH01	80	10.8
2013 - 03	JXFZH01	100	11.8
2013 - 05	JXFZH03	20	10.2
2013 - 05	JXFZH03	40	11.2
2013 - 05	JXFZH03	60	11.2
2013 - 05	JXFZH03	80	10.1
2013 - 05	JXFZH03	100	10.8
2013 - 05	JXFZH02	20	7.7
2013 - 05	JXFZH02	40	9.1
2013 - 05	JXFZH02	60	8.2
2013 - 05	JXFZH02	80	7.9
2013 - 05	JXFZH02	100	7.7
2013 - 05	JXFZH01	20	9.7
2013 - 05	JXFZH01	40	14.1

（续）

时间（年-月）	样地代码	采样层次/cm	质量含水量/%
2013 - 05	JXFZH01	60	10.6
2013 - 05	JXFZH01	80	10.1
2013 - 05	JXFZH01	100	7.5
2013 - 07	JXFZH03	20	17.0
2013 - 07	JXFZH03	40	17.2
2013 - 07	JXFZH03	60	20.4
2013 - 07	JXFZH03	80	18.9
2013 - 07	JXFZH03	100	18.9
2013 - 07	JXFZH02	20	21.6
2013 - 07	JXFZH02	40	20.7
2013 - 07	JXFZH02	60	20.1
2013 - 07	JXFZH02	80	20.1
2013 - 07	JXFZH02	100	19.8
2013 - 07	JXFZH01	20	18.0
2013 - 07	JXFZH01	40	17.2
2013 - 07	JXFZH01	60	16.7
2013 - 07	JXFZH01	80	19.1
2013 - 07	JXFZH01	100	16.9
2013 - 09	JXFZH03	20	21.5
2013 - 09	JXFZH03	40	21.5
2013 - 09	JXFZH03	60	20.9
2013 - 09	JXFZH03	80	20.8
2013 - 09	JXFZH03	100	20.3
2013 - 09	JXFZH02	20	18.9
2013 - 09	JXFZH02	40	20.1
2013 - 09	JXFZH02	60	20.7
2013 - 09	JXFZH02	80	20.2
2013 - 09	JXFZH02	100	19.7
2013 - 09	JXFZH01	20	20.8
2013 - 09	JXFZH01	40	21.4
2013 - 09	JXFZH01	60	20.4
2013 - 09	JXFZH01	80	20.7
2013 - 09	JXFZH01	100	20.8
2013 - 11	JXFZH03	20	17.3
2013 - 11	JXFZH03	40	16.1
2013 - 11	JXFZH03	60	16.4
2013 - 11	JXFZH03	80	17.2
2013 - 11	JXFZH03	100	17.3
2013 - 11	JXFZH02	20	16.2

（续）

时间（年-月）	样地代码	采样层次/cm	质量含水量/%
2013－11	JXFZH02	40	14.9
2013－11	JXFZH02	60	14.7
2013－11	JXFZH02	80	14.6
2013－11	JXFZH02	100	14.9
2013－11	JXFZH01	20	17.6
2013－11	JXFZH01	40	17.0
2013－11	JXFZH01	60	16.3
2013－11	JXFZH01	80	15.7
2013－11	JXFZH01	100	16.7

注：采集人，毕华兴；采集时间，2013 年。

表 3-120　2014 年综合观测场林地土壤质量含水量观测数据

时间（年-月）	样地代码	采样层次/cm	质量含水量/%
2014－03	JXFZH03	20	4.4
2014－03	JXFZH03	40	5.6
2014－03	JXFZH03	60	8.9
2014－03	JXFZH03	80	7.9
2014－03	JXFZH03	100	5.2
2014－03	JXFZH02	20	6.8
2014－03	JXFZH02	40	9.3
2014－03	JXFZH02	60	7.9
2014－03	JXFZH02	80	8.8
2014－03	JXFZH02	100	11.8
2014－03	JXFZH01	20	5.9
2014－03	JXFZH01	40	6.0
2014－03	JXFZH01	60	7.3
2014－03	JXFZH01	80	6.3
2014－03	JXFZH01	100	6.2
2014－05	JXFZH03	20	3.8
2014－05	JXFZH03	40	8.5
2014－05	JXFZH03	60	6.2
2014－05	JXFZH03	80	8.0
2014－05	JXFZH03	100	5.0
2014－05	JXFZH02	20	3.0
2014－05	JXFZH02	40	4.4
2014－05	JXFZH02	60	6.5
2014－05	JXFZH02	80	6.9
2014－05	JXFZH02	100	5.2
2014－05	JXFZH01	20	4.1

（续）

时间（年-月）	样地代码	采样层次/cm	质量含水量/%
2014 - 05	JXFZH01	40	3.4
2014 - 05	JXFZH01	60	6.2
2014 - 05	JXFZH01	80	4.6
2014 - 05	JXFZH01	100	5.4
2014 - 07	JXFZH03	20	6.1
2014 - 07	JXFZH03	40	3.6
2014 - 07	JXFZH03	60	6.6
2014 - 07	JXFZH03	80	6.8
2014 - 07	JXFZH03	100	5.4
2014 - 07	JXFZH02	20	3.9
2014 - 07	JXFZH02	40	7.7
2014 - 07	JXFZH02	60	3.9
2014 - 07	JXFZH02	80	3.9
2014 - 07	JXFZH02	100	3.9
2014 - 07	JXFZH01	20	5.2
2014 - 07	JXFZH01	40	4.4
2014 - 07	JXFZH01	60	4.2
2014 - 07	JXFZH01	80	4.5
2014 - 07	JXFZH01	100	5.7
2014 - 09	JXFZH03	20	23.3
2014 - 09	JXFZH03	40	15.7
2014 - 09	JXFZH03	60	13.8
2014 - 09	JXFZH03	80	15.8
2014 - 09	JXFZH03	100	16.4
2014 - 09	JXFZH02	20	11.3
2014 - 09	JXFZH02	40	13.0
2014 - 09	JXFZH02	60	15.0
2014 - 09	JXFZH02	80	14.3
2014 - 09	JXFZH02	100	14.0
2014 - 09	JXFZH01	20	15.4
2014 - 09	JXFZH01	40	15.0
2014 - 09	JXFZH01	60	15.9
2014 - 09	JXFZH01	80	12.4
2014 - 09	JXFZH01	100	15.4
2014 - 11	JXFZH03	20	12.9
2014 - 11	JXFZH03	40	8.6
2014 - 11	JXFZH03	60	12.3
2014 - 11	JXFZH03	80	9.4
2014 - 11	JXFZH03	100	12.5

（续）

时间（年-月）	样地代码	采样层次/cm	质量含水量/%
2014 - 11	JXFZH02	20	12.7
2014 - 11	JXFZH02	40	11.0
2014 - 11	JXFZH02	60	11.8
2014 - 11	JXFZH02	80	9.7
2014 - 11	JXFZH02	100	10.7
2014 - 11	JXFZH01	20	12.5
2014 - 11	JXFZH01	40	12.9
2014 - 11	JXFZH01	60	10.7
2014 - 11	JXFZH01	80	13.8
2014 - 11	JXFZH01	100	9.9

注：采集人，毕华兴；采集时间，2014 年。

表 3 - 121　2015 年综合观测场林地土壤质量含水量观测数据

时间（年-月）	样地代码	采样层次/cm	质量含水量/%
2015 - 03	JXFZH03	20	14.6
2015 - 03	JXFZH03	40	19.1
2015 - 03	JXFZH03	60	17.2
2015 - 03	JXFZH03	80	15.0
2015 - 03	JXFZH03	100	17.1
2015 - 03	JXFZH02	20	12.8
2015 - 03	JXFZH02	40	11.8
2015 - 03	JXFZH02	60	17.0
2015 - 03	JXFZH02	80	18.0
2015 - 03	JXFZH02	100	16.9
2015 - 03	JXFZH01	20	14.6
2015 - 03	JXFZH01	40	12.8
2015 - 03	JXFZH01	60	15.5
2015 - 03	JXFZH01	80	12.0
2015 - 03	JXFZH01	100	17.3
2015 - 05	JXFZH03	20	12.0
2015 - 05	JXFZH03	40	14.1
2015 - 05	JXFZH03	60	11.0
2015 - 05	JXFZH03	80	13.4
2015 - 05	JXFZH03	100	10.7
2015 - 05	JXFZH02	20	10.9
2015 - 05	JXFZH02	40	11.1
2015 - 05	JXFZH02	60	9.8
2015 - 05	JXFZH02	80	13.1
2015 - 05	JXFZH02	100	12.9

（续）

时间（年-月）	样地代码	采样层次/cm	质量含水量/%
2015 - 05	JXFZH01	20	13.7
2015 - 05	JXFZH01	40	14.3
2015 - 05	JXFZH01	60	12.9
2015 - 05	JXFZH01	80	10.0
2015 - 05	JXFZH01	100	9.9
2015 - 07	JXFZH03	20	16.3
2015 - 07	JXFZH03	40	19.9
2015 - 07	JXFZH03	60	16.2
2015 - 07	JXFZH03	80	18.5
2015 - 07	JXFZH03	100	9.8
2015 - 07	JXFZH02	20	18.1
2015 - 07	JXFZH02	40	6.7
2015 - 07	JXFZH02	60	5.6
2015 - 07	JXFZH02	80	9.7
2015 - 07	JXFZH02	100	11.3
2015 - 07	JXFZH01	20	12.5
2015 - 07	JXFZH01	40	11.5
2015 - 07	JXFZH01	60	11.6
2015 - 07	JXFZH01	80	11.3
2015 - 07	JXFZH01	100	12.7
2015 - 09	JXFZH03	20	9.4
2015 - 09	JXFZH03	40	9.8
2015 - 09	JXFZH03	60	9.5
2015 - 09	JXFZH03	80	8.7
2015 - 09	JXFZH03	100	10.0
2015 - 09	JXFZH02	20	9.7
2015 - 09	JXFZH02	40	9.8
2015 - 09	JXFZH02	60	10.8
2015 - 09	JXFZH02	80	7.4
2015 - 09	JXFZH02	100	8.8
2015 - 09	JXFZH01	20	11.5
2015 - 09	JXFZH01	40	8.7
2015 - 09	JXFZH01	60	6.7
2015 - 09	JXFZH01	80	8.4
2015 - 09	JXFZH01	100	6.7
2015 - 11	JXFZH03	20	4.7
2015 - 11	JXFZH03	40	5.2
2015 - 11	JXFZH03	60	7.0
2015 - 11	JXFZH03	80	7.4

（续）

时间（年-月）	样地代码	采样层次/cm	质量含水量/%
2015－11	JXFZH03	100	6.4
2015－11	JXFZH02	20	6.8
2015－11	JXFZH02	40	6.0
2015－11	JXFZH02	60	7.1
2015－11	JXFZH02	80	5.9
2015－11	JXFZH02	100	4.3
2015－11	JXFZH01	20	3.9
2015－11	JXFZH01	40	7.6
2015－11	JXFZH01	60	9.9
2015－11	JXFZH01	80	9.8
2015－11	JXFZH01	100	6.6

注：采集人，毕华兴；采集时间，2015年。

（3）土壤水分常数（表 3-122 至表 3-125）

表 3-122　2012 年综合观测场林地土壤水分常数观测数据

时间（年-月）	样地代码	取样层次/cm	土壤类型	土壤质地	土壤田间持水量/%	土壤完全持水量/%	土壤孔隙度/%	容重/g/cm²
2012－07	JXFZH03	20	褐土	粉壤土	26.69	50.71	57.52	1.13
2012－07	JXFZH03	40	褐土	粉壤土	27.33	43.26	55.49	1.18
2012－07	JXFZH03	60	褐土	粉壤土	24.68	37.86	46.00	1.43
2012－07	JXFZH03	80	褐土	粉壤土	25.27	35.59	44.36	1.47
2012－07	JXFZH03	100	褐土	粉壤土	23.71	34.89	44.69	1.47
2012－07	JXFZH02	20	褐土	粉壤土	21.51	41.07	50.46	1.31
2012－07	JXFZH02	40	褐土	粉壤土	20.79	38.71	50.11	1.32
2012－07	JXFZH02	60	褐土	粉壤土	17.98	36.55	50.47	1.31
2012－07	JXFZH02	80	褐土	粉壤土	18.06	32.45	46.00	1.43
2012－07	JXFZH02	100	褐土	粉壤土	18.90	32.97	46.94	1.41
2012－07	JXFZH01	20	褐土	粉壤土	20.41	39.54	51.45	1.29
2012－07	JXFZH01	40	褐土	粉壤土	20.15	37.48	51.45	1.29
2012－07	JXFZH01	60	褐土	粉壤土	19.70	35.19	49.23	1.35
2012－07	JXFZH01	80	褐土	粉壤土	20.18	35.14	48.75	1.36
2012－07	JXFZH01	100	褐土	粉壤土	20.42	34.17	46.83	1.41

注：采集人，毕华兴；采集时间，2012年。

表 3-123　2013 年综合观测场土壤水分常数观测数据

时间（年-月）	样地代码	取样层次/cm	土壤类型	土壤质地	土壤田间持水量/%	土壤完全持水量/%	土壤孔隙度/%	容重/g/cm²
2013－07	JXFZH03	20	褐土	粉壤土	31.97	47.27	52.00	1.27
2013－07	JXFZH03	40	褐土	粉壤土	25.07	41.75	51.76	1.28

（续）

时间（年-月）	样地代码	取样层次/cm	土壤类型	土壤质地	土壤田间持水量/%	土壤完全持水量/%	土壤孔隙度/%	容重/(g/cm²)
2013 - 07	JXFZH03	60	褐土	粉壤土	24.60	34.84	44.92	1.46
2013 - 07	JXFZH03	80	褐土	粉壤土	24.55	36.10	46.83	1.41
2013 - 07	JXFZH03	100	褐土	粉壤土	24.08	35.13	43.80	1.49
2013 - 07	JXFZH02	20	褐土	粉壤土	17.93	33.94	47.52	1.39
2013 - 07	JXFZH02	40	褐土	粉壤土	20.55	39.19	50.75	1.31
2013 - 07	JXFZH02	60	褐土	粉壤土	19.51	36.19	49.04	1.35
2013 - 07	JXFZH02	80	褐土	粉壤土	17.86	35.16	49.84	1.33
2013 - 07	JXFZH02	100	褐土	粉壤土	18.36	29.76	43.18	1.51
2013 - 07	JXFZH01	20	褐土	粉壤土	21.28	40.24	51.66	1.28
2013 - 07	JXFZH01	40	褐土	粉壤土	20.27	41.86	53.79	1.22
2013 - 07	JXFZH01	60	褐土	粉壤土	21.27	43.59	55.50	1.18
2013 - 07	JXFZH01	80	褐土	粉壤土	18.95	35.84	50.80	1.30
2013 - 07	JXFZH01	100	褐土	粉壤土	19.15	33.01	46.12	1.43

注：采集人，毕华兴；采集时间，2013 年。

表 3 - 124　2014 年综合观测场土壤水分常数观测数据

时间（年-月）	样地代码	取样层次/cm	土壤类型	土壤质地	土壤田间持水量/%	土壤完全持水量/%	土壤孔隙度/%	容重/(g/cm²)
2014 - 07	JXFZH03	20	褐土	粉壤土	29.33	58.02	60.42	1.05
2014 - 07	JXFZH03	40	褐土	粉壤土	26.20	42.04	53.63	1.23
2014 - 07	JXFZH03	60	褐土	粉壤土	24.64	36.25	45.46	1.45
2014 - 07	JXFZH03	80	褐土	粉壤土	24.91	35.90	45.60	1.44
2014 - 07	JXFZH03	100	褐土	粉壤土	23.90	34.63	44.25	1.48
2014 - 07	JXFZH02	20	褐土	粉壤土	19.72	39.45	48.99	1.35
2014 - 07	JXFZH02	40	褐土	粉壤土	20.67	37.65	50.43	1.31
2014 - 07	JXFZH02	60	褐土	粉壤土	18.75	35.87	49.76	1.33
2014 - 07	JXFZH02	80	褐土	粉壤土	17.96	32.81	47.92	1.38
2014 - 07	JXFZH02	100	褐土	粉壤土	18.63	30.15	45.06	1.46
2014 - 07	JXFZH01	20	褐土	粉壤土	20.84	39.89	51.55	1.28
2014 - 07	JXFZH01	40	褐土	粉壤土	20.21	39.67	52.62	1.26
2014 - 07	JXFZH01	60	褐土	粉壤土	20.49	39.39	52.36	1.26
2014 - 07	JXFZH01	80	褐土	粉壤土	19.56	35.49	49.78	1.33
2014 - 07	JXFZH01	100	褐土	粉壤土	19.78	33.59	46.47	1.42

注：采集人，毕华兴；采集时间，2014 年。

表 3 - 125　2015 年综合观测场土壤水分常数观测数据

时间（年-月）	样地代码	取样层次/cm	土壤类型	土壤质地	土壤田间持水量/%	土壤完全持水量/%	土壤孔隙度/%	容重/(g/cm²)
2015 - 07	JXFZH03	20	褐土	粉壤土	27.09	49.71	56.51	1.15

（续）

时间（年-月）	样地代码	取样层次/cm	土壤类型	土壤质地	土壤田间持水量/%	土壤完全持水量/%	土壤孔隙度/%	容重/g/cm²
2015 - 07	JXFZH03	40	褐土	粉壤土	28.03	42.96	54.74	1.20
2015 - 07	JXFZH03	60	褐土	粉壤土	23.58	38.56	49.77	1.33
2015 - 07	JXFZH03	80	褐土	粉壤土	23.71	36.29	48.14	1.37
2015 - 07	JXFZH03	100	褐土	粉壤土	22.50	35.09	46.20	1.43
2015 - 07	JXFZH02	20	褐土	粉壤土	20.41	42.07	50.46	1.31
2015 - 07	JXFZH02	40	褐土	粉壤土	20.29	35.71	53.89	1.22
2015 - 07	JXFZH02	60	褐土	粉壤土	18.58	36.95	51.60	1.28
2015 - 07	JXFZH02	80	褐土	粉壤土	18.26	31.45	53.55	1.23
2015 - 07	JXFZH02	100	褐土	粉壤土	19.10	33.57	50.71	1.31
2015 - 07	JXFZH01	20	褐土	粉壤土	21.31	40.64	52.58	1.26
2015 - 07	JXFZH01	40	褐土	粉壤土	21.05	36.38	54.09	1.22
2015 - 07	JXFZH01	60	褐土	粉壤土	20.47	34.59	53.00	1.25
2015 - 07	JXFZH01	80	褐土	粉壤土	20.58	38.24	50.26	1.32
2015 - 07	JXFZH01	100	褐土	粉壤土	20.82	35.37	46.38	1.42

注：采集人，毕华兴；采集时间，2015 年。

（4）吉县站蔡家川林外气象综合观测场（JXFQX01）**土壤含水量观测数据**（表 3 - 126）

表 3 - 126　2007—2012 蔡家川土壤体积含水量数据

单位：%

时间（年-月）	10 cm 土壤含水量	20 cm 土壤含水量	40 cm 土壤含水量	60 cm 土壤含水量	80 cm 土壤含水量	100 cm 土壤含水量
2007 - 05	16	17	20	26	18	18
2007 - 12	15	16	21	28	21	22
2008 - 01	12	13	14	18	17	20
2008 - 02	13	18	15	19	14	17
2008 - 03	25	21	29	39	22	20
2008 - 04	21	15	25	34	23	22
2008 - 05	15	12	18	24	19	20
2008 - 06	15	12	17	23	17	17
2008 - 07	16	11	18	24	15	14
2008 - 08	17	12	18	25	16	14
2008 - 09	21	16	23	33	22	17
2008 - 10	19	14	22	30	21	20
2008 - 11	15	12	18	24	18	17
2008 - 12	10	10	12	16	14	16
2009 - 01	10	9	11	14	9	11
2009 - 02	16	12	18	25	15	14
2009 - 03	16	12	19	25	17	16
2009 - 04	13	9	15	21	16	16

（续）

时间（年-月）	10 cm 土壤含水量	20 cm 土壤含水量	40 cm 土壤含水量	60 cm 土壤含水量	80 cm 土壤含水量	100 cm 土壤含水量
2009 – 05	20	15	21	29	18	14
2009 – 06	16	12	19	25	17	14
2009 – 07	19	16	21	27	18	14
2009 – 08	22	19	24	31	21	18
2009 – 09	20	18	23	30	22	22
2009 – 10	12	13	13	16	17	18
2009 – 11	14	15	14	15	17	17
2009 – 12	9	11	9	13	16	17
2010 – 01	8	10	8	9	12	12
2010 – 02	10	11	10	11	11	13
2010 – 03	12	11	12	15	17	16
2010 – 04	12	12	12	15	19	17
2010 – 05	11	10	10	13	17	17
2010 – 06	9	10	9	10	13	13
2010 – 07	13	14	12	11	12	11
2010 – 08	15	16	14	16	17	14
2010 – 09	13	14	12	14	17	17
2010 – 10	11	13	11	11	13	13
2010 – 11	11	10	12	12	12	12
2010 – 12	9	9	9	11	11	11
2011 – 01	7	8	8	9	8	9
2011 – 02	9	8	10	10	9	10
2011 – 03	11	10	12	12	12	11
2011 – 04	11	9	12	13	13	12
2011 – 05	14	11	14	17	17	13
2011 – 06	9	8	9	11	13	12
2012 – 08	9	20	19	24	20	19
2012 – 09	7	18	18	23	23	24

注：采集人，王若水；采集时间，2007—2012 年。

3.5 气象数据集

3.5.1 空气温度

（1）概述

气温是反映地区热量资源的最主要的指标，也是用来衡量地球表面大气温度分布状况和变化态势的重要指标。长期连续的气温观测数据可为研究生态环境变化、生态系统与气温的关系等关键科学问题提供重要的基础数据。吉县站蔡家川林外气象综合观测场（JXFQX01）气温观测数据集为 2007—2015 年观测的小时尺度数据，包括平均气温、最高气温、最低气温；吉县站红旗林场林外气象综合观测场（JXFQX02）气温观测数据集是 2014—2015 年观测的小时尺度数据，包括平均气温、最高气温、最低气温；吉县站红旗林场林内气象塔气温观测数据集是 2011—2015 年观测的距离地面 3 m、6 m、10 m 的平均气温数据。

（2）数据采集和处理方法

气象综合观测场自建成以来，一直连续收集气象站的气温数据。吉县站蔡家川林外气象综合观测场通过 CR 3000 数据采集器收集气温传感器的数据，观测频率为 1 次/h；吉县站红旗林场林外气象综合观测场通过 M 520 数据采集器收集气温传感器的数据，观测频率为 1 次/h；吉县站红旗林场林内气象塔主要采用 HC2S3 进行量测，其观测频率为每 30 min 1 次，一天取样 48 次，观测离地面 3 m、6 m、10 m 的平均气温。获取数据后对下载数据进行格式转换，并针对异常数据进行修正、剔除，对各种原始数据进行分类、整理、统一格式。

（3）数据质量控制和评估

针对原始观测数据，数据质量控制过程包括对原始数据的检查整理、单个数据点的检查、数据转换和入库，对原始数据的检查包括文件格式化错误、存储损坏等明显的数据问题以及文件格式、字段标准化命名、字段量纲、数据完整性等。单个数据点的检查中，主要针对异常数据进行修正、剔除。数据整理和入库过程的质量控制方面，主要分为两个步骤：①进行了各种原始数据的集成、整理、转换、格式统一；②通过一系列质量控制方法，去除随机误差及系统误差。使用的质量控制方法，包括极值检查、内部一致性检查，以保障数据的质量。数据质量评估通过将所获取的数据与各项辅助信息数据以及历史数据信息进行比较，评价数据的正确性、一致性、完整性、可比性和连续性，经过站长和数据管理员审核认定，批准上报。

（4）数据使用方法和建议

2007—2015 年吉县站气温数据集中，个别年份的个别月份因仪器故障等原因存在数据项缺失情况。气温是反映地区热量资源的最主要的指标，也是用来衡量地球表面大气温度分布状况和变化态势的重要指标。长期观测的气温数据，表征了吉县生态站气候变化趋势，为研究生态环境变化、生态系统与气温的关系等关键科学问题提供重要的基础数据。

（5）气温观测数据

①吉县站蔡家川林外气象综合观测场气温数据集（表 3 - 127）。

表 3 - 127　2007—2015 蔡家川气温观测数据（JXFQX01）

时间（年-月）	平均气温/℃	最高气温/℃	最低气温/℃	时间（年-月）	平均气温/℃	最高气温/℃	最低气温/℃
2007 - 10	9.20	22.01	−3.29	2008 - 10	8.38	26.07	−5.46
2007 - 11	3.01	20.94	−9.96	2008 - 11	−0.46	16.71	−19.02
2007 - 12	−2.95	10.69	−15.00	2008 - 12	−6.08	14.41	−23.89
2008 - 01	−8.35	12.13	−22.79	2009 - 01	−5.46	13.37	−24.42
2008 - 02	−6.63	12.60	−22.70	2009 - 02	1.29	16.53	−13.21
2008 - 03	6.03	22.46	−9.56	2009 - 03	6.74	28.31	−8.97
2008 - 04	11.59	28.22	−3.77	2009 - 04	15.19	28.72	−2.42
2008 - 05	16.24	32.25	−0.55	2009 - 05	16.45	33.83	3.72
2008 - 06	17.90	33.47	4.29	2009 - 06	21.89	35.52	8.52
2008 - 07	22.50	33.90	13.33	2009 - 07	22.29	35.14	12.30
2008 - 08	20.61	34.48	9.96	2009 - 08	19.93	34.04	8.48
2008 - 09	16.12	31.27	4.73	2009 - 09	14.82	27.49	0.42

（续）

时间（年-月）	平均气温/℃	最高气温/℃	最低气温/℃	时间（年-月）	平均气温/℃	最高气温/℃	最低气温/℃
2009 - 10	10.25	24.21	−3.29	2012 - 06	20.01	35.84	4.56
2009 - 11	−0.53	25.70	−15.30	2012 - 07	22.39	34.29	13.28
2009 - 12	−5.68	8.42	−19.72	2012 - 08	20.51	32.24	7.19
2010 - 01	−5.06	15.57	−21.49	2012 - 09	14.36	26.41	−0.40
2010 - 02	−1.38	21.49	−16.91	2012 - 10	9.26	26.54	−7.68
2010 - 03	4.48	24.72	−14.49	2012 - 11	0.24	19.56	−13.34
2010 - 04	8.76	25.21	−10.15	2012 - 12	−5.79	10.92	−23.65
2010 - 05	16.77	33.60	−0.22	2013 - 01	−6.14	14.81	−23.14
2010 - 06	20.76	36.21	8.04	2013 - 02	−0.68	18.13	−18.91
2010 - 07	23.17	36.99	12.10	2013 - 03	7.39	27.82	−10.20
2010 - 08	21.12	36.17	9.80	2013 - 04	10.84	30.39	−8.71
2010 - 09	17.52	31.13	2.21	2013 - 05	17.42	35.04	0.08
2010 - 10	9.80	26.62	−3.99	2013 - 06	21.84	35.65	6.43
2010 - 11	2.22	19.98	−11.72	2013 - 07	22.44	33.43	14.50
2010 - 12	−5.66	18.11	−22.02	2013 - 08	22.23	33.00	8.27
2011 - 01	−11.81	2.52	−24.53	2013 - 09	16.41	30.65	0.60
2011 - 02	−1.78	18.68	−22.01	2013 - 10	10.64	28.14	−3.79
2011 - 03	1.39	21.60	−12.62	2013 - 11	3.16	18.21	−9.61
2011 - 04	11.92	29.24	−5.87	2014 - 03	7.25	25.97	−9.70
2011 - 05	15.89	31.46	0.38	2014 - 04	12.15	26.89	−2.24
2011 - 06	21.92	36.14	5.98	2014 - 05	15.46	31.86	−3.68
2011 - 07	21.91	34.46	8.21	2014 - 06	19.70	31.95	5.13
2011 - 08	20.13	32.98	11.67	2014 - 07	21.91	35.70	11.92
2011 - 09	14.91	31.07	4.88	2014 - 08	18.99	34.25	8.44
2011 - 10	10.01	24.18	−1.67	2014 - 09	16.37	28.81	6.91
2011 - 11	5.36	16.39	−7.84	2015 - 01	−4.52	13.36	−20.82
2011 - 12	−4.45	10.56	−16.16	2015 - 02	−1.91	16.50	−16.52
2012 - 01	−7.29	5.43	−23.28	2015 - 03	5.28	22.39	−11.61
2012 - 02	−4.65	10.81	−17.94	2015 - 04	11.66	29.24	−3.92
2012 - 03	3.50	20.11	−9.61	2015 - 05	14.40	31.28	9.12
2012 - 04	12.18	29.92	−6.17	2015 - 07	23.60	36.57	10.73
2012 - 05	16.88	30.82	0.39	2015 - 08	18.75	32.26	10.48

注：采集人，王若水；采集时间，2007—2015 年。

②吉县站红旗林场林外气象综合观测场气温数据集（表 3 - 128）。

表 3 - 128　2014—2015 红旗林场林外空气温度数据（JXFQX02）

时间（年-月）	平均气温/℃	最高气温/℃	最低气温/℃
2014 - 06	20.05	31.30	9.10
2014 - 07	23.24	33.20	15.20

（续）

时间（年-月）	平均气温/℃	最高气温/℃	最低气温/℃
2014 - 08	21.88	31.20	13.40
2014 - 09	16.17	24.90	9.70
2014 - 10	9.12	19.60	−0.70
2014 - 11	4.34	17.80	−6.60
2014 - 12	−4.40	7.40	−14.00
2015 - 01	−1.60	10.70	−12.90
2015 - 02	−0.20	14.00	−12.50
2015 - 03	6.00	22.20	−7.40
2015 - 04	10.70	25.70	−1.90
2015 - 05	16.20	28.20	2.70
2015 - 06	19.00	31.50	10.70
2015 - 07	21.70	32.00	12.90
2015 - 08	20.70	30.40	12.40
2015 - 09	16.00	26.50	8.30
2015 - 10	10.80	21.80	−0.70
2015 - 11	3.60	14.80	−11.50
2015 - 12	−1.80	9.20	−12.70

注：采集人，王若水；采集时间，2014—2015 年。

③吉县站红旗林场林内气象塔气温数据集（表 3 - 129）。

表 3 - 129　2011—2015 红旗林场林内气温观测数据

时间（年-月）	平均气温/℃		
	3 m	6 m	10 m
2011 - 07	21.6	21.8	21.5
2011 - 08	18.9	19.2	18.9
2011 - 09	13.8	14.0	13.8
2011 - 10	10.0	10.1	9.9
2011 - 11	4.6	4.7	4.5
2011 - 12	−4.1	−4.0	−4.2
2012 - 01	−5.6	−5.6	−5.7
2012 - 02	−4.2	−4.2	−4.3
2012 - 03	3.2	3.3	3.1
2012 - 04	12.9	12.9	12.7
2012 - 05	17.0	17.1	16.9
2012 - 06	20.1	20.3	20.1
2012 - 07	21.6	21.9	21.7
2012 - 08	19.3	19.5	19.3
2012 - 09	14.1	14.4	14.2
2012 - 10	11.1	11.6	11.1

（续）

时间（年-月）	平均气温/℃		
	3 m	6 m	10 m
2013 - 01	−2.0	−2.6	−1.9
2013 - 02	1.4	0.6	1.4
2013 - 03	9.6	8.6	9.4
2013 - 04	12.4	11.1	12.1
2013 - 05	18.1	17.0	17.9
2013 - 06	21.1	20.4	21.2
2013 - 07	22.2	21.7	22.3
2013 - 08	21.9	21.2	21.9
2013 - 09	16.8	16.4	16.8
2013 - 10	12.9	12.0	12.7
2013 - 11	3.8	3.1	3.6
2013 - 12	0.7	0.3	0.7
2014 - 01	−0.6	−0.2	−0.6
2014 - 02	−3.0	−2.4	−3.1
2014 - 03	6.9	7.7	6.8
2014 - 04	11.4	12.2	11.3
2014 - 05	15.9	16.9	16.0
2014 - 06	19.4	19.9	19.8
2014 - 07	21.2	20.2	21.4
2014 - 08	19.1	18.5	19.0
2014 - 09	15.5	15.1	15.3
2015 - 01	−1.8	−1.9	−1.8
2015 - 02	−0.6	−3.9	−0.7
2015 - 03	5.9	5.8	5.8
2015 - 04	11.0	8.4	10.8
2015 - 05	15.9	8.4	16.0
2015 - 06	18.6	18.2	18.9
2015 - 07	22.9	23.0	23.0
2015 - 08	20.4	20.6	20.7
2015 - 09	6.2	6.9	15.8
2015 - 10	11.0	10.3	10.3
2015 - 11	3.2	3.3	3.3
2015 - 12	−2.2	−2.6	−2.5

注：采集人，张建军；采集时间，2011—2015 年。

3.5.2　降水量

（1）概述

降水量是直观反映地区降水多少的重要指标，可以直观地反应出该地区各个时期的降水变化。长时间连续的降水量观测数据可为研究生态环境变化、生态系统与降水量的关系等关键科学问题提供重要的基础数据。吉县站蔡家川林外气象综合观测场（JXFQX01）降水量观测数据集为 2007—2015 年观测的小时尺度的降水量数据；吉县站红旗林场林外气象综合观测场（JXFQX02）降水量观测数据集是 2014—2015 年观测的小时尺度降水量数据。

（2）数据采集和处理方法

气象站自建成以来，一直连续收集气象站的降水量数据。吉县站蔡家川林外气象综合观测场通过 CR 3000 数据采集器收集雨量桶的降水量数据，观测频率为 1 次/h。吉县站红旗林场林外气象综合观测场通过 M 520 数据采集器收集雨量桶的降水量数据，观测频率为 1 次/h。获取数据后对下载数据进行格式转换，并针对异常数据进行修正、剔除，对各种原始数据进行分类、整理、统一格式。

（3）数据质量控制和评估

针对原始观测数据，数据质量控制过程包括对原始数据的检查整理、单个数据点的检查、数据转换和入库，对原始数据的检查包括文件格式化错误、存储损坏等明显的数据问题以及文件格式、字段标准化命名、字段量纲、数据完整性等。单个数据点的检查中，主要针对异常数据进行修正、剔除。数据整理和入库过程的质量控制方面，主要分为两个步骤：①进行了各种原始数据的集成、整理、转换、格式统一；②通过一系列质量控制方法去除随机误差及系统误差。使用的质量控制方法，包括极值检查、内部一致性检查，以保障数据的质量。数据质量评估通过将所获取的数据与各项辅助信息数据以及历史数据信息进行比较，评价数据的正确性、一致性、完整性、可比性和连续性，经过站长和数据管理员审核认定，批准上报。

（4）数据使用方法和建议

2007—2015 年吉县站降水量数据集中，个别年份的个别月份因仪器故障等原因存在数据项缺失情况。降水量是直观反映地区降水多少的重要指标，可以直观地反映出该地区各个时期的降水变化。长期观测的降水量数据，表征了吉县生态站降水量变化趋势，为研究生态环境变化，生态系统与降水量的关系等关键科学问题提供重要的基础数据。

（5）降水观测数据

①吉县站蔡家川林外气象综合观测场降水量数据集（表 3 - 130）。

表 3 - 130　2007—2015 蔡家川降水量观测数据（JXFQX01）

时间（年-月）	降水量/mm	时间（年-月）	降水量/mm	时间（年-月）	降水量/mm	时间（年-月）	降水量/mm
2007 - 12	6.40	2009 - 01	0.00	2010 - 02	8.20	2011 - 03	8.60
2008 - 01	4.70	2009 - 02	17.20	2010 - 03	9.70	2011 - 04	17.00
2008 - 02	8.00	2009 - 03	11.10	2010 - 04	34.30	2011 - 05	63.60
2008 - 03	16.00	2009 - 04	6.80	2010 - 05	25.90	2011 - 06	15.10
2008 - 04	36.20	2009 - 05	97.70	2010 - 06	16.10	2011 - 07	134.50
2008 - 05	28.70	2009 - 06	57.40	2010 - 07	94.20	2011 - 08	128.90
2008 - 06	49.60	2009 - 07	101.00	2010 - 08	122.50	2011 - 09	139.70
2008 - 07	41.50	2009 - 08	134.70	2010 - 09	36.40	2011 - 10	43.30
2008 - 08	106.70	2009 - 09	23.00	2010 - 10	20.00	2011 - 11	55.30
2008 - 09	91.90	2009 - 10	20.30	2010 - 11	0.00	2011 - 12	7.10
2008 - 10	8.60	2009 - 11	30.10	2010 - 12	0.00	2012 - 01	5.60
2008 - 11	4.20	2009 - 12	3.10	2011 - 01	0.70	2012 - 02	0.50
2008 - 12	0.00	2010 - 01	0.00	2011 - 02	9.30	2012 - 03	23.60

（续）

时间（年-月）	降水量/mm	时间（年-月）	降水量/mm	时间（年-月）	降水量/mm	时间（年-月）	降水量/mm
2012 - 04	23.00	2013 - 02	3.00	2014 - 03	10.80	2015 - 01	5.30
2012 - 05	25.90	2013 - 03	2.10	2014 - 04	70.60	2015 - 02	2.30
2012 - 06	17.80	2013 - 04	20.40	2014 - 05	81.10	2015 - 03	7.00
2012 - 07	7.70	2013 - 05	49.70	2014 - 06	69.10	2015 - 04	25.60
2012 - 08	1.00	2013 - 06	25.00	2014 - 07	98.40	2015 - 05	26.10
2012 - 09	0.40	2013 - 07	231.00	2014 - 08	139.50	2015 - 07	32.10
2012 - 10	4.60	2013 - 08	29.80	2014 - 09	143.20	2015 - 08	17.10
2012 - 11	13.90	2013 - 09	34.60	2014 - 10	11.40	2015 - 09	4.80
2012 - 12	3.60	2013 - 10	16.10	2014 - 11	6.40	2015 - 11	1.90
2013 - 01	2.90	2013 - 11	11.80	2014 - 12	0.10	2015 - 12	5.50

注：采集人，王若水；采集时间，2007—2012 年。

②吉县站红旗林场林外气象综合观测场降水量数据集（表 3 - 131）。

表 3 - 131   2014—2015 红旗林场林外降水量观测数据（JXFQX02）

时间（年-月）	降水量/mm	时间（年-月）	降水量/mm
2014 - 07	121.0	2015 - 04	3.40
2014 - 08	42.0	2015 - 05	9.00
2014 - 09	7.0	2015 - 06	6.60
2014 - 10	31.8	2015 - 07	9.40
2014 - 11	0.2	2015 - 08	16.80
2014 - 12	0.00	2015 - 09	31.50
2015 - 01	2.00	2015 - 10	51.60
2015 - 02	4.00	2015 - 11	3.20
2015 - 03	5.60	2015 - 12	30.00

注：采集人，王若水；采集时间，2014—2015 年。

3.5.3   太阳辐射

（1）概述

太阳辐射是地球表层能量的主要来源，对植物生长发育、气候的变化具有重要影响，也是用来衡量地球表面辐射分布状况和变化态势的重要指标。长时间连续的辐射观测数据可为研究全球气候变化、生态系统与太阳辐射、净辐射的关系等关键科学问题提供重要的基础数据。吉县站蔡家川林外气象综合观测场（JXFQX01）辐射观测数据集为 2007—2015 年观测的小时尺度数据，包括平均太阳辐射、最大太阳辐射、最小太阳辐射、平均净辐射、最大净辐射、最小净辐射；吉县站红旗林场林外气象综合观测场（JXFQX02）辐射观测数据集是 2014—2015 年观测的小时尺度数据，包括总辐射、反辐射、紫外辐射、光合有效辐射；吉县站红旗林场林内气象塔辐射观测数据集是 2011—2015 年观测的辐射数据，观测对象为长波辐射、短波辐射、总辐射值及平均反射率。

（2）数据采集和处理方法

气象综合观测场建成以来，一直连续收集气象站的辐射数据。吉县站蔡家川林外气象综合观测场通过 CR 3000 数据采集器收集辐射传感器上的太阳辐射和净辐射数据，观测频率为 1 次/h。吉县站红旗林场林外气象综合观测场通过 M 520 数据采集器收集辐射传感器上的太阳辐射和净辐射数据，观测频率为 1 次/h。吉县站红旗林场林内气象塔通过 NR Lite2 传感器测得辐射，其观测频率为每 30 min 1 次，获取数据后对下载数据进行格式转换，并针对异常数据进行修正、剔除，对各种原始数据进行分类、整理、统一格式。

（3）数据质量控制和评估

针对原始观测数据，数据质量控制过程包括对原始数据的检查整理、单个数据点的检查、数据转换和入库，对原始数据的检查包括文件格式化错误、存储损坏等明显的数据问题以及文件格式、字段标准化命名、字段量纲、数据完整性等。单个数据点的检查中，主要针对异常数据进行修正、剔除。数据整理和入库过程的质量控制方面，主要分为两个步骤：①进行了各种原始数据的集成、整理、转换、格式统一；②通过一系列质量控制方法，去除随机误差及系统误差。使用的质量控制方法，包括极值检查、内部一致性检查，以保障数据的质量。数据质量评估通过将所获取的数据与各项辅助信息数据及历史数据信息进行比较，评价数据的正确性、一致性、完整性、可比性和连续性，经过站长和数据管理员审核认定，批准上报。

（4）数据使用方法和建议

2007—2015 年吉县站太阳辐射数据集中，个别年份的个别月份因仪器故障等原因存在数据项缺失情况。太阳辐射是地球表层能量的主要来源，对植物生长发育、气候的变化具有重要影响，也是用来衡量地球表面辐射分布状况和变化态势的重要指标。长期观测的辐射数据，表征了吉县生态站太阳辐射变化趋势，为研究生态环境变化、生态系统与太阳辐射的关系等关键科学问题提供重要的基础数据。

（5）辐射观测数据

①吉县站蔡家川林外气象综合观测场太阳辐射数据（表 3-132）。

表 3-132　2007—2015 蔡家川太阳辐射数据（JXFQX01）

时间（年-月）	平均太阳辐射/[μmol/(s·m²)]	最大太阳辐射/[μmol/(s·m²)]	平均净辐射/[μmol/(s·m²)]	时间（年-月）	平均太阳辐射/[μmol/(s·m²)]	最大太阳辐射/[μmol/(s·m²)]	平均净辐射/[μmol/(s·m²)]
2007-11	107.68	726.20	24.99	2009-02	113.44	817.00	-0.53
2007-12	74.41	509.70	8.50	2009-03	183.51	888.00	15.04
2008-01	39.87	544.40	-7.74	2009-04	223.70	1 026.00	40.27
2008-02	127.54	790.10	8.13	2009-05	198.02	1 234.00	35.22
2008-03	155.85	862.00	35.79	2009-06	251.57	1 191.00	49.24
2008-04	169.65	1 047.00	34.66	2009-07	187.39	1 282.00	57.36
2008-05	216.19	959.00	39.19	2009-08	163.28	1 176.00	52.34
2008-06	203.50	1 148.00	36.21	2009-09	146.76	1 035.00	54.27
2008-07	215.95	1 183.00	42.06	2009-10	126.63	755.70	42.68
2008-08	187.36	1 260.00	31.59	2009-11	80.30	615.80	24.64
2008-09	132.43	1 039.00	25.16	2009-12	88.74	686.00	22.34
2008-10	132.27	861.00	7.88	2010-01	104.45	602.60	31.99
2008-11	107.08	633.30	-15.94	2010-02	99.69	660.20	36.35
2008-12	98.65	582.50	-26.40	2010-03	125.94	829.00	56.34
2009-01	111.82	625.40	-24.84	2010-04	174.39	922.00	79.42

（续）

时间（年-月）	平均太阳辐射/ $[\mu mol/ (s \cdot m^2)]$	最大太阳辐射/ $[\mu mol/ (s \cdot m^2)]$	平均净辐射/ $[\mu mol/ (s \cdot m^2)]$	时间（年-月）	平均太阳辐射/ $[\mu mol/ (s \cdot m^2)]$	最大太阳辐射/ $[\mu mol/ (s \cdot m^2)]$	平均净辐射/ $[\mu mol/ (s \cdot m^2)]$
2010 - 05	199.01	1 077.00	97.70	2012 - 06	0.19	1.13	−198.79
2010 - 06	233.57	1 048.00	121.61	2012 - 07	0.48	1.20	−140.63
2010 - 07	97.64	1 269.00	92.87	2012 - 08	0.65	2.00	−93.48
2010 - 08	1.46	7.60	1 245.73	2012 - 09	0.80	1.67	−72.36
2010 - 09	0.74	2.47	1 283.65	2012 - 10	0.17	0.53	−85.13
2010 - 10	0.33	3.40	1 651.44	2012 - 11	0.34	1.13	−26.44
2011 - 04	0.18	0.87	172.63	2012 - 12	0.10	0.60	267.61
2011 - 05	0.38	1.33	160.50	2013 - 01	0.04	0.20	211.02
2011 - 06	0.12	0.60	38.58	2013 - 02	0.15	1.00	163.27
2011 - 07	0.34	1.20	64.00	2013 - 03	0.24	0.74	40.85
2011 - 08	0.77	6.13	174.42	2013 - 04	0.17	0.53	−112.62
2011 - 09	0.70	3.07	142.24	2013 - 05	0.39	2.86	−185.09
2011 - 10	0.72	1.40	117.87	2013 - 06	0.22	2.33	−187.54
2011 - 11	0.69	1.80	85.93	2013 - 07	0.82	3.73	−3.44
2011 - 12	0.25	0.93	−32.75	2013 - 08	0.24	2.07	40.49
2012 - 01	0.04	0.13	−196.71	2013 - 09	0.15	0.60	−10.05
2012 - 02	0.08	0.33	−155.05	2013 - 10	0.40	0.93	86.03
2012 - 03	0.32	1.33	85.57	2013 - 11	0.41	0.60	31.59
2012 - 04	0.40	0.87	9.85	2015 - 07	368.10	1 121.00	222.67
2012 - 05	0.11	0.40	−229.38	2015 - 08	284.93	1 211.00	154.37

注：采集人，王若水；采集时间，2007—2015 年。

②吉县站红旗林场林外气象综合观测场太阳辐射数据（表 3 - 133）。

表 3 - 133　2014—2015 红旗林场林外太阳辐射观测数据（JXFQX01）

时间（年-月）	总辐射/ $[\mu mol/ (s \cdot m^2)]$	反射辐射/ $[\mu mol/ (s \cdot m^2)]$	紫外辐射/ $[\mu mol/ (s \cdot m^2)]$	光和有效辐射/ $[\mu mol/ (s \cdot m^2)]$
2014 - 06	545.25	91.34	24.18	−619.16
2014 - 07	445.63	62.27	20.43	−538.10
2014 - 08	431.66	63.40	20.07	−564.96
2014 - 09	367.52	56.74	17.44	−173.19
2014 - 10	321.34	55.17	13.98	−112.84
2014 - 11	265.02	54.05	10.96	−358.29
2014 - 12	146.12	33.10	5.83	−189.66
2015 - 01	246.31	72.91	9.43	−325.05
2015 - 02	286.70	87.44	10.89	−339.67
2015 - 03	419.09	82.70	17.02	−526.40
2015 - 04	519.34	66.21	21.50	−628.40
2015 - 05	577.91	90.96	25.14	−708.60

（续）

时间（年-月）	总辐射/ [μmol/（s·m²）]	反射辐射/ [μmol/（s·m²）]	紫外辐射/ [μmol/（s·m²）]	光和有效辐射/ [μmol/（s·m²）]
2015 - 06	580.62	85.95	23.49	−683.96
2015 - 07	560.84	79.28	24.94	−731.87
2015 - 08	511.49	69.28	22.57	−696.78
2015 - 09	368.70	54.98	16.05	−480.33
2015 - 10	344.27	58.10	14.76	−432.81
2015 - 11	169.11	45.08	7.05	−90.72
2015 - 12	229.73	59.37	8.88	−310.99

注：采集人，王若水；采集时间，2014—2015 年。

③吉县站红旗林场林内气象综合观测场太阳辐射数据（表 3 - 134）。

表 3 - 134　2011—2015 红旗林场林内太阳辐射观测数据（JXFQX02）

时间（年-月）	长波辐射/ [μmol/（s·m²）]	短波辐射/ [μmol/（s·m²）]	总辐射/ [μmol/（s·m²）]
2011 - 07	185.44	−52.19	133.25
2011 - 08	163.23	−46.42	116.81
2011 - 09	113.16	−38.00	75.16
2011 - 10	122.46	−57.41	65.05
2011 - 11	70.04	−41.16	28.88
2011 - 12	81.85	−59.09	22.76
2012 - 01	84.72	−57.24	29.51
2012 - 02	104.32	−54.58	49.74
2012 - 03	136.85	−57.69	79.16
2012 - 04	205.36	−79.10	126.25
2012 - 05	216.62	−69.29	147.33
2012 - 06	217.27	−66.31	150.96
2012 - 07	176.76	−46.59	130.17
2012 - 08	169.51	−45.71	123.79
2012 - 09	159.17	−58.72	100.45
2012 - 10	136.57	−72.49	64.09
2012 - 11	105.16	−66.32	38.84
2013 - 01	303.03	101.63	−70.83
2013 - 02	319.47	113.36	−60.58
2013 - 03	359.89	164.36	−77.91
2013 - 04	374.56	208.19	−81.63
2013 - 05	404.88	202.60	−66.47
2013 - 06	423.43	216.38	−60.84
2013 - 07	425.60	155.53	−35.44
2013 - 08	428.12	213.39	−58.69
2013 - 09	399.30	142.04	−53.48

（续）

时间（年-月）	长波辐射/［μmol/（s·m²）］	短波辐射/［μmol/（s·m²）］	总辐射/［μmol/（s·m²）］
2013 - 10	376.25	143.72	−74.19
2013 - 11	330.36	107.23	−69.49
2013 - 12	310.44	102.47	−87.13
2014 - 01	110.57	−77.53	33.04
2014 - 02	72.56	−36.86	35.70
2014 - 03	160.65	−76.27	84.38
2014 - 04	169.60	−58.60	111.00
2014 - 05	225.79	−76.14	149.64
2014 - 06	199.00	−62.17	136.83
2014 - 07	305.89	69.24	49.56
2014 - 08	414.16	166.89	−51.10
2014 - 09	393.19	114.56	−38.54
2014 - 10	376.19	131.68	−63.76
2015 - 01	100.06	−69.73	30.34
2015 - 02	130.97	−67.28	63.68
2015 - 03	155.10	−67.36	87.73
2015 - 04	218.63	−77.90	140.73
2015 - 05	207.23	−69.83	137.41
2015 - 06	172.04	−54.37	117.67
2015 - 07	140.35	−40.37	99.76
2015 - 08	113.49	−33.63	79.67
2015 - 09	113.72	−42.16	71.43

注：采集人，张建军；采集时间，2011—2015 年。

3.5.4　地温

（1）概述

地温是气象观测项目之一，更是十分有用的气候资源。地温的高低对近地面气温和植物的种子发芽及其生长发育、微生物的繁殖及其活动有很大影响。地温资料对农、林、牧业的区域规划有重大意义。吉县站蔡家川林外气象综合观测场（JXFQX01）地温观测数据集是 2007—2015 年观测的小时尺度数据，包括 10 cm、20 cm、40 cm、60 cm、80 cm、100 cm、120 cm 的平均地温、最大地温、最小地温。吉县站红旗林场林内气象塔地温观测数据集是 2011—2015 年观测 10 cm、30 cm、50 cm、70 cm土层深度的平均温度。

（2）数据采集和处理方法

气象综合观测场自建成以来，一直连续收集气象站的地温数据。吉县站蔡家川林外气象综合观测场通过 CR 3000 数据采集器收集 10 cm、20 cm、40 cm、60 cm、80 cm、100 cm、120 cm 的地温传感器上的地温数据，观测频率为 1 次/h。红旗林场林内气象塔采用的是 TCVA 土壤地温传感器测得，其观测频率为每 30 min 1 次，一天取样 48 次，观测对象为 10 cm、30 cm、50 cm、70 cm 土层深度的平均温度，获取数据后对下载数据进行格式转换，并针对异常数据进行修正、剔除，对各种原始数据进行分类、整理、统一格式。

（3）数据质量控制和评估

针对原始观测数据，数据质量控制过程包括对原始数据的检查整理、单个数据点的检查、数据转换和入库，对原始数据的检查包括文件格式化错误、存储损坏等明显的数据问题以及文件格式、字段标准化命名、字段量纲、数据完整性等。单个数据点的检查中，主要针对异常数据进行修正、剔除。数据转换和入库过程的质量控制方面，主要分为两个步骤：①进行了各种原始数据的集成、整理、转换、格式统一；②通过一系列质量控制方法去除随机误差及系统误差。使用的质量控制方法，包括极值检查、内部一致性检查，以保障数据的质量。数据质量评估通过将所获取的数据与各项辅助信息数据以及历史数据信息进行比较，评价数据的正确性、一致性、完整性、可比性和连续性，经过站长和数据管理员审核认定，批准上报。

（4）数据使用方法和建议

2007—2015 年吉县站地温数据集中，个别年份的个别月份因仪器故障等原因存在数据项缺失情况。地温是气象观测项目之一，更是十分有用的气候资源。长期观测的地温数据对农、林、牧业的区域规划有重大意义。

（5）地温观测数据

①吉县站蔡家川林外气象综合观测场地温数据（表 3－135）。

表 3－135　2007—2015 蔡家川地温观测数据（JXFQX01）

时间（年-月）	10 cm 地温/℃	20 cm 地温/℃	40 cm 地温/℃	60 cm 地温/℃	80 cm 地温/℃	100 cm 地温/℃	120 cm 地温/℃
2007－05	22.89	22.39	22.08	21.71	20.24	19.06	15.85
2007－06	23.79	23.50	23.30	23.05	21.76	20.59	17.53
2007－07	24.71	24.51	24.35	24.16	23.22	22.27	19.59
2007－08	24.76	24.56	24.41	24.23	23.45	22.68	20.55
2007－09	16.86	17.29	17.47	17.61	18.27	18.89	19.72
2007－10	10.34	10.81	11.05	11.27	12.36	13.65	18.85
2007－11	3.76	4.36	4.68	4.98	6.52	8.43	11.05
2007－12	−0.97	−0.46	−0.18	0.10	1.67	3.70	6.76
2008－01	−2.24	−1.89	−1.73	−1.57	−0.26	1.48	4.13
2008－02	−1.99	−1.82	−1.73	−1.66	−0.81	0.51	2.74
2009－11	2.67	3.53	3.44	10.77	6.35	8.53	11.26
2009－12	−3.37	−2.49	−2.43	2.90	0.69	2.92	6.16
2010－01	−3.79	−3.64	−12.55	−2.27	−1.88	0.00	3.07
2010－02	−0.62	−1.03	−9.15	0.79	−0.93	0.03	2.23
2010－03	5.62	4.96	3.92	7.90	3.38	3.25	3.48
2010－04	12.13	10.96	7.14	12.53	9.81	9.37	8.03
2010－05	22.15	19.53	13.67	18.94	16.80	15.40	12.48
2010－06	26.99	24.13	16.14	23.23	21.24	19.65	16.30
2015－06	24.87	23.86	21.20	20.52	20.12	0.17	0.18
2015－07	23.19	24.52	21.51	21.09	20.92	0.15	0.17
2015－08	20.14	21.30	19.58	19.47	19.52	0.16	0.16

注：采集人，王若水；采集时间，2007—2015 年。

②吉县站红旗林场林内气象塔地温观测数据（表 3－136）。

表 3 - 136   2011—2015 红旗林场林内地温观测数据 （JXFQX02）

时间（年-月）	地温/℃			
	10 cm	30 cm	50 cm	70 cm
2011 - 07	21.64	20.68	19.73	18.93
2011 - 08	20.29	19.73	19.30	18.88
2011 - 09	18.23	16.60	16.83	16.89
2011 - 10	19.28	13.19	13.74	14.07
2011 - 11	19.07	8.87	9.81	10.47
2011 - 12	15.89	2.70	4.28	5.48
2012 - 01	15.69	0.41	1.57	2.66
2012 - 02	15.59	−0.26	0.65	1.63
2012 - 03	18.02	0.78	1.02	1.67
2012 - 04	25.79	8.78	7.63	7.29
2012 - 05	29.95	13.33	12.29	11.97
2012 - 06	30.79	16.39	15.20	14.83
2012 - 07	29.46	19.12	17.95	17.53
2012 - 08	28.89	19.32	18.91	18.71
2012 - 09	25.86	15.99	16.28	16.48
2012 - 10	22.72	12.41	13.06	13.50
2012 - 11	17.03	6.77	8.22	9.19
2013 - 01	−1.75	12.86	−1.13	0.11
2013 - 02	1.37	15.18	0.18	0.79
2013 - 03	9.46	20.55	5.71	5.20
2013 - 04	12.25	21.61	9.20	8.66
2013 - 05	17.90	25.34	13.80	12.86
2013 - 06	20.95	26.61	16.88	15.90
2013 - 07	21.12	27.23	19.38	18.57
2013 - 08	21.73	27.41	20.52	19.97
2013 - 09	16.72	23.72	17.42	17.69
2013 - 10	12.86	20.32	14.05	14.67
2013 - 11	3.96	14.08	7.93	9.36
2013 - 12	0.44	9.65	3.18	4.80
2014 - 01	8.08	0.14	1.37	1.90
2014 - 02	8.99	1.34	2.00	2.12
2014 - 03	13.84	5.39	5.02	4.41
2014 - 04	18.53	10.61	10.09	9.11
2014 - 05	21.07	13.14	12.58	11.51
2014 - 06	24.59	16.28	15.56	14.25
2014 - 07	22.55	20.10	18.50	17.37
2014 - 08	19.03	20.34	18.47	18.35
2014 - 09	15.42	18.01	16.55	16.86

（续）

时间（年-月）	地温/℃			
	10 cm	30 cm	50 cm	70 cm
2015 - 01	1.79	0.99	2.43	2.23
2015 - 02	1.37	1.33	2.44	1.95
2015 - 03	4.75	4.71	4.99	3.88
2015 - 04	9.36	9.56	9.42	7.78
2015 - 05	12.52	13.61	13.42	11.50
2015 - 06	14.12	15.89	15.78	13.74
2015 - 07	15.37	17.28	17.09	14.93
2015 - 08	15.67	18.88	19.11	17.15
2015 - 09	12.73	17.35	17.94	16.29

注：采集人，王若水；采集时间，2011—2015 年。

3.5.5　气压

（1）概述

一个地方的气压值经常有变化，变化的根本原因是其上空大气柱中空气质量的增多或减少，大气柱质量的增多或者减少是大气柱厚度和密度改变的反映。大气运动的产生和变化直接决定于大气压力的空间分布和变化，气压反过来也是研究大气运动与大气环境的基础数据。吉县站蔡家川林外气象综合观测场（JXFQX01）气压观测数据集为 2007—2015 年观测的小时尺度数据，包含平均气压、最大气压和最小气压。吉县站红旗林场林外气象综合观测场（JXFQX02）气压观测数据集为 2014—2015 年观测的小时尺度数据，包含平均气压、最大气压和最小气压。

（2）数据采集和处理方法

气象综合观测场自建成以来，一直连续收集气象站的气压数据。吉县站蔡家川林外气象综合观测场通过 CR 3000 数据采集器收集气压传感器上的气压数据，观测频率为 1 次/h。吉县站红旗林场林外气象综合观测场通过 M 520 数据采集器收集气压传感器上的气压数据，观测频率为 1 次/h。获取数据后对下载数据进行格式转换，并针对异常数据进行修正、剔除，对各种原始数据进行分类、整理、统一格式。

（3）数据质量控制和评估

针对原始观测数据，数据质量控制过程包括对原始数据的检查整理、单个数据点的检查、数据转换和入库，对原始数据的检查包括文件格式化错误、存储损坏等明显的数据问题以及文件格式、字段标准化命名、字段量纲、数据完整性等。单个数据点的检查中，主要针对异常数据进行修正、剔除。数据整理和入库过程的质量控制方面，主要分为两个步骤：①进行了各种原始数据的集成、整理、转换、格式统一；②通过一系列质量控制方法，去除随机误差及系统误差。使用的质量控制方法，包括极值检查、内部一致性检查，以保障数据的质量。数据质量评估通过将所获取的数据与各项辅助信息数据以及历史数据信息进行比较，评价数据的正确性、一致性、完整性、可比性和连续性，经过站长和数据管理员审核认定，批准上报。

（4）数据使用方法和建议

2007—2015 年吉县站气压数据集中，个别年份的个别月份因仪器故障等原因存在数据项缺失情况。气压是研究大气运动与大气环境的基础数据。

（5）气压观测数据

①吉县站蔡家川林外气象综合观测场气压数据（表 3 - 137）。

表 3 - 137　2007—2015 蔡家川气压观测数据（JXFQX01）

时间（年-月）	平均气压/kPa	最大气压/kPa	最小气压/kPa	时间（年-月）	平均气压/kPa	最大气压/kPa	最小气压/kPa
2007 - 11	915.16	925.60	907.30	2010 - 12	911.45	926.80	898.65
2007 - 12	914.13	923.70	903.44	2011 - 01	918.11	928.05	906.80
2008 - 01	916.48	926.45	903.78	2011 - 02	909.56	921.83	898.35
2008 - 02	916.13	923.89	904.00	2011 - 03	913.57	925.40	898.68
2008 - 03	909.11	919.21	897.73	2011 - 04	906.95	917.13	892.19
2008 - 04	906.12	919.03	894.56	2011 - 05	904.68	913.07	892.64
2008 - 05	903.01	914.14	891.78	2011 - 06	900.12	906.09	894.20
2008 - 06	902.12	907.97	894.14	2011 - 07	900.23	906.65	892.01
2008 - 07	900.52	904.07	894.51	2011 - 08	903.47	909.79	896.19
2008 - 08	903.25	908.72	898.63	2011 - 09	908.96	918.52	901.16
2008 - 09	908.19	916.75	899.16	2011 - 10	912.66	920.24	906.41
2008 - 10	912.18	919.74	905.71	2011 - 11	913.45	921.45	906.56
2008 - 11	916.08	926.22	903.56	2011 - 12	918.10	927.55	908.78
2008 - 12	915.34	932.03	901.41	2012 - 01	914.75	924.42	903.28
2009 - 01	914.35	929.94	900.05	2012 - 02	912.25	923.53	901.07
2009 - 02	908.36	918.65	886.53	2012 - 03	909.96	919.19	898.02
2009 - 03	908.90	924.50	896.21	2012 - 04	904.44	918.39	890.51
2009 - 04	905.45	917.08	896.45	2012 - 05	904.74	909.97	897.89
2009 - 05	903.89	913.46	893.40	2012 - 06	900.02	908.87	892.76
2009 - 06	900.06	906.58	895.25	2012 - 07	899.59	905.70	894.34
2009 - 07	900.33	904.40	893.82	2012 - 08	904.25	912.85	897.58
2009 - 08	904.94	912.43	899.33	2012 - 09	909.79	919.52	901.72
2009 - 09	909.73	914.49	904.11	2012 - 10	911.92	919.38	905.39
2009 - 10	911.13	918.35	903.48	2012 - 11	911.64	919.62	902.61
2009 - 11	915.03	933.40	900.75	2012 - 12	913.40	927.65	902.84
2009 - 12	913.83	925.37	901.13	2013 - 01	913.74	929.33	904.03
2010 - 01	913.37	927.79	900.47	2013 - 02	911.76	921.07	901.09
2010 - 02	908.76	922.69	890.73	2013 - 03	907.25	922.84	894.87
2010 - 03	909.85	929.17	895.49	2013 - 04	905.96	916.89	893.22
2010 - 04	908.61	919.58	898.26	2013 - 05	903.69	912.51	893.28
2010 - 05	903.58	912.20	892.05	2013 - 06	900.46	909.13	893.12
2010 - 06	902.90	910.46	895.23	2013 - 07	899.01	903.42	892.74
2010 - 07	901.39	908.69	894.87	2013 - 08	902.28	909.29	894.22
2010 - 08	904.65	912.24	894.39	2013 - 09	908.57	918.95	901.07
2010 - 09	907.91	918.45	898.76	2013 - 10	913.31	921.02	903.64
2010 - 10	912.77	924.37	900.51	2013 - 11	915.02	922.39	906.30
2010 - 11	912.94	925.99	899.48	2014 - 03	909.31	921.94	898.71

（续）

时间（年-月）	平均气压/kPa	最大气压/kPa	最小气压/kPa	时间（年-月）	平均气压/kPa	最大气压/kPa	最小气压/kPa
2014 - 04	908.08	915.69	901.17	2015 - 01	914.83	926.02	900.21
2014 - 05	904.37	916.61	897.05	2015 - 02	912.20	924.99	899.81
2014 - 06	901.72	905.96	894.94	2015 - 03	910.64	922.21	895.08
2014 - 07	901.53	907.31	896.27	2015 - 04	907.70	920.52	893.19
2014 - 08	904.86	910.21	896.34	2015 - 05	904.04	912.92	905.83
2014 - 09	907.86	914.31	901.20	2015 - 07	904.09	904.08	896.82
2014 - 10	912.09	923.56	903.45	2015 - 08	908.42	908.55	899.63

注：采集人，王若水；采集时间，2007—2015 年。

②吉县站红旗林场林外气象综合观测场数据（表 3 - 138）。

表 3 - 138　2014—2015 红旗林场林外气压观测数据（JXFQX02）

时间（年-月）	气压/kPa	最大气压/kPa	最小气压/kPa
2014 - 06	864.76	870.40	859.20
2014 - 07	864.01	869.70	859.00
2014 - 08	864.51	874.00	859.60
2014 - 09	871.13	874.40	866.20
2014 - 10	875.50	885.60	866.80
2014 - 11	873.82	882.00	865.70
2014 - 12	876.40	884.00	866.80
2015 - 01	873.60	881.00	861.30
2015 - 02	871.10	882.20	861.50
2015 - 03	870.90	880.50	857.70
2015 - 04	868.60	873.10	854.00
2015 - 05	865.80	871.70	858.00
2015 - 06	863.70	871.70	857.60
2015 - 07	866.70	871.30	861.10
2015 - 08	866.90	871.30	861.10
2015 - 09	871.00	878.00	864.80
2015 - 10	873.90	883.30	866.30
2015 - 11	872.80	880.00	865.00
2015 - 12	875.10	882.40	868.00

注：采集人，王若水；采集时间，2014—2015 年。

3.5.6　空气相对湿度

（1）概述

在气象学和水文学中湿度是决定蒸发和蒸腾的重要数据，它对不同气候区的产生起决定性的作用。大气中的水蒸气在水循环过程中是必不可少的，通过水蒸气，水可以很快在地球表面运动。水在大气中形成降水、云和其他现象，它们是决定地球气象和气候的重要因素之一。空气相对湿度反映了降雨、有雾的可能性，是研究气象气候的基础数据。吉县站蔡家川林外气象综合观测场（JXFQX01）气压观测数据集是 2007—2015 年观测的小时尺度数据，包含平均相对湿度、最大相对湿度和最小相对湿度。吉县站红旗林场林外气象综合观测场（JXFQX02）相对湿度观测数据集是 2014—2015 年观测的小时尺度数据，包括平均相对湿度和最小相对湿度。吉县站红旗林场林内气象塔相对湿度观测数据集是 2011—2015 年观测的离地面 3 m、6 m、10 m 的平均相对湿度数据。

（2）数据采集和处理方法

林外气象综合观测场自 2006 年建成以来，一直连续收集气象站的空气相对湿度数据。吉县站蔡家川林外气象综合观测场通过 CR 3000 数据采集器收集空气湿度传感器上的湿度数据，观测频率为 1 次/h。吉县站红旗林场林外气象综合观测场通过 CR 3000 数据采集器收集空气湿度传感器上的湿度数据，观测频率为 1 次/h。吉县站红旗林场林内气象塔主要用 HC2S3 传感器测得，其观测频率为每30 min 1 次，一天取样 48 次；观测对象为离地面 3 m、6 m、10 m 的平均相对湿度，获取数据后对下载数据进行格式转换，并针对异常数据进行修正、剔除，对各种原始数据进行分类、整理、统一格式。

（3）数据质量控制和评估

针对原始观测数据，数据质量控制过程包括对原始数据的检查整理、单个数据点的检查、数据转换和入库，对原始数据的检查包括文件格式化错误、存储损坏等明显的数据问题以及文件格式、字段标准化命名、字段量纲、数据完整性等。单个数据点的检查中，主要针对异常数据进行修正、剔除。数据整理和入库过程的质量控制方面，主要分为两个步骤：①进行了各种原始数据的集成、整理、转换、格式统一；②通过一系列质量控制方法，去除随机误差及系统误差。使用的质量控制方法，包括极值检查、内部一致性检查，以保障数据的质量。数据质量评估通过将所获取的数据与各项辅助信息数据以及历史数据信息进行比较，评价数据的正确性、一致性、完整性、可比性和连续性，经过站长和数据管理员审核认定，批准上报。

（4）数据使用方法和建议

2007—2015 年吉县站空气相对湿度数据集中，个别年份的个别月份因仪器故障等原因存在数据项缺失情况。在气象学和水文学中，湿度是决定蒸发和蒸腾的重要数据，它对不同的气候区的产生起决定性的作用。长期观测的空气相对湿度数据，表征了吉县生态站空气相对湿度变化趋势。空气相对湿度反映了降水、有雾的可能性，是研究气象气候的基础数据。

（5）空气相对湿度观测数据

①吉县站蔡家川林外气象综合观测场空气相对湿度数据（表 3-139）。

表 3-139　2007—2015 蔡家川空气相对湿度观测数据（JXFQX01）

时间（年-月）	平均相对湿度/%	最大相对湿度/%	最小相对湿度/%	时间（年-月）	平均相对湿度/%	最大相对湿度/%	最小相对湿度/%
2007-11	63.55	96.50	12.26	2008-09	76.66	94.40	18.49
2007-12	68.06	96.50	16.30	2008-10	66.75	95.20	12.26
2008-01	70.16	93.50	9.68	2008-11	56.03	94.10	10.73
2008-02	64.14	93.60	13.52	2008-12	48.53	89.10	6.24
2008-03	54.52	95.40	10.04	2009-01	49.55	92.90	10.32
2008-04	57.28	95.10	7.11	2009-02	61.46	95.20	11.57
2008-05	55.23	95.50	9.03	2009-03	45.22	94.60	7.18
2008-06	61.12	95.00	13.43	2009-04	45.14	93.80	6.57
2008-07	68.64	94.60	17.66	2009-05	64.08	94.60	7.43
2008-08	71.09	94.40	14.93	2009-06	56.27	94.00	7.99

（续）

时间（年-月）	平均相对湿度/%	最大相对湿度/%	最小相对湿度/%	时间（年-月）	平均相对湿度/%	最大相对湿度/%	最小相对湿度/%
2009 - 07	75.74	94.50	14.50	2012 - 05	57.56	92.40	5.71
2009 - 08	76.88	93.90	15.08	2012 - 06	60.70	91.90	10.24
2009 - 09	73.28	94.50	13.37	2012 - 07	76.17	93.10	29.06
2009 - 10	67.01	95.10	13.85	2012 - 08	77.64	93.40	17.20
2009 - 11	69.68	93.70	8.74	2012 - 09	75.92	93.30	16.08
2009 - 12	66.02	93.20	17.43	2012 - 10	63.98	93.30	10.55
2010 - 01	53.22	91.20	10.61	2012 - 11	59.73	92.20	10.98
2010 - 02	65.06	93.00	12.03	2012 - 12	60.40	91.40	10.11
2010 - 03	47.73	93.20	7.29	2013 - 01	55.70	88.50	10.59
2010 - 04	49.22	93.50	7.32	2013 - 02	53.42	90.00	9.46
2010 - 05	52.72	93.80	8.04	2013 - 03	38.21	91.00	5.63
2010 - 06	59.40	93.80	13.10	2013 - 04	41.90	92.40	3.69
2010 - 07	73.08	93.80	13.75	2013 - 05	54.49	92.50	4.48
2010 - 08	76.13	94.10	15.40	2013 - 06	60.93	92.20	10.90
2010 - 09	76.79	93.70	24.45	2013 - 07	80.20	92.90	24.41
2010 - 10	70.77	94.50	11.57	2013 - 08	74.68	92.70	26.78
2010 - 11	49.53	91.70	9.44	2013 - 09	73.73	92.80	17.80
2010 - 12	41.73	89.10	8.59	2013 - 10	68.37	92.60	13.01
2011 - 01	48.38	89.70	12.33	2013 - 11	64.91	93.30	11.12
2011 - 02	58.65	92.50	11.64	2014 - 03	47.93	91.90	6.49
2011 - 03	41.28	93.50	4.71	2014 - 04	63.61	93.40	7.83
2011 - 04	39.03	93.60	6.97	2014 - 05	56.97	92.60	10.41
2011 - 05	53.31	93.20	5.60	2014 - 06	66.87	92.30	9.89
2011 - 06	53.70	92.10	10.72	2014 - 07	73.90	92.80	22.42
2011 - 07	69.89	93.10	12.70	2014 - 08	78.28	93.10	20.86
2011 - 08	78.19	93.50	29.17	2014 - 09	81.39	93.50	20.57
2011 - 09	79.97	92.90	16.74	2014 - 10	71.72	93.00	13.83
2011 - 10	73.49	93.20	14.19	2015 - 01	55.31	89.80	10.20
2011 - 11	77.36	92.60	20.81	2015 - 02	55.67	92.10	9.01
2011 - 12	68.16	92.70	23.36	2015 - 03	52.21	92.60	7.33
2012 - 01	62.53	91.10	17.04	2015 - 04	54.03	92.10	4.60
2012 - 02	54.91	87.70	13.45	2015 - 05	61.47	92.50	67.49
2012 - 03	57.33	92.30	5.23	2015 - 07	51.95	91.90	12.20
2012 - 04	48.19	90.50	6.08	2015 - 08	61.95	90.90	14.24

注：采集人，王若水；采集时间，2007—2015 年。

②吉县站红旗林场林外气象综合观测场空气相对湿度数据（表 3-140）。

表 3-140　2014—2015 红旗林场林外空气相对湿度观测数据（JXFQX02）

时间（年-月）	相对湿度/%	最小相对湿度/%	时间（年-月）	相对湿度/%	最小相对湿度/%
2014-07	65	19	2015-04	52	8
2014-08	67	24	2015-05	51	12
2014-09	66	30	2015-06	58	11
2014-10	70	19	2015-07	56	14
2014-11	42	10	2015-08	56	14
2014-12	31	13	2015-09	69	23
2015-01	42	10	2015-10	54	15
2015-02	44	11	2015-11	77	17
2015-03	47	9	2015-12	51	15

注：采集人，王若水；采集时间，2014—2015 年。

③吉县站红旗林场林内气象塔空气相对湿度数据（表 3-141）。

表 3-141　2011—2015 红旗林场林内空气相对湿度观测数据

时间（年-月）	相对湿度/%		
	3 m	6 m	10 m
2011-07	69.0	66.9	66.7
2011-08	80.3	78.1	77.7
2011-09	80.5	78.4	77.8
2011-10	67.3	65.8	65.3
2011-11	75.3	74.2	74.0
2011-12	62.6	61.5	61.0
2012-01	52.7	51.7	51.3
2012-02	46.9	46.0	45.6
2012-03	54.2	53.4	52.8
2012-04	40.6	39.5	39.2
2012-05	52.0	50.1	49.3
2012-06	54.5	52.3	51.1
2012-07	74.9	72.6	71.1
2012-08	76.6	74.2	72.9
2012-09	70.0	67.6	66.3
2012-10	49.1	47.0	46.6
2013-02	0.5	46.0	43.7
2013-04	10.9	35.4	74.7
2013-05	17.0	51.1	71.8
2013-06	20.5	59.7	56.4
2013-07	21.9	77.8	75.9
2013-08	21.4	71.9	69.6
2013-09	16.6	63.8	62.5

（续）

时间（年-月）	相对湿度/%		
	3 m	6 m	10 m
2013 - 10	12.0	51.2	49.7
2013 - 11	3.0	46.8	46.0
2013 - 12	0.4	30.8	29.8
2014 - 01	26.2	25.2	25.3
2014 - 02	69.6	67.9	70.8
2014 - 03	42.0	40.7	41.7
2014 - 04	60.3	60.0	60.6
2014 - 05	44.2	41.8	42.2
2014 - 06	6.0	59.9	57.7
2014 - 07	47.3	69.7	65.6
2014 - 08	18.8	71.8	74.7
2015 - 01	41.8	258.0	41.9
2015 - 05	51.5	47.5	50.4
2015 - 06	61.1	23.7	62.4
2015 - 07	53.9	63.7	53.3
2015 - 08	49.8	50.1	61.5

注：采集人，张建军；采集时间，2011—2015 年。

3.5.7　风速、风向

（1）概述

风速、风向在农业林业中有着重要的应用，准确及时的风速、风向监测可以为相关农业林业问题的解决提供一定的参考。风速、风向是研究气象气候的基础数据，吉县站蔡家川林外气象综合观测场（JXFQX01）风速、风向数据集是 2007—2015 年观测的分钟尺度数据，包含平均风速、最大风速、最小风速和风向。吉县站红旗林场林外气象综合观测场（JXFQX02）风速、风向数据集是 2014—2015 年观测的小时尺度的平均风速、最大风速和平均风向数据。吉县站红旗林场林内气象塔风速、风向数据集是 2011—2015 年观测的离地面 3 m、6 m、10 m 处平均风速以及 10 m 处风向数据。

（2）数据采集和处理方法

气象综合观测场建成以来，一直连续收集气象站的风速仪数据。蔡家川林外气象综合观测场通过 CR 3000 数据采集器收集风速仪传感器上的风速和风向数据，观测频率为每 2 min 一次。红旗林场林外气象综合观测场通过平均风速数据采集器收集风速仪传感器上的风速和风向数据，观测频率为每 2 min 一次。红旗林场林外气象塔通过 010C 风速传感器来测得风速、风向。获取数据后对下载数据进行格式转换，并针对异常数据进行修正、剔除，对各种原始数据进行分类、整理、统一格式。

（3）数据质量控制和评估

针对原始观测数据，数据质量控制过程包括对原始数据的检查整理、单个数据点的检查、数据转换和入库，对原始数据的检查包括文件格式化错误、存储损坏等明显的数据问题以及文件格式、字段标准化命名、字段量纲、数据完整性等。单个数据点的检查中，主要针对异常数据进行修正、剔除。数据整理和入库过程的质量控制方面，主要分为两个步骤：①进行了各种原始数据的集成、整理、转换、格式统一；②通过一系列质量控制方法，去除随机误差及系统误差。使用的质量控制方法，包括极值检查、内部一致性检查，以保障数据的质量。数据质量评估通过将所获取的数据与各项辅助信息数据以及历史数据信息进行比较，评价数据的正确性、一致性、完整性、可比性和连续性，经过站长和数据管理员审核认定，批准上报。

（4）数据使用方法和建议

2007—2015 年吉县站风速、风向数据集中，个别年份的个别月份因仪器故障等原因存在数据项缺失情况。风速、风向在农业林业中有着重要的应用，准确及时的风速风向监测可以为相关农业林业问题的解决提供一定的参考。风速、风向是研究气象气候的基础数据。

（5）风速、风向观测数据

①吉县站蔡家川林外气象综合观测场风速、风向数据（表 3-142）。

表 3-142　2007—2015 蔡家川风速、风向观测数据（JXFQX01）

时间（年-月）	平均风速/ (m/s)	最大风速/ (m/s)	平均风向/°	时间（年-月）	平均风速/ (m/s)	最大风速/ (m/s)	平均风向/°
2007 - 10	0.71	4.24	210.90	2010 - 03	1.25	6.30	198.28
2007 - 11	0.99	4.68	196.58	2010 - 04	1.35	6.74	165.32
2007 - 12	0.82	4.96	7.81	2010 - 05	1.23	5.91	200.88
2008 - 01	0.61	4.10	146.49	2010 - 06	1.10	7.32	170.07
2008 - 02	0.90	6.02	188.18	2010 - 07	0.73	4.82	201.87
2008 - 03	1.22	6.59	190.77	2010 - 08	0.65	4.80	169.29
2008 - 04	1.24	6.52	218.18	2010 - 09	0.67	4.27	160.45
2008 - 05	1.33	8.32	183.61	2010 - 10	0.94	5.39	191.42
2008 - 06	1.16	6.17	176.38	2010 - 11	0.96	4.86	184.90
2008 - 07	0.81	4.60	193.54	2010 - 12	0.73	5.83	169.47
2008 - 08	0.77	5.40	201.73	2011 - 01	0.71	4.41	159.33
2008 - 09	0.72	4.25	177.36	2011 - 02	1.07	5.51	201.03
2008 - 10	0.82	4.74	180.27	2011 - 03	1.19	7.66	175.27
2008 - 11	0.95	5.60	206.08	2011 - 04	1.37	7.07	219.93
2008 - 12	0.77	6.01	182.53	2011 - 05	1.24	6.92	173.67
2009 - 01	0.87	5.98	188.68	2011 - 06	1.10	9.80	198.60
2009 - 02	0.97	6.03	191.76	2011 - 07	0.77	4.93	169.23
2009 - 03	1.31	7.11	213.02	2011 - 08	0.57	4.58	174.13
2009 - 04	1.60	7.37	191.33	2011 - 09	0.42	9.80	150.20
2009 - 05	1.16	6.51	196.71	2011 - 10	0.61	5.53	177.72
2009 - 06	1.09	5.17	181.84	2011 - 11	0.47	4.38	189.86
2009 - 07	0.66	4.41	205.21	2011 - 12	0.57	4.54	176.22
2009 - 08	0.67	3.83	172.35	2012 - 01	0.70	4.80	196.79
2009 - 09	0.79	3.98	169.65	2012 - 02	0.70	5.70	6 537.06
2009 - 10	0.89	5.67	187.92	2012 - 03	0.97	7.36	203.08
2009 - 11	0.82	4.61	152.72	2012 - 04	1.38	7.20	199.94
2009 - 12	0.81	4.92	167.26	2012 - 05	0.87	5.61	210.97
2010 - 01	0.79	6.21	172.91	2012 - 06	0.49	5.61	195.45
2010 - 02	0.97	6.94	184.17	2014 - 03	0.68	7.09	124.78

（续）

时间（年-月）	平均风速/(m/s)	最大风速/(m/s)	平均风向/°	时间（年-月）	平均风速/(m/s)	最大风速/(m/s)	平均风向/°
2014 - 04	0.90	6.32	192.70	2015 - 01	0.62	5.14	199.29
2014 - 05	0.87	5.75	201.56	2015 - 02	0.77	4.88	159.17
2014 - 06	0.49	4.25	180.63	2015 - 03	0.86	6.68	155.21
2014 - 07	0.26	3.63	131.09	2015 - 04	0.98	6.41	164.25
2014 - 08	0.21	4.30	129.11	2015 - 05	0.78	4.37	209.34
2014 - 09	0.22	3.45	170.73	2015 - 07	0.53	3.72	143.99
2014 - 10	0.45	3.76	190.46	2015 - 08	0.45	5.09	135.18

注：采集人，王若水；采集时间，2007—2015 年。

②吉县站红旗林场林外气象综合观测场风速、风向数据（表 3 - 143）。

表 3 - 143 2014—2015 红旗林场林外风速、风向观测数据（JXFQX02）

时间（年-月）	最大风速/(m/s)	平均风向/°	平均风速/(m/s)
2014 - 06	7.6	180.82	1.49
2014 - 07	7.9	169.20	1.25
2014 - 08	8.7	169.82	1.26
2014 - 09	7.6	160.66	1.45
2014 - 10	12.1	173.76	1.18
2014 - 11	12.0	184.38	1.77
2014 - 12	12.70	203	1.80
2015 - 01	9.00	175	1.70
2015 - 02	13.50	184	1.90
2015 - 03	14.70	186	1.90
2015 - 04	16.40	193	2.00
2015 - 05	12.50	191	1.70
2015 - 06	13.40	186	1.70
2015 - 07	8.30	180	1.50
2015 - 08	9.80	174	1.30
2015 - 09	10.50	174	1.50
2015 - 10	13.90	181	1.60
2015 - 11	11.80	200	1.90
2015 - 12	12.00	175	1.40

注：采集人，王若水；采集时间，2011—2015 年。

③吉县站红旗林场林内气象塔风速、风向数据（表 3 - 144）。

表 3 - 144 2011—2015 红旗林场林内风速、风向观测数据

时间（年-月）	离地面高度/m			风向/°	风向方差
	3 m	6 m	10 m		
2011 - 07	0.7	0.9	1.5	175.1	38.2
2011 - 08	0.6	0.8	1.4	158.0	35.3

（续）

时间（年-月）	离地面高度/m			风向/°	风向方差
	3 m	6 m	10 m		
2011 - 09	0.5	0.8	1.2	188.3	36.5
2011 - 10	0.9	1.1	1.8	189.1	34.4
2011 - 11	0.9	1.1	1.6	178.5	34.0
2011 - 12	0.7	1.0	1.5	218.4	41.3
2012 - 01	0.9	1.0	1.5	225.0	41.1
2012 - 02	1.0	1.3	1.8	218.2	41.6
2012 - 03	1.1	1.3	1.9	194.2	35.4
2012 - 04	1.2	1.5	2.2	24—	36.7
2012 - 05	0.9	1.1	1.8	193.3	36.8
2012 - 06	0.7	0.8	1.4	188.9	41.4
2012 - 07	0.5	0.7	1.5	171.7	36.9
2012 - 08	0.5	0.7	1.4	171.3	42.6
2012 - 09	0.6	0.8	1.5	197.3	43.8
2012 - 10	0.9	1.0	1.7	191.1	38.0
2013 - 01	0.2	0.9	1.1	1.6	205.8
2013 - 02	0.3	1.0	1.2	1.9	208.2
2013 - 03	0.3	1.2	1.5	2.3	209.4
2013 - 04	0.4	1.2	1.5	2.3	211.8
2013 - 05	0.9	0.9	1.0	1.8	186.4
2013 - 06	1.3	0.7	0.8	1.9	75.4
2013 - 07	1.9	0.4	0.5	1.2	56.2
2013 - 08	1.8	0.5	0.6	1.4	60.4
2013 - 09	1.1	0.6	0.6	1.4	6
2013 - 10	0.7	0.8	0.8	1.5	6
2013 - 11	0.4	0.9	1.0	1.5	57.3
2013 - 12	0.2	0.8	1.0	1.5	57.5
2014 - 01	1.0	1.2	1.8	59.5	1.1
2014 - 02	0.9	1.1	1.7	61.0	0.8
2014 - 03	1.1	1.4	2.1	61.6	1.5
2014 - 04	1.0	1.3	2.0	62.5	1.3
2014 - 05	0.9	1.0	1.9	60.9	1.5
2014 - 06	0.5	0.4	1.1	42.1	0.3
2014 - 07	1.0	0.5	0.8	12.1	11.7
2014 - 08	1.5	0.4	0.4	1.0	23.4
2014 - 09	1.4	0.6	0.5	1.2	23.6
2015 - 01	1.0	1.1	1.7	23.3	0.6
2015 - 02	1.0	1.2	1.8	23.2	0.8
2015 - 03	1.0	1.2	1.8	23.1	0.6

(续)

时间（年-月）	离地面高度/m			风向/°	风向方差
	3 m	6 m	10 m		
2015 - 04	1.1	1.3	2.0	22.9	0.9
2015 - 05	0.8	0.7	1.4	22.7	0.5
2015 - 06	0.6	0.4	1.2	23.0	1.5
2015 - 07	0.8	0.6	1.7	126.9	19.1
2015 - 08	0.7	0.5	1.3	106.5	16.9
2015 - 09	0.8	0.7	1.4	76.5	13.7
2015 - 10	0.9	1.3	2.8	191.3	29.8
2015 - 11	0.6	0.6	1.6	222.6	40.3
2015 - 12	1.0	1.9	3.6	189.4	30.2

注：采集人，王若水；采集时间，2011—2015 年。

3.5.8　水面蒸发量

（1）概述

蒸发是地球水分循环过程的一部分，而水分循环对地-气系统的热量平衡和天气变化起着非常重要的作用。蒸发量是研究气象气候的基础数据，吉县站蔡家川林外气象综合观测场（JXFQX01）蒸发量数据集是 2007—2015 年观测的小时尺度数据，包含每小时蒸发量和每日蒸发量。

（2）数据采集和处理方法

蔡家川林外气象综合观测场自 2006 年建成以来，一直连续收集气象站的蒸发皿数据。通过CR 3000 数据采集器收集蒸发皿上的蒸发量数据，观测频率为每小时一次。获取数据后对下载数据进行格式转换，并针对异常数据进行修正、剔除，对各种原始数据进行分类、整理、统一格式。

（3）数据质量控制和评估

针对原始观测数据，数据质量控制过程包括对原始数据的检查整理、单个数据点的检查、数据转换和入库，对原始数据的检查包括文件格式化错误、存储损坏等明显的数据问题以及文件格式、字段标准化命名、字段量纲、数据完整性等。单个数据点的检查中，主要针对异常数据进行修正、剔除。数据整理和入库过程的质量控制方面，主要分为两个步骤：①进行了各种原始数据的集成、整理、转换、格式统一；②通过一系列质量控制方法，去除随机误差及系统误差。使用的质量控制方法，包括极值检查、内部一致性检查，以保障数据的质量。

（4）数据使用方法和建议

2007—2015 年吉县站水面蒸发量数据集中，个别年份的个别月份因仪器故障等原因存在数据项缺失情况。蒸发是地球水分循环过程的一部分，而水分循环对地-气系统的热量平衡和天气变化起着非常重要的作用。蒸发量是研究气象气候的基础数据。

（5）蒸发量观测数据（表 3 - 145）

表 3 - 145　2007—2015 蔡家川蒸发量观测数据（JXFQX01）

时间（年-月）	蒸发量/(mm/d)	时间（年-月）	蒸发量/(mm/d)	时间（年-月）	蒸发量/(mm/d)	时间（年-月）	蒸发量/(mm/d)
2007 - 06	1.42	2007 - 08	1.89	2007 - 10	0.90	2007 - 12	0.34
2007 - 07	1.89	2007 - 09	1.28	2007 - 11	0.46	2008 - 01	0.23

（续）

时间（年-月）	蒸发量/ (mm/d)	时间（年-月）	蒸发量/ (mm/d)	时间（年-月）	蒸发量/ (mm/d)	时间（年-月）	蒸发量/ (mm/d)
2008 - 02	0.24	2009 - 10	0.79	2011 - 05	0.88	2013 - 05	0.99
2008 - 03	0.47	2009 - 11	0.41	2011 - 06	1.30	2013 - 06	1.49
2008 - 04	0.72	2009 - 12	0.27	2011 - 07	1.76	2013 - 11	0.50
2008 - 05	0.93	2010 - 01	0.22	2011 - 08	1.81	2014 - 03	0.44
2008 - 06	1.18	2010 - 02	0.36	2011 - 09	1.35	2014 - 04	0.85
2008 - 07	1.76	2010 - 03	0.39	2012 - 01	0.22	2014 - 05	0.92
2008 - 08	1.65	2010 - 04	0.53	2012 - 02	0.24	2014 - 06	1.46
2008 - 09	1.36	2010 - 05	0.92	2012 - 03	0.42	2014 - 07	1.87
2008 - 10	0.72	2010 - 06	1.32	2012 - 04	0.63	2014 - 08	1.67
2008 - 11	0.34	2010 - 07	1.98	2012 - 05	1.02	2014 - 09	1.49
2008 - 12	0.18	2010 - 08	1.88	2012 - 06	1.33	2014 - 10	0.93
2009 - 01	0.23	2010 - 09	1.53	2012 - 07	2.02	2015 - 01	0.23
2009 - 02	0.39	2010 - 10	0.82	2012 - 08	1.85	2015 - 02	0.27
2009 - 03	0.40	2010 - 11	0.32	2012 - 11	0.36	2015 - 03	0.45
2009 - 04	0.72	2010 - 12	0.16	2012 - 12	0.25	2015 - 04	0.68
2009 - 05	1.10	2011 - 01	0.12	2013 - 01	0.21	2015 - 05	0.92
2009 - 06	1.35	2011 - 02	0.31	2013 - 02	0.29	2015 - 06	1.70
2009 - 08	1.73	2011 - 03	0.25	2013 - 03	0.36	2015 - 07	1.42
2009 - 09	1.19	2011 - 04	0.47	2013 - 04	0.48	2015 - 08	1.27

注：采集人，王若水；采集时间，2007—2015 年。

3.5.9　土壤热通量数据集

（1）概述

土壤热通量是土壤表层与深层之间的热交换状况的反映，是地表能量平衡中的重要组成部分。土壤热通量的大小以及正负转变直接决定土壤热量的收支，控制土壤水分的蒸发和呼吸，并影响植物根系的生长和呼吸以及对营养物质和水分的吸收。土壤热通量的测量对土壤的生态环境形成以及农业生产、工程建设都有重要意义。吉县站红旗林场林外气象综合观测场（JXFQX02）土壤热通量数据集是 2014—2015 年观测以小时为尺度的土壤热通量数据。

（2）数据采集和处理方法

吉县站红旗林场林外气象综合观测场自建成以来，一直连续收集气象站土壤热通量数据。通过 CR 3000 数据采集器收集土壤热通量板监测的土壤热通量数据，观测频率为每小时一次。获取数据后对下载数据进行格式转换，并针对异常数据进行修正、剔除，对各种原始数据进行分类、整理、统一格式。

（3）数据质量控制和评估

针对原始观测数据，数据质量控制过程包括对原始数据的检查整理、单个数据点的检查、数据转换和入库，对原始数据的检查包括文件格式化错误、存储损坏等明显的数据问题以及文件格式、字段标准化命名、字段量纲、数据完整性等。单个数据点的检查中，主要针对异常数据进行修正、剔除。数据整理和入库过程的质量控制方面，主要分为两个步骤：①进行了各种原始数据的集成、整理、转换、格式统一；②通过一系列质量控制方法，去除随机误差及系统误差。使用的质量控制方法，包括

极值检查、内部一致性检查，以保障数据的质量。数据质量评估通过将所获取的数据与各项辅助信息
数据以及历史数据信息进行比较，评价数据的正确性、一致性、完整性、可比性和连续性，经过站长
和数据管理员审核认定，批准上报。

　　（4）数据使用方法和建议

　　2014—2015 年吉县站土壤热通量数据集中，土壤热通量是土壤表层与深层之间的热交换状况的
反映，是地表能量平衡中的重要组成部分。土壤热通量的测量对土壤的生态环境形成以及农业生产、
工程建设都有重要意义。

　　（5）土壤热通量观测数据（表 3 - 146）

表 3 - 146　2014—2015 红旗林场林外土壤热通量观测数据（JXFQX02）

时间（年-月）	土壤热通量/（w/m²）	时间（年-月）	土壤热通量/（w/m²）
2014 - 07	8.89	2015 - 04	13.95
2014 - 08	7.41	2015 - 05	15.80
2014 - 09	−3.12	2015 - 06	12.72
2014 - 10	−7.05	2015 - 07	17.23
2014 - 11	−25.14	2015 - 08	14.02
2014 - 12	−14.45	2015 - 09	−10.76
2015 - 01	−11.25	2015 - 10	2.22
2015 - 02	−4.13	2015 - 11	−15.84
2015 - 03	16.94	2015 - 12	−17.95

注：采集人，王若水；采集时间，2011—2015 年。

3.6　生物要素长期观测数据集

3.6.1　概述

　　本数据集包括吉县生态站蔡家川十道湾刺槐纯林（JXAZH03、JXFZH01）、蔡家川东杨家峁油
松林（JXAZH02、JXFZH03）、蔡家川秀家山刺槐林（JXAZH01、JXFZH05）、蔡家川冯家疙瘩天
然次生林（JXAZH04、JXFZH09）、红旗林场炮楼台油松长期固定样地（JXAZH05）、红旗林场炮楼
台刺槐长期固定样地（JXAZH06~JXAZH15）、屯里镇金刚岑落叶松长期固定样地（JXFSY13）、吉
县站人祖山辽东栎长期固定样地（JXFSY14）等样地数据。包括黄土高原残塬沟壑区和梁峁丘陵沟
壑区。地理坐标为 110°27′E—111°7′E，35°53′N—36°21′N。海拔在 800~1 600 m。森林植被地带属
于暖温带半湿润地区，褐土，落叶阔叶林。主要的乔木树种为刺槐、杜梨、华北落叶松、辽东栎、山
杨、油松等，主要的灌木植物为黄刺玫、灰枸子等，主要草本植物为白头翁、抱茎苦荬菜、冰草、臭
蒿、刺儿菜、大丁草、大野豌豆、大油芒、地丁、东亚唐松草、甘草、杠柳、胡枝子、黄花蒿、灰白
委陵菜、灰菜、苦卖菜、赖草、老鹳草、裂叶堇菜、芦苇、萝摩、蒙古蒿、茜草、乳浆大戟、三裂绣
线菊、莎草、山丹、山罗花、山楂叶悬钩子、铁杆蒿、萎陵菜、细叶苔草、烟管头草、野豌豆、茵陈
蒿、油蒿、鸢尾、猪毛蒿、紫花地丁等。

　　承担项目：黄土高原水土保持植被恢复技术试验示范（2006BAD03A12），国家科技支撑计划课
题；黄土高原北部水蚀风蚀交错区近自然植被生态修复技术试验示范（2006BAD03A1 206）；保育基
盘法播种造林成套技术引进（2006 - 4 - 47），948 计划项目；北方刺槐低效林形成的土壤因子分析
（201004），北京林业大学水土保持科技创新平台开放基金课题；北方低山区低效生态公益林成因与定

向改造技术研究（BLJD 200909），北京林业大学创新基金；山西西部黄土高原生态经济园林景观型植被建设技术推广与示范（2012 - 40）、山西西部黄土高原生态经济园林景观型植被建设技术推广与示范（2012 - 40），林业科技成果推广计划项目；山西吉县国家站运行服务（2014—2015），国家科技基础条件平台建设项目。

3.6.2　数据采集和处理方法

群落生物量数据按群落乔木层、灌木层、草本层分别统计。乔木层的生物量采用标准木法、灌木层的生物量采用标准丛法、草木层的生物量采用全收获法。将每个样地二级样方内的生物量累加求和，再计算单位面积（每平方米）的生物量，形成样地尺度的数据产品。

分种生物量数据分物种统计相应的株数、地上总生物量和地下总生物量。在质控数据的基础上，根据实测树高、胸径，利用生物量模型估算生物量。以年和物种为基础单元，树高测量采用测高秆，统计样地尺度下不同物种的地上和地下总生物量。

胸径数据统计乔木种。在质控数据的基础上，以年和物种为基础单元，统计物种水平上的结果。基径数据统计灌木种。在质控数据的基础上，以年和物种为基础单元，统计物种水平上的结果。

平均高度数据统计乔灌草层各物种。在质控数据的基础上，以年和物种为基础单元，树高测量采用测高杆，统计物种水平上的结果。

植物数量在质控数据的基础上，以年和物种为基础单元，统计样地尺度下不同物种的总株数。

植物物种数在质控数据的基础上，以年为基础单元，统计样地尺度下不同层次的总物种数。

叶面积指数在质控数据的基础上，以年和年内月份为基础单元，使用 LAI - 2200 冠层分析仪统计样地尺度下不同层片的叶面积指数。

凋落物季节动态在质控数据的基础上，以年和月或季节为基础单元，统计样地尺度下不同层次凋落物的质量。

元素含量与能值室内测定，包括乔灌草各层。乔木的观测部位分叶、枝、皮、干、根 5 部分；灌木的观测部位包括叶、枝、根；草本植物的观测部位分地上部分和根系。

植物名录统计不同层次（乔、灌、草）的植物物种。

3.6.3　数据质量控制和评估

对历年上报的数据进行整理和质量控制，对异常数据进行核实。

阈值检查（根据多年数据比对，对监测数据中超出历史数据阈值范围的要进行校验，删除异常值或标注说明）、一致性检查（例如数量级与其他测量值不同）等。在质控数据的基础上乔木层的生物量采用标准木法、灌木层的生物量采用标准丛法、草木层的生物量采用全收获法。将每个样地二级样方内的生物量累加求和，再计算单位面积（每平方米）的生物量，形成样地尺度的数据产品。在质控数据的基础上，根据实测树高、胸径，利用生物量模型估算生物量。以年和物种为基础单元，统计样地尺度下不同物种的地上和地下总生物量。在质控数据的基础上，以年和物种为基础单元，统计样地尺度下不同物种的总株数。

3.6.4　数据使用方法和建议

本数据集包括吉县生态站 2006 年固定综合样地 1～4、2012 年固定综合样地 1～6 和 2014 年固定综合样地 7 的调查数据。主要的数据集为森林生态系统生物要素群落生物量数据集、分种生物量数据集、胸径数据集、基径数据集、平均高度数据集、植物数量数据集、植物物种数数据集、叶面积指数数据集、凋落物季节动态数据集、元素含量与能值数据集和动植物名数据集等。各数据集中数据缺失的原因是该指标未进行测量。

长期观测的生物数据，表征了吉县生态站森林生态系统的变化趋势，为生态站的规划、管理和建设提供数据基础。

3.6.5　森林生态系统生物要素

相关数据见表 3 - 147 至表 3 - 157。

表 3 - 147　群落生物量（2006 年、2012 年和 2014 年）

年份	样地代码	样地面积/m²	群落层次	生物量/（kg/m²）
2006	JXAZH01	400	乔木层	1.85
2006	JXAZH01	400	灌木层	0.68
2006	JXAZH01	400	草本层	0.42
2006	JXAZH02	400	乔木层	5.06
2006	JXAZH02	400	灌木层	0.45
2006	JXAZH02	400	草本层	0.23
2006	JXAZH03	400	乔木层	24.04
2006	JXAZH03	400	草本层	0.28
2006	JXAZH04	400	乔木层	49.31
2006	JXAZH04	400	草本层	0.06
2012	JXAZH01	400	乔木层	4.72
2012	JXAZH01	400	灌木层	0.02
2012	JXAZH02	400	乔木层	11.26
2012	JXAZH02	400	灌木层	0.04
2012	JXAZH03	400	乔木层	6.10
2012	JXAZH03	400	灌木层	0.01
2012	JXAZH04	400	乔木层	1.96
2012	JXAZH04	400	灌木层	0.45
2012	JXAZH04	400	草本层	0.05
2012	JXAZH05	2 000	乔木层	8.10
2012	JXAZH05	2 000	灌木层	0.01
2012	JXAZH06	10 000	乔木层	6.11
2012	JXFZH01	400	灌木层	21.84
2012	JXFZH01	400	草本层	45.72
2012	JXFZH03	400	乔木层	62.88
2012	JXFZH03	400	灌木层	15.68
2012	JXFZH03	400	草本层	7.24
2012	JXFZH09	400	灌木层	36.95
2012	JXFZH09	400	草本层	23.58
2012	JXFZH05	400	乔木层	44.88
2012	JXFZH05	400	灌木层	38.87
2012	JXFZH05	400	草本层	6.11
2014	JXFSY13	10 000	乔木层	13.19
2014	JXFSY13	10 000	灌木层	1.62
2014	JXFSY13	10 000	草本层	0.11

注：采集人，魏天兴；采集时间，2006 年、2012 年、2014 年。

表 3-148　分种生物量（2006 年、2012 年和 2014 年）

年份	样地代码	样地面积/m²	植物种名	单位面积株数（株/hm²）	地上部总干重/（kg/m²）	地下部总干重/（kg/m²）
2006	JXAZH01	400	刺槐	—	1.43	0.42
2006	JXAZH02	400	油松	1 875	4.01	1.05
2006	JXAZH02	400	黄刺玫	—	0.33	0.11
2006	JXAZH02	400	三裂绣线菊、铁杆蒿、野豌豆、萎陵菜、冰草、甘草、胡枝子、裂叶堇菜、白头翁、细叶苔草、芦苇	633 000	0.15	0.07
2006	JXAZH03	400	刺槐	1 750	18.42	5.62
2006	JXAZH03	400	苦卖菜、甘草、萎陵菜、茵陈蒿、胡枝子、灰菜、芦苇、刺儿菜、白头翁、细叶苔草、铁杆蒿、野豌豆、冰草	806 000	0.28	—
2006	JXAZH04	400	山杨	2 000	32.44	8.22
2006	JXAZH04	400	辽东栎	500	7.03	1.62
2006	JXAZH04	400	茜草、白头翁、铁杆蒿、野豌豆、胡枝子、芦苇、细叶苔草、裂叶堇菜、甘草、灰菜、茵陈蒿、冰草、苦卖菜、萎陵菜	658 000	0.06	—
2012	JXAZH01	400	刺槐	—	2.75	1.97
2012	JXAZH01	400	黄刺玫	2 225	0.02	—
2012	JXAZH02	400	油松	—	9.69	1.57
2012	JXAZH02	400	黄刺玫	3 600	0.035 7	—
2012	JXAZH03	400	刺槐	—	4.77	1.34
2012	JXAZH03	400	黄刺玫	1 250	0.01	—
2012	JXAZH03	400	臭蒿、猪毛蒿、茜草、莎草、胡枝子、萝摩、黄花蒿、甘草、抱茎苦买菜、地丁、灰白委陵菜、紫花地丁、油蒿	348 000	0.051	—
2012	JXAZH04	400	辽东栎/山杨	—	1.62	0.34
2012	JXAZH04	400	灰枸子	2 225	0.45	—
2012	JXAZH05	2 000	油松	—	7.02	1.08
2012	JXAZH05	2 000	黄刺玫	2 465	0.01	—
2012	JXAZH06	10 000	刺槐	—	4.19	1.92
2012	JXFZH01	400	刺槐	2 425	45.71	—
2012	JXFZH01	400	黄刺玫	1 250	16.88	4.96
2012	JXFZH01	400	臭蒿、猪毛蒿、茜草、莎草、胡枝子、萝摩、黄花蒿、甘草、抱茎苦买菜、地丁、灰白委陵菜、紫花地丁、油蒿	700 000	3.07	2.19
2012	JXFZH03	400	油松	1 075	48.6	14.28
2012	JXFZH03	400	黄刺玫	3 600	15.68	—
2012	JXFZH03	400	抱茎苦买菜、甘草、灰白委陵菜、茜草、地丁、鸢尾、臭蒿、铁杆蒿、山丹、胡枝子、紫花地丁、赖草	378 000	5.67	1.57

（续）

年份	样地代码	样地面积/m²	植物种名	单位面积株数（株/hm²）	地上部总干重/（kg/m²）	地下部总干重/（kg/m²）
2012	JXFZH09	400	辽东栎	275	34.9	2.05
2012	JXFZH09	400	黄刺玫	1 350	18.22	5.36
2012	JXFZH05	400	黄刺玫	2 225	30.04	8.83
2012	JXFZH05	400	刺槐	2 175	44.88	—
2012	JXFZH05	400	杠柳、山楂叶悬钩子、猪毛蒿、蒙古蒿、乳浆大戟、大丁草、茜草、老鹳草、东亚唐松草	363 325	4.18	1.93
2014	JXFSY13	10 000	华北落叶松	155	11.1	2.09

注：乔木层的生物量采用标准本法、灌木层的生物量采用标准丛法、草本层的生物量采用全收获法。采集人，魏天兴；采集时间，2006 年、2012 年、2014 年。

表 3-149　森林群落乔木层平均胸径（2006 年、2012 年、2014 年和 2015 年）

年份	样地代码	样地面积/m²	植物种名	单位面积株数（株/hm²）	平均胸径/cm
2006	JXAZH02	400	油松	4 700	9.1
2006	JXAZH03	400	刺槐	5 500	4.8
2006	JXAZH04	400	杜梨	200	7.3
2006	JXAZH04	400	辽东栎	400	6.5
2006	JXAZH04	400	山杨	4 000	6.4
2012	JXAZH01	400	刺槐	2 700	7.6
2012	JXFZH01	400	刺槐	2 425	6.6
2012	JXFZH03	400	油松	1 075	12.3
2012	JXFZH09	400	辽东栎	275	4.6
2012	JXFZH09	400	山杨	1 950	4.5
2012	JXFZH05	400	刺槐	2 175	7.7
2014	JXFSY13	10 000	华北落叶松	155	13.6
2015	JXFSY14	10 000	辽东栎	875	17.9

注：采集人，魏天兴；采集时间，2006 年、2012 年、2014 年、2015 年。

表 3-150　森林植物群落灌木层平均基径（2012 年和 2015 年）

年份	样地代码	样地面积/m²	植物种名	单位面积株数（株/hm²）	平均基径/cm
2012	JXAZH01	400	黄刺玫	2 225	2.0
2012	JXAZH02	400	黄刺玫	3 600	0.4
2012	JXAZH03	400	黄刺玫	1 250	0.9
2012	JXAZH04	400	灰栒子	2 225	1.6
2012	JXAZH05	2 000	黄刺玫	2 465	1.0
2012	JXAZH06	10 000	黄刺玫	35	1.4
2012	JXFZH01	400	黄刺玫	1 250	1.6
2012	JXFZH03	400	黄刺玫	3 600	0.4
2012	JXFZH09	400	灰栒子	2 225	1.4

（续）

年份	样地代码	样地面积/m²	植物种名	单位面积株数（株/hm²）	平均基径/cm
2012	JXFZH09	400	黄刺玫	1 350	0.9
2012	JXFZH05	400	黄刺玫	2 225	1.3
2015	JXFSY14	10 000	陕西荚蒾	1 120	1.8
2015	JXFSY14	10 000	山荆子	400	1.3
2015	JXFSY14	10 000	连翘	2 320	2.4
2015	JXFSY14	10 000	沙棘	480	2.3

注：采集人，魏天兴；采集时间，2012 年、2015 年。

表 3-151　森林群落物种平均高度（2006 年、2012 年、2014 年和 2015 年）

年份	样地代码	样地面积/m²	植物种名	单位面积株数（株/hm²）	平均高度/m
2006	JXAZH02	400	油松	4 700	6.43
2006	JXAZH02	400	白头翁	20 625	0.03
2006	JXAZH02	400	冰草	25 000	0.08
2006	JXAZH02	400	甘草	90 000	0.19
2006	JXAZH02	400	胡枝子	20 000	0.02
2006	JXAZH02	400	裂叶堇菜	25 000	0.01
2006	JXAZH02	400	芦苇	25 000	0.04
2006	JXAZH02	400	三裂绣线菊	7 500	0.08
2006	JXAZH02	400	铁杆蒿	52 000	0.06
2006	JXAZH02	400	萎陵菜	22 000	0.02
2006	JXAZH02	400	细叶苔草	214 300	0.05
2006	JXAZH02	400	野豌豆	38 325	0.04
2006	JXAZH03	400	刺槐	5 500	5.84
2006	JXAZH03	400	白头翁	35 000	0.06
2006	JXAZH03	400	冰草	40 000	0.16
2006	JXAZH03	400	刺儿菜	40 000	0.01
2006	JXAZH03	400	甘草	110 000	0.24
2006	JXAZH03	400	胡枝子	20 000	0.03
2006	JXAZH03	400	灰菜	10 000	0.02
2006	JXAZH03	400	苦荬菜	20 000	0.03
2006	JXAZH03	400	芦苇	195 000	0.13
2006	JXAZH03	400	铁杆蒿	65 000	0.09
2006	JXAZH03	400	萎陵菜	16 675	0.15
2006	JXAZH03	400	细叶苔草	426 000	0.22
2006	JXAZH03	400	野豌豆	55 000	0.06
2006	JXAZH03	400	茵陈蒿	160 000	0.22
2006	JXAZH04	400	杜梨	200	5.55
2006	JXAZH04	400	辽东栎	400	1.20
2006	JXAZH04	400	山杨	4 000	6.79

（续）

年份	样地代码	样地面积/m²	植物种名	单位面积株数（株/hm²）	平均高度/m
2006	JXAZH04	400	白头翁	35 000	0.05
2006	JXAZH04	400	冰草	65 000	0.20
2006	JXAZH04	400	甘草	171 675	0.21
2006	JXAZH04	400	胡枝子	27 500	0.05
2006	JXAZH04	400	灰菜	20 000	0.05
2006	JXAZH04	400	苦卖菜	50 000	0.08
2006	JXAZH04	400	裂叶堇菜	50 000	0.05
2006	JXAZH04	400	芦苇	37 500	0.06
2006	JXAZH04	400	茜草	125 000	0.25
2006	JXAZH04	400	铁杆蒿	12 500	0.02
2006	JXAZH04	400	萎陵菜	50 000	0.13
2006	JXAZH04	400	细叶苔草	416 675	0.32
2006	JXAZH04	400	野豌豆	87 500	0.11
2006	JXAZH04	400	茵陈蒿	235 000	0.34
2012	JXAZH01	400	刺槐	2 700	7.42
2012	JXAZH03	400	抱茎苦买菜	203 325	0.18
2012	JXAZH03	400	臭蒿	610 000	0.54
2012	JXAZH03	400	地丁	60 000	0.06
2012	JXAZH03	400	甘草	185 000	0.20
2012	JXAZH03	400	胡枝子	181 250	0.15
2012	JXAZH03	400	黄花蒿	82 500	0.08
2012	JXAZH03	400	灰白委陵菜	102 500	0.10
2012	JXAZH03	400	萝摩	155 000	0.12
2012	JXAZH03	400	茜草	290 000	0.23
2012	JXAZH03	400	莎草	250 000	0.21
2012	JXAZH03	400	油蒿	375 000	0.42
2012	JXAZH03	400	猪毛蒿	343 750	0.28
2012	JXAZH03	400	紫花地丁	80 000	0.07
2012	JXFZH01	400	刺槐	2 425	6.30
2012	JXFZH01	400	黄刺玫	1 250	0.89
2012	JXFZH01	400	抱茎苦买菜	73 325	0.33
2012	JXFZH01	400	臭蒿	460 000	0.76
2012	JXFZH01	400	地丁	10 000	0.12
2012	JXFZH01	400	甘草	20 000	0.35
2012	JXFZH01	400	胡枝子	80 000	0.28
2012	JXFZH01	400	黄花蒿	15 000	0.15
2012	JXFZH01	400	灰白委陵菜	60 000	0.15
2012	JXFZH01	400	萝摩	110 000	0.20
2012	JXFZH01	400	茜草	187 500	0.39

（续）

年份	样地代码	样地面积/m²	植物种名	单位面积株数（株/hm²）	平均高度/m
2012	JXFZH01	400	莎草	280 000	0.22
2012	JXFZH01	400	油蒿	110 000	0.64
2012	JXFZH01	400	猪毛蒿	182 500	0.51
2012	JXFZH01	400	紫花地丁	40 000	0.12
2012	JXFZH03	400	油松	1 075	6.10
2012	JXFZH03	400	黄刺玫	3 600	0.37
2012	JXFZH03	400	抱茎苦买菜	10 000	0.25
2012	JXFZH03	400	臭蒿	10 000	0.17
2012	JXFZH03	400	地丁	100 000	0.05
2012	JXFZH03	400	甘草	10 000	0.32
2012	JXFZH03	400	胡枝子	20 000	0.15
2012	JXFZH03	400	灰白委陵菜	120 000	0.10
2012	JXFZH03	400	赖草	460 000	0.21
2012	JXFZH03	400	茜草	93 325	0.19
2012	JXFZH03	400	山丹	40 000	0.25
2012	JXFZH03	400	铁杆蒿	345 000	0.39
2012	JXFZH03	400	鸢尾	10 000	0.15
2012	JXFZH03	400	紫花地丁	70 000	0.10
2012	JXFZH09	400	辽东栎	275	5.50
2012	JXFZH09	400	山杨	1 950	7.50
2012	JXFZH09	400	灰栒子	2 225	1.60
2012	JXFZH09	400	黄刺玫	1 350	1.68
2012	JXFZH09	400	白头翁	60 000	0.25
2012	JXFZH09	400	大油芒	80 000	0.43
2012	JXFZH09	400	胡枝子	40 000	0.15
2012	JXFZH09	400	莎草	790 000	0.21
2012	JXFZH09	400	山罗花	696 000	0.41
2012	JXFZH09	400	烟管头草	30 000	0.45
2012	JXFZH05	400	刺槐	2 175	7.90
2012	JXFZH05	400	黄刺玫	2 225	1.98
2012	JXFZH05	400	抱茎苦买菜	30 000	0.50
2012	JXFZH05	400	大丁草	30 000	0.10
2012	JXFZH05	400	大野豌豆	20 000	0.60
2012	JXFZH05	400	东亚唐松草	210 000	0.18
2012	JXFZH05	400	杠柳	35 000	0.40
2012	JXFZH05	400	老鹳草	35 000	0.25
2012	JXFZH05	400	蒙古蒿	256 675	0.70
2012	JXFZH05	400	茜草	50 000	0.22
2012	JXFZH05	400	乳浆大戟	25 000	0.35

（续）

年份	样地代码	样地面积/m²	植物种名	单位面积株数（株/hm²）	平均高度/m
2012	JXFZH05	400	山楂叶悬钩子	40 000	0.35
2012	JXFZH05	400	猪毛蒿	65 000	0.40
2014	JXFSY13	10 000	华北落叶松	155	10.85
2015	JXFSY14	10 000	辽东栎	875	8.69
2015	JXFSY14	10 000	陕西荚蒾	1 120	1.14
2015	JXFSY14	10 000	山荆子	400	1.14
2015	JXFSY14	10 000	连翘	2 320	1.53
2015	JXFSY14	10 000	沙棘	480	1.55

注：采集人，魏天兴；采集时间，2006 年、2012 年、2014 年、2015 年。

表 3-152　森林植物群落植物数量（2006 年、2012 年、2014 年和 2015 年）

年份	样地代码	样地面积/m²	植物种名	单位面积株数/（株/hm²）
2006	JXAZH02	400	油松	4 700
2006	JXAZH02	400	白头翁	20 625
2006	JXAZH02	400	冰草	25 000
2006	JXAZH02	400	甘草	90 000
2006	JXAZH02	400	胡枝子	20 000
2006	JXAZH02	400	裂叶堇菜	25 000
2006	JXAZH02	400	芦苇	25 000
2006	JXAZH02	400	三裂绣线菊	7 500
2006	JXAZH02	400	铁杆蒿	52 000
2006	JXAZH02	400	萎陵菜	22 000
2006	JXAZH02	400	细叶苔草	214 300
2006	JXAZH02	400	野豌豆	38 325
2006	JXAZH03	400	刺槐	5 500
2006	JXAZH03	400	白头翁	35 000
2006	JXAZH03	400	冰草	40 000
2006	JXAZH03	400	刺儿菜	40 000
2006	JXAZH03	400	甘草	110 000
2006	JXAZH03	400	胡枝子	20 000
2006	JXAZH03	400	灰菜	10 000
2006	JXAZH03	400	苦卖菜	20 000
2006	JXAZH03	400	芦苇	195 000
2006	JXAZH03	400	铁杆蒿	65 000
2006	JXAZH03	400	萎陵菜	16 675
2006	JXAZH03	400	细叶苔草	426 000
2006	JXAZH03	400	野豌豆	55 000
2006	JXAZH03	400	茵陈蒿	160 000
2006	JXAZH04	400	杜梨	200

（续）

年份	样地代码	样地面积/m²	植物种名	单位面积株数/（株/hm²）
2006	JXAZH04	400	辽东栎	400
2006	JXAZH04	400	山杨	4 000
2006	JXAZH04	400	白头翁	35 000
2006	JXAZH04	400	冰草	65 000
2006	JXAZH04	400	甘草	171 675
2006	JXAZH04	400	胡枝子	27 500
2006	JXAZH04	400	灰菜	20 000
2006	JXAZH04	400	苦卖菜	50 000
2006	JXAZH04	400	裂叶堇菜	50 000
2006	JXAZH04	400	芦苇	37 500
2006	JXAZH04	400	茜草	125 000
2006	JXAZH04	400	铁杆蒿	12 500
2006	JXAZH04	400	萎陵菜	50 000
2006	JXAZH04	400	细叶苔草	416 675
2006	JXAZH04	400	野豌豆	87 500
2006	JXAZH04	400	茵陈蒿	235 000
2012	JXAZH01	400	刺槐	2 700
2012	JXAZH01	400	黄刺玫	2 225
2012	JXAZH02	400	黄刺玫	3 600
2012	JXAZH03	400	黄刺玫	1 250
2012	JXAZH03	400	抱茎苦买菜	203 325
2012	JXAZH03	400	臭蒿	610 000
2012	JXAZH03	400	地丁	60 000
2012	JXAZH03	400	甘草	185 000
2012	JXAZH03	400	胡枝子	181 250
2012	JXAZH03	400	黄花蒿	82 500
2012	JXAZH03	400	灰白委陵菜	102 500
2012	JXAZH03	400	萝摩	155 000
2012	JXAZH03	400	茜草	290 000
2012	JXAZH03	400	莎草	250 000
2012	JXAZH03	400	油蒿	375 000
2012	JXAZH03	400	猪毛蒿	343 750
2012	JXAZH03	400	紫花地丁	80 000
2012	JXAZH04	400	灰栒子	2 225
2012	JXAZH05	2 000	黄刺玫	2 465
2012	JXAZH06	10 000	黄刺玫	35
2012	JXFZH01	400	刺槐	2 425
2012	JXFZH01	400	黄刺玫	1 250
2012	JXFZH01	400	抱茎苦买菜	73 325

（续）

年份	样地代码	样地面积/m²	植物种名	单位面积株数/（株/hm²）
2012	JXFZH01	400	臭蒿	460 000
2012	JXFZH01	400	地丁	10 000
2012	JXFZH01	400	甘草	20 000
2012	JXFZH01	400	胡枝子	80 000
2012	JXFZH01	400	黄花蒿	15 000
2012	JXFZH01	400	灰白委陵菜	60 000
2012	JXFZH01	400	萝摩	110 000
2012	JXFZH01	400	茜草	187 500
2012	JXFZH01	400	莎草	280 000
2012	JXFZH01	400	油蒿	110 000
2012	JXFZH01	400	猪毛蒿	182 500
2012	JXFZH01	400	紫花地丁	40 000
2012	JXFZH03	400	油松	1 075
2012	JXFZH03	400	黄刺玫	3 600
2012	JXFZH03	400	抱茎苦荬菜	10 000
2012	JXFZH03	400	臭蒿	10 000
2012	JXFZH03	400	地丁	100 000
2012	JXFZH03	400	甘草	10 000
2012	JXFZH03	400	胡枝子	20 000
2012	JXFZH03	400	灰白委陵菜	120 000
2012	JXFZH03	400	赖草	460 000
2012	JXFZH03	400	茜草	93 325
2012	JXFZH03	400	山丹	40 000
2012	JXFZH03	400	铁杆蒿	345 000
2012	JXFZH03	400	鸢尾	10 000
2012	JXFZH03	400	紫花地丁	70 000
2012	JXFZH09	400	辽东栎	275
2012	JXFZH09	400	山杨	1 950
2012	JXFZH09	400	灰枸子	2 225
2012	JXFZH09	400	黄刺玫	1 350
2012	JXFZH09	400	白头翁	60 000
2012	JXFZH09	400	大油芒	80 000
2012	JXFZH09	400	胡枝子	40 000
2012	JXFZH09	400	莎草	790 000
2012	JXFZH09	400	山罗花	696 000
2012	JXFZH09	400	烟管头草	30 000
2012	JXFZH05	400	刺槐	2 175
2012	JXFZH05	400	黄刺玫	2 225
2012	JXFZH05	400	抱茎苦荬菜	30 000

（续）

年份	样地代码	样地面积/m²	植物种名	单位面积株数/（株/hm²）
2012	JXFZH05	400	大丁草	30 000
2012	JXFZH05	400	大野豌豆	20 000
2012	JXFZH05	400	东亚唐松草	210 000
2012	JXFZH05	400	杠柳	35 000
2012	JXFZH05	400	老鹳草	35 000
2012	JXFZH05	400	蒙古蒿	256 675
2012	JXFZH05	400	茜草	50 000
2012	JXFZH05	400	乳浆大戟	25 000
2012	JXFZH05	400	山楂叶悬钩子	40 000
2012	JXFZH05	400	猪毛蒿	65 000
2014	JXAZH01	400	华北落叶松	3 875
2015	JXFSY14	10 000	辽东栎	875
2015	JXFSY14	10 000	陕西荚蒾	1 120
2015	JXFSY14	10 000	山荆子	400
2015	JXFSY14	10 000	连翘	2 320
2015	JXFSY14	10 000	沙梾	480

注：采集人，魏天兴；采集时间，2006 年、2012 年、2014 年、2015 年。

表 3 - 153　森林植被群落植物物种数（2006 年、2012 年、2014 年和 2015 年）

年份	样地代码	样地面积/m²	乔木物种数/个	灌木物种数/个	草本物种数/个
2006	JXAZH02	400	1	—	11
2006	JXAZH03	400	1	—	13
2006	JXAZH04	400	3	—	14
2012	JXAZH01	400	1	1	—
2012	JXAZH02	400	1	1	—
2012	JXAZH03	400	1	1	13
2012	JXAZH04	400	2	1	—
2012	JXAZH05	2 000	1	1	—
2012	JXAZH06	10 000	1	1	—
2012	JXFZH01	400	1	1	13
2012	JXFZH03	400	1	1	12
2012	JXFZH09	400	2	2	6
2012	JXFZH05	400	1	1	11
2014	JXFSY13	10 000	1	6	2
2015	JXFSY14	10 000	1	4	

注：采集人，魏天兴；采集时间，2006 年、2012 年、2014 年、2015 年。

表 3-154　森林植物群落叶面积指数（2006 年和 2012 年）

时间（年-月）	样地代码	乔木层叶面积指数	灌木层叶面积指数
2006-07	JXAZH02	0.36	0.77
2006-07	JXAZH03	0.56	0.83
2006-09	JXAZH04	1.02	1.05
2012-07	JXAZH01	1.55	—
2012-08	JXAZH02	3.86	—
2012-07	JXAZH03	3.47	—
2012-07	JXAZH04	1.23	—
2012-07	JXAZH04	1.87	—
2012-08	JXAZH05	2.91	—
2012-08	JXAZH05	1.43	—

注："—"为未测数据；采集人，魏天兴；采集时间，2006 年、2012 年。

表 3-155　森林植物群落凋落物季节动态（2006—2012 年）

时间（年-月）	样地代码	枯枝干重/（g/m³）	枯叶干重/（g/m³）
2006-09	JXAZH01	28.27	—
2006-09	JXAZH02	0.21	0.36
2006-09	JXAZH03	19.67	—
2006-09	JXAZH04	31.84	0.39
2006-10	JXAZH01	54.53	—
2006-10	JXAZH02	5.41	—
2006-10	JXAZH03	68.39	—
2006-10	JXAZH04	11.18	0.39
2006-11	JXAZH01	21.51	—
2006-11	JXAZH02	14.15	—
2006-11	JXAZH03	16.82	—
2006-11	JXAZH04	5.33	—
2007-01	JXAZH02	16.18	—
2007-02	JXAZH02	7.84	—
2007-03	JXAZH02	3.68	—
2007-04	JXAZH02	12.23	—
2007-05	JXAZH02	4.44	—
2007-06	JXAZH02	5.55	—
2007-09	JXAZH01	16.75	—
2007-09	JXAZH02	6.37	—
2007-09	JXAZH03	15.90	—
2007-09	JXAZH04	15.63	—
2007-10	JXAZH01	65.35	—
2007-10	JXAZH02	2.80	—
2007-10	JXAZH03	56.40	—

（续）

时间（年-月）	样地代码	枯枝干重/（g/m³）	枯叶干重/（g/m³）
2007 - 10	JXAZH04	16.67	—
2008 - 06	JXAZH01	39.10	—
2008 - 06	JXAZH02	20.67	—
2008 - 06	JXAZH03	36.50	—
2008 - 06	JXAZH04	26.40	—
2008 - 07	JXAZH01	28.40	—
2008 - 07	JXAZH02	3.90	—
2008 - 07	JXAZH03	47.77	—
2008 - 07	JXAZH04	11.80	—
2008 - 08	JXAZH01	26.20	—
2008 - 08	JXAZH02	3.97	—
2008 - 08	JXAZH03	22.10	—
2008 - 08	JXAZH04	31.90	—
2008 - 10	JXAZH01	163.60	—
2008 - 10	JXAZH02	64.37	—
2008 - 10	JXAZH03	156.97	—
2008 - 10	JXAZH04	78.90	—
2009 - 01	JXAZH02	14.10	—
2009 - 02	JXAZH02	16.03	—
2009 - 03	JXAZH02	10.67	—
2009 - 04	JXAZH02	40.03	—
2009 - 05	JXAZH02	18.77	—
2009 - 06	JXAZH01	32.15	—
2009 - 06	JXAZH02	9.47	—
2009 - 06	JXAZH03	35.40	—
2009 - 06	JXAZH04	32.60	—
2009 - 07	JXAZH01	15.64	—
2009 - 07	JXAZH02	7.01	—
2009 - 07	JXAZH03	14.72	—
2009 - 07	JXAZH04	7.41	—
2009 - 08	JXAZH01	7.13	—
2009 - 08	JXAZH02	8.19	—
2009 - 08	JXAZH03	47.42	—
2009 - 08	JXAZH04	51.90	—
2010 - 01	JXAZH02	3.44	—
2010 - 02	JXAZH02	5.66	—
2010 - 03	JXAZH02	20.52	—
2010 - 04	JXAZH02	24.72	—
2010 - 05	JXAZH02	15.92	—

（续）

时间（年-月）	样地代码	枯枝干重/（g/m³）	枯叶干重/（g/m³）
2010 - 06	JXAZH02	7.61	—
2010 - 06	JXAZH03	57.71	—
2010 - 06	JXAZH04	11.07	—
2010 - 07	JXAZH02	13.93	—
2010 - 07	JXAZH03	16.19	2.48
2010 - 07	JXAZH04	18.99	—
2010 - 08	JXAZH01	1.26	—
2010 - 08	JXAZH02	1.60	—
2010 - 08	JXAZH03	6.79	—
2010 - 08	JXAZH04	12.39	—
2010 - 09	JXAZH01	2.08	—
2010 - 09	JXAZH02	2.33	—
2010 - 09	JXAZH03	13.35	—
2010 - 09	JXAZH04	28.84	—
2010 - 10	JXAZH01	17.08	2.33
2010 - 10	JXAZH02	12.09	—
2010 - 10	JXAZH03	19.65	—
2010 - 10	JXAZH04	38.48	—
2010 - 12	JXAZH02	8.02	—
2011 - 01	JXAZH02	3.30	—
2011 - 02	JXAZH02	5.71	—
2011 - 03	JXAZH02	21.35	—
2011 - 04	JXAZH02	24.80	—
2011 - 05	JXAZH02	15.27	—
2011 - 06	JXAZH03	57.94	—
2011 - 06	JXAZH04	9.37	—
2011 - 06	JXAZH02	6.46	1.71
2011 - 07	JXAZH03	16.03	—
2011 - 07	JXAZH04	17.46	—
2011 - 07	JXAZH02	13.18	—
2011 - 08	JXAZH01	1.01	—
2011 - 08	JXAZH03	6.83	—
2011 - 08	JXAZH04	10.34	—
2011 - 08	JXAZH02	0.76	—
2011 - 09	JXAZH01	1.01	—
2011 - 09	JXAZH03	12.49	—
2011 - 09	JXAZH04	28.59	—
2011 - 09	JXAZH02	1.56	—
2011 - 10	JXAZH01	17.53	1.93

（续）

时间（年-月）	样地代码	枯枝干重/（g/m³）	枯叶干重/（g/m³）
2011 - 10	JXAZH03	19.19	—
2011 - 10	JXAZH04	41.69	—
2011 - 10	JXAZH02	12.66	—
2012 - 10	JXAZH01	5.82	—
2012 - 10	JXAZH02	5.11	—
2012 - 10	JXAZH03	4.64	—
2012 - 10	JXAZH04	4.84	—
2012 - 11	JXAZH01	5.04	—
2012 - 11	JXAZH02	5.18	—

注："—"为未测数据；采集人，魏天兴；采集时间，2006—2012 年。

表 3 - 156　森林植物群落元素含量与能值（2012 年和 2014 年）

年份	样地代码	植物种名	采样部位	全碳/（g/kg）	全氮/（g/kg）	全磷/（g/kg）	全钾/（g/kg）	全钙/（g/kg）	全镁/（g/kg）
2012	JXFZH01	刺槐	东边叶	468.84	5.94	1.09	8.66	36.48	7.93
2012	JXFZH01	刺槐	西边叶	457.78	5.8	1.09	9.17	36.09	7.98
2012	JXFZH01	刺槐	南边叶	447.58	6.01	1.1	10.2	36.38	8.11
2012	JXFZH01	刺槐	北边叶	439.9	6.14	1.53	9.82	33.72	7.56
2012	JXFZH01	刺槐	东边枝	449.8	3.32	0.67	10.04	20.33	2.38
2012	JXFZH01	刺槐	西边枝	390.28	2.71	0.62	9.35	23.46	2.91
2012	JXFZH01	刺槐	南边枝	478.41	2.77	0.79	10.28	31.1	1.17
2012	JXFZH01	刺槐	北边枝	485.35	3.39	0.74	10.62	22.99	2.74
2012	JXFZH01	刺槐	主干	464.2	1.9	0.36	5.05	19.05	0.97
2012	JXFZH01	刺槐	根	428.92	9.38	0.46	10.54	21.1	1.47
2012	JXFZH01	刺槐	果	434.71	5.94	1.45	22.33	10.2	2.82
2012	JXFZH01	刺槐	主干皮	457.06	4.67	0.32	3.64	17.07	0.86
2012	JXFZH03	油松	新叶	547.14	2.25	0.62	6.19	10.19	2.03
2012	JXFZH03	油松	老叶	542.49	2.3	0.6	6.3	9.8	1.92
2012	JXFZH03	油松	新枝	549.4	1.52	0.36	1.34	1.88	0.33
2012	JXFZH03	油松	老枝	550.71	1.03	0.21	0.85	3.12	0.23
2012	JXFZH03	油松	主干	476.22	0.31	0.01	1.61	0.21	0.49
2012	JXFZH03	油松	根	560.74	0.42	0.39	5.14	4.16	0.62
2012	JXFZH03	油松	主干皮	502.33	0.55	0.22	1.65	3.14	0.25
2012	JXFZH03	黄刺玫	枝	438.17	0.63	0.76	8.65	7.08	0.93
2012	JXFZH03	黄刺玫	叶	480.63	0.31	0.36	11.85	18.15	1.92
2012	JXFZH03	黄刺玫	根	500.77	2.32	0.89	2.5	9.39	0.65
2012	JXFZH09	辽东栎	东枝	460.47	0.79	0.57	4.32	18.89	0.76
2012	JXFZH09	辽东栎	南枝	396.17	1.79	0.74	6.98	20.89	1.34
2012	JXFZH09	辽东栎	西枝	457.41	2.07	0.81	7.21	19.5	1.4

（续）

年份	样地代码	植物种名	采样部位	全碳/(g/kg)	全氮/(g/kg)	全磷/(g/kg)	全钾/(g/kg)	全钙/(g/kg)	全镁/(g/kg)
2012	JXFZH09	辽东栎	北枝	468.84	1.24	0.63	6.41	28.25	0.99
2012	JXFZH09	辽东栎	东叶	489.23	5.4	0.58	8.1	7.86	1.32
2012	JXFZH09	辽东栎	南叶	492.21	3.99	0.42	5.6	5.12	0.83
2012	JXFZH09	辽东栎	西叶	497.97	5	0.43	5.09	5.21	0.89
2012	JXFZH09	辽东栎	北叶	490.32	4.61	0.5	6.86	6.76	1.09
2012	JXFZH09	辽东栎	根	457.94	0.63	0.38	6.78	14.35	0.93
2012	JXFZH09	辽东栎	皮	457.34	1.29	0.36	4.92	27.58	1.64
2012	JXFZH09	辽东栎	主干	519.66	0.8	0.37	5.72	18.63	1
2012	JXFZH09	灰桕子	枝	455.95	1.43	0.68	5.19	16.51	0.72
2012	JXFZH09	灰桕子	叶	509.03	3.82	0.49	9.69	13.01	1.34
2012	JXFZH09	灰桕子	根	515.73	1.01	1	8.76	18.88	1.45
2012	JXFZH09	草本	地上	439.9	2.36	1.74	25.22	28.32	2.05
2012	JXFZH09	草本	地下	412.41	1.41	0.71	7.82	20.71	1.38
2012	JXFZH09	山杨	东枝	474.7	1.22	0.63	6.48	22.61	1.18
2012	JXFZH09	山杨	南枝	485.74	6.88	0.76	7.73	30.03	1.28
2012	JXFZH09	山杨	西枝	484.07	0.59	0.69	8.9	31.67	1.19
2012	JXFZH09	山杨	北枝	480.16	1.16	6.08	8.99	33.35	1.29
2012	JXFZH09	山杨	东叶	519.96	5.82	0.35	6.56	5.42	0.73
2012	JXFZH09	山杨	南叶	465.2	5.35	0.52	9.45	9.43	1.31
2012	JXFZH09	山杨	西叶	474.43	5.83	0.52	8.16	9.39	1.29
2012	JXFZH09	山杨	北叶	513.6	5.4	0.33	4.47	5.52	0.7
2012	JXFZH09	山杨	树根	531.1	0.56	0.56	5.69	15.65	0.81
2012	JXFZH09	山杨	树皮	517.56	1.06	0.75	5.17	23.03	1.55
2012	JXFZH09	山杨	主干	515.73	0.17	0.25	1.28	3.48	0.29
2012	JXFZH05	刺槐	东边叶	429.77	3.94	1.43	21.77	23.46	1.68
2012	JXFZH05	刺槐	西边叶	467.48	4.78	1.51	20.42	24.08	1.77
2012	JXFZH05	刺槐	南边叶	460	7.62	1.53	18.99	24.62	1.83
2012	JXFZH05	刺槐	北边叶	464.12	7.68	1.55	18.71	23.73	1.88
2012	JXFZH05	刺槐	东边枝	449.27	2.5	0.53	8.55	23.08	1.84
2012	JXFZH05	刺槐	西边枝	474.29	3.25	0.77	11.51	21.53	3.19
2012	JXFZH05	刺槐	南边枝	476.15	2.77	0.59	8.15	24.39	0.74
2012	JXFZH05	刺槐	北边枝	493.85	3.38	0.74	9.58	19.36	2.15
2012	JXFZH05	刺槐	主干	470.89	5.32	0.35	5.68	20.47	0.39
2012	JXFZH05	刺槐	根	456.09	6.31	0.49	6.85	25.45	0.85
2012	JXFZH05	刺槐	果	451.86	8.35	3.8	22.29	7.64	1.56
2012	JXFZH05	刺槐	主干皮	461.4	4.83	0.57	7.12	30.7	0.69
2014	JXFSY13	华北落叶松	树枝	—	0.48	1.17	0.63	0.30	0.31
2014	JXFSY13	华北落叶松	树皮	—	0.37	0.65	1.19	0.67	1.08

（续）

年份	样地代码	植物种名	采样部位	全碳/ （g/kg）	全氮/ （g/kg）	全磷/ （g/kg）	全钾/ （g/kg）	全钙/ （g/kg）	全镁/ （g/kg）
2014	JXFSY13	华北落叶松	树干	—	0.10	0.32	3.42	0.77	1.26
2014	JXFSY13	华北落叶松	树叶	—	10.06	2.51	5.07	6.80	1.78
2014	JXFSY13	华北落叶松	树果	—	4.33	0.81	2.00	2.79	0.99
2014	JXFSY13	华北落叶松	树根	—	3.31	0.83	2.03	3.47	1.02
2014	JXFSY13	华北落叶松	枯落物	—	1.31	1.52	1.90	0.87	1.97

注："—"为未测数据；采集人，魏天兴；采集时间，2012 年、2014 年。

表 3-157　森林植物群落植物名录

层片	植物种名	拉丁名
乔木层	刺槐	*Robinia pseudoacacia* L.
乔木层	杜梨	*Pyrus betulaefolia*
乔木层	华北落叶松	*Larix principis-rupprechtii* Mayr.
乔木层	辽东栎	*Quercus liaotungensis*
乔木层	山杨	*Populus davidiana*
乔木层	油松	*Pinus tabulaeformis*
乔木层	侧柏	*Platycladus orientalis*
灌木层	黄刺玫	*Rosa xanthina* Lindl.
灌木层	灰栒子	*Cotoneaster acutifolius* Turcz.
灌木层	陕西荚蒾	*Viburnum schensianum* Maxim.
灌木层	山荆子	*Malus baccata*（L.）Borkh.
灌木层	连翘	*Forsythia suspensa*
灌木层	沙梾	*Swida bretschneideri*
草本层	白头翁	*Pulsatilla chinensis*（Bge.）Regel.
草本层	抱茎苦荬菜	*Ixeridium sonchifolium*（Maxium）. Shih.
草本层	冰草	*Agropyron cristatum*（Linn.）Gaertn.
草本层	臭蒿	*Artemisia hedinii* Ostenf. et Pauls.
草本层	刺儿菜	*Cirsium setosum*（Willd.）MB.
草本层	大丁草	*Gerbera anandria*（Linn.）Sch. - Bip.
草本层	大野豌豆	*Vicia gigantea* Bunge.
草本层	大油芒	*Spodiopogon sibiricus* Trin.
草本层	地丁	*Viola japonica* Langsd.
草本层	东亚唐松草	*Thalictrum minus* Linn. var. *hypoleucum*（Sieb. e Zucc.）Miq.
草本层	甘草	*Glycyrrhizae uralensis* Fisch.
草本层	杠柳	*Periploca sepium*
草本层	胡枝子	*Lespedeza bicolor* Turcz.
草本层	黄花蒿	*Artemisia annua*
草本层	灰白委陵菜	*Potentilla strigosa* Pall ex Pursh ex Pursh
草本层	灰菜	*Chenopodium album* L.

（续）

层片	植物种名	拉丁名
草本层	苦卖菜	*Lactuea indica*
草本层	赖草	*Leymus secalinus* (Georgi) Tzvel.
草本层	老鹳草	*Geranium wilfordii* Maxim.
草本层	裂叶堇菜	*Viola dissecta* Ledeb.
草本层	芦苇	*Phragmites communis*
草本层	萝摩	*Metaplexis japonica* (Thunb.) Makino.
草本层	蒙古蒿	*Artemisiamongolica* Fisch. et Bess.
草本层	茜草	*Rubia cordifolia* L.
草本层	乳浆大戟	*Euphorbia esula* Linn.
草本层	三裂绣线菊	*Spiraea trilobata*
草本层	莎草	*Cyperusrotundus* L.
草本层	山丹	*Lilium pumilum*
草本层	山罗花	*Melampyrum roseum* Maxim.
草本层	山楂叶悬钩子	*Rubus kanayamensis* Levl. et Vant.
草本层	铁杆蒿	*Artemisia sacrorum* Ledeb.
草本层	萎陵菜	*Potentilla anserina* L.
草本层	细叶苔草	*Carex rigescens*
草本层	烟管头草	*Carpesium cernuum* Linn.
草本层	野豌豆	*Vicia multicaulis* Ledeb.
草本层	茵陈蒿	*Artemisia capillaris*
草本层	油蒿	*Artemisia ordosica*
草本层	鸢尾	*Iris tectorum*
草本层	猪毛蒿	*Artemisia scoparia* Waldst. et Kit.
草本层	紫花地丁	*Viola philippica*

注：采集人，魏天兴。

第4章

░░░░░░░░░░░░░░░░░░░░░░░░░░░

站台特色研究数据

4.1 黄土高原沟壑区地形分异特征数据集

4.1.1 引言

本数据集依托国家"十二五"科技支撑项目（2011BAD38D06），数据来源于常存、朱清科等（2013）黄土高原沟壑区地形分异特征研究。黄土高原地区，水分条件是决定植被恢复成果的主导因子，其土壤水分的唯一来源是天然降水，但一般情况下，降水量在一个区域的分布基本一致，此时，在坡向、坡度等地形因子的影响下，不同地块上接受到的降水量和土壤入渗量出现较大差别，导致土壤水分状况明显差异的主要因子是地形因子（Famiglietti J S, et al., 1998；Western A W, et al., 1999），地形因子通过对降水、光、热的再分配作用形成局部小气候，影响到土壤水分状况，进而决定植物的生长条件，因此，研究黄土沟壑区地形因子分布特征对于指导植被恢复有重要意义。

研究区位于高原沟壑区甘肃西峰、残垣沟壑区山西吉县、丘陵沟壑区第二副区陕西安塞、丘陵沟壑区第五副区宁夏固原4个研究区域，采用国家基础地理数据库1∶500 00比例尺的标准图幅大小的动力效应模型为数据源，本数据集为2013年调查的不同沟壑区的坡度、坡向、各坡位土地投影面积比例、各坡形土地投影面积比例，以及不同坡位上各坡形面积比例分布特征。

4.1.2 数据采集和处理方法

（1）观测样地

本文选择黄土高原沟壑区中高原沟壑区甘肃西峰、残垣沟壑区山西吉县、丘陵沟壑区第二副区陕西安塞、丘陵沟壑区第五副区宁夏固原4个典型区域作为研究对象，采用国家基础地理数据库1∶500 00比例尺的标准图幅大小的动力效应模型为数据源。该数据精度高，能比较真实地反应不同地貌类型区的实际地形特征，可以满足本研究提取地形信息和比较地域间差异的条件。

（2）采样方法

坡度：地面某点的坡度是过该点的切平面与水平地面的夹角，是高度变化的最大值比率，表示地表面在该点的倾斜程度。

坡向：指地表面上一点的切平面的法线矢量在水平面的投影与过该点的正北方向的夹角。按顺时针方向计算，坡向值范围为$0°\sim360°$。阳坡：$157.5°\sim247.5°$；半阳坡：$112.5°\sim157.5°$和$247.5°\sim292.5°$；半阴坡：$67.5°\sim112.5°$和$292.5°\sim337.5°$；阴坡：$337.5°\sim22.5°$和$22.5°\sim67.5°$。

坡面坡形特征：坡形指地表坡面形态，分为直线形、凹形、凸形、台阶形4种基本类型。不同凹凸特征下的土壤水分含量、土壤质地类型以及蒸发量等各不相同，对于植被恢复有重要意义。

凹凸特征：凸形（小于$150°$，易于收集地表径流）、平坦形（$150°\sim210°$）、凹形（大于$210°$，易于地表径流分散）。

（3）分析方法

坡面投影面积的计算：通过 ArcGIS 平台的空间分析模块获取坡度、坡向、坡位等地形信息，并将不同图层进行叠加分析，统计不同立地类型的栅格数。将其分别乘以栅格面积，即可计算出相应的坡面投影面积。

沟缘线和坡脚线的提取方法：本文采用朱红春等的研究，利用栅格坡度和曲率变异特征提取沟缘线和坡脚线的方法来手工提取用于研究的沟缘线、坡脚线。从而计算得出各研究区沟底川台地、梁峁坡、沟坡的面积。

4.1.3　数据质量控制和评估

数据获取过程的质量控制：数据获取采用水平栅格分辨率为 25 m×25 m，每幅 DEM 图覆盖面积均为 42 000 hm² 的图像，该数据精度高，能比较真实地反应不同地貌类型区的实际地形特征，可以满足本研究提取地形信息和比较地域间差异的条件。

数据质量评估：将所获取的数据与各项辅助信息数据以及历史数据信息进行比较，评价数据的正确性、一致性、完整性、可比性和连续性。

4.1.4　数据价值

目前，大部分研究集中于坡面尺度或单个地形因子的分析（单长卷等，2005；赵文武等，2003；范昊明等，2007），从区域尺度对黄土高原沟壑区地形因子分异特征进行系统研究的文章相对较少。黄土高原沟壑区是生态建设的重点区域之一，其分布面积广、不同地区的地貌地形差异大，从更大尺度分析该区域地形特征能够为林业生态工程建设提供极大参考价值。

本数据集选择黄土高原沟壑区中 4 个典型区域作为研究对象，可探讨不同沟壑区不同地形因子的分析特征，系统分析不同地形因子之间的变化规律和不同立地类型在黄土高原沟壑区的分布状况，从而为该地区选择适宜立地条件，开展可持续植被恢复建设提供参考（常存等，2013）。

4.1.5　数据

相关数据见表 4-1 至表 4-5。

表 4-1　不同地区坡度统计

研究区	各级坡度土地投影面积比例/%						坡度均值/°	标准差	变异系数/%	最大坡度/°
	0°~5°	5°~15°	15°~25°	25°~35°	35°~45°	≥45°				
西峰	47.1	11.1	13.3	18.3	9.7	0.5	13.83	14.13	1.02	57.86
吉县	3.7	14.7	30.8	33	15.9	1.9	24.87	10.48	0.42	59.2
安塞	4.4	16.4	33.6	33.9	10.9	0.7	23.3	9.88	0.42	59.98
固原	15.1	34.6	37.1	11.8	1.3	0.1	15.13	8.66	0.57	55.88
沟壑区	17.8	19.2	28.6	24.2	9.4	0.8	18.9	11.97	0.63	59.98

注：数据采集人，常存；采集时间，2013 年。

表 4-2　不同地区各坡位土地投影面积比例

单位：%

研究区	梁峁坡	沟坡	沟底
西峰	65.1	28.5	6.4
吉县	57.4	31.2	11.4

（续）

研究区	梁峁坡	沟坡	沟底
安塞	61.6	26.5	12
固原	78.4	4.8	16.8
沟壑区	65.7	22.7	11.6

注：数据采集人，常存；采集时间，2013年。

表4-3　不同地区坡向统计

研究区	各坡向土地投影面积比例/%				坡向平均值/°	标准差
	正阴坡	半阴坡	半阳坡	正阳坡		
西峰	23.30	23.60	23.80	29.30	170.92	98.51
吉县	22.80	24.90	27.10	25.20	182.00	101.48
安塞	21.60	29.60	28.60	20.10	176.30	101.45
固原	25.50	28.90	24.90	20.80	171.96	104.60
沟壑区	23.30	26.70	26.10	23.90	174.73	101.43

注：数据采集人，常存；采集时间，2013年。

表4-4　不同地区各坡形土地投影面积比例

单位：%

研究区	凹形（-∞，-1]	平坦（-1，1）	凸形 [1，+∞）
西峰	21.7	49.2	29.1
吉县	40.9	10.5	48.6
安塞	40.7	13	46.3
固原	31.2	29.8	39
沟壑区	33.5	25.9	40.6

注：数据采集人，常存；采集时间，2013年。

表4-5　沟壑区不同坡位上各坡形面积比例分布特征

单位：%

研究区	坡位	凸形坡	平坦坡	凹形坡
西峰	沟坡	13.3	3.6	11.6
	梁峁坡	15.4	44.8	4.9
	沟底	0.4	0.7	5.3
	总计	29.1	49.2	21.7
吉县	沟坡	14.8	3.2	13.2
	梁峁坡	32.7	6.7	18.1
	沟底	1.2	0.6	9.7
	总计	48.6	10.5	40.9
安塞	沟坡	12.1	3.7	10.6
	梁峁坡	33.4	7.4	20.8
	沟底	0.8	1.9	9.3
	总计	46.3	13.0	40.7

（续）

研究区	坡位	凸形坡	平坦坡	凹形坡
固原	沟坡	2.1	0.7	2.0
	梁峁坡	34.9	22.4	21.1
	沟底	1.9	6.7	8.1
	总计	39.0	29.8	31.2

注：数据采集人，常存；采集时间，2013 年。

4.2　坡面微地形土壤理化性质数据集

4.2.1　引言

本数据集依托国家"十一五"科技支撑项目（2006BAD03A0 302），数据来源于张宏芝、朱清科等（2011）陕北黄土坡面微地形土壤物理性质研究和陕北黄土坡面微地形土壤化学性质研究。过去研究立地类型的划分多着眼于坡面这样的大尺度，而进行植被配置时株行距都是以米为单位进行配置的，忽略了局部小环境的差异性，造成了植被成活率低、小老树等现象的发生。目前，国内外对于小尺度微地形土壤质量、植被配置等方面的研究还比较少。在已有的微地形研究中，对土壤水分进行研究分析的居多，并提到了各类微地形之间的差异（赵荟等，2010a；路保昌等，2009；赵荟等，2010b），也有学者对土壤理化性质开展了调查研究（王克勤等，1998；王树力等，2007；王旭琴等，2006）。前人的研究中指出了微地形的影响（宋述军等，2003；杨永川等，2005；李艳梅等，2005），但并没有系统地将地形进行微地形的划分。

本数据集包括吴起县于 2010 年对 5 种微地形：浅沟、切沟、塌陷、缓台和陡坎的土壤物理性质及化学性质的测定结果。土壤物理性状的测定指标包括最大持水量、最小持水量、毛管持水量、毛管孔隙度、非毛管孔隙度和总孔隙度；土壤的化学性质测定指标包括阳离子交换量、碳酸钙和 pH。

4.2.2　数据采集和处理方法

（1）观测样地

选取吴起县内自然恢复的合沟流域作为研究区域，对该区域微地形的分布进行调查，确定半阳坡向的微地形为研究样地，同时取与微地形相邻的原状坡为对照样地。

（2）采样方法

每个样地设置 3 个样点，从微地形的中心部位随机取样，开挖土壤剖面分 0～20 cm、20～40 cm和 40～60 cm 共 3 个层次采取土样，在研究区域内共采集土壤剖面样品 48 个，环刀取样 144 个。

（3）分析方法

土壤物理性质测定方法：土壤含水量的测定采用烘干法，最大持水量、最小持水量和毛管持水量的测定采用环刀法。化学性质测定方法：阳离子交换量的测定采用乙酸钠-火焰光度法；碳酸钙的测定采用中和滴定法；pH 的测定采用电位法。

4.2.3　数据质量控制

数据获取过程的质量控制：根据统一的调查规范方案，对所有参与调查的人员集中进行技术培训，尽可能地减少人为误差。

调查完成后的数据质量控制：调查人和记录人完成对数据的进一步核查，并补充相关信息；纸质版数据录入电脑过程中，采用 2 人同时输入数据的方式，自查并相互检查，以确保数据输入的准确性；野外纸质原始数据集妥善保存并备份。

数据质量评估：将所获取的数据与各项辅助信息数据以及历史数据信息进行比较，评价数据的正确性、一致性、完整性、可比性和连续性。

4.2.4 数据价值

本数据集对黄土区自然恢复状态下的微地形进行了划分，具体划分为浅沟、切沟、塌陷、缓台和陡坎 5 种微地形，并对不同微地形土壤的部分物理性质及化学性质的异质性进行分析，以期对黄土区的植被恢复提供理论基础（张宏芝等，2011a，2011b）。

4.2.5 数据

相关数据见表 4-6 至表 4-8。

表 4-6 研究区不同微地形土壤水分特征

项目	土层/cm	浅沟	切沟	塌陷	缓台	陡坎	原状坡
最大含水量/%	0～20	8.89	10.50	13.00	11.85	7.33	8.79
	20～40	11.34	5.08	10.92	11.68	9.07	7.63
	40～60	9.12	1.75	5.20	8.58	9.41	7.94
最大持水量/%	0～20	50.04	54.49	58.65	46.32	43.76	43.04
	20～40	41.5	41.43	41.92	37.59	37.67	43.29
	40～60	40.73	45.75	43.59	41.91	40.78	42.43
田间持水量/%	0～20	35.12	37.43	41.44	36.11	33.68	27.78
	20～40	32.70	29.84	29.71	29.9	28.46	31.23
	40～60	29.78	25.04	29.59	33.25	31.29	31.31
毛管持水量/%	0～20	39.23	45.78	51.45	41.18	39.08	37.37
	20～40	36.81	37.62	37.49	34.67	34.24	37.83
	40～60	35.26	33.08	37.38	38.15	37.26	37.68

注：数据采集人，张宏芝；采集时间，2011 年。

表 4-7 不同微地形孔隙度差异

项目	土层/cm	浅沟	切沟	塌陷	缓台	陡坎	原状坡
总孔隙度/%	0～20	59.7	60.7	62.7	56.7	54.3	54.54
	20～40	50.5	52.2	50.1	48.9	51.5	54.2
	40～60	55.8	60.3	52	51.3	53.3	53.56
毛管孔隙度/%	0～20	46.8	51	55	50.4	48.5	47.16
	20～40	44.8	47.4	44.8	45.1	46.8	47.48
	40～60	48.3	43.6	44.6	46.7	43.7	47.6
非毛管孔隙度/%	0～20	12.9	9.7	7.7	6.3	5.8	7.38
	20～40	5.7	4.8	5.3	3.8	4.7	6.72
	40～60	7.5	6.7	7.4	4.6	4.6	5.96

注：数据采集人，张宏芝；采集时间，2011 年。

表 4 - 8　不同微地形阳离子交换量、碳酸钙、土壤 pH 测定结果

微地形	土层/cm	阳离子交换量	碳酸钙/（cmol/kg）	pH
浅沟	0～20	11.38	17.16	8.42
	20～40	9.75	18.63	8.45
	40～60	9.18	15.45	8.55
切沟	0～20	9.37	15.21	8.37
	20～40	8.8	17.41	8.47
	40～60	9.18	16.67	8.53
坍陷	0～20	10.9	15.94	8.21
	20～40	9.95	15.33	8.34
	40～60	9.47	14.97	8.53
缓台	0～20	9.09	15.7	8.51
	20～40	9.09	16.19	8.49
	40～60	8.04	15.21	8.52
陡坎	0～20	7.65	17.65	8.49
	20～40	7.36	16.67	8.5
	40～60	6.31	16.67	8.58
原状坡	0～20	9.26	16.43	8.39
	20～40	9.49	16.87	8.45
	40～60	8.86	17.04	8.52

注：数据采集人，张宏芝；采集时间，2011 年。

4.3　黄土丘陵区不同林地土壤水分动态变化数据集

4.3.1　引言

本数据集依托国家林业科技支撑计划项目（2006BAD03A0302），数据来源于王晶、朱清科等（2011）黄土丘陵区不同林地土壤水分动态变化研究。黄土高原是世界上水土流失最严重与生态环境最脆弱的地区之一，近年来在黄土高原地区不断开展退耕还林、植被恢复与建设以改善生态环境（陈丽华等，2008）。而在干旱半干旱的黄土丘陵区，土壤水分是该区最宝贵的自然资源之一，也是影响作物生长和植被恢复的主导因子。土壤水分受降雨、地形、土壤、植被和不同土地利用方式等因素的影响，同时也影响地表蒸发、地表径流、植被蒸腾和土壤内的水分交换等（王国梁等，2009；胡良军等，2002；陈洪松等，2005）。通过了解土壤水分状况，掌握土壤水分动态，提高土壤水分的利用效率，对于改善干旱半干旱地区的生态环境有着极为重要的意义。

研究区位于陕西省吴起县，107°38′57″E—108°32′49″E，36°33′33″N—37°24′27″N，属黄土高原梁状丘陵沟壑区，海拔 1 233～1 809 m，本数据集为 2008 年调查的油松、沙棘、山杏和河北杨于生长季在不同土层（0～20 cm、20～40 cm、40～60 cm、60～80 cm、80～100 cm、100～120 cm、120～140 cm、140～160 cm、160～180 cm、180～200 cm）下的蓄水量，对退耕还林地的不同植被下的土壤水分动态特征进行研究。

4.3.2　数据采集和处理方法

（1）观测样地

在退耕还林流域选取典型植被油松、沙棘、山杏和河北杨进行生长季土壤水分动态的研究，样地基本情况如表 4 - 9 所示。

（2）采样方法

2008年5—10月，采用时域反射仪进行定位监测土壤体积含水量，每月5日、15日、25日各测定一次，每遇降雨天气则单次向后推迟1～2 d，测定深度2 m，测定时按地表以下每20 cm分为一层，每层测定重复3次，每次之间TDR探头旋转120°，进行人工记录和仪器自动记录结合，以保证数据完整保留。

（3）分析方法

土壤蓄水量计算公式：$W = h \cdot \theta v \times 10/100$

式中，W为土壤储水量（mm），h为土层深度（cm），θv为土壤体积含水量（%）。

4.3.3　数据质量控制和评估

数据获取过程的质量控制：根据统一的调查规范方案，对所有参与调查的人员集中进行技术培训，尽可能地减少人为误差。

调查完成后的数据质量控制：调查人和记录人完成对数据的进一步核查，并补充相关信息；纸质版数据录入电脑过程中，采用2人同时输入数据的方式，自查并相互检查，以确保数据输入的准确性；野外纸质原始数据集妥善保存并备份。

数据质量评估：将所获取的数据与各项辅助信息数据以及历史数据信息进行比较，评价数据的正确性、一致性、完整性、可比性和连续性。

4.3.4　数据价值

本数据集通过对退耕还林地的不同植被下土壤水分动态特征的研究，为黄土丘陵沟壑区退耕还林地合理地进行植被恢复与配置、提高土地生产力、充分发挥该区域的生态和经济效益提供理论基础（王晶等，2011）。

4.3.5　数据

相关数据见表4-9至表4-12。

表4-9　样地基本情况

林种	林龄/年	坡度/°	坡位	均高/cm	胸/基径	盖度/%	林分密度/（株/hm²）	形成类型	整地方式
油松	17	22	中部	4.2	17.2	71	1 600	人工	水平阶
河北杨	18	19	下部	7.5	21.5	57	750	天然	无
沙棘	10	23	中部	1.7	4.2	75	3 000	人工	水平阶
山杏	17	22	中部	3.6	12.5	66	1 600	人工	水平阶

注：数据采集人，王晶；采集时间，2011年。

表4-10　不同林地的生长季的平均蓄水量

单位：mm

林地类型	土层/cm										
	0～20	20～40	40～60	60～80	80～100	100～120	120～140	140～160	160～180	180～200	0～200
河北杨	20.91	19.69	20.45	23.36	26.12	27.93	28.74	28.99	29.48	29.39	255.06
油松	18.71	22.33	23.76	21.97	21.83	22.34	23.29	25.51	26.29	26.53	232.55
沙棘	22.90	22.13	19.75	22.84	26.60	27.67	28.17	28.84	29.34	29.60	257.84
山杏	17.27	18.19	22.02	21.31	20.10	18.70	18.70	19.74	20.06	20.12	196.21

注：数据采集人，王晶；采集时间，2011年。

表 4 - 11 不同林地不同土层的蓄水量

单位：mm

林地类型	土层/cm									
	0～20	0～40	0～60	0～80	0～100	0～120	0～140	0～160	0～180	0～200
河北杨	20.91	40.60	61.05	84.41	110.53	138.46	167.20	196.19	225.67	255.06
油松	18.71	41.04	64.80	86.77	108.60	130.94	154.23	179.74	206.03	232.56
差值	2.20	−0.44	−3.74	−2.36	1.93	7.52	12.97	16.45	19.64	22.50
沙棘	22.90	45.03	64.78	87.62	114.22	141.89	169.06	197.90	227.24	257.84
山杏	17.27	35.46	57.48	78.79	98.89	117.59	136.29	156.03	176.09	196.21
差值	5.63	9.57	7.30	8.83	15.33	24.30	32.77	41.87	51.15	61.63

注：数据采集人，王晶；采集时间，2011 年。

表 4 - 12 不同林地 5—10 月各土层蓄水量

单位：mm

林地类型	月份	土层/cm									
		0～20	20～40	40～60	60～80	80～100	100～120	120～140	140～160	160～180	180～200
油松	5	15.80	18.50	20.73	20.87	22.27	21.93	22.13	24.33	24.73	25.00
	6	12.40	14.73	19.27	20.07	20.93	24.40	25.67	27.53	29.27	29.42
	7	14.07	16.47	18.93	19.73	21.87	22.07	23.00	25.43	26.87	27.16
	8	14.87	18.07	19.73	20.60	21.60	21.87	22.87	25.33	25.72	26.08
	9	26.40	30.00	28.73	21.67	21.87	22.00	23.00	25.33	25.70	26.02
	10	28.73	36.20	35.13	28.87	22.47	21.80	23.07	25.07	25.46	25.50
河北杨	5	20.60	20.80	22.60	25.20	26.20	26.40	26.53	27.04	27.54	27.20
	6	18.80	18.47	16.13	17.60	25.07	30.73	32.53	33.47	33.13	33.14
	7	11.48	17.74	14.43	18.87	26.31	30.69	31.53	32.64	32.83	32.66
	8	14.27	11.67	16.87	22.67	26.20	27.60	28.60	27.93	28.44	28.26
	9	28.60	20.60	20.20	22.40	25.00	26.40	27.27	26.93	27.94	27.98
	10	31.73	28.87	32.47	33.40	27.93	25.73	26.00	25.93	27.02	27.10
沙棘	5	16.80	18.00	16.00	20.93	25.07	28.13	29.33	28.60	27.93	28.22
	6	22.80	19.93	18.80	22.47	29.00	31.67	34.13	35.13	35.47	35.52
	7	17.16	19.36	17.09	19.82	23.76	25.91	27.64	29.04	29.82	30.31
	8	17.53	17.87	16.60	20.47	24.47	26.40	27.40	28.47	29.33	29.74
	9	32.80	31.00	23.20	20.73	23.67	24.93	25.33	26.07	27.67	27.90
	10	30.33	26.60	26.80	32.60	33.67	29.00	25.20	25.73	25.80	25.90
山杏	5	16.73	15.07	20.13	21.53	21.40	18.67	17.00	17.87	18.20	18.00
	6	11.33	13.20	15.87	20.00	23.47	25.33	25.67	27.00	27.40	27.38
	7	14.07	12.23	17.50	18.03	19.08	18.95	17.45	19.18	19.82	20.00
	8	11.20	14.07	17.78	18.93	18.67	16.33	17.27	18.07	18.38	18.56
	9	24.20	25.93	27.93	22.27	18.80	16.53	17.47	18.20	18.36	18.52
	10	26.07	28.67	32.80	27.07	19.20	16.40	17.33	18.13	18.22	18.26

注：数据采集人，王晶；采集时间，2011 年。

4.4 黄土区水平阶整地人工油松林地土壤水分和养分状况数据集

4.4.1 引言

本数据集依托国家"十二五"林业科技支撑计划项目（2011BAD38B06），数据来源于李萍、朱清科等（2012）半干旱黄土区水平阶整地人工油松林地土壤水分和养分状况研究。水平阶是黄土高原区广泛应用的一种工程整地技术，它通过改变坡度，缩短坡长，从而有效地增加降水入渗，减少土壤侵蚀，提高自然降水的利用率，使光、温度、养分资源得以充分利用，林木生长接近当地生态条件下的最大生产力（程积民等，2000；Liu X, et al.，2011）。同时随着植被群落演替的进行，植被对环境的适应能力不断增强，植被群落不断改变着土壤的水分和养分，并逐步达到稳定状态（焦峰，2006）。以往的研究主要针对水平阶整地对土壤水分或养分的影响（Dijk A I J M V, et al.，2003；徐学选等，2007），关于该整地模式对人工林地的水分和养分的综合影响研究较少。

本数据为 2010 年 10 月陕西省延安市吴起县胜利山设置的 9 个人工林标准样地的土壤水分和养分状况，包括密度、平均胸径、平均树高、平均土壤容重、平均土壤含水量、枯落物量、枯落物含水量、容重、pH、碱解氮、速效磷、速效钾、有机质、全氮、全磷、全钾。

4.4.2 数据采集和处理方法

（1）观测样地

采用标准样地法，共设置 9 个样地（其中 7 个为阴坡和半阴坡的油松林样地，2 个为阳坡和半阳坡的山杏和沙棘混交林样地），分别记录海拔、坡度、坡向、坡位、整地模式等，样地具体信息见表 4-13。

（2）采样方法

在 7 个油松林样地各设置 1 个 10 m×10 m 的样方，对样方内林木进行每木（检尺）调查，分别测定树高（H）、胸径（D），并计算林分密度。在所有样地的样方中部连续 3 级水平阶上呈 S 形连续开挖 3 个剖面，按土层深度 0～10 cm、10～20 cm、20～40 cm、40～60 cm、60～80 cm、80～100 cm 分层采集土样，用 100 cm³ 环刀在每层中间取原状土样。每个剖面分层采集土样 3 个，混合后进行土壤养分的测定。

（3）分析方法

容重测定采用烘干法，在 105℃ 烘箱内烘干至恒重，待冷却后称重，计算土壤容重。其中 pH 采用 1∶2.5 pH 计法；碱解氮采用碱解扩散法；速效磷采用 0.5 mol/L Na₂CO₃ 法；速效钾采用 NH₄OAc 浸提-火焰光度法；有机质采用重铬酸钾容量法-外加热法；全氮采用浓硫酸混合加速剂法；全磷采用 HClO₄-H₂SO₄ 法；全钾采用 NaOH 熔融法。土壤含水量的测定采用土钻取土与烘干法相结合的方法，分别测定 0～20 cm、20～40 cm、40～60 cm、60～80 cm、80～100 cm、100～120 cm、120～140 cm、140～160 cm 共 8 层土壤水分，取样点与土壤养分测定的取样点一致。每个样地设置 3 个 20 cm×20 cm 的样方取枯落物混合后称重，然后 60℃ 烘干后再次称重，计算枯落物的含水量。

4.4.3 数据质量控制和评估

数据获取过程的质量控制：根据统一的调查规范方案，对所有参与调查的人员进行集中技术培训，尽可能地减少人为误差。

调查完成后的数据质量控制：调查人和记录人完成对数据的进一步核查，并补充相关信息；纸质版数据录入电脑过程中，采用 2 人同时输入数据的方式，自查并相互检查，以确保数据输入的准确性；野外纸质原始数据集妥善保存并备份。

数据质量评估：将所获取的数据与各项辅助信息数据以及历史数据信息进行比较，评价数据的正确性、一致性、完整性、可比性和连续性。

4.4.4 数据价值

本数据集以陕西省吴起县胜利山水平阶整地的 20 年油松人工林地为研究对象，从土壤水分和养分的分布规律方面展开，可研究水平阶整地措施对人工油松林的影响（李萍等，2012）。

4.4.5 数据

相关数据见表 4-13 至表 4-16。

表 4-13 样地基本状况

样地	海拔/m	坡度/°	坡位	坡向	密度/(株/hm²)	油松林平均胸径/cm	油松林平均树高/m	平均土壤含水量/%	枯落物/(t/hm²)	枯落物含水量/%
1	1 494	18	坡顶	半阴	4 400	7.33	6.63	5.48	4.58	9.32
2	1 419	29	坡上	半阴	9 200	4.66	4.74	4.98	5.48	10.41
3	1 421	36	坡上	阴	12 600	3.89	4.77	5.42	46.95	17.84
4	1 393	30	坡中	阴	12 300	3.77	4.3	5.82	9.08	14.86
5	1 390	26	坡中	阴	8 900	4.41	5.06	4.92	9.08	11.92
6	1 404	19	坡中	半阴	11 900	3.47	4.56	4.67	17.21	14.73
7	1 373	14	坡下	半阴	7 500	4.01	4.34	6.25	4.69	8.86
8	1 413	26	坡上	阳	—	—	—	5.1	2.05	8.44
9	1 403	30	坡中	半阳	—	—	—	6.24	2.64	8.2

注：8、9 号样地为山杏和沙棘混交林。数据采集人，李萍；采集时间，2012 年。

表 4-14 不同样地平均土壤含水量

土层/cm	不同样地土壤含水量/%									样地平均
	1 号	2 号	3 号	4 号	5 号	6 号	7 号	8 号	0 号	
0~60	6.48	6.09	7.4	7.24	6.6	6.13	7.01	6.98	8.51	6.94
60~100	4.88	4.32	4.24	4.97	3.91	3.8	5.8	3.97	4.87	4.53
0~160	5.48	4.98	5.42	5.82	4.92	4.67	6.25	5.1	6.24	5.43

注：数据采集人，李萍；采集时间，2012 年。

表 4-15 不同土层平均土壤养分剖面分布

土层/cm	pH	碱解氮/(mg/kg)	速效磷/(mg/kg)	速效钾/(mg/kg)
0~10	8.027	100.242	15.158	142.286
10~20	8.06	44.190	11.525	77.704
20~40	8.091	22.413	6.588	70.528
40~60	8.098	30.196	5.629	63.158
60~80	8.116	18.522	6.588	62.479
80~100	8.125	22.338	5.834	62.770
平均	8.086	39.650	8.554	79.821

（续）

土层/cm	有机质/（g/kg）	全氮/（g/kg）	全磷/（g/kg）	全钾/（g/kg）
0～10	11.232	0.66	0.573	16.739
10～20	7.169	0.431	0.56	16.934
20～40	4.501	0.256	0.559	16.82
40～60	3.763	0.245	0.532	16.77
60～80	3.263	0.228	0.544	16.966
80～100	3.727	0.226	0.513	16.942
平均	5.609	0.341	0.547	16.862

注：数据采集人，李萍；采集时间，2012年。

表 4-16　不同样地 0～100 cm 土层平均土壤养分

土层/cm	pH	碱解氮/（mg/kg）	速效磷/（mg/kg）	速效钾/（mg/kg）
1	7.855	36.594	10.702	84.637
2	7.921	30.870	8.748	86.091
3	8.057	40.860	9.057	74.891
4	8.101	35.921	7.205	70.673
5	8.118	31.655	8.234	80.855
6	8.189	34.686	9.468	74.600
7	8.228	20.093	7.411	77.655
8	8.131	40.748	8.954	87.110

土层/cm	有机质/（g/kg）	全氮/（g/kg）	全磷/（g/kg）	全钾/（g/kg）
1	7.967	0.326	0.524	16.487
2	6.262	0.371	0.576	16.447
3	6.543	0.366	0.610	16.742
4	4.924	0.310	0.544	17.279
5	4.865	0.374	0.602	17.122
6	4.854	0.351	0.545	16.577
7	4.202	0.248	0.491	16.960
8	5.076	0.373	0.523	17.132

注：数据采集人，李萍；采集时间，2012年。

4.5　陕北半干旱黄土区沙棘人工林的死亡率及适宜地形研究数据集

4.5.1　引言

本数据依托国家"十二五"科技支撑计划项目（2015BAD07B02），数据来源于陈文思、朱清科等（2015）陕北半干旱黄土区沙棘人工林的死亡率及适宜地形因子研究。目前，关于沙棘林衰退死亡成因的研究（陈云明等，2002；李秀寨等，2005；周章义，2007；唐翠平等，2013）主要分3个方面：林分老化、病虫危害、水分胁迫，这3个因素不仅自身影响沙棘林衰退死亡，而且相互之间还存在交叉效应，但立地条件对于沙棘人工林衰退死亡的影响机制研究较少。因此，本研究可为陕北半干旱黄土区构建稳定的沙棘人工林提供科学依据。

研究区位于陕西省延安市吴起县，地处毛乌素沙漠南缘（107°38′57″E—108°32′49″E，36°33′33″N—37°24′27″N），海拔 1 233～1 809 m，属于黄土高原丘陵沟壑区，本数据集于 2012 年调查的沙棘人工林在不同坡位、坡向、坡度下的死亡率，单位为％。

4.5.2　数据采集和处理方法

（1）观测样地

前期根据吴起县 2009 年的快鸟影像，确定了吴起县及其周边的沙棘人工林主要分布区域，包括合沟流域、柴沟流域、袁沟流域、金佛坪流域及杨青川流域。2012 年 7 月中旬进行了野外调查，在对以上流域全面调查的基础上，根据不同地形条件下沙棘人工林衰退死亡状况，采用随机抽样法选择 5 m×5 m 样方，共 50 个。

（2）采样方法

用 GPS 确定样方的经纬度、海拔，用罗盘仪确定样方的坡向、坡度，并记录样方内沙棘的保存株数和死亡株数。由此计算沙棘林的保存密度和死亡密度，即保存（死亡）密度为保存（死亡）株数与样方面积的商。由于 80％ 样方的保存密度小于初植密度，且阴坡平缓坡的保存密度最大，死亡率最低。因此，采用阴坡平缓坡保存密度的均值作为基数计算所有样方沙棘人工林死亡率，即某一样方的死亡率为该样方的死亡密度与阴坡平缓坡保存密度均值的百分比。

50 个样方的海拔为 1 400～1 545 m，坡向包括阴坡、半阴坡、半阳坡和阳坡，坡度为 5°～45°。由采样点距离坡顶的高差与所在坡面最高和最低海拔差的比值来判断其坡位，其中上坡（0～0.3）、中坡（0.3～0.7）和下坡（0.7～1）；将坡向划为阴坡（337.5°～360°）或（0°～67.5°）、半阴坡（67.5°～112.5°）或（292.5°～337.5°）、半阳坡（112.5°～157.5°）或（247.5°～292.5°）和阳坡（157.5°～247.5°）。将坡度划分为平缓坡（5°～15°）、缓坡（15°～25°）、陡坡（25°～35°）和极陡坡（35°～45°）。并在进行沙棘人工林的死亡率与地形因子的相关分析时，将坡位和坡向均分级量化，坡位赋值为：下坡 1、中坡 2 和上坡 3；坡向赋值为：阴坡 1、半阴坡 2、半阳坡 3 和阳坡 4。

（3）分析方法

通过 SPSS 18.0 软件中单因素方差分析功能，研究各地形因子之间沙棘人工林死亡率差异的显著性，从而评价不同地形因子对沙棘人工林死亡率的影响。通过 SPSS 18.0 软件中相关分析功能，研究坡位、坡向、坡度等地形因子与沙棘人工林死亡率的相关性，从而确定沙棘人工林适宜的地形条件。

4.5.3　数据质量控制和评估

数据获取过程的质量控制：根据统一的调查规范方案，对所有参与调查的人员集中进行技术培训，尽可能地减少人为误差。

调查完成后的数据质量控制：调查人和记录人完成对数据的进一步核查，并补充相关信息；纸质版数据录入电脑过程中，采用 2 人同时输入数据的方式，自查并相互检查，以确保数据输入的准确性；野外纸质原始数据集妥善保存并备份。

数据质量评估：将所获取的数据与各项辅助信息数据以及历史数据信息进行比较，评价数据的正确性、一致性、完整性、可比性和连续性。

4.5.4　数据价值

本数据集根据在陕北吴起县所研究的坡位、坡向、坡度与沙棘人工林死亡率的关系，可揭示地形因子对其衰退死亡的影响机制和确定沙棘人工林在年均降水量500 mm以下的陕北黄土区所适宜的地形条件，为该区沙棘人工林的稳定及可持续经营提供参考（陈文思等，2016）。

4.5.5　数据

相关数据见表4-17至表4-20。

表4-17　沙棘人工林样方基本情况

样方号	经度（E）	纬度（N）	海拔/m	坡向	坡度/°	保存密度/（株/hm²）	死亡密度/（株/hm²）
1	108°13′7″	36°53′25″	1 535	半阴坡	29	10 000	5 600
2	108°13′8″	36°53′25″	1 490	半阴坡	32	7 200	3 600
3	108°13′7″	36°53′24″	1 536	阴坡	35	4 400	1 056
4	108°13′7″	36°53′24″	1 464	半阳坡	24	6 000	2 000
5	108°13′10″	36°53′30″	1 544	阴坡	15	—	0
6	108°15′12″	36°53′56″	1 489	阳坡	40	8 000	7 200
7	108°15′11″	36°53′56″	1 481	阳坡	32	6 000	6 000
8	108°15′8″	36°53′56″	1 458	半阳坡	45	8 000	6 800
9	108°15′9″	36°53′57″	1 492	阳坡	15	6 000	2 400
10	108°15′5″	36°53′60″	1 485	半阳坡	40	4 400	3 600
11	108°13′4″	36°51′0″	1 400	阴坡	16	—	0
12	108°13′4″	36°50′60″	1 404	阴坡	11	—	0
13	108°13′6″	36°50′58″	1 403	半阳坡	13	8 400	1 680
14	108°12′33″	36°50′35″	1 412	半阳坡	31	4 800	3 200
15	108°12′32″	36°50′36″	1 410	半阴坡	40	8 800	4 800
16	108°12′28″	36°50′41″	1 445	半阴坡	28	12 000	3 840
17	108°12′28″	36°50′42″	1 434	阴坡	27	6 000	960
18	108°12′25″	36°50′48″	1 430	半阳坡	41	4 400	2 800
19	108°12′25″	36°50′40″	1 432	半阳坡	25	4 800	2 000
20	108°15′26″	36°53′40″	1 466	半阳坡	8	—	0
21	108°15′26″	36°53′39″	1 403	阴坡	26	6 400	0
22	108°15′29″	36°53′39″	1 465	阴坡	16	11 200	0
23	108°15′29″	36°53′39″	1 464	半阴坡	35	6 400	5 600
24	108°15′24″	36°53′43″	1 435	半阴坡	12	6 400	800
25	108°15′37″	36°53′56″	1 458	半阳坡	34	10 000	7 200
26	108°15′35″	36°53′56″	1 530	半阳坡	24	6 400	3 200
27	108°15′36″	36°53′55″	1 440	阳坡	18	10 400	2 400
28	108°15′48″	36°54′5″	1 445	阳坡	10	10 400	2 912
29	108°15′48″	36°54′5″	1 442	阳坡	24	10 000	4 400
30	108°15′50″	36°54′4″	1 446	半阳坡	17	9 200	1 104
31	108°15′26″	36°54′4″	1 430	半阳坡	20	9 200	2 400
32	108°15′26″	36°54′4″	1 450	阴坡	19	6 400	0
33	108°14′5″	36°53′44″	1 495	半阳坡	39	6 000	4 800

（续）

样方号	经度（E）	纬度（N）	海拔/m	坡向	坡度/°	保存密度/（株/hm²）	死亡密度/（株/hm²）
34	108°14′3″	36°53′46″	1 526	半阳坡	18	6 800	1 200
35	108°14′4″	36°53′48″	1 521	半阳坡	6	—	0
36	108°14′2″	36°53′48″	1 519	阴坡	22	7 600	1 520
37	108°14′2″	36°53′44″	1 530	半阴坡	22	4 400	1 232
38	108°14′1″	36°53′42″	1 538	半阳坡	45	4 400	4 400
39	108°13′2″	36°53′27″	1 528	半阳坡	34	4 000	2 880
40	108°13′2″	36°53′26″	1 502	阳坡	38	7 200	7 200
41	108°13′2″	36°53′26″	1 499	阳坡	32	4 400	3 600
42	108°13′50″	36°53′28″	1 490	阴坡	13	—	0
43	108°14′13″	36°53′44″	1 498	阳坡	45	5 200	5 200
44	108°14′11″	36°53′46″	1 544	半阴坡	45	3 600	3 600
45	108°14′13″	36°53′46″	1 533	阴坡	6	4 000	0
46	108°14′11″	36°53′45″	1 490	半阴坡	15	7 600	2 000
47	108°14′11″	36°53′44″	1 530	半阴坡	20	10 000	1 600
48	108°13′4″	36°53′24″	1 524	阳坡	35	6 400	5 600
49	108°13′4″	36°53′23″	1 439	阳坡	28	7 200	4 800
50	108°13′5″	36°53′22″	1 485	阳坡	25	6 800	2 800

注：该沙棘林密度太大不能进入调查；数据采集人，陈文思；采集时间，2015 年。

表 4 - 18　坡位与沙棘死亡率的关系

坡位	样本数	死亡率/%			
		均值	最小值	最大值	变异系数
上坡	17	38	0	100	81.45
中坡	16	47	0	100	78.40
下坡	17	31	0	67	73.00
总计	50	39	0	100	78.51

注：数据采集人，陈文思；采集时间，2015 年。

表 4 - 19　坡向与沙棘死亡率的关系

坡位	样本数	死亡率/%			
		均值	最小值	最大值	变异系数
阴坡	11	4	0	21	196.75
半阴坡	13	41	0	78	61.41
半阳坡	14	43	0	100	67.14
阳坡	12	63	33	100	38.56
总计	50	39	0	100	78.51

注：数据采集人，陈文思；采集时间，2015 年。

表 4 - 20　沙棘人工林的适宜地形条件

坡向	坡度	死亡率/%	衰退类型
阴坡	平缓坡	0	轻度 Slight
	缓坡	5	轻度 Slight
	陡坡	7	轻度 Slight
	极陡坡	15	轻度 Slight
半阴坡	平缓坡	13	轻度 Slight
	缓坡	22	轻度 Slight
	陡坡	60	中度 Moderate
	极陡坡	61	中度 Moderate
半阳坡	平缓坡	12	轻度 Slight
	缓坡	28	轻度 Slight
	陡坡	61	中度 Moderate
	极陡坡	65	中度 Moderate
阳坡	平缓坡	37	中度 Moderate
	缓坡	44	中度 Moderate
	陡坡	67	中度 Moderate
	极陡坡	88	重度 Severe

4.6　陕北半干旱黄土区沙棘混交林生长状况及土壤改良功能研究

4.6.1　引言

　　本数据依托国家"十二五"科技支撑计划项目（2011BAD38B06），数据来源于郑学良、朱清科等（2013）吴起县沙棘混交林生长状况及土壤改良功能研究。陕北吴起县人工沙棘纯林 2010 年出现衰退死亡现象后，可否对于人工沙棘纯林开展更新改造，成为了亟待解决的问题。为此，本研究以沙棘混交林为研究对象，调查研究不同混交模式的沙棘人工林生长状况、群落结构特征及对林地土壤的改良，为该地区沙棘人工林更新改良提供科学依据。

　　本数据集于 2011 年 10 月在吴起县（107°38′57″E—108°32′49″E，36°33′33″N—37°24′27″N）内的柴沟与合沟流域采样。对每块样地中沙棘和混交乔木进行每木检尺，记录沙棘和混交乔木的株高、地径、冠幅、活立木数，同时记录沙棘的枯立木株数、更新幼苗数及虫蛀株数，调查沙棘的生物量、新梢生长量、幼苗更新数量；林下草本和枯落物调查调查指标主要包括：林下草本的种类、盖度、高度、生物量，枯落物的厚度、存储量。物理性质测定指标：土壤含水量、土壤容重、总孔隙度、毛管孔隙度和非毛管孔隙度。化学性质测定指标包括有机质、全氮、速效磷、速效钾。

4.6.2　数据采集和处理方法

　　（1）观测样地

　　为选择典型的沙棘林样地，对吴起县城周边的合沟流域、柴沟流域及袁沟流域进行全面了解，三个流域均位于陕西吴起县吴起镇东部。最终确定不同立地类型和混交模式的沙棘林共 16 块样地，每块样地均为 10 m×10 m，立地类型主要是坡度和坡向，其中坡向分为阴坡和阳坡，坡度主要选择15°～25°的缓坡；混交树种有刺槐、山杏、油松。各样地基本情况见表 4 - 21。

（2）采样方法

株高、地径用钢卷尺和胸径尺测量。林下草本和枯落物调查操作方法：在样地内按对角线布设林下草本植被样方，记录每个样方中草本物种的种类及个体数、高度和盖度。

（3）分析方法

每株生物量调查用标准枝法：选取长势良好的枝条作为标准枝，测定其枝叶的鲜重和干重，然后估测每个植株标准枝的数量，以此来确定植株的生物量；更新幼苗数：在每个小样方内调查更新幼苗数，然后算出整个样方的更新数量；新梢生长量的调查方法：取样方内生长状况良好的标准枝，测量每个标准枝上新梢的长度，取平均值，来代表整个样方的新梢生长量。采用收获法测定林下草本植被层地上部分生物量，对样方内植物地上部分进行全面收获，称量鲜重；在样方内测量枯落物的厚度和重量，推算出整个林地的枯落物储量。土壤含水量采用烘干法测定，土壤孔隙度和土壤容重采用环刀法测定。有机质采用重铬酸钾容量法，结合外加热法；全氮测定采用半微量凯氏法；速效磷测定采用浸提-钼蓝比色法；速效钾测定采用浸提-火焰光度法。

4.6.3 数据质量控制和评估

数据获取过程的质量控制：根据统一的调查规范方案，对所有参与调查的人员集中进行技术培训，尽可能地减少人为误差。

调查完成后的数据质量控制：调查人和记录人完成对数据的进一步核查，并补充相关信息；纸质版数据录入电脑过程中，采用 2 人同时输入数据的方式，自查并相互检查，以确保数据输入的准确性；野外纸质原始数据集妥善保存并备份。

数据质量评估：将所获取的数据与各项辅助信息数据以及历史数据信息进行比较，评价数据的正确性、一致性、完整性、可比性和连续性。

4.6.4 数据价值

本数据集根据陕北半干旱黄土区不同立地类型下不同混交林中沙棘的各项生长指标，可研究不同混交模式对沙棘生长的影响，为沙棘林的长期稳定发展提供依据，最大限度发挥沙棘林的生态效益，促进区域社会经济健康可持续发展（郑学良等，2013）。

4.6.5 数据

相关数据见表 4 - 21 至表 4 - 29。

表 4 - 21 沙棘样地基本情况

树种组成	林分密度/（株/hm²）	经纬度	海拔/m	坡向	坡度/°
沙棘＋刺槐	45 000	36°53′29″N，108°13′08″E	1 557	西北 51°，阴坡	17
沙棘＋刺槐	65 000	36°53′26″N，108°13′06″E	1 550	西北 48°，阴坡	15
沙棘＋刺槐	85 000	36°53′28″N，108°13′31″E	1 544	东南 35°，阳坡	10
沙棘＋刺槐	81 667	36°53′28″N，108°13′32″E	1 547	西南 12°，阳坡	15
沙棘＋山杏	51 667	36°53′47″N，108°14′35″E	1 540	东北 48°，阴坡	20
沙棘＋山杏	65 000	36°53′46″N，108°14′35″E	1 539	东北 54°，阴坡	18
沙棘＋山杏	81 667	36°53′60″N，108°15′00″E	1 533	西南 52°，阳坡	28
沙棘＋山杏	80 000	36°53′59″N，108°15′00″E	1 534	西南 52°，阳坡	28
沙棘＋油松	55 000	36°53′14″N，108°15′10″E	1 541	东北 10°，阴坡	25

（续）

树种组成	林分密度/（株/hm²）	经纬度	海拔/m	坡向	坡度/°
沙棘＋油松	78 333	36°53′14″N，108°15′11″E	1 535	东北18°，阴坡	20
沙棘＋油松	86 667	36°53′57″N，108°14′59″E	1 521	西南89°，阳坡	22
沙棘＋油松	50 000	36°53′57″N，108°14′59″E	1 520	西北87°，阳坡	22
沙棘纯林	77 500	36°53′11″N，108°15′12″E	1 511	西北45°，阴坡	20
沙棘纯林	75 000	36°53′11″N，108°15′12″E	1 508	西北40°，阴坡	22
沙棘纯林	66 667	36°53′27″N，108°13′38″E	1 518	西南78°，阳坡	20
沙棘纯林	65 000	36°53′27″N，108°13′38″E	1 509	西南85°，阳坡	15

注：数据采集人，郑学良；采集时间，2013年。

表4-22 不同混交模式沙棘人工林林分结构

样地类型	样地基本信息				沙棘情况	
	坡向	平均坡度/°	平均地径/cm	平均树高/m	林分密度/（株/hm²）	枯立木密度/（株/hm²）
刺槐＋沙棘	阴坡	16	2.77	1.45	55 000	5 000
山杏＋沙棘		18	2.68	1.5	57 000	5 000
油松＋沙棘		25	2.08	1.33	55 000	7 500
沙棘纯林		21	218.00	1.08	77 500	17 500
刺槐＋沙棘	阳坡	15	2.52	1.32	83 333	9 167
山杏＋沙棘		25	2.37	1.24	80 833	＋＋
油松＋沙棘		22	2.39	1.28	82 857	20 000
沙棘纯林		18	2.43	1.43	65 833	8 333

样地类型	样地基本信息			混交乔木情况		
	坡向	平均坡度/°	树龄/年	乔木平均树高/m	乔木平均冠幅/m 东西	南北	乔木密度/（株/hm²）
刺槐＋沙棘	阴坡	16	11	4.11	2.21	2.26	4 000
山杏＋沙棘		18	10	2.98	1.81	2.00	6 000
油松＋沙棘		25	12	2.16	1.08	1.11	6 500
沙棘纯林		21	13	—	—	—	—
刺槐＋沙棘	阳坡	15	11	3.22	1.76	1.88	6 500
山杏＋沙棘		25	10	2.61	1.70	1.72	4 500
油松＋沙棘		22	12	2.29	1.15	1.17	8 000
沙棘纯林		18	13	—	—	—	—

注：数据采集人，郑学良；采集时间，2013年。

表4-23 各样地沙棘人工林生长状况

样地编号	混交树种	坡向	枯立木密度/（株/hm²）	更新密度/（株/hm²）	虫株率/%	死亡株率/%
1	沙棘＋刺槐	阴坡	6 667	8 333	3.33	14.81
2	沙棘＋刺槐	阴坡	3 333	8 333	14.92	5.13
3	沙棘＋刺槐	阳坡	10 000	15 000	9.52	11.76

（续）

样地编号	混交树种	坡向	枯立木密度/（株/hm²）	更新密度/（株/hm²）	虫株率/%	死亡株率/%
4	沙棘＋刺槐	阳坡	8 333	11 667	11.11	10.20
5	沙棘＋山杏	阴坡	3 333	3 333	32.78	6.45
6	沙棘＋山杏	阴坡	7 500	2 500	31.37	11.54
7	沙棘＋山杏	阳坡	11 667	16 667	13.31	14.29
8	沙棘＋山杏	阳坡	6 667	5 000	13.86	8.33
9	沙棘＋油松	阴坡	5 000	5 000	9.09	9.09
10	沙棘＋油松	阴坡	10 000	10 000	9.09	18.18
11	沙棘＋油松	阳坡	8 333	8 333	14.52	10.64
12	沙棘＋油松	阳坡	11 667	10 000	14.94	15.56
13	沙棘纯林	阴坡	21 667	6 667	8.90	25.00
14	沙棘纯林	阴坡	17 500	10 000	13.66	22.58
15	沙棘纯林	阳坡	11 667	8 333	30.56	17.50
16	沙棘纯林	阳坡	5 000	6 667	20.80	7.69

注：数据采集人，郑学良；采集时间，2013 年。

表 4 - 24　不同混交模式沙棘人工林生长量

坡向	类型	林分密度/（株/hm²）	累积生物量/（g/m）	新梢生长量/（cm/年）
阴坡	沙棘＋刺槐	55 000	2 939	6.2
	沙棘＋山杏	57 000	3 649	6.7
	沙棘＋油松	55 000	1 821	5.0
	沙棘纯林	77 500	3 095	5.6
阳坡	沙棘＋刺槐	83 333	3 669	4.9
	沙棘＋山杏	80 833	3 120	4.6
	沙棘＋油松	82 857	2 732	5.9
	沙棘纯林	65 833	3 150	4.6

注：数据采集人，郑学良；采集时间，2013 年。

表 4 - 25　不同混交模式沙棘林下草本群落基本特征

立地类型	混交类型	平均盖度/%	平均个体数	平均高度/m
阴坡	沙棘＋刺槐	85.00	63	12.50
	沙棘＋山杏	65.75	77	19.18
	沙棘＋油松	79.25	219	28.33
	沙棘纯林	72.50	99	13.70
阳坡	沙棘＋刺槐	89.17	100	13.22
	沙棘＋山杏	80.83	98	28.03
	沙棘＋油松	73.42	92	20.05
	沙棘纯林	94.50	108	26.67

注：数据采集人，郑学良；采集时间，2013 年。

表 4-26 不同混交模式沙棘林下草本物种组成

混交模式	科数	属数	种数
沙棘刺槐	14	26	32
沙棘山杏	13	21	27
沙棘油松	15	24	29
沙棘纯林	11	19	22

注：数据采集人，郑学良；采集时间，2013年。

表 4-27 不同混交模式沙棘林下土壤物理特性

样地类型	坡向	土层/cm	平均含水量	毛管孔隙度/%	非毛管孔隙度/%	总孔隙度/%	土壤容重/（g/cm³）
沙棘＋刺槐	阴坡	0~20	14.68	36.84	7.69	44.53	1.25
		20~40	15.03	37.35	4.97	42.32	1.28
		40~60	15.14	9.67	9.09	38.77	1.34
		平均值	14.95	34.62	7.25	41.87	1.29
	阳坡	0~20	13.50	41.80	10.84	52.63	1.20
		20~40	14.31	32.98	4.64	37.62	1.31
		40~60	14.48	35.23	6.09	41.32	1.34
		平均值	14.09	36.67	7.19	43.86	1.28
沙棘＋山杏	阴坡	0~20	15.47	40.94	8.52	49.46	1.25
		20~40	14.60	38.00	5.90	43.90	1.26
		40~60	14.16	37.52	5.78	43.30	1.31
		平均值	14.75	38.82	6.73	45.55	1.27
	阳坡	0~20	12.02	39.92	6.46	46.38	1.28
		20~40	12.20	34.58	7.90	42.48	1.41
		40~60	12.81	37.32	9.30	46.62	1.37
		平均值	12.34	37.27	7.89	45.16	1.35

注：数据采集人，郑学良；采集时间，2013年。

表 4-28 不同混交模式沙棘林下土壤化学特性

样地类型	坡向	土层	有机质/（g/kg）	全氮/（g/kg）	速效钾/（mg/kg）	速效磷/（mg/kg）
沙棘＋刺槐	阴坡	0~20	5.45	0.26	68.59	1.72
		20~40	4.58	0.16	53.63	0.77
		40~60	2.64	0.14	48.76	0.65
		平均值	4.22	0.19	56.99	1.05
	阳坡	0~20	9.62	0.49	84.66	1.59
		20~40	4.91	0.3	58.89	0.73
		40~60	3.83	0.21	55.54	0.58
		平均值	5.04	0.25	61.01	1.01
沙棘＋山杏	阴坡	0~20	8.63	0.55	78.79	1.02
		20~40	5.14	0.33	58.25	1.15
		40~60	3.97	0.25	67.95	0.7

（续）

样地类型	坡向	土层	有机质/（g/kg）	全氮/（g/kg）	速效钾/（mg/kg）	速效磷/（mg/kg）
沙棘＋山杏	阴坡	平均值	5.91	0.38	68.33	0.96
	阳坡	0～20	7.42	0.45	69.18	1.28
		20～40	4.37	0.28	52.79	0.71
		40～60	3.91	0.25	55.86	0.65
		平均值	5.23	0.33	59.28	0.88
油松＋沙棘	阴坡	0～20	9.47	0.56	73.81	1.03
		20～40	4.59	0.28	58.2	0.89
		40～60	3.8	0.23	55.18	0.89
		平均值	5.95	0.36	62.4	0.94
	阳坡	0～20	5.54	0.34	58.48	1.6
		20～40	3.04	0.21	51.55	2.03
		40～60	3.32	0.18	48.44	1.17
		平均值	3.97	0.24	52.82	1.60
纯林	阴坡	0～20	12.65	0.75	88.07	1.69
		20～40	4.92	0.32	51.45	1.07
		40～60	4.37	0.28	50.97	1.47
		平均值	7.31	0.45	63.5	1.41
	阳坡	0～20	7.27	0.43	70.6	1.42
		20～40	4.45	0.28	62.73	0.88
		40～60	2.72	0.26	55.55	0.64
		平均值	4.81	0.29	62.96	0.98

注：数据采集人，郑学良；采集时间，2013 年。

表 4 - 29　各样地沙棘人工林生长状况

样地编号	混交树种	坡向	枯立木密度/（株/hm²）	更新密度/（株/hm²）	虫株率/%	死亡株率/%
1	沙棘＋刺槐	阴坡	6 667	8 333	3.33	14.81
2	沙棘＋刺槐	阴坡	3 333	8 333	14.92	5.13
3	沙棘＋刺槐	阳坡	10 000	15 000	9.52	11.76
4	沙棘＋刺槐	阳坡	8 333	11 667	11.11	10.20
5	沙棘＋山杏	阴坡	3 333	3 333	32.78	6.45
6	沙棘＋山杏	阴坡	7 500	2 500	31.37	11.54
7	沙棘＋山杏	阳坡	11 667	16 667	13.31	14.29
8	沙棘＋山杏	阳坡	6 667	5 000	13.86	8.33
9	沙棘＋油松	阴坡	5 000	5 000	9.09	9.09
10	沙棘＋油松	阴坡	10 000	10 000	9.09	18.18
11	沙棘＋油松	阳坡	8 333	8 333	14.52	10.64
12	沙棘＋油松	阳坡	11 667	10 000	14.94	15.56
13	沙棘纯林	阴坡	21 667	6 667	8.9	25.00
14	沙棘纯林	阴坡	17 500	10 000	13.66	22.58

（续）

样地编号	混交树种	坡向	枯立木密度/（株/hm²）	更新密度/（株/hm²）	虫株率/%	死亡株率/%
15	沙棘纯林	阳坡	11 667	8 333	30.56	17.50
16	沙棘纯林	阳坡	5 000	6 667	20.8	7.69

注：数据采集人，郑学良；采集时间，2013 年。

4.7　陕北半干旱黄土区衰退沙棘人工林改良土壤的作用研究数据集

4.7.1　引言

本数据依托国家"十二五"科技支撑计划项目（2011BAD38B0601），数据来源于刘蕾蕾、朱清科等（2014）陕北黄土区衰退沙棘人工林改良土壤的作用研究。2010 年以来，陕北吴起县退耕还林工程形成的沙棘人工林也出现了衰退及至死亡现象，关于衰退沙棘人工林是否具有改良生态环境，为后续植被重建创造条件，即是否具有先锋树种的"保姆效应"是值得关注的问题。这关系到类似地区在林业生态工程建设中，在自然条件严酷的造林困难立地能否继续选用沙刺作为树种开展造林的问题。为此，本研究对于衰退的沙棘人工林是否具有改良土壤功能开展调查研究。

本数据集探究沙棘人工林的改良土壤功能，其研究区位于陕西省吴起县合家沟流域，地处 107°38′57″E—108°32′49″E，36°33′33″N—37°24′27″N，海拔 1 233～1 809 m，区域地貌属黄土高原梁状丘陵沟壑区。本数据集为 2012 年以不同衰退类型沙棘人工林为研究对象，调查在不同土层深度下（0～10 cm、10～20 cm、20～40 cm、40～60 cm）包括有机质、全氮、有效氮、速效磷、速效钾、pH 在内的土壤养分含量。

4.7.2　数据采集和处理方法

（1）观测样地

根据吴起县 2009 年快鸟影像确定吴起县周边沙棘人工林主要分布位置，包括合沟流域、袁沟流域、柴沟流域、杨青川流域、金佛坪流域，对各流域分别进行全面调查，了解该地区沙棘人工林所分布立地类型、生长状况等，并在以上几个流域内采用典型随机抽样法在沙棘人工林（纯林）内选择有代表性的 50 个 5 m×5 m 标准样方，并用 GPS 定位记录经纬度、海拔以便找寻。同时记录样方内沙棘的总丛数及死亡丛数，计算出样方的沙棘死亡率。在每个样方的对角线方向，用铁锹近等距地挖 3 个深度达 60 cm 土壤剖面，分 0～10 cm、10～20 cm、20～40 cm 和 40～60 cm 共 4 层采集混合样品，3 处的土壤充分混合后取 500g 装入布袋，用于测定土壤养分指标。选取与沙棘林栽植前与沙棘林同属一面坡的荒山坡上取对照样点，因此沙棘林栽植前与对照样点在立地类型、植被模式等生态特征一致，即土壤本底值一样，样方数与沙棘林地一致，以作对照。

（2）采样方法

以死亡率作为沙棘人工林衰退程度的表征指标，根据沙棘林死亡率，将沙棘林样地分为 3 个衰退类型，将死亡率 0～30%沙棘人工林定义为轻度衰退沙棘人工林，轻度衰退沙棘人工林样方数 16 个；死亡率 30%～70%沙棘人工林定义为中度衰退沙棘人工林，中度衰退沙棘人工林样方数 17 个；死亡率 70%～100%沙棘人工林定义为重度衰退沙棘人工林，重度衰退沙棘人工林样方数 17 个。

（3）分析方法

选取土壤有机质、全氮、有效氮、速效磷、速效钾和 pH 6 个土壤养分指标，进行室内测定，测定方法如下：有机质的测定采用重铬酸钾-浓硫酸氧化法；全氮测定采用凯氏定氮法；有效氮的测定采用碱解扩散法；速效磷的测定采用 0.5 mol/L NaHCO$_3$ 浸提-钼蓝比色法；速效钾的测定采用 NH$_4$OAc 浸提-火焰光度法；pH 的测定采用电位法。

4.7.3　数据质量控制和评估

数据获取过程的质量控制：根据统一的调查规范方案，对所有参与调查的人员集中进行技术培训，尽可能地减少人为误差。

调查完成后的数据质量控制：调查人和记录人完成对数据的进一步核查，并补充相关信息；纸质版数据录入电脑过程中，采用 2 人同时输入数据的方式，自查并相互检查，以确保数据输入的准确性；野外纸质原始数据集妥善保存并备份。

数据质量评估：将所获取的数据与各项辅助信息数据以及历史数据信息进行比较，评价数据的正确性、一致性、完整性、可比性和连续性。

4.7.4　数据价值

目前针对不同衰退乃至死亡的沙棘人工林对土壤是否已产生了改良作用鲜少有研究报道。本研究选取吴起县不同衰退类型沙棘人工林为研究对象，探究沙棘人工林的改良土壤功能（刘蕾蕾等，2014）。

4.7.5　数据

相关数据见表 4 - 30 至表 4 - 32。

表 4 - 30　轻度衰退沙棘人工林土壤养分含量

土层深度/cm	有机质/ (g/kg)		全氮/ (g/kg)		有效氮/ (mg/kg)		速效磷/ (mg/kg)		速效钾/ (g/kg)		pH	
	沙棘	对照	沙棘	对照	沙棘	对照	沙棘	对照	沙棘	对照	沙棘	对照
0～10	8.77	8.74	0.53	0.61	32.07	34.50	1.27	0.88	11.03	9.26	8.93	8.85
10～20	7.74	7.74	0.49	0.52	26.41	32.04	1.03	0.71	8.59	6.46	8.98	8.87
20～40	6.93	4.10	0.43	0.32	22.39	14.23	0.76	0.73	7.83	5.18	9.00	8.86
40～60	6.03	3.83	0.37	0.26	21.04	16.06	0.96	0.73	7.53	5.18	8.98	8.88
0～60	7.07	5.39	0.44	0.38	24.22	21.19	0.96	0.75	8.39	6.07	9.08	8.87

注：数据采集人，刘蕾蕾；采集时间，2014 年。

表 4 - 31　中度衰退沙棘人工林土壤养分含量

土层深度/cm	有机质/ (g/kg)		全氮/ (g/kg)		有效氮/ (mg/kg)		速效磷/ (mg/kg)		速效钾/ (g/kg)		pH	
	沙棘	对照	沙棘	对照	沙棘	对照	沙棘	对照	沙棘	对照	沙棘	对照
0～10	10.34	9.37	0.56	0.61	36.45	38.63	1.21	1.03	10.35	9.26	8.88	8.85
10～20	7.18	6.7	0.42	0.52	25.12	32.04	0.91	0.71	7.59	6.46	8.93	8.87
20～40	5.56	4.1	0.33	0.33	20.16	14.23	0.9	0.79	7.17	5.18	8.96	8.86
40～60	4.76	3.83	0.29	0.26	17.03	14.26	0.91	0.77	6.63	5.18	9.72	8.88
0～60	6.36	5.32	0.37	0.39	22.66	21.28	0.96	0.81	7.59	6.07	9.19	8.87

注：数据采集人，刘蕾蕾；采集时间，2014 年。

表 4 - 32　重度衰退沙棘人工林土壤养分含量

土层深度/cm	有机质/ (g/kg)		全氮/ (g/kg)		有效氮/ (mg/kg)		速效磷/ (mg/kg)		速效钾/ (g/kg)		pH	
	沙棘	对照	沙棘	对照	沙棘	对照	沙棘	对照	沙棘	对照	沙棘	对照
0～10	8.77	9.37	0.49	0.61	27.89	30.70	0.98	0.75	9.84	9.26	8.97	8.85

（续）

土层深度/cm	有机质/（g/kg）		全氮/（g/kg）		有效氮/（mg/kg）		速效磷/（mg/kg）		速效钾/（g/kg）		pH	
	沙棘	对照	沙棘	对照	沙棘	对照	沙棘	对照	沙棘	对照	沙棘	对照
10～20	6.83	7.74	0.35	0.52	26.75	32.04	0.90	0.71	8.05	6.46	8.05	8.03
20～40	5.21	4.10	0.31	0.30	21.70	14.23	0.70	0.57	6.80	5.18	8.95	8.86
40～60	4.42	3.83	0.28	0.26	19.42	17.99	0.73	0.59	6.78	5.18	8.95	8.88
0～60	5.81	5.49	0.34	0.38	22.82	21.20	0.79	0.63	7.51	6.07	8.80	8.73

注：数据采集人，刘蕾蕾；采集时间，2014 年。

4.8 陕北黄土区山杏林下草本层植物群落特征研究数据集

4.8.1 引言

本数据集依托国家"十二五"林业科技支撑项目（2011BAD38B06），数据来源于王露露、朱清科等（2013）陕北黄土区山杏林下草本层植物群落特征研究。在森林生态系统中林下草本层是一个重要组成部分，特别是在人工林中，由于建群种种类单一，群落垂直结构简单，群落的物种多样性主要体现在林下草本层，另外，林下植被在促进系统养分循环、减少水土流失和维护林地土壤质量中也起着不可忽视的作用；林下草本层与生态系统各组分关系密切，其物种种类和生态型组成、多样性、生物量等群落特征随上层林木发育过程不断发生改变，也会随着生态环境条件的变化而变化，因此，人工林下草本层植物群落特征和演替方向是评价生态系统健康及生态恢复效果的重要依据。以往对陕北黄土区人工林的研究多集中在林分的径级和高度分布、生产力，林内土壤水分、养分状况上，对林下植物群落的研究则不多，主要为同龄不同密度条件下或同龄不同树种林下物种组成、多样性的差异（杨晓毅等，2011；高艳鹏等，2011），对不同立地类型人工林林下植物演替进程和群落特征鲜有研究。本研究根据陕西省吴起县不同立地类型 25 龄以上山杏人工纯林和山杏沙棘混交林林下草本层植被调查数据，探讨了在不同立地山杏林下草本层植物群落演替方向及其生态恢复效果。

研究区位于陕西省吴起县，107°38′57″E—108°32′49″E，36°33′33″N—37°24′27″N，属黄土高原梁状丘陵沟壑区，海拔 1 233～1 809 m。本数据集为 2013 年所调查的不同立地类型不同植被配置模式下的山杏林下草本层的物种组成、多样性、盖度和生物量分布等群落特征。

4.8.2 数据采集和处理方法

（1）观测样地

对吴起县城周边的杨青川流域、金佛坪流域、袁沟流域、柴沟流域进行全面调查，了解山杏老龄林的树种组成、龄级、立地类型等。立地类型的划分主要根据地形因子中的坡度和坡向，不考虑海拔、土壤等因素的影响，因此所选样地土壤类型相同，均为黄绵土，样地间高差在 100 m 以内。在黄土丘陵沟壑区，以 10°～35°的坡面分布面积最大，这类坡面也是营造人工林的重点，因此本研究选择在这一坡度区间内划分立地类型，10°～25°划为缓坡，25°～35°划为陡坡；坡向划分为阳坡和阴坡。在此基础上采用空间代替时间的方法，在以上 4 个小流域选择不同立地类型的 25 龄、40 龄山杏人工纯林和 40 龄山杏沙棘人工混交林典型样地。共有样地类型 11 种（阳向陡坡立地下没有山杏-沙棘混交林），每种类型取 3 个样地，共有样地数 33 个。

（2）采样方法

每个样地面积为 10 m×10 m，记录样地的位置、海拔、坡度、坡向，对样地内山杏打生长锥测定林分年龄。在每个样地的四角及中央布设 1 m×1 m 的草本层调查样方，记录草本样方中植物种类及每个种的个体数、高度和盖度，对样方内植物地上部分全部收获称量鲜重，并在每个山杏沙棘混交林样地的四角及中央布设 2 m×2 m 的灌木样方调查沙棘密度。

（3）分析方法

采用重要值测度群落种群组成，选取丰富度指数（S），Shannon-Wiener 指数（ISW）衡量植物群落物种多样性特征，Pielou 均匀度指数（J）衡量植物群落物种的分布均匀程度。

4.8.3　数据质量控制和评估

数据获取过程的质量控制：根据统一的调查规范方案，对所有参与调查的人员集中进行技术培训，尽可能地减少人为误差。

调查完成后的数据质量控制：调查人和记录人完成对数据的进一步核查，并补充相关信息；纸质版数据录入电脑过程中，采用 2 人同时输入数据的方式，自查并相互检查，以确保数据输入的准确性；野外纸质原始数据集妥善保存并备份。

数据质量评估：将所获取的数据与各项辅助信息数据以及历史数据信息进行比较，评价数据的正确性、一致性、完整性、可比性和连续性。

4.8.4　数据价值

本数据集选择该县不同立地类型保存下来的 70—80 年代营造的山杏人工纯林和山杏沙棘混交林的老龄林为研究对象，可通过对林下草本层物种组成、多样性、水分生态型、盖度和生物量分布等群落特征动态的研究，揭示陕北半干旱黄土区各立地类型下山杏人工林的林下草本层植物演替过程和方向及不同植被配置模式对林下草本层发育的长期影响，为该地区生态恢复中植被配置模式的选择提供依据（王露露等，2013）。

4.8.5　数据

相关数据见表 4-33 和表 4-34。

表 4-33　山杏人工林样地基本情况

样地编号	海拔/m	坡向	坡度/°	林龄/年	林型	山杏密度/（株/hm²）	沙棘密度/（株/hm²）
1	1 393	阴坡	16	24	山杏纯林	800	—
2	1 399	阴坡	22	27	山杏纯林	900	—
3	1 392	阴坡	23	25	山杏纯林	700	—
4	1 353	阴坡	23	44	山杏纯林	700	—
5	1 350	阴坡	20	41	山杏纯林	800	—
6	1 358	阴坡	18	40	山杏纯林	700	—
7	1 379	阴坡	21	45	山杏-沙棘混交林	500	5 000
8	1 374	阴坡	21	43	山杏-沙棘混交林	700	4 500
9	1 370	阴坡	22	41	山杏-沙棘混交林	700	4 300
10	1 374	阴坡	33	23	山杏纯林	800	—
11	1 379	阴坡	34	26	山杏纯林	900	—
12	1 375	阴坡	35	24	山杏纯林	900	—
13	1 395	阴坡	30	40	山杏纯林	800	—
14	1 390	阴坡	32	42	山杏纯林	800	—

（续）

样地编号	海拔/m	坡向	坡度/°	林龄/年	林型	山杏密度/（株/hm²）	沙棘密度/（株/hm²）
15	1 398	阴坡	33	43	山杏纯林	700	—
16	1 384	阴坡	33	41	山杏-沙棘混交林	500	3 200
17	1 386	阴坡	33	45	山杏-沙棘混交林	400	3 500
18	1 387	阴坡	34	42	山杏-沙棘混交林	600	2 800
1	1 417	阳坡	11	23	山杏纯林	800	—
2	1 405	阳坡	15	24	山杏纯林	700	—
3	1 400	阳坡	19	26	山杏纯林	800	—
4	1 330	阳坡	12	43	山杏纯林	700	—
5	1 349	阳坡	13	40	山杏纯林	500	—
6	1 344	阳坡	15	41	山杏纯林	700	—
7	1 306	阳坡	13	39	山杏纯林	400	1 100
8	1 334	阳坡	15	40	山杏纯林	400	700
9	1 317	阳坡	12	43	山杏纯林	400	900
10	1 406	阳坡	28	25	山杏纯林	700	—
11	1 410	阳坡	30	27	山杏纯林	800	—
12	1 417	阳坡	32	27	山杏纯林	700	—
13	1 436	阳坡	34	40	山杏纯林	500	—
14	1 420	阳坡	30	40	山杏纯林	400	—
15	1 415	阳坡	31	43	山杏纯林	400	—

注：数据采集人，王露露；采集时间，2013 年。

表 4-34　不同立地类型不同植被配置模式山杏林林下草本层物种组成

立地类型	林型	林龄/年	优势种	主要伴生种
阴向缓坡	I	25	铁杆蒿、达乌里胡枝子	阿尔泰狗娃花、大披针苔草、甘草、草木樨状黄芪、火绒草、冰草
	I	40	大披针苔草、铁杆蒿	阿尔泰狗娃花、长芒草、达乌里胡枝子、火绒草、中华隐子草、糙隐子草
	II	40	铁杆蒿、茭蒿、大披针苔草	野菊花、星毛委陵菜、冰草、阿尔泰狗娃花、长芒草
阴向陡坡	I	25	铁杆蒿	达乌里胡枝子、阿尔泰狗娃花、冰草、大披针苔草、茭蒿、长芒草、茵陈蒿
	I	40	大披针苔草、铁杆蒿	茭蒿、达乌里胡枝子、冰草、阿尔泰狗娃花、丛生隐子草、糙隐子草
	II	40	铁杆蒿、大披针苔草	阿尔泰狗娃花、星毛委陵菜、火绒草、苦荬菜、冰草、尖叶胡枝子
阳向缓坡	I	25	铁杆蒿、达乌里胡枝子	冷蒿、大披针苔草、中华隐子草、长芒草、阿尔泰狗娃花、茵陈蒿
	I	40	大披针苔草、铁杆蒿	阿尔泰狗娃花、山苦荬、长芒草、达乌里胡枝子、茭蒿、茵陈蒿
	II	40	大披针苔草、铁杆蒿	星毛委陵菜、火绒草、中华隐子草、阿尔泰狗娃花、达乌里胡枝子、茭蒿
阳向陡坡	I	25	星毛委陵菜、铁杆蒿	茭蒿、阿尔泰狗娃花、大披针苔草、达乌里胡枝子、中华隐子草、丛生隐子草
	I	40	甘草、大披针苔草	达乌里胡枝子、茭蒿、铁杆蒿、中华隐子草、长芒草、阿尔泰狗娃花

注：优势种和主要伴生种仅列出了重要值排名排序前 8 位。数据采集人，王露露；采集时间，2013 年。

4.9　陕北半干旱黄土区生物土壤结皮理化性质数据集

4.9.1　引言

本数据集依托国家"十一五"科技支撑项目（2006BAD03A0302），数据来源于王蕊、朱清科等（2010）黄土丘陵沟壑区生物土壤结皮理化性研究。生物土壤结皮是藓类、叶苔、蓝绿藻、地衣类、真菌和细菌以及许多景观中常见的非维管束植物成分，在参与表土形成时产生的十分复杂的复合体（Eldridge D、Greene R，1994）。作为先锋拓殖生物，生物结皮具有极强的耐旱和繁殖能力，可加速土壤的形成，并形成有机腐殖质层，为草本和木本植物的侵入提供有利环境，从而促进植被恢复。

研究区位于陕西省延安市西北部的吴起县，地处 $107°38'57''E—108°32'49''E$，$36°33'33''N—37°24'27''N$。本数据集为 2008 年通过野外调查和室内分析所调查的位于不同地形条件下的不同生物结皮在不同盖度下的植被群落的物种组成、数量特征以及土壤的各项理化性质。

4.9.2　数据采集和处理方法

（1）观测样地

2008 年 7 月在陕西省吴起县合沟流域进行了结皮调查和样本采集。在流域内选择不同盖度的生物结皮，采用随机抽样法，设立规格为 1 m×1 m 的样方。

（2）采样方法

样方调查记录样方坡度、坡向、坡位、植物类型、植被盖度等立地条件，使用镰刀和剪子除去地上草本植物后估算结皮盖度。将 1 m×1 m 样方分为 4 个象限，每一象限内估算结皮盖度后加和，多人多次估算，取平均值为最后的结皮盖度值。用钢卷尺测定结皮厚度，结皮厚度指土壤较为干燥时施加外力能够使生物结皮层完整自然剥离的厚度，是生物结皮层及所黏附土壤层的总厚度，为 1～5 mm。在典型样方内，使用铁铲和土壤刀采集土壤结皮样本。为使样本具有代表性，在样方内以"S"形取土，装入土壤袋封存。同时，采集研究区内没有形成生物结皮的土壤表层样本（即结皮盖度为 0）与黄土对照样本。

（3）分析方法

结皮层土壤理化性质测定采用常规方法进行（中国土壤学会农业化学专业委员会，1984）。分别测定以下理化指标：土壤颗粒组成（比重计法）、pH（定位法）、土壤有机质（稀释热法）、土壤全氮（半微量开氏法）、土壤速效磷（钼锑抗比色法）、土壤速效氮（水解氮法）、土壤速效钾（火焰光度法）、土壤中的微量元素（H_2O_2-HF 消煮-ICP 光谱仪）。

4.9.3　数据质量控制和评估

数据获取过程的质量控制：根据统一的调查规范方案，对所有参与调查的人员集中进行技术培训，尽可能地减少人为误差。

调查完成后的数据质量控制：调查人和记录人完成对数据的进一步核查，并补充相关信息；纸质版数据录入电脑过程中，采用 2 人同时输入数据的方式，自查并相互检查，以确保数据输入的准确性；野外纸质原始数据集妥善保存并备份。

数据质量评估：将所获取的数据与各项辅助信息数据以及历史数据信息进行比较，评价数据的正确性、一致性、完整性、可比性和连续性。

4.9.4　数据价值

目前国内相关研究主要集中在沙区，有关黄土区生物结皮的研究鲜有报道，还处于起步阶段（赵允格等，2006；吴发启、范文波，2001；肖波等，2007）。本数据集通过研究不同盖度的生物结皮理化性质，分析生物结皮盖度与土壤因子之间的相关关系，来确定生物结皮发育对土壤理化特性的影响，为利用生物结皮进行黄土区生态修复提供有益参考（王蕊等，2010）。

4.9.5　数据

相关数据见表 4-35 至表 4-37。

表 4-35　生物结皮采样点概况

采样编号	坡度/°	坡向	坡位	结皮盖度/%	结皮厚度/mm	结皮种类	植物种类	植被盖度/%
1	25	阳	坡下	0	1	无	针茅、胡枝子	10
2	27	半阳	坡上	10	1.2	地衣	铁杆蒿、胡枝子	35
3	35	阳	坡上	25	1.8	地衣	沙棘、针茅	30
4	27	半阳	坡上	32	2.4	地衣	茭蒿、胡枝子	30
5	13	半阳	坡中	47	2	地衣-苔藓	茭蒿、胡枝子、针茅	60
6	35	半阳	坡中	54	3.2	地衣-苔藓	针茅、茭蒿、胡枝子	45
7	24	阳	坡中	62	3.7	地衣-苔藓	星毛萎菱菜、针茅	20
8	70	半阴	坡上	71	4.2	地衣-苔藓	针茅	13
9	64	半阳	坡上	83	4.5	苔藓-地衣	铁杆蒿、胡枝子	5
10	30	阳	坡下	95	4	地衣-苔藓	胡枝子、针茅	50

注：数据采集人，王蕊；采集时间，2008 年 7 月。

表 4-36　不同结皮盖度的土壤养分及 pH

编号	结皮盖度/%	有机质/%	全氮/%	全磷/(mg/kg)	速效氮/(mg/kg)	速效磷/(mg/kg)	速效钾/(mg/kg)	pH
S1	0	0.967	0.045	421.48	10.15	2.7	63.000	8.17
S2	10	0.934	0.058	633.66	36.75	5.3	70.858	8.11
S3	25	1.166	0.064	617.46	26.95	3.4	47.284	8.09
S4	32	1.200	0.063	717.25	22.05	3.7	55.110	8.08
S5	47	1.416	0.054	778.44	28.35	3.5	68.410	8.06
S6	54	1.623	0.058	730.75	26.25	3.2	44.732	8.07
S7	62	1.315	0.069	867.98	21.35	3.1	73.887	8.10
S8	71	1.697	0.083	848.27	33.25	3.7	58.594	7.98
S9	83	2.281	0.119	1 000.22	40.25	4.8	67.594	7.95
S10	95	2.727	0.142	897.17	43.75	3.7	53.816	7.96
对照		0.730	0.020	273.15	8.14	5.5	60.680	8.50

注：数据采集人，王蕊；采集时间，2008 年 7 月。

表 4-37　不同结皮盖度的土壤化学元素

编号	结皮盖度/%	钾/(mg/kg)	钠/(mg/kg)	钙/(mg/kg)	镁/(mg/kg)	铁/(mg/kg)	锰/(mg/kg)	铜/(mg/kg)	锌/(mg/kg)	镉/(mg/kg)	镍/(mg/kg)	钴/(mg/kg)
S1	0	15 939.54	12 860.36	41 601.22	9 547.03	9 486.74	68.79	13.15	30.63	27.54	11.08	4.26
S2	10	17 928.35	14 171.40	49 134.43	12 001.49	16 818.93	408.71	23.16	49.95	33.92	22.71	7.74

（续）

编号	结皮 盖度/%	钾/ (mg/kg)	钠/ (mg/kg)	钙/ (mg/kg)	镁/ (mg/kg)	铁/ (mg/kg)	锰/ (mg/kg)	铜/ (mg/kg)	锌/ (mg/kg)	镉/ (mg/kg)	镍/ (mg/kg)	钴/ (mg/kg)
S3	25	18 431.92	14 431.78	43 488.78	15 702.53	35 384.42	407.22	28.16	64.28	47.00	22.54	8.04
S4	32	19 025.36	15 200.81	58 250.20	16 185.37	28 992.29	368.48	36.85	47.25	52.66	16.23	6.36
S5	47	18 431.92	15 241.20	56 046.75	14 551.92	30 991.19	377.58	15.22	39.10	30.50	14.40	5.83
S6	54	19 025.36	14 703.42	57 790.21	15 774.38	33 397.03	393.02	32.40	51.88	40.68	20.38	7.37
S7	62	19 389.65	15 341.26	62 234.75	17 167.72	30 545.86	401.50	19.30	50.58	32.62	17.43	6.66
S8	71	18 322.82	15 546.44	64 189.93	17 386.46	30 848.05	353.78	17.21	44.74	31.03	17.77	6.97
S9	83	18 254.37	15 475.48	60 253.35	18 078.63	35 621.74	397.37	22.06	55.03	35.67	20.98	7.43
S10	95	20 682.29	15 407.57	66 301.81	17 600.42	37 030.52	485.77	29.15	59.83	39.27	21.90	8.01
对照		6 234.09	5 358.64	21 840.88	5 961.83	10 822.81	117.59	6.11	14.60	11.55	5.11	3.28

4.10　晋西黄土区主要水土保持树种光合和蒸腾特性研究数据集

4.10.1　引言

本研究由国家"十二五"科技支撑项目（2011BAD38B06）承担。

光合作用是植物吸收阳光的能量，同化二氧化碳和水，制造有机物质并释放氧气的过程，是植物生长和物质累积的基础，光合作用除了为地球生命提供有机物质以外，还和环境生态问题密切相关，尤其是目前备受关注的"温室效应"；植物的蒸腾作用是植物运输水分和营养物质的动力，但也会引起过分的水分消耗，在黄土区干旱缺水的背景下，针对植物本身展开植物用水有效性研究，提高单位蒸腾水的生物产量，即提高植物本身的水分利用效率，这是半干旱区造林的核心问题（王会肖等，2003）。

为了探讨黄土高原地区主要造林树种的抗旱能力和水分利用效率，本文依托"十一五"国家科技支撑"黄土高原半湿润区水土保持植被恢复技术试验示范"项目，以刺槐、油松和侧柏为研究对象，通过测定 3 种树种的光合、蒸腾等生理因子，比较 3 种树种在黄土高原的适应能力以及水土保持性能的优劣，并对其环境适应性进行评价，以期为黄土高原水土保持植被的恢复与重建提供理论依据。

4.10.2　数据采集方法

（1）叶片光合速率、蒸腾速率测定

在待测定的样本树上选择受光良好的顶端新叶，于 2010 年 7—9 月，2011 年 5—6 月每月选择一个典型晴天利用便携式光合仪（li-COR 6400，LI-COR Inc. Lincoln，USA）（PPFD，400～700 nm），测定光合作用及蒸腾作用的日变化。同时，测定气温（T_a，℃）、叶温（T_l，℃）、光合有效辐射 [PAR，$\mu mol/(m^2 \cdot s)$]、空气相对湿度（RH，%）、大气 CO_2 浓度（C_a，$\mu mol/mol$）、胞间 CO_2 浓度（C_i，$\mu mol/mol$）、净光合速率 [P_n，$\mu mol/(m^2 \cdot s)$]、蒸腾速率 [T_r，$mmol/(m^2 \cdot s)$]、气孔导度 [G_s，$mol/(m^2 \cdot s)$] 和叶片水压亏缺（Vpdl，KPa）等指标。测定时间从 8：00 至 19：00，每 1 h 测定一次，每次 5 个，分析数据时取平均值。

WUE＝净光合速率（P_n）/叶片蒸腾速率（T_r）

$$L_s(\%) = (C_a - C_i)/(C_a - J) \times 100\%$$

实验得出油松和侧柏的叶面积和叶干重（105℃，12 h）之间的转换关系（李家龙，1985）：油松 $A(cm^2) = 165 \times W(g)$；侧柏 $A(cm^2) = 161 \times W(g)$。$W$ 为叶干重，用烘干法测定。

$$A = 2L(1 + \pi/n)\sqrt{nV/\pi L}$$

（2）响应曲线测定

在树木的生长盛期（7—8月）的典型晴天，刺槐、油松、辽东栎光响应曲线测定时间分别为7月10日、7月18日、7月20日，在上午9：00至11：00选择样木生长健康的功能叶进行测定。进行光响应曲线测定时，采用红蓝光源控制光强，用6400-01液态钢瓶作为CO_2气源，叶室中CO_2浓度控制为400 $\mu mol/mol$，流速设定为500 $\mu mol/s$，叶室温度控制为25℃。测定光合响应曲线时，设定叶室内光合有效辐射［PAR，$\mu mol/（m^2 \cdot s）$］梯度为：2 000、1 800、1 600、1 400、1 200、1 000、800、500、200、100、80、50、20、0共14个水平，由仪器自动记录数据。

（3）树干液流测定方法

利用TDP热扩散探针，于2010年7月至2011年6月对刺槐、油松、栎树各三株进行测定，每隔10 min测定1次，30 min内对测定数据进行平均并存储。树干液流的计算采用Granier（1987）得出的计算公式，如下式所示。

$$F_d = 119 \times 10^{-6} \left(\frac{\Delta T_M - \Delta T}{\Delta T} \right)^{1.231}$$

4.10.3　数据质量控制和评估

数据获取过程的质量控制：根据统一的调查规范方案，对所有参与调查的人员集中进行技术培训，尽可能地减少人为误差。

调查完成后的数据质量控制：调查人和记录人完成对数据的进一步核查，并补充相关信息；纸质版数据录入电脑过程中，采用2人同时输入数据的方式，自查并相互检查，以确保数据输入的准确性；野外纸质原始数据集妥善保存并备份。

数据质量评估：将所获取的数据与各项辅助信息数据以及历史数据信息进行比较，评价数据的正确性、一致性、完整性、可比性和连续性。

4.10.4　数据

相关数据见表4-38至表4-48。

表4-38　样木及林分基本情况调查

样木（林分）		树龄/年	树高/m	胸径/cm	枝下高/m	冠福/m	林分密度/（株/hm²）	林分面积/m²	坡度/°	坡向	郁闭度/%
刺槐	样木1	15	5.31	4.51	3.46	2.56	1 325	207	25	北17°	80
	样木2	15	8.93	7.55	5.92	3.05					
	样木3	15	11.2	10.49	6.13	3.83					
油松	样木1	19	5.48	7.50	2.14	2.84	1 733	500	23	北17°	71
	样木2	19	7.72	10.47	2.78	3.25					
	样木3	19	9.47	13.52	5.50	3.56					
辽东栎	样木1	13	5.03	4.50	2.84	2.53	1 080	130	35	北40°	40
	样木2	16	8.7	8.49	4.62	3.18					
	样木3	19	11.37	12.51	5.32	3.89					

注：采集人，徐佳佳；采集时间，2011年。

表4-39　刺槐、油松、辽东栎的光响应

光合有效辐射/［$\mu mol/（m^2 \cdot s^2）$］	净光合速率/［$\mu mol/（m^2 \cdot s）$］		
	油松	刺槐	辽东栎
0.41	−1.30	−1.70	−1.41

（续）

光合有效辐射/ [μmol/（m² · s²）]	净光合速率/［μmol/（m² · s）］		
	油松	刺槐	辽东栎
19.69	−0.08	−0.19	−0.48
49.58	0.30	0.87	0.79
80.33	0.97	1.87	1.73
101.13	1.65	2.28	2.55
199.75	3.45	5.55	5.13
500.45	5.30	9.42	7.43
798.78	6.61	11.59	8.10
999.49	6.48	12.09	8.14
1 199.35	6.89	12.64	8.21
1 399.00	6.98	13.09	8.29
1 601.10	7.25	13.53	8.33
1 800.40	7.01	13.79	8.40
1 999.98	7.38	14.30	8.42

注：采集人，徐佳佳；采集时间，2011 年。

表 4 - 40　2011 年各月刺槐液流速率日变化

单位：cm/h

时间	5 月	6 月	7 月	8 月	9 月
0：00	4.61	0.96	0.91	0.96	0.89
1：00	3.9	0.91	0.76	1.08	0.76
2：00	3.78	0.8	0.81	1.23	0.71
3：00	3.6	0.78	1	1.45	0.85
4：00	3.58	0.83	1.19	1.58	1.2
5：00	3.64	0.9	1.39	1.64	1.49
6：00	3.9	1.01	1.46	1.7	1.68
7：00	3.65	1.13	1.3	1.56	1.84
8：00	3.79	0.5	1.16	1.22	1.63
9：00	8.2	0.89	4.7	6.85	1.17
10：00	12.44	2.09	5.92	7.87	7.07
11：00	12.53	2.82	6.57	8.47	8.87
12：00	13.24	4.13	6.52	8.38	9.46
13：00	13.12	4.96	6.24	8.58	9.47
14：00	13.12	6.11	6.21	8.55	8.26
15：00	13.33	5.97	6.06	8.81	6.49
16：00	13.54	6.62	5.83	9.03	4.73
17：00	12.59	7.36	5.12	9.21	2.35
18：00	11.47	6.71	4.2	8.39	1.99
19：00	9.64	5.17	2.9	5.74	2.09

（续）

时间	5月	6月	7月	8月	9月
20：00	8.23	2.49	1.72	2.94	2.19
21：00	6.39	1.32	1.28	1.74	2.27
22：00	4.6	0.63	1	1.27	2.28
23：00	3.94	0.4	0.9	1.1	2.4

注：采集人，徐佳佳；采集时间，2011年。

表 4-41　2011 年各月油松液流速率日变化

单位：cm/h

时间	5月	6月	7月	8月	9月
0：00	1.5	2.86	0.99	1.08	1.31
1：00	1.38	2.59	1.03	0.71	1.58
2：00	1.32	2.49	1.06	1.07	1.81
3：00	1.24	2.52	1.07	1.1	1.98
4：00	1.14	2.42	1.2	0.84	2.04
5：00	1.11	2.48	1.13	1.07	1.95
6：00	1.1	2.4	1.11	1.14	2.04
7：00	1.28	1.69	0.71	0.92	2.28
8：00	2.01	0.99	0.43	2.68	2.18
9：00	4.12	1.09	4.45	6.29	1.32
10：00	5.2	0.81	8.6	10.72	4.2
11：00	6.07	1.73	10.1	11.3	8.3
12：00	6.29	1.87	10.57	12.03	10.06
13：00	6.51	1.89	9.95	12.25	10.19
14：00	6.25	2.79	9.57	11.8	9.72
15：00	5.03	2.31	9.72	10.77	9.1
16：00	4.02	3.29	9.36	9.47	8.85
17：00	4.64	3.19	8.85	7.26	7.74
18：00	4.11	2.74	7.02	5.78	4.47
19：00	3.09	2.55	4.32	3.62	1.35
20：00	1.74	2.65	1.41	1.24	0.54
21：00	1.56	2.44	0.45	0.18	0.3
22：00	1.43	2.04	0.37	0.88	0.36
23：00	1.54	2.12	0.44	1.03	0.47

注：采集人，徐佳佳；采集时间，2011年。

表 4-42　2011 年各月辽东栎液流速率日变化

单位：cm/h

时间	5月	6月	7月	8月	9月
0：00	6.19	1.55	1.22	2.15	1.87

（续）

时间	5 月	6 月	7 月	8 月	9 月
1：00	6	1.48	1.3	2.09	1.88
2：00	6.13	1.6	1.29	2.24	1.95
3：00	6.22	1.71	1.33	2.34	1.95
4：00	6.21	1.83	1.32	2.37	1.9
5：00	6.24	1.91	1.34	2.39	1.86
6：00	6.08	1.98	1.31	2.45	1.85
7：00	5.6	1.82	1.2	2.32	1.8
8：00	4.54	1.26	0.82	1.33	1.45
9：00	6.17	3.45	1.26	1.51	1
10：00	9.78	3.4	5.05	4.03	0.25
11：00	11.82	3.78	5.86	8.05	3.33
12：00	11.93	3.18	6.16	7.68	5.6
13：00	11.72	3.28	5.47	8.31	5.14
14：00	11.43	3.1	5.71	8.11	5.01
15：00	11.4	2.84	5.59	7.09	4.72
16：00	10.68	2.9	5.21	7.64	4.85
17：00	10.24	2.41	5.07	6.89	3.38
18：00	8.89	2.05	4.04	5.01	1.54
19：00	6.79	1.67	2.59	2.65	1.08
20：00	4.66	0.22	0.89	2.28	0.83
21：00	3.64	0.02	0.57	2.2	0.88
22：00	3.73	0	0.52	2.21	1.02
23：00	3.86	0.1	0.52	2.23	1.12

注：采集人，徐佳佳；采集时间，2011 年。

表 4 - 43　2011 年各月刺槐叶片的蒸腾速率日变化

单位：mmol/（m² · s）

时间	5 月	6 月	7 月	8 月	9 月
8：00	0.73	0.32	0.57	0.25	0.74
9：00	1.22	0.59	1.37	0.43	0.75
10：00	1.30	1.30	2.35	2.06	0.70
11：00	1.37	1.35	3.37	1.45	0.87
12：00	1.65	1.17	2.47	1.38	1.24
13：00	0.99	1.17	2.20	1.36	1.29
14：00	1.38	1.04	1.79	0.87	1.50
15：00	1.98	1.38	1.73	1.98	1.49
16：00	1.63	1.04	1.79	1.42	1.18
17：00	1.12	0.99	1.18	1.17	0.72
18：00	0.51	0.63	0.84	1.01	0.22
19：00	0.36	0.26	0.51	0.36	0.19

注：采集人，徐佳佳；采集时间，2011 年。

表 4 - 44　2011 年各月油松叶片的蒸腾速率日变化

单位：mmol/（m² · s）

时间	5 月	6 月	7 月	8 月	9 月
8：00	0.55	0.14	0.59	0.54	0.38
9：00	0.52	0.20	0.66	0.91	0.35
10：00	0.64	0.30	0.86	0.94	0.42
11：00	0.87	0.41	0.90	0.99	0.53
12：00	1.35	0.74	1.07	1.02	0.66
13：00	0.88	1.23	1.20	1.02	0.73
14：00	0.82	1.35	1.21	1.43	0.93
15：00	0.48	0.53	1.58	0.87	0.88
16：00	0.62	1.18	1.32	0.62	0.83
17：00	0.84	0.89	1.36	0.55	0.53
18：00	0.54	0.57	1.56	0.43	0.32
19：00	0.25	0.49	0.52	0.25	0.23

注：采集人，徐佳佳；采集时间，2011 年。

表 4 - 45　2011 年各月辽东栎的蒸腾速率日变化

单位：mmol/（m² · s）

时间	5 月	6 月	7 月	8 月	9 月
8：00	0.48	0.16	0.32	0.30	0.53
9：00	0.60	0.19	0.61	0.42	0.59
10：00	0.76	0.58	0.66	0.51	0.72
11：00	1.37	1.63	0.75	0.85	0.85
12：00	1.54	2.32	1.01	1.14	0.99
13：00	1.58	3.11	1.22	1.40	1.44
14：00	1.24	3.06	1.55	1.31	1.49
15：00	1.19	1.84	1.70	1.01	1.27
16：00	0.82	1.23	0.89	1.26	1.09
17：00	0.32	0.80	0.64	0.54	0.77
18：00	0.25	0.58	0.51	0.40	0.32
19：00	0.19	—	—	0.31	—

注：采集人，徐佳佳；采集时间，2011 年。

表 4 - 46　2011 年刺槐各月水分利用效率日变化

单位：μmol/mmol

时间	5 月	6 月	7 月	8 月	9 月
8：00	3.84	9.51	3.83	1.84	2.73
9：00	4.26	9.31	1.80	1.83	3.27
10：00	3.99	4.89	1.56	3.14	3.95
11：00	3.94	3.72	2.00	2.93	3.32

（续）

时间	5 月	6 月	7 月	8 月	9 月
12：00	2.70	2.48	2.25	2.09	3.35
13：00	2.48	1.78	1.97	1.90	3.69
14：00	2.85	2.05	1.55	0.44	4.23
15：00	2.52	0.56	1.37	1.78	2.67
16：00	2.43	−0.37	1.65	2.58	3.25
17：00	2.95	0.37	2.25	3.53	2.69
18：00	1.66	1.79	1.89	1.48	4.72
19：00	−0.55	1.71	1.56	−0.51	−2.62

注：采集人，徐佳佳；采集时间，2011 年。

表 4 - 47　2011 年油松各月水分利用效率日变化

单位：μmol/mmol

时间	5 月	6 月	7 月	8 月	9 月
8：00	3.52	5.78	1.97	2.42	0.84
9：00	4.05	4.85	2.18	1.64	2.34
10：00	3.61	3.18	2.06	1.80	2.48
11：00	4.78	3.20	3.66	2.17	2.63
12：00	3.79	2.29	3.81	3.11	3.58
13：00	5.17	2.66	3.46	4.50	3.54
14：00	4.03	2.25	3.75	1.84	4.28
15：00	3.84	2.19	2.61	2.89	3.65
16：00	2.66	1.76	1.44	3.28	2.20
17：00	1.92	1.98	2.00	2.26	1.98
18：00	1.30	2.74	1.92	1.68	1.17
19：00	−0.28	1.99	2.34	2.45	−2.39

注：采集人，徐佳佳；采集时间，2011 年。

表 4 - 48　2011 年辽东栎各月水分利用效率日变化

单位：μmol/mmol

时间	5 月	6 月	7 月	8 月	9 月
8：00	0.44	0.35	1.93	1.72	−0.65
9：00	3.28	1.81	1.24	1.60	1.09
10：00	2.45	2.60	1.59	2.07	2.73
11：00	1.44	1.03	1.83	2.05	3.13
12：00	1.79	2.15	1.96	2.82	2.94
13：00	2.96	2.11	2.66	2.03	2.11
14：00	1.99	1.79	2.15	1.39	1.83
15：00	0.80	2.19	1.97	1.27	1.41
16：00	0.52	1.14	2.51	1.59	1.30

（续）

时间	5月	6月	7月	8月	9月
17：00	1.24	1.40	1.16	0.73	1.14
18：00	0.30	0.55	−1.71	−1.68	−2.15

注：采集人，徐佳佳；采集时间，2011年。

4.11 晋西黄土高原不同植被覆盖下的土壤抗冲性研究数据集

4.11.1 引言

本研究由国家林业公益性行业科研专项"天然林保护等林业工程生态效益评价研究"（201304308）承担。

由于黄土高原植被覆盖率低等自然因素以及人为因素的影响，水土流失异常严重，是我国重点防治的区域。造成黄土高原土壤侵蚀剧烈的主要原因是土壤抗冲性弱，而使冲刷过程非常强烈。土壤抗冲性是客观反映土壤抵抗径流的冲刷能力，是研究土壤侵蚀机理的一个重要方面。研究土壤抗冲性，不仅可以反映黄土高原植被改良土壤效益的高低，也可以为黄土高原水土保持林生态效益的评价提供科学依据。

本研究通过样地选择、林分调查、野外实地放水冲刷法与室内实验相结合的方式，以晋西黄土高原山西吉县蔡家川流域6种林分类型为研究对象，荒草地与农地作为对照，以坡度、枯落物、生物多样性作为土壤抗冲性的影响因子，探讨不同植被覆盖下的土壤抗冲性。

4样地信息：实验区是北京林业大学所属的山西吉县森林生态系统国家野外科学观测研究站所在地的吉县蔡家川流域，该流域属于黄河的一级支流。地理坐标为110°39′45″E—110°47′45″E、36°14′27″N—36°18′23″N。

4.11.2 数据采集和处理方法

（1）土壤抗冲性测定

采用张建军等（1998）设计的野外实地放水冲刷法，它克服了原状土冲刷法对土体的扰动，保证了土壤外在环境的原有性，数据精确度高。2013年5—8月对山西省吉县蔡家川林场不同植被类型在不同坡度条件下进行放水冲刷，为使数据精确，选择不同植被类型15~17个样地，每个样地重复冲刷3次。在实验区选择好样地后，用两块长2 m、宽0.15 m的铁板相距0.1 m沿坡面插入土壤中围成冲刷槽，冲刷区面积为0.2 m²，供水系统采用容积为200 L的马里奥托瓶，以保证进入冲刷槽的水量稳定。实验时，打开马里奥托瓶的阀门，保证恒定的流量与流速进入给水槽底部，水流进入给水槽后上升，至溢流口后沿坡面溢流进入冲刷槽（这样可以保证进入实验区的水流初速度为零）。冲刷水流进入实验区后，对坡面进行侵蚀、冲刷，然后进入冲刷区下端的集水槽。在集水槽中测定泥水总量，并取泥水样，带回实验室利用过滤烘干法计算泥水样中的泥沙量，单位体积冲刷水流的泥沙量代表土壤抗冲性（g/L）。土壤抗冲开始前，用直尺量出样地的枯落物厚度。

（2）多样性指数的计算

利用采集的数据计算生物多样性指数，多样性指数是把物种丰富度与物种多度结合起来的函数，Simpson指数（D）公式为：$D=1-\sum pi^2=1-\sum (Ni/N)^2$，$Pi=Ni/N$（刘晓红等，2008），式中，$Ni$为样方中第$i$种的单个数，$N$为样方全部物种的总数（贾俊姝等，2006）。

物种丰富度指数是在一定空间范围内研究生物的丰富程度。丰富度（R）选用群落物种数（S）作为丰富度指标，即$R=S$。

均匀度指数是把物种丰富度与均匀度结合起来的一个统计量（刘晓红等，2008）。

4.11.3　数据质量控制和评估

数据获取过程的质量控制：根据统一的调查规范方案，对所有参与调查的人员集中进行技术培训，尽可能地减少人为误差。

调查完成后的数据质量控制：调查人和记录人完成对数据的进一步核查，并补充相关信息；纸质版数据录入电脑过程中，采用 2 人同时输入数据的方式，自查并相互检查，以确保数据输入的准确性；野外纸质原始数据集妥善保存并备份。

数据质量评估：将所获取的数据与各项辅助信息数据以及历史数据信息进行比较，评价数据的正确性、一致性、完整性、可比性和连续性。

4.11.4　数据

相关数据见表 4-49 至表 4-56。

表 4-49　样地基本概况

林地种类	海拔/m	坡度/°	坡向	林龄/年	平均胸径/cm	平均树高/m	郁闭度/%	平均冠幅/m	草本层平均盖度/%
刺槐林	1 176	29	北 238	17	29.6	7.86	80	3.25	40
油松林	1 160	20	北 176	20	30.09	6.91	70	3.39	60
侧柏林	1 206	26	北 246	18	20.98	5.17	75	1.28	55
刺槐×侧柏混交林	1 234	28	北 158	18	25.08	7.62	70	2.57	35
次生林	1 064	24	北 179	16	23.94	7.68	85	2.8	20
经济林（山杏）	1 178	16.5	北 142	15	54.88	4.2	65	4.74	10
荒草地	993	19	北 96	—	—	0.27	—	—	57
农地	1 077	26	北 147	—	—	0.81	—	—	—

注：采集人，王丹丹；采集时间，2014 年。

表 4-50　刺槐林生物多样性相关指标及地表径流的泥沙含量

林地	林龄/年	坡度/°	Simpson 指数	丰富度指数	均匀度指数	泥沙量/（g/L）
刺槐林	17	5	0.883	25	0.274	0.68
		10	0.767	22	0.248	0.97
		15	0.673	19	0.229	1.57
		20	0.582	18	0.201	2.91
		25	0.463	16	0.167	3.87
		30	0.342	15	0.126	4.73
		35	0.273	13	0.103	5.14

注：采集人，王丹丹；采集时间，2014 年。

表 4-51　油松林生物多样性相关指标及地表径流的泥沙含量

林地	林龄/年	坡度/°	Simpson 指数	丰富度	均匀度	泥沙量/（g/L）
油松林	30	10	0.907	24	0.285	0.76
		15	0.634	15	0.234	0.89
		20	0.376	12	0.151	1.40

（续）

林地	林龄/年	坡度/°	Simpson 指数	丰富度	均匀度	泥沙量/（g/L）
油松林	20	10	0.830	21	0.273	0.82
		15	0.548	14	0.208	0.97
		20	0.298	10	0.129	1.60
	10	10	0.735	17	0.259	0.85
		15	0.486	12	0.179	1.05
		20	0.156	10	0.068	2.00

注：采集人，王丹丹；采集时间，2014 年。

表 4-52　侧柏林生物多样性相关指标及地表径流的泥沙含量

林地	林龄/年	坡度/°	Simpson 指数	丰富度指数	均匀度指数	泥沙量/（g/L）
侧柏林	10	5	0.809	30	0.240	0.83
		10	0.741	26	0.227	1.25
		15	0.692	24	0.218	1.91
		20	0.604	18	0.209	2.76
		25	0.457	18	0.158	3.09
		30	0.231	10	0.100	7.79
		35	0.127	6	0.070	9.72

注：采集人，王丹丹；采集时间，2014 年。

表 4-53　混交林生物多样性相关指标及地表径流的泥沙含量

林地	林龄/年	坡度/°	Simpson 指数	丰富度指数	均匀度指数	泥沙量/（g/L）
刺槐×侧柏	13	5	0.905	24	0.285	0.59
		10	0.828	22	0.268	0.78
		15	0.785	20	0.262	1.22
		20	0.668	18	0.231	1.97
		25	0.547	16	0.197	2.34
		30	0.411	16	0.148	2.97
		35	0.219	13	0.085	4.82

注：采集人，王丹丹；采集时间，2014 年。

表 4-54　次生林生物多样性相关指标及地表径流的泥沙含量

林地	林龄/年	坡度/°	Simpson 指数	丰富度指数	均匀度指数	泥沙量/（g/L）
次生林	12	5	0.937	30	0.281	0.34
		10	0.854	28	0.256	0.49
		15	0.701	26	0.215	0.84
		20	0.668	25	0.205	1.39
		25	0.587	24	0.185	1.81
		30	0.501	19	0.17	2.27
		35	0.403	16	0.145	3.19

注：采集人，王丹丹；采集时间，2014 年。

表 4 - 55　山杏生物多样性相关指标及地表径流的泥沙含量

林地	林龄/年	坡度/°	Simpson 指数	丰富度指数	均匀度指数	泥沙量/ (g/L)
山杏	15	5	0.522	14	0.198	2.21
		10	0.417	11	0.174	3.72
		15	0.346	9	0.157	6.44
		20	0.226	8	0.109	8.98
		25	0.176	6	0.098	13.22

注：采集人，王丹丹；采集时间，2014 年。

表 4 - 56　不同坡度条件下各地类地表径流的泥沙含量

单位：g/L

坡度/°	5	10	15	20	25
刺槐林	0.68	0.97	1.57	2.91	3.87
油松林	0.8	1.1	1.6	2.6	—
侧柏	0.83	1.25	1.91	2.76	3.09
刺槐×侧柏	0.59	0.78	1.22	1.97	2.34
山杏林	2.21	3.72	6.44	8.98	13.22
荒草地	0.97	2.72	3.43	4.09	8.36
农地	49.6	65.8	158.7	187.7	207.9

注：采集人，王丹丹；采集时间，2014 年。

4.12　晋西黄土区典型林地水文特征及功能分析数据集

4.12.1　引言

本文由国家林业公益性行业科研专项"天然林保护等林业工程生态效益评价研究"（201304308）承担。

小流域遍布在广袤的黄土高原地区，是主要的水土流失来源区，进行小流域植被恢复与重建是减少径流挟沙量、提高水源涵养能力、促进生态环境修复的根本措施（刘国彬，2004）。通过研究小流域内典型林地的水文特征及生态功能，针对该区气候特点、地形地貌特征及水土流失现状，探索水土保持林体系空间布局及林分结构与土壤侵蚀和流域水沙输移过程的耦合机制，开展流域水土保持林空间分布格局及结构配置模式优化，研发水土保持功能高效的水土保持林体系空间配置技术，提出基于水土资源承载力和功能高效的小流域（或小区域）水土保持林的适宜覆盖率，以及水土保持林建设的最优空间配置模式与合理配置方案，对防治水土流失和植被建设具有重要的指导意义和参考价值。

本文研究区位于山西省西南部吉县蔡家川流域内，蔡家川流域主沟道出口设有测流堰，在 6 个代表性的支流域的出口修建有高标准的量水堰，形成了具有不同土地利用/覆盖小流域的嵌套流域，这 6 个小流域分别为农地流域、人工林流域、封禁流域（已封育 40 年）、天然次生林流域、半人工林半次生林流域、半农半牧流域。

4.12.2　数据处理方法

本研究采用设置长期定位标准样地，并对其进行气象因子监测、土壤物理性质测定、典型林分的降雨再分配监测、土壤水分测定、树干液流监测、土壤抗冲实验、土壤养分测定、植被承载力计算等。

（1）树干径流测定

$$P_2 = \frac{1}{n} \sum_{i=1}^{n} \frac{V_i}{S_i}$$

式中，P_2 为树干径流平均值（mm），V 为集水量（mL），S 为集水桶底面积（cm²），$n=3$，$i=1、2、3$。

（2）降水量测定

①林外降水量测定。分别在每个试验林地外的空旷地区放置一个 HOBO 自计式翻斗雨量筒测定林外降水量。

②林内降水量测定。

$$P_1 = \frac{1}{n} \sum_{i=1}^{n} \frac{V_i}{S_i}$$

式中，P_1 为林内平均降水量（mm），V 为集水量（mL），S 为集水桶底面积（cm²），$n=3$，$i=1、2、3$。

（3）林冠截留计算

根据水量平衡原理，林冠截留的水量公式为：

$$P_3 = P - P_1 - P_2$$

式中，P_3 为林冠截留量（mm），P 为林外降水量（mm），P_3 为林冠截留量（mm），P 为林外降水量（mm）。

（4）枯落物持水能力测定

$$H_{枯} = \frac{G_1 - G_0}{\rho} \times 10^3$$

式中，$H_{枯}$ 为枯落物持水量（mm）；G_1 为降雨后枯落物重量（kg）；G_0 为降雨前枯落物重量（kg）；ρ 为水的密度，此处取 1 000 kg/m³（4℃时）。

地表径流量的测定：

$$\Delta h = \frac{p_m - p_n - p_a}{\rho g}$$

式中，Δh 为堰箱的水位变化量（m）；$P_m - P_n$ 为降雨前后 HOBO 监测到的压力（水压与气压之和）之差（kPa）；P_a 为径流小区大气压（kPa）；ρ 为水的密度，此处取 1 000 kg/m³（4℃时）；g 为重力加速度，此处取 9.8 m/s²。

（5）土壤非饱和导水率测定

$$v_z = k \times \frac{\Delta \varphi}{\Delta z} \quad \text{（Darcy）}$$

$$\frac{\Delta \varphi}{\Delta z} = \frac{(\Psi_o - \Psi_u)}{\Delta z}$$

式中，v_z 为水分移动的流速，k 为非饱和导水率，φ 为水势，z 为空间坐标，Ψ_o 为上端张力计的张力（非饱和状态下的实际压力），Ψ_u 为下端张力计的张力。

由于蒸发作用，在土壤样品表面会发生流速 v_o。

由于底部是密封的，所以样品下面的流速 $v_u = 0$。由于流速不变的原理，张力计间的流速如下面的公式。

$$v_m = \frac{1}{2}(v_o - v_u) = \frac{\Delta V}{2 \cdot A \cdot \Delta t}$$

式中，v_m 为张力计间的流速，ΔV 为 Δt 时间内水分的蒸发量，Δt 为每个样品间的测量间隔，A

为样品容积面积。

因此得到如下结果：

$$k = \frac{\Delta V}{2 \cdot A \cdot \Delta t} \times \frac{\Delta z}{(\Psi_o - \Psi_u) - \Delta h}$$

式中，Δz 为每个样品容器上张力计间的距离（3 cm），Δh 为张力计间的高度差（3 cm）。pF 水分特征曲线是 2 个张力计间的水分含量分布情况。

4.12.3　数据质量控制和评估

数据获取过程的质量控制：根据统一的调查规范方案，对所有参与调查的人员集中进行技术培训，尽可能地减少人为误差。

调查完成后的数据质量控制：调查人和记录人完成对数据的进一步核查，并补充相关信息；纸质版数据录入电脑过程中，采用 2 人同时输入数据的方式，自查并相互检查，以确保数据输入的准确性；野外纸质原始数据集妥善保存并备份。

数据质量评估：将所获取的数据与各项辅助信息数据以及历史数据信息进行比较，评价数据的正确性、一致性、完整性、可比性和连续性。

4.12.4　数据

相关数据见表 4-57 至表 4-78。

表 4-57　蔡家川流域雨季径流量汇总

编号	流域名称	降水量/mm	径流量/m³	地表径流量/m³	径流系数	基流量/m³
1	南北腰	344.2	5.92	0.88	0.017 2	5.04
2	蔡家川主沟	335.3	4.47	2.30	0.012 5	2.17
3	北坡	346.0	11.37	11.37	0.034 1	0.5
4	柳沟	340.3	4.71	1.96	1.31	2.75
5	刘家凹	345.9	5.19	1.88	1.46	3.31
6	冯家圪垛	331.8	3.37	1.08	0.94	2.29
7	井沟	358.7	10.41	5.48	2.62	4.93

注：采集人，茹豪；采集时间，2012 年。

表 4-58　观测样地基本情况

地类	海拔/m	坡度/°	林龄/年	密度/（株/hm²）	郁闭度/%	胸径/m	树高/m	冠幅/m	枯落物厚度/cm	枯落物最大持水量/mm
刺槐林	1 100	19	21	1 300	79	8.4	11.5	3.5	3.2	2.8
油松林	1 104	20	21	1 300	81	7.8	6.8	3.1	4.1	3.9
荒草地	992	18	—	—	64	—	—	—	1.7	0.9

注：采集人，茹豪；采集时间，2012 年。

表 4-59　2009—2013 年降水量统计结果

单位：mm

年份	1 月	2 月	3 月	4 月	5 月	6 月	7 月	8 月	9 月	10 月	11 月	12 月	年降水量
2009	0.8	16.4	11.1	6.8	140.1	15.0	101.0	136.4	24.8	16.0	8.3	1.2	477.9

（续）

年份	1月	2月	3月	4月	5月	6月	7月	8月	9月	10月	11月	12月	年降水量
2010	0.6	4.2	5.7	34.3	25.9	34.5	75.8	122.5	36.4	20.0	13.1	1.4	374.4
2011	0.7	12.2	5.7	17.0	63.6	15.3	134.4	128.9	139.7	43.3	62.2	0.6	623.6
2012	5.6	0.5	23.6	23.6	29.9	40.5	8.34	154.4	71.5	12.76	15.18	3.6	464.6
2013	3.1	2.9	6.4	19.1	57.6	28.8	376.4	57.9	87.1	32.3	5.5	2.2	679.4
平均	2.2	7.2	10.5	20.2	63.4	26.8	139.2	120.0	71.9	24.9	20.9	1.8	524.0

注：采集人，茹豪；采集时间，2012年。

表 4-60　2009—2013 年降水量与大气蒸发量变化情况

月份	2009年		2010年		2011年		2012年		2013年	
	降水量/mm	蒸发量/mm	降水量/mm	蒸发量/mm	降水量/mm	蒸发量/mm	降水量/mm	蒸发量/mm	降水量/mm	蒸发量/mm
1	0.80	4.60	0.60	3.94	0.70	3.13	5.60	2.83	3.10	7.20
2	16.40	18.78	4.20	14.36	12.20	12.54	0.50	5.84	2.90	3.00
3	11.10	62.79	5.70	48.61	5.70	42.56	23.60	33.69	6.40	43.20
4	6.80	125.78	34.30	70.08	17.00	98.47	23.60	95.18	19.10	90.70
5	140.10	99.53	25.90	109.21	63.60	107.03	29.92	97.27	57.60	109.30
6	15.00	148.04	34.50	144.62	15.30	144.27	40.48	96.63	28.80	143.70
7	101.00	113.26	75.80	128.09	134.40	116.43	83.38	79.18	176.40	129.70
8	136.40	95.43	122.50	101.44	128.90	91.79	154.44	69.95	57.90	109.00
9	24.80	70.82	36.40	81.49	139.70	50.49	71.50	47.35	87.10	85.60
10	16.00	53.18	20.00	58.20	43.30	46.02	12.76	39.55	32.30	48.20
11	8.33	25.08	13.13	36.47	62.20	14.92	15.18	14.55	5.50	26.40
12	1.20	13.49	1.40	20.42	0.60	7.50	3.60	3.03	2.20	13.30

注：采集人，茹豪；采集时间，2012年。

表 4-61　2009—2012 年研究样地干燥度指数

年份	1月	2月	3月	4月	5月	6月	7月	8月	9月	10月	11月	12月	年均值
2009	5.75	1.15	5.66	14.09	0.71	9.87	1.12	0.70	2.85	3.33	3.02	11.25	1.68
2010	6.50	3.43	8.53	2.04	4.22	4.19	1.69	0.83	2.24	2.91	2.79	14.57	2.18
2011	4.43	1.02	7.47	5.79	1.68	9.43	0.87	0.71	0.36	1.06	0.24	12.50	1.18
2012	0.50	11.60	1.43	4.03	3.25	3.62	14.29	0.65	0.66	3.10	0.96	1.94	1.53
2013	2.32	1.03	6.75	4.75	1.90	4.99	0.34	1.88	0.98	1.49	4.80	6.05	1.19

注：干燥度值越大表示降雨与蒸发收支越不平衡，该地区越干旱。采集人，茹豪；采集时间，2012年。

表 4-62　刺槐林不同降水量级降雨再分配情况

降水量/mm	次数	平均降水量/mm	林内降水量/mm	林内降雨率/%	干流量/mm	干流率/%	林冠截留量/mm	林冠截留率/%
0~5	3	3.3	2.0	60.6	0.2	6.1	1.1	33.3
5~10	6	8.0	6.1	76.3	0.2	2.5	1.7	21.3
10~20	11	14.4	11.3	78.5	0.5	3.5	2.6	18.1

（续）

降水量/ mm	次数	平均降水量/ mm	林内降水量/ mm	林内降雨率/ %	干流量/ mm	干流率/ %	林冠截留量/ mm	林冠截留率/ %
20～30	10	25.3	21.2	83.8	0.9	3.6	3.2	12.6
30～40	6	34.3	29.6	86.3	1.1	3.2	3.6	10.5
>40	3	45.2	39.9	88.3	1.2	2.7	4.1	9.1

注：采集人，茹豪；采集时间，2012 年。

表 4-63 油松林不同降水量级降雨再分配情况

降水量/ mm	次数	平均降水量/ mm	林内降水量/ mm	林内降雨率/ %	干流量/ mm	干流率/ %	林冠截留量/ mm	林冠截留率/ %
0～5	3	3.3	2.0	60.6	0.1	3.0	1.2	36.4
5～10	6	8.0	5.7	71.3	0.2	2.5	2.1	26.3
10～20	11	14.4	11.2	77.8	0.2	1.4	3	20.8
20～30	10	25.3	20.4	80.6	0.4	1.6	4.5	17.8
30～40	6	34.3	28.6	83.4	0.5	1.5	5.2	15.2
>40	3	45.2	38.7	85.6	0.7	1.5	5.8	12.8

注：采集人，茹豪；采集时间，2012 年。

表 4-64 不同雨量级降雨条件下的枯落物平均截留量和截留率

降雨特征			刺槐林		油松林		荒草地	
降水量/mm	降雨次数	平均雨量/mm	截留量/mm	截留/%	截留量/mm	截留率/%	截留量/mm	截留率/%
0～5	3	3.3	1.2	36.4	1.0	30.3	0.9	27.3
5～10	6	8.0	1.9	23.8	1.8	22.5	1.6	20.0
10～20	11	14.4	2.4	17.7	4.0	27.8	2.3	16.0
20～30	10	25.3	4.1	16.2	5.3	20.9	2.9	11.5
30～40	6	34.3	4.8	14.0	7.1	20.7	3.8	11.1
>40	3	45.2	7.2	15.0	6.3	13.9	4.2	9.3

注：采集人，茹豪；采集时间，2012 年。

表 4-65 短时局地雷暴雨条件下降雨径流特征值

地类	降水量/mm	径流深/mm	径流系数/ %	产流时 降水量/mm	产流降雨强度/ （每 10 min，mm）	产流滞后 时间/min	洪峰滞后雨 峰时间/min	径流持续 时间/min
刺槐林地	45.2	1.44	3.19	6.38	8.8	20	10	90
油松林地	45.2	2.54	5.61	6.38	8.8	20	10	90
荒草地	45.2	3.06	6.78	6.38	8.8	20	10	80

注：采集人，茹豪；采集时间，2012 年。

表 4-66 锋面性夹有雷暴性质的暴雨条件下降雨径流特征值

地类	降水量/mm	径流深/mm	径流系数/ %	产流时 降水量/mm	产流降雨强度/ （每 10 min，mm）	产流滞后 时间/min	洪峰滞后雨 峰时间/min	径流持续 时间/min
刺槐林地	82.1	2.44	2.98	6.60	3.08	60	360/880	1 730
油松林地	82.1	3.32	4.05	5.72	3.08	50	280/890	1 790

（续）

地类	降水量/mm	径流深/mm	径流系数/%	产流时降水量/mm	产流降雨强度/（每10 min，mm）	产流滞后时间/min	洪峰滞后雨峰时间/min	径流持续时间/min
荒草地	82.1	4.06	4.94	4.84	3.08	40	280/880	1 690

注：采集人，茹豪；采集时间，2012年。

表4-67 长历时锋面降雨条件下降雨径流特征值

地类	降水量/mm	径流深/mm	径流系数/%	产流时降水量/mm	产流滞后时间/min	洪峰滞后雨峰时间/min	径流持续时间/min
刺槐林地	31.0	0.98	3.17	14.74	340	200/170	770
油松林地	31.0	1.08	3.47	13.2	320	100/170	760
荒草地	31.0	1.31	4.22	9.68	290	80/150	750

注：采集人，茹豪；采集时间，2012年。

表4-68 中雨条件下的土壤入渗特征

土层深度/cm	刺槐林地			油松林地			侧柏林地		
	初始含水量/mm	最大入渗量/mm	稳渗时长/h	初始含水量/mm	最大入渗量/mm	稳渗时长/h	初始含水量/mm	最大入渗量/mm	稳渗时长/h
0~10	18.11	1.06	9.25	20.84	5.52	5.75	22.76	0.08	0.25
10~20	19.23	0.01	14.75	26.32	0.37	8.75	30.38	0.02	0.75
20~30	23.89	0.06	19.50	27.99	0.32	15.75	28.77	0.01	1.75

注：采集人，茹豪；采集时间，2012年。

表4-69 大雨条件下的土壤入渗特征

土层深度/cm	刺槐林地			油松林地			侧柏林地		
	初始含水量/mm	最大入渗量/mm	稳渗时长/h	初始含水量/mm	最大入渗量/mm	稳渗时长/h	初始含水量/mm	最大入渗量/mm	稳渗时长/h
0~10	15.49	5.07	9.50	17.39	16.59	1.50	21.6	12.37	1.00
10~20	15.44	0.05	11.50	21.34	16.51	2.00	28.8	12.00	1.50
20~30	18.78	0.18	13.00	24.33	13.75	3.00	27.5	10.96	2.00
30~40	19.52	0.16	14.50	25.74	10.88	4.50	28.6	10.54	2.50
40~50	16.33	0.22	20.50	26.07	8.00	8.00	28.2	8.73	4.50
50~60			27.50	24.45	6.00	15.00	29.4	6.55	8.00
60~70	—	—	35.00	25.33	4.50	27.00	29.4	5.19	13.5

注：采集人，茹豪；采集时间，2012年。

表4-70 暴雨条件下的土壤入渗特征

土层深度/cm	刺槐林地			油松林地			侧柏林地		
	初始含水量/mm	最大入渗量/mm	稳渗时长/h	初始含水量/mm	最大入渗量/mm	稳渗时长/h	初始含水量/mm	最大入渗量/mm	稳渗时长/h
0~10	17.57	11.56	4.25	20.59	16.21	4.25	21.75	11.43	7.25
10~20	17.80	14.96	7.25	25.54	15.50	6.25	28.70	12.63	7.75
20~30	20.21	14.45	7.75	26.71	14.36	7.25	26.85	12.75	7.75

（续）

土层深度/cm	刺槐林地			油松林地			侧柏林地		
	初始含水量/mm	最大入渗量/mm	稳渗时长/h	初始含水量/mm	最大入渗量/mm	稳渗时长/h	初始含水量/mm	最大入渗量/mm	稳渗时长/h
30～40	16.96	14.33	17.75	26.60	13.60	7.75	27.25	13.52	8.25
40～50	11.60	10.62	35.25	25.92	11.77	8.25	25.55	13.76	8.75
50～60	14.66	11.43	69.75	22.59	11.86	9.25	24.01	13.73	10.75
60～70	—	—	—	18.27	14.76	14.75	19.36	16.04	18.75
70～80	—	—	—	17.77	15.69	26.75	15.94	17.63	28.25
80～90	—	—	—	20.19	12.64	45.75	15.96	16.41	51.25
90～100	—	—	—	18.90	11.58	100.75	14.53	13.80	78.25

注：采集人，茹豪；采集时间，2012 年。

表 4-71　春季树干液流速率日变化特征（2012 年 5 月 9 日）

监测指标	启动时间	启动时 Rn/（W/m²）	峰值时间	峰值时 Rn/（W/m²）	结束时间	结束时 Rn/（W/m²）
大气蒸发力	7：00	5.3	11：00	562.0	16：00	467.5
刺槐液流	9：00	107.4	10：00	296.4	20：00	−83.5
油松液流	10：00	296.4	12：00	549.8	20：00	−83.5

注：采集人，茹豪；采集时间，2012 年。

表 4-72　夏季树干液流速率日变化特征（2012 年 8 月 7 日）

监测指标	启动时间	启动时 Rn/（W/m²）	峰值时间	峰值时 Rn/（W/m²）	结束时间	结束时 Rn/（W/m²）
大气蒸发力	7：00	11.8	12：00/14：00	713.9/759.8	18：00	16.5
刺槐液流	8：00	166.2	12：00/14：00	713.9/759.8	20：00	−39.6
油松液流	9：00	329.9	12：00/14：00	713.9/759.8	20：00	−39.6

注：采集人，茹豪；采集时间，2012 年。

表 4-73　秋季树干液流速率日变化特征（2012 年 11 月 8 日）

监测指标	启动时间	启动时 Rn/（W/m²）	峰值时间	峰值时 Rn/（W/m²）	结束时间	结束时 Rn/（W/m²）
大气蒸发力	9：00	138	15：00	259.7	18：00	−92.4
刺槐液流	—	—	14：00	333.9	17：00	−92.4
油松液流	—	—	14：00	333.9	18：00	−25.3

注：采集人，茹豪；采集时间，2012 年。

表 4-74　树干液流速率、大气蒸发力年均值及年降水量

年份	液流速率/（cm/h）		大气蒸发力/（mm/d）	降水量/mm
	刺槐	油松		
2009	3.14	2.93	2.03	477.9
2010	3.64	3.51	2.38	374.4
2011	2.76	2.62	1.49	623.6
2012	3.34	3.18	2.11	464.6

注：采集人，茹豪；采集时间，2012 年。

表 4-75　不同林地 0~100 cm 土层土壤颗粒组成与分形维数

林分类型	刺槐林地			油松林地			侧柏林地		
土层深度/cm	黏粒含量/%	粉粒含量/%	砂粒含量/%	黏粒含量/%	粉粒含量/%	砂粒含量/%	黏粒含量/%	粉粒含量/%	砂粒含量/%
0~10	4.39	66.87	28.74	5.25	64.92	29.83	3.26	55.60	41.14
10~20	5.51	67.56	26.93	8.31	69.62	22.07	4.51	56.11	39.38
20~30	5.89	68.04	26.07	8.56	68.65	22.79	6.23	57.65	36.12
30~40	5.77	69.17	25.06	7.84	69.09	23.07	6.98	58.24	34.78
40~50	6.99	69.46	23.55	8.16	68.63	23.21	7.68	58.81	33.51
50~60	7.89	71.00	21.11	5.88	65.98	28.14	8.25	59.59	32.16
60~70	7.76	72.63	19.61	6.18	66.56	27.26	8.47	59.81	31.72
70~80	7.67	74.49	17.84	6.55	66.92	26.53	9.02	62.81	28.17
80~90	8.83	74.61	16.56	7.03	66.73	26.24	9.51	63.14	27.35
90~100	8.59	74.83	16.58	7.46	66.84	25.7	9.81	63.22	26.97
均值	6.93	70.87	22.21	7.12	67.39	25.48	7.37	59.50	33.13

注：采集人，茹豪；采集时间，2012 年。

表 4-76　不同地类抗冲试验数据

地类	侵蚀量/(g/L/m²)	草本生物量/(g/m²)	草本植物盖度/%	枯枝落叶量/(g/m²)	枯落物厚度/cm	腐殖质层厚度/cm	根密度/(g/m²)		
							0~10 cm	10~20 cm	20~30 cm
刺槐林	1.37	557.41	70.00	1 980.84	1.12	0.33	331.03	162.44	179.92
油松林	1.44	37.75	35.00	1 144.81	4.41	0.62	470.62	389.61	74.34
侧柏林	2.76	19.97	25.00	374.22	0.37	0.00	243.41	112.94	24.77
次生林	0.66	39.54	30.00	2 340.00	5.44	2.02	1 054.74	569.32	152.15
荒草地	3.64	760.93	85.00	511.73	0.35	0.00	506.41	78.61	40.12
农地	373.21	0.00	0.00	0.00	0.00	0.00	0.00	0.00	0.00

注：采集人，茹豪；采集时间，2012 年。

表 4-77　刺槐林地植被承载力年变化

年份	降水量/mm	土壤水分补给量/(t/hm²)	土壤有效水/(t/hm²)	树干液流速率/(cm/h)	单株耗水量/t	植被承载力/(株/hm²)
2009	478	3 726	1 378	3.14	2.06	669
2010	374	3 010	554	3.64	2.16	257
2011	624	5 303	1 734	2.76	1.49	1 166
2012	465	4 034	1 348	3.34	2.05	659

注：采集人，茹豪；采集时间，2012 年。

表 4-78　油松林地植被承载力年变化

年份	降水量/mm	土壤水分补给量/(t/hm²)	土壤有效水/(t/hm²)	树干液流速率/(cm/h)	单株耗水量/t	植被承载力/(株/hm²)
2009	478	3 712	1 315	2.93	1.63	807
2010	374	3 022	481	3.51	1.78	325

（续）

年份	降水量/mm	土壤水分补给量/（t/hm²）	土壤有效水/（t/hm²）	树干液流速率/（cm/h）	单株耗水量/t	植被承载力/（株/hm²）
2011	624	5 451	1 875	2.62	1.30	1 438
2012	465	3 741	1 110	3.18	1.59	700

注：采集人，茹豪；采集时间，2012 年。

4.13　晋西黄土区主要树种蒸腾特性研究数据集

4.13.1　引言

本研究由"十一五"国家科技支撑项目"黄土高原半湿润区水土保持植被恢复技术试验示范"（2006BAD03A1204）；日本住友财团研究助成基金（The Su mitomo Foundation）项目"中国黄土高原水土保持林蒸发散及合理密度研究"（083085）资助。

生长于我国黄土高原区的大多数植被都是与当地气候、土壤、地貌、水文等条件相适应的结果，已经形成了一定的优势建群种，其在保护当地水土资源、防治水土流失方面起着关键作用。植物的蒸腾耗水量是许多研究所不可避免的课题，它是整个森林生态系统研究中的重要因子（孙惠珍等，2004），根据当地的年降水量和地下水资源的利用潜力来确定林分的种植密度，实现树木的生态效益和经济效益，对于提高环境研究有着不可替代的地位（谷忠厚等，2006）。

本文以 1 h 为测定时间步长，对晋西黄土区 8 种灌木树种的叶片含水量、日蒸腾速率及叶水势进行了研究，对叶鲜重与叶面积的关系进行了分析，通过统计分析拟合出气象因子与蒸腾速率的最佳方程，采用主成分方法进一步得出其综合模型，并采用 TDP 热扩散探针法测定了晋西黄土区次生林的主要建群树种的液流速率，探讨了建群树种树干液流的日变化规律、季节变化特征及耗水量，以期为水资源有限的黄土高原地区植被恢复与重建中低耗水树种的选择、合理种植密度的确定提供依据。

4.13.2　数据采集和处理方法

（1）自然含水量（NWC）

将剪下的叶片立刻放在天平上称鲜重，然后将其放在烘箱内烘干（65℃，12 h），再次称重，可按下式得出叶片的自然含水量：

$$自然含水量（\%）＝（叶鲜重－叶干重）×100/叶干重$$

（2）叶水势测定

用 PSYPRO 露点水势仪测定，与蒸腾速率的测定同步进行。

4.13.3　数据质量控制和评估

数据获取过程的质量控制：根据统一的调查规范方案，对所有参与调查的人员集中进行技术培训，尽可能地减少人为误差。

调查完成后的数据质量控制：调查人和记录人完成对数据的进一步核查，并补充相关信息；纸质版数据录入电脑过程中，采用 2 人同时输入数据的方式，自查并相互检查，以确保数据输入的准确性；野外纸质原始数据集妥善保存并备份。

数据质量评估：将所获取的数据与各项辅助信息数据以及历史数据信息进行比较，评价数据的正确性、一致性、完整性、可比性和连续性。

4.13.4 数据

相关数据见表 4-79 至表 4-91。

表 4-79 各树种林分基本情况

树种	树龄/年	树高/m	地径/cm	冠幅/m	密度/(株/hm²)	郁闭度/%	草本盖度/%	枯落物量/(t/hm²)	坡度/°
莢迷	9	0.86	0.80	0.62	647	65	78	2.17	28
绣线菊	9	1.67	1.45	1.04	1 087	80	90	2.32	28
虎榛子	9	1.98	1.67	1.51	1 266	85	90	3.56	28
丁香	9	1.86	1.54	1.32	1 096	86	90	3.71	28
连翘	9	0.97	1.37	0.61	837	75	80	3.01	28
忍冬	9	1.15	1.06	0.95	652	70	75	2.78	28
悬钩子	9	0.86	0.36	0.42	2 053	90	73	3.26	28
红瑞木	9	1.84	1.67	1.08	579	60	75	2.12	28

注：表中数据是样方调查数据的均值，样方大小为 10 m×10 m。采集人，隋旭红；采集时间，2011 年。

表 4-80 各树种林分基本情况

树种	树龄/年	树高/m	地径/cm	冠幅/m	密度/(株/hm²)	郁闭度/%	草本盖度/%	枯落物量/(t/hm²)	坡度/°
杏树	12	8.25	9.70	3.22	1 055	80	91	2.87	25
梨树	12	9.65	10.76	4.88	1 679	80	90	4.08	25
枣树	12	5.98	7.41	2.40	451	75	90	1.07	25
李子	12	6.34	8.77	3.24	307	75	85	2.61	25
杜梨	12	8.54	10.65	3.58	276	60	86	1.21	25
国光	7	6.26	9.22	4.58	845	68	20	2.02	25
富士	7	5.43	8.47	3.88	1 588	75	20	3.07	25
乔纳金	7	6.02	9.01	4.07	1 378	70	20	2.45	25

注：表中数据是样方调查数据的均值，样方大小为 10 m×10 m。采集人，隋旭红；采集时间，2011 年。

表 4-81 观测地基本情况

树种	树龄/年	坡度/°	坡向	郁闭度/%	树高/m	胸径/cm	枝下高/m	冠幅/m	密度/(株/hm²)	草本盖度/%	枯落物量/(t/hm²)
刺槐	15	25	北 17°	80	10.6	9.45	6.1	3.23	1 325	86	4.432
油松	15	23	北 17°	71	9.47	13.2	5.5	3.56	1 733	90	4.875
辽东栎	15	35	北 40°	40	7.1	6.7	4.3	2.3	1 080	90	2.013
山杨	15	35	北 40°	35	8.6	7.2	4.6	2.4	1 655	90	2.342

注：表中数据是样方调查数据的均值，样方规格为 10 m×10 m。采集人，隋旭红；采集时间，2011 年。

表 4-82 晴、阴天各树种叶片含水量日变化

单位：%

天气	树种	8：00	9：00	10：00	11：00	12：00	13：00	14：00	15：00	16：00	17：00	18：00
晴天	绣线菊	166.2	123.1	102.6	133.3	149.3	102.9	106.5	79.4	97.3	137.9	141.1
	莢迷	264.3	221.6	197.4	139.1	211.6	173.2	147.9	162.1	183.4	214.5	227.8

（续）

天气	树种	8：00	9：00	10：00	11：00	12：00	13：00	14：00	15：00	16：00	17：00	18：00
晴天	虎榛子	139.8	98.3	84.5	107.2	110.3	96.4	78.3	71.4	93.7	152.7	156.8
	丁香	238.6	211.5	207.6	193.4	201.1	157.8	128.3	135.3	143.8	199.6	187.4
	连翘	126.5	97.6	82.1	95.6	78.3	90.5	87.9	65.3	97.4	98.5	103.8
	忍冬	189.2	120.3	154.7	138.1	165.4	152.1	102.4	155.6	178.4	183.6	178.2
	悬钩子	279	236.1	167.8	189.7	204.6	194.2	209.8	196.4	230.6	204.3	196.8
	红瑞木	200.6	132.9	95.4	128.6	156.1	166.3	143.7	154	173.5	160.2	179.4
阴天	绣线菊	128.7	114.4	102.5	87.4	94.2	105.6	121.4	134.3	110.2	124.8	134.2
	荚迷	240.4	201.1	126.2	210.6	164.3	154.7	232.2	190.3	201.4	215	198.8
	虎榛子	121.1	111.6	109.5	101.8	95.6	86.4	121.6	118.5	96.2	103.3	104.2
	丁香	231.7	223.4	213.9	226.5	212.6	197.3	171.9	216.3	221.1	219.3	221.5
	连翘	116.5	104.3	82.1	85.6	96.3	60.7	94.3	109.9	97.4	88.5	93.8
	忍冬	195.7	126.1	183.6	175.4	180.2	192	132.4	180.5	190.3	177.8	174.2
	悬钩子	231.7	224	229.5	207.8	194.4	137.3	226.8	207.5	224.3	231.3	226.4
	红瑞木	172.9	163.4	172.1	167.5	171.1	127.9	143.8	122.4	153.2	163.7	168.2

注：采集人，隋旭红；采集时间，2011 年。

表 4 - 83　晴、阴天时各树种叶水势日变化

单位：MPa

天气	树种	8：00	9：00	10：00	11：00	12：00	13：00	14：00	15：00	16：00	17：00	18：00
晴天	绣线菊	−0.55	−1.45	−2	−1.9	−1.4	−2.1	−2.2	−2.6	−2.3	−0.8	−0.6
	荚迷	−0.45	−1.24	−1.68	−3.15	−1.7	−2.4	−2.8	−1.9	−1.55	−0.65	−0.55
	虎榛子	−0.5	−1.2	−1.4	−1.3	−1.1	−1.3	−1.9	−2	−1.65	−0.95	−0.8
	丁香	−0.35	−0.55	−0.6	−0.9	−0.3	−1.4	−2.8	−2.6	−2.1	−0.7	−0.9
	连翘	−1.2	−1.8	−1.9	−1.4	−1.75	−1.35	−1.4	−2.1	−1.7	−1.8	−1.4
	忍冬	−0.95	−2.3	−1.3	−1.8	−0.9	−1.2	−2.2	−1.2	−0.95	−0.9	−1.15
	山楂叶	−0.8	−1.4	−2	−1.4	−1.05	−1.25	−1	−1.1	−0.3	−0.55	−0.7
	红瑞木	−0.7	−1.6	−2.2	−1.3	−0.95	−0.8	−1.4	−1.1	−0.9	−1.3	−0.97
阴天	绣线菊	−0.74	−1.1	−1.5	−2.6	−2.3	−2.1	−1.9	−1.7	−1.8	−1.2	−0.95
	荚迷	−0.95	−1.5	−2.8	−1.5	−2.6	−2.7	−1.5	−1.9	−1.3	−1.1	−1.6
	虎榛子	−0.45	−0.7	−0.95	−1.1	−1.2	−1.4	−0.7	−0.75	−0.8	−0.6	−0.55
	丁香	−0.3	−0.7	−0.95	−0.8	−1.1	−1.4	−2.2	−1.3	−1.1	−1.2	−0.75
	连翘	−0.95	−1.3	−1.55	−1.5	−1.1	−2	−1.45	−1.05	−1.35	−1.45	−1.25
	忍冬	−0.75	−2	−1.05	−1.1	−1.05	−1.35	−2.1	−1.3	−0.85	−1.3	−1.1
	山楂叶	−0.9	−1	−0.8	−1.3	−1.5	−2.3	−0.7	−1.35	−1.2	−0.95	−0.9
	红瑞木	−0.8	−1.1	−1	−1.05	−0.5	−1.6	−1.5	−2	−1.5	−1.05	−1

注：采集人，隋旭红；采集时间，2011 年。

表 4 - 84　晴、阴天各灌木树种叶水势的特征值

单位：MPa

树种	晴天				阴天			
	最低值	到达时刻	日变幅	日均值	最低值	到达时刻	日变幅	日均值
绣线菊	-2.60	15：00	2.05	-1.63	-2.60	13：00	1.85	-1.60
荚迷	-3.15	11：00	2.70	-1.64	-2.30	10：00	2.00	-1.77
虎榛子	-2.00	15：00	1.45	-1.28	-1.40	13：00	0.95	-0.84
丁香	-2.80	14：00	2.50	-1.20	-2.20	14：00	1.90	-1.07
连翘	-2.10	15：00	0.90	-1.62	-2.00	15：00	1.05	-1.35
忍冬	-2.30	9：00	1.40	-1.35	-2.10	14：00	1.35	-1.27
山楂叶悬钩子	-2.00	10：00	1.70	-1.05	-2.30	13：00	1.60	-1.17
红瑞木	-2.20	10：00	1.50	-1.20	-2.00	15：00	1.50	-1.50

注：采集人，隋旭红；采集时间，2011 年。

表 4 - 85　晴、阴天各树种蒸腾速率的日变化

单位：mmol/（m² · s）

天气	树种	8：00	9：00	10：00	11：00	12：00	13：00	14：00	15：00	16：00	17：00	18：00
晴天	绣线菊	1.15	1.88	2.41	2.04	1.48	2.56	3.02	3.74	3.04	1.76	1.28
	荚迷	1.88	2.35	2.70	4.02	2.97	3.01	3.68	2.82	2.41	1.75	1.98
	虎榛子	1.08	1.75	1.77	1.52	1.39	1.58	3.17	2.72	2.53	1.56	1.44
	丁香	1.66	1.84	2.01	2.31	1.40	2.39	5.68	4.90	3.69	1.51	1.78
	连翘	0.72	1.63	1.90	1.19	1.26	0.77	0.85	2.87	1.87	1.52	0.81
	忍冬	1.01	3.89	1.07	1.86	0.84	0.82	3.48	1.18	0.41	0.56	1.21
	山楂叶	2.00	3.67	6.77	2.96	2.14	2.33	1.94	1.94	1.07	1.67	1.87
	红瑞木	1.28	3.04	4.01	1.99	1.13	1.13	1.79	1.24	0.96	1.74	0.99
阴天	绣线菊	1.17	1.36	1.53	2.91	2.12	1.94	1.69	1.43	1.53	1.27	1.19
	荚迷	1.66	2.07	3.34	2.02	3.12	3.23	1.73	2.42	1.84	1.54	1.80
	虎榛子	1.04	1.38	1.46	1.61	1.84	2.04	1.09	1.22	1.47	1.35	1.16
	丁香	1.35	1.58	2.04	1.99	1.95	2.55	2.92	2.26	2.18	1.94	1.88
	连翘	0.69	1.03	1.50	1.44	0.98	2.02	1.24	0.93	1.03	1.12	0.81
	忍冬	0.91	2.70	1.18	1.33	0.98	1.31	3.01	1.13	0.67	1.22	1.27
	山楂叶	1.52	1.63	1.40	1.98	2.34	4.25	1.23	1.87	2.09	1.88	1.64
	红瑞木	0.97	1.37	1.29	1.07	0.84	2.01	1.86	3.54	1.89	1.34	1.08

注：采集人，隋旭红；采集时间，2011 年。

表 4 - 86　不同月份各经济树种叶片含水量日变化

单位：%

月份	树种	8：00	9：00	10：00	11：00	12：00	13：00	14：00	15：00	16：00	17：00	18：00
7	杏树	156.2	142.2	104.3	128.7	72.3	88.2	122.5	143.2	90.6	111.3	137.6
	梨树	214.5	123.4	176.4	140.8	86.4	129.5	100.5	130.6	140.6	150.9	189.6
	枣树	325.5	260.3	262.9	185	162.4	220.1	213.4	190.1	104.7	173.5	264.9
	李子	203.5	90.6	130.8	155.3	120.1	110.1	171.8	200.5	100.5	136.4	234.5

（续）

月份	树种	8：00	9：00	10：00	11：00	12：00	13：00	14：00	15：00	16：00	17：00	18：00
7	国光	287.4	254.6	187.3	120.3	165.3	180.9	172.4	221.1	246.6	239.4	253.2
	富士	187.5	137.7	110.4	135.3	87.3	74.5	115.8	138.4	87.6	150.5	158.4
	乔纳金	258.7	224.3	119.1	147.5	176.6	127.9	190.7	200.7	217.6	233.4	240.2
	杜梨	267.5	120.7	201.4	154.3	101.6	176.8	167.2	80.4	125.3	190.5	223.1
8	杏树	350.6	288.7	254.7	100.4	265.3	222.3	226.6	159.9	227.4	247.6	270.9
	梨树	325.6	245.6	131.7	176.3	200.1	126.1	117.9	196.5	212.3	238.7	250.3
	枣树	276.8	279.5	216.5	138.3	162.3	183.6	243.4	254.8	247.9	264.5	274.1
	李子	187.3	158.5	144.2	116.5	79.2	154.3	169.1	178.2	136.7	154.2	174.1
	国光	248.6	217.6	119.3	144.2	187.5	135.7	107.2	138.6	182.1	194.2	211.1
	富士	221.1	156.3	134.9	91.6	132.3	165.2	127.6	104.2	142.1	152.3	180.8
	乔纳金	184.3	134.6	80.2	133.4	146.7	122.2	148.7	113.9	126.3	133.4	153.8
	杜梨	217.8	184.6	116.6	124.9	174.3	195.4	124.3	101.6	142.1	160.3	200.4
9	杏树	184.5	140.2	100.3	80.2	124.5	150.3	185.4	163.4	97.1	187.9	192.4
	梨树	195.4	208.4	145.6	99.4	77.4	102.7	173.1	186.3	161.4	180.5	199.4
	枣树	170.3	122.3	90.5	120.4	130.7	89.5	60.4	106.3	129.4	119.4	139.6
	李子	146.8	150.3	118.9	104.6	90.7	84.6	132.4	146.7	145.3	129.5	155.2
	国光	185.5	128.1	113.6	96.3	108.4	112.3	136.7	111.1	124.8	143.6	159.8
	富士	158.9	139.8	106.2	112.1	84.5	70.2	101.5	119.6	130.7	138.9	145.3
	乔纳金	125.7	109.4	84.6	90.5	50.3	84.5	90.6	105.3	118.4	128.5	130.2
	杜梨	259.9	175.4	186.5	146.9	111.9	68.4	139.3	116.9	135.1	197.6	212.3

注：采集人，隋旭红；采集时间，2011 年。

表 4 - 87 2011 年不同月份各树种叶水势的日变化

单位：MPa

月份	树种	8：00	9：00	10：00	11：00	12：00	13：00	14：00	15：00	16：00	17：00	18：00
7	杏树	−0.35	−0.48	−0.55	−2.5	−0.9	−1.4	−1.6	−1	−0.8	−0.7	−0.4
	梨树	−0.45	−0.7	−0.9	−2.9	−1.2	−2.5	−1.8	−1.2	−0.9	−0.95	−0.6
	枣树	−0.4	−0.6	−1	−3	−1.5	−3.2	−1.9	−1.35	−1.05	−0.85	−0.55
	李子	−0.8	−0.65	−0.95	−1.3	−1.6	−2.95	−2.2	−2.35	−2.1	−1.7	−0.85
	国光	−0.45	−1.05	−1.3	−2.2	−1.5	−2.05	−1.4	−1.1	−0.7	−0.9	−0.8
	富士	−0.6	−1.4	−1.9	−1.55	−1.6	−1.4	−1.25	−0.9	−0.8	−0.7	−0.85
	乔纳金	−0.5	−0.7	−1.2	−1.75	−2.1	−1.5	−1.3	−1	−1.05	−0.8	−0.7
	杜梨	−0.35	−0.75	−1.3	−1.05	−1.8	−2.1	−3.1	−1.9	−1.7	−1.4	−0.9
8	杏树	−0.6	−0.75	−0.95	−1.9	−1.2	−2.15	−3.4	−0.95	−1.75	−2	−0.75
	梨树	−0.75	−0.9	−1.1	−1.85	−1.65	−1.8	−3.05	−1.15	−2.8	−1.85	−0.9
	枣树	−0.8	−0.95	−1.2	−1.65	−1.4	−1.35	−2.6	−1.65	−1.4	−1.35	−1.05
	李子	−0.55	−0.9	−1.05	−1.5	−1.15	−1.8	−2.45	−1.45	−1.85	−1.4	−1
	国光	−0.3	−0.55	−1.55	−1.75	−1.9	−2.2	−3.15	−2.05	−2.95	−1.05	−0.65
	富士	−0.65	−1.4	−0.95	−1.2	−1.05	−1.85	−2.9	−1.5	−1.3	−0.95	−0.75

（续）

月份	树种	8：00	9：00	10：00	11：00	12：00	13：00	14：00	15：00	16：00	17：00	18：00
8	乔纳金	-0.4	-1.7	-1	-1.05	-0.85	-2.5	-2.15	-1.8	-1.75	-0.85	-0.55
	杜梨	-0.7	-0.95	-1.15	-2.05	-1.85	-0.6	-1.45	-1.3	-1.25	-1	-0.75
9	杏树	-0.35	-0.61	-0.75	-1.6	-1.45	-2.6	-1.2	-0.8	-0.25	-0.45	-1
	梨树	-0.4	-0.7	-0.55	-1.65	-1.1	-0.68	-2.8	-0.9	-0.7	-0.6	-0.8
	枣树	-0.55	-0.85	-0.95	-0.8	-0.65	-0.9	-1.7	-1.05	-0.6	-0.75	-0.85
	李子	-0.4	-1.3	-1.35	-1.8	-0.6	-2.55	-0.85	-0.7	-1.25	-0.95	-0.55
	国光	-0.45	-0.65	-0.9	-1.5	-1.3	-1.05	-1	-0.75	-0.65	-0.55	-0.5
	富士	-0.4	-0.5	-0.85	-1.4	-1.2	-1.15	-0.75	-0.7	-0.75	-0.6	-0.45
	乔纳金	-0.3	-0.4	-0.5	-1	-0.65	-0.55	-0.4	-0.55	-0.6	-0.4	-0.35
	杜梨	-0.58	-1.15	-1.25	-1.5	-0.7	-3.2	-2.35	-1.96	-2.5	-1.35	-0.75

注：采集人，隋旭红；采集时间，2011 年。

表 4 - 88　2011 年不同月份各树种蒸腾速率的日变化

单位：mmol/（m² · s）

月份	树种	8：00	9：00	10：00	11：00	12：00	13：00	14：00	15：00	16：00	17：00	18：00
7	杏树	0.58	0.67	1.05	6.41	1.97	3.49	4.00	1.69	1.61	1.28	0.68
	梨树	0.97	1.03	1.16	7.04	2.74	5.91	4.19	2.05	1.94	2.13	1.03
	枣树	0.93	1.18	1.87	8.01	3.98	8.41	4.59	2.47	2.28	1.88	1.12
	李子	1.64	0.87	1.17	1.45	2.34	5.42	3.48	3.72	3.68	2.98	2.05
	国光	1.41	3.09	3.43	5.07	3.86	4.75	3.57	2.96	1.35	1.69	1.43
	富士	0.61	2.73	4.48	3.21	3.25	2.35	2.01	1.19	1.00	0.39	0.79
	乔纳金	0.98	1.50	2.98	3.57	4.73	2.92	2.67	1.59	1.67	1.18	1.04
	杜梨	0.73	1.21	2.05	1.62	3.30	4.31	6.93	3.55	3.20	2.57	1.70
8	杏树	0.85	0.98	1.62	2.76	1.93	3.55	5.78	1.27	2.90	3.46	1.26
	梨树	0.65	0.79	1.14	2.57	2.12	2.68	4.75	1.15	4.37	2.80	0.75
	枣树	0.81	0.88	1.38	2.13	1.66	1.61	3.52	1.97	1.43	1.34	1.07
	李子	0.51	0.66	0.97	1.69	1.24	2.42	3.67	1.74	2.46	2.08	1.35
	国光	0.80	0.94	2.42	2.87	3.03	3.48	4.74	3.10	4.45	1.71	1.14
	富士	1.25	2.28	1.75	2.05	1.88	3.05	4.48	2.68	2.09	1.47	1.30
	乔纳金	0.96	2.74	1.64	1.73	1.46	3.91	3.17	2.47	2.48	1.35	1.06
	杜梨	0.78	0.90	1.14	2.41	2.09	0.69	1.89	1.52	1.38	1.35	0.79
9	杏树	0.37	1.07	1.35	1.82	1.93	3.75	2.61	2.10	2.23	0.79	0.45
	梨树	0.32	1.73	2.18	1.34	1.31	2.51	4.17	2.74	2.40	2.33	0.91
	枣树	0.17	0.69	0.73	0.50	0.25	0.78	1.01	0.67	0.53	1.77	0.83
	李子	0.27	1.45	1.46	2.39	0.76	0.82	0.84	3.32	1.29	0.98	0.41
	国光	0.67	1.12	1.68	2.74	2.38	1.87	1.80	1.30	1.04	0.82	0.73
	富士	0.58	0.68	1.51	2.54	2.27	2.32	1.34	1.20	1.24	0.91	0.60
	乔纳金	0.23	0.44	0.51	1.34	0.78	0.67	0.24	0.60	0.96	0.39	0.31
	杜梨	0.43	1.19	1.28	1.81	0.57	4.67	3.37	3.10	3.86	2.36	1.11

注：采集人，隋旭红；采集时间，2011 年。

表 4 - 89　刺槐、油松边材液流速率变化动态

日期	刺槐			油松			平均速率 比值（油/刺）
	峰值到达时间	峰值/（cm/h）	日平均速率/（cm/h）	峰值到达时间	峰值/（cm/h）	日平均速率/（cm/h）	
14	19：00	1.350	0.740	12：00	7.067	2.453	3.31
15	16：00	1.377	0.822	12：00	7.130	2.244	2.73
16	14：00	1.435	0.852	12：00	6.662	2.200	2.58
20	19：00	1.382	0.704	14：00	6.178	1.793	2.55
21	16：00	1.258	0.766	11：00	6.572	1.901	2.48
22	20：00	0.972	0.357	12：00	5.789	1.972	5.52
23	19：00	1.018	0.634	11：00	6.029	2.003	3.16

注：采集人，隋旭红；采集时间，2011 年。

表 4 - 90　辽东栎、山杨边材液流速率变化动态

日期	辽东栎			山杨			平均速率 比值（山/辽）
	峰值到达时间	峰值/（cm/h）	日平均速率/（cm/h）	峰值到达时间	峰值/（cm/h）	日平均速率/（cm/h）	
14	7：00	1.728	1.152	8：00	0.576	0.252	0.22
15	8：00	2.808	1.944	8：00	0.972	0.612	0.31
16	8：00	1.980	1.224	20：00	1.188	0.684	0.56
20	0：00	1.168	0.596	19：00	2.205	0.925	1.55
21	18：00	0.640	0.449	11：00	2.023	0.847	1.89
22	17：00	0.712	0.464	12：00	0.968	0.593	1.28
23	16：00	0.787	0.586	11：00	1.173	0.698	1.19

注：采集人，隋旭红；采集时间，2011 年。

表 4 - 91　不同时期的树干液流月平均流速

单位：cm/h

月份	刺槐				油松			
	V_s（日）	V_s（夜）	V_s	V_s（日）/V_s（夜）	V_s（日）	V_s（夜）	V_s	V_s（日）/V_s（夜）
4	0.928	1.148	1.038	0.81	3.905	0.390	2.148	10.01
5	8.818	3.018	5.918	2.92	8.212	1.618	4.915	5.08
6	14.986	4.617	9.802	3.25	15.443	1.465	8.454	10.54
7	12.863	3.903	8.383	3.30	9.464	1.279	5.372	7.40
8	8.648	2.883	5.766	3.00	9.449	2.041	5.745	4.63
9	5.275	1.806	3.541	2.92	7.793	0.897	4.345	8.69
10	1.843	0.887	1.365	2.08	6.516	0.832	3.674	7.83

月份	辽东栎				山杨			
	V_s（日）	V_s（夜）	V_s	V_s（日）/V_s（夜）	V_s（日）	V_s（夜）	V_s	V_s（日）/V_s（夜）
4	0.763	1.448	1.106	0.53	0.448	0.803	0.626	0.56
5	5.957	2.437	4.197	2.44	7.323	3.734	5.529	1.96
6	9.007	1.218	5.112	7.40	15.796	0.631	8.214	25.03

（续）

月份	辽东栎				山杨			
	Vs（日）	Vs（夜）	Vs	Vs（日）/Vs（夜）	Vs（日）	Vs（夜）	Vs	Vs（日）/Vs（夜）
7	7.137	1.434	4.285	4.98	13.877	0.946	7.412	14.67
8	5.374	1.147	3.261	4.69	11.803	1.824	6.814	6.47
9	4.362	1.008	2.685	4.32	10.097	0.499	5.298	20.23
10	3.651	1.311	2.481	2.79	3.609	3.053	3.331	1.18

注：采集人，隋旭红；采集时间，2011年。

4.14　晋西黄土区农林复合系统——果农间作系统数据集

农林复合系统是为解决农林争地，改变传统农业中肥料和能源的高投入、低产出等问题提出的一种新方法，为农业和林业的可持续发展提供了一种新思路和新理念（李文华、赖文登，1994；孟平、张劲松，2011；Thevathasan et al.，2012）。林木与间作作物之间的资源竞争最小化、资源协同利用最大化，既是农林复合系统植物材料选择、农林复合系统规划设计、结构配置、调控与管理、特征与功能评价的基本原则（赵兴征、卢剑波，2004；刘兴宇、曾德慧，2007），也是提高农林复合系统生态效益、经济效益及社会效益的关键（Rao et al.，1996；蔡崇法等，2000；Thevathasan and Gordon，2004；Nair and Garrity，2012）。

目前，农林复合系统种间关系的研究主要集中在物种间水分、养分、根系等方面。多数研究者认为，在干旱、半干旱的黄土高原区，协调农林复合系统种间关系的关键是解决种间水分和养分的竞争（蔡崇法，2000；朱清科、朱金兆，2003；秦娟、上官周平，2005；Yun et al.，2012；Xu et al.，2013）。针对农林复合系统相关研究中的关键科学问题，结合果农间作系统是目前主要的农林复合模式之一的现状，本数据集以晋西黄土区典型果农间作模式为研究对象，整理了果农间作系统和作物单作系统中水分、养分种间关系，以及根系分布特征等方面的研究数据，为果农间作系统空间配置与结构优化以及果农间作系统高效可持续经营提供理论依据。

本数据集所有数据是在国家"十一五""十二五"科技支撑项目、国家自然科学基金和农村领域国家科技计划课题等项目的支撑下完成的，支撑项目具体情况见表4-92。本数据集所有数据均为课题组和课题组研究人员的实测数据，需征得课题组及课题组研究人员同意后方可引用，不得擅自将本数据集内数据进行公开出版、引用。如有发现将追究相关责任人的法律责任，特此申明。

表 4-92

项目名称	起止时间	项目来源
黄土残塬区水资源节约型农林复合系统调控技术研究与示范（2015BAD07B0502）	2015—2019	农村领域国家科技计划课题
果农间作系统林下太阳辐射时空分布及其对间作作物的影响（31470638）	2015—2018	国家自然科学基金
晋西黄土区抗旱节水型农林复合系统种间关系及调控技术研究（2011BAD38B02）	2011—2013	国家"十二五"科技支撑项目
黄土区农林复合系统可持续经营技术研究（2006BAD03A0503）	2006—2010	国家"十一五"科技支撑项目

4.14.1　不同树龄下的水分研究数据集

（1）引言

果农间作是晋西黄土区农林复合的主要模式之一，由于其具有较高的经济收益，因此深受当地农民的欢迎。但是果树的引入，必然导致果树与农作物对于资源的竞争，改变资源分配和供给情况，影响农作物产量。研究发现，间作系统中种间竞争主要由地下部分体现，即水分和养分资源的竞争、互补和化感作用。所以，对果农间作系统中的土壤水分空间分布特征进行研究，认识果树和农作物种群间对水分的竞争与互补关系，已成为果农间作系统能否实现高效可持续经营的关键问题。近年来，对果农间作系统的研究在国内外不断开展，在果农间作系统种间互利竞争方面已取得了一定的研究成果。然而，对于不同树龄的果农间作系统，其种间关系及其差异的研究还相对匮乏，尤其是对于不同树龄间作系统中土壤水分的空间分布及其对间作作物的影响的研究更是其少。本数据集整理了吉县站2012 年晋西黄土区苹果×大豆复合系统试验示范区不同树龄下的水分种间关系研究数据，可为当地果农间作系统的可持续经营管理提供理论依据。

（2）数据采集和处理方法

①观测样地。在山西省吉县东城乡柏东村黄土残塬面，选择果树树龄为 4 年生、6 年生和 8 年生的苹果-大豆间作系统为试验对象，果树品种为矮化富士，大豆品种为晋 36。大豆距离树行 0.3 m 处种植，行向与树行方向平行。

②采样方法。以 6 棵果树为一个矩形样方，在两行果树之间，垂直于果树树行布设 3 条监测样线，在样线上布设土壤水分监测样点，各样点距离果树树行的距离分别为 0.5 m、1.5 m、2.5 m、3.5 m、4.5 m（由南到北）。在大豆生长的关键物候期盛花期（2012 年 7 月），选择以晴天为主的天气，在上述土壤水分监测点采用土钻法取土。取土深度为 100 cm，每 20 cm 为一层，分层测定土壤含水量。

③分析方法。烘干法测定土壤质量含水量。

（3）数据质量控制和评估

本数据集来源于野外样地的实际观测。从试验前准备、试验过程中到试验完成后，整个过程对数据质量进行控制。

试验前的数据质量控制：制订规范的试验方案，并对所有参与试验的人员集中进行技术培训，尽可能地减少人为误差。

试验过程中的数据质量控制：试验开始时，严格按照试验方案选择观测样地和布设土壤水分监测样点，并设置 3 组以减少数据误差。试验期在天气条件一致的情况下，在同一时间使用统一规格的土钻取土，每 20 cm 为一层，取土后分层装入铝盒并用黑色碳素笔做好标记。新鲜土样带回室内后立即称重，准确至 0.01 g，并尽早测定土壤含水量。在用烘干法测定土壤含水量时要按照实验方法进行称重、预热、冷却和再称重工作，并严格控制烘干的温度（105±2℃）和时间（12 h）。整个试验过程中使用工作记录本规范做好记录工作，原始数据不准删除或涂改，如记录有误，需将原有数据轻划横线标记，并将审核后正确数据记录在原数据旁或备注栏；如观测有误，需在相同试验条件下，重新取土测定。

试验完成后的数据质量控制：试验完成后，2 名以上研究人员对数据进行核查，并补充相关信息。纸质版数据录入电脑过程中，采用 2 人同时输入数据的方式，自查并相互检查，以确保数据输入的准确性。

（4）数据

相关数据见表 4-93 至表 4-95。

表 4-93　不同树龄苹果×大豆间作系统土壤水分统计特征

土层深度/cm	树龄/年	平均土壤含水量/%	变异系数	树龄/年	平均土壤含水量/%	变异系数	树龄/年	平均土壤含水量/%	变异系数
0～20	4	10.26±0.35	0.132 6	6	9.78±0.15	0.058 9	8	10.68±0.20	0.072 2
20～40		10.17±0.31	0.119 5		10.22±0.24	0.090 1		10.30±0.19	0.071 5

（续）

土层深度/cm	树龄/年	平均土壤含水量/%	变异系数	树龄/年	平均土壤含水量/%	变异系数	树龄/年	平均土壤含水量/%	变异系数
40~60		10.38±0.23	0.087 1		10.48±0.27	0.100 2		10.69±0.16	0.056 7
60~80		10.82±0.29	0.104 7		10.73±0.21	0.076 6		11.02±0.12	0.043 8
80~100	4	11.03±0.42	0.145 9	6	10.74±0.17	0.062 1	8	11.58±0.15	0.048 7
平均值		10.53±0.32	0.118 0		10.39±0.21	0.077 6		10.87±0.16	0.058 6

注：表中土壤含水量均为平均含水量±标准误差。研究人员，廖文超；研究时间，2012 年 7 月。

表 4-94　不同树龄苹果×大豆间作系统土壤含水量水平分布特征

距树距离/m	土壤含水量/%		
	4 年生	6 年生	8 年生
0.5	9.8	10.0	10.6
1.5	10.7	10.7	10.7
2.5	11.3	10.8	11.3
3.5	10.8	10.8	10.8
4.5	9.9	9.8	10.6

注：研究人员，廖文超；研究时间，2012 年 7 月。

表 4-95　不同树龄苹果×大豆间作系统土壤含水量垂直分布特征

土层深度/cm	土壤含水量/%		
	4 年生	6 年生	8 年生
0~20	10.3	9.7	10.7
20~40	10.2	10.2	10.3
40~60	10.3	10.4	10.7
60~80	10.8	10.7	11.0
80~100	11.0	10.7	11.6

注：研究人员，廖文超；研究时间，2012 年 7 月。

4.14.2　不同果农间作模式下的水分研究数据集

（1）引言

土壤水分不仅是土壤、植物、大气连续体的关键因子，还是土壤系统养分循环和流动的重要载体，对土壤的特性、植物的生长、分布以及生态系统小气候的变化具有重要影响。果农间作是晋西黄土区开发的主要模式之一，特别是国家实行退耕还林政策以来，大量坡耕地改种为具有较高经济价值的果树，使得果农间作模式不断推广。但在干旱半干旱的晋西黄土区，果农间作不得不面对一个重要难题——水分竞争，虽然关于黄土区不同植被土壤水分动态变化的研究起步较早，并得到了很多结论，但多针对如林地、草地、农地等单一系统，针对间作系统土壤水分的研究仍不多见。本数据集整理了吉县站 2007 年晋西黄土区多种典型复合系统试验示范区的水分种间关系研究数据，对推动该地区农林复合系统调控和管理技术的研究具有重要意义。

（2）数据采集和处理方法

①观测样地。根据黄土残塬沟壑区农林复合经营特点，结合当地农村实际种植情况的调查，在山

西省吉县东城乡雷家庄残塬面，建立以苹果、核桃为主的果农复合系统试验示范区，包括核桃×玉米、核桃×花生、苹果×玉米、苹果×花生、苹果×大豆、桃×玉米和桃×花生 7 种果农复合系统，对照样地为单作花生、玉米和苹果，间作与单作的作物和果树的管理方式一致。

②采样方法。在试验样地，复合系统按照样线布设土壤水分监测点，单作农作物按照"S"形布设样点进行土壤采集。在 2007 年花生、大豆和玉米的典型物候期，在上述土壤水分监测点采用土钻法取 0～100 cm 深土样，以 20 cm 为一层，共计 5 层。

③分析方法。烘干法测定土壤质量含水量。

（3）数据质量控制和评估

本数据集来源于野外样地的实际观测。从试验前准备、试验过程中到试验完成后，整个过程对数据质量进行控制。

试验前的数据质量控制：制订规范的试验方案，并对所有参与试验的人员集中进行技术培训，尽可能地减少人为误差。

试验过程中的数据质量控制：试验开始时，严格按照试验方案选择观测样地和布设土壤水分监测样点，并设置 3 组以减少数据误差。试验期在天气条件一致的情况下，在同一时间使用统一规格的土钻取土，每 20 cm 为一层，取土后分层装入铝盒并用黑色碳素笔做好标记。新鲜土样带回室内后立即称重，准确至 0.01 g，并尽早测定土壤含水量。在用烘干法测定土壤含水量时要按照实验方法进行称重、预热、冷却和再称重工作，并严格控制烘干的温度（105±2℃）和时间（12 h）。整个试验过程中使用工作记录本规范做好记录工作，原始数据不准删除或涂改，如记录有误，需将原有数据轻画横线标记，并将审核后正确数据记录在原数据旁或备注栏；如观测有误，需在相同试验条件下，重新取土测定。

试验完成后的数据质量控制：试验完成后，2 名以上研究人员对数据进行核查，并补充相关信息。纸质版数据录入电脑过程中，采用 2 人同时输入数据的方式，自查并相互检查，以确保数据输入的准确性。

（4）数据

相关数据见表 4-96 和表 4-97。

表 4-96　不同果农复合系统土壤水分含量垂直分布

复合系统	剖面各土层土壤水分含量/%				
	0～20 cm	20～40 cm	40～60 cm	60～80 cm	80～100 cm
苹果×玉米	8.01	8.26	8.67	9.50	10.23
苹果×花生	10.39	11.80	11.36	10.94	10.81
苹果×大豆	7.88	8.39	9.02	10.34	11.58
核桃×玉米	8.55	9.21	10.18	12.05	13.42
核桃×花生	8.84	10.07	11.44	12.69	13.34
桃×玉米	8.79	10.31	10.99	11.29	11.14
桃×花生	8.37	9.71	11.32	11.7	11.73
玉米单作	7.32	7.97	10.20	11.07	11.51
苹果单作	9.81	9.59	11.04	11.40	10.51
花生单作	9.84	10.65	10.99	12.04	12.09

注：研究人员，云雷；研究时间，2007 年 7 月和 8 月。

表 4-97　不同果农复合系统 0~40 cm 土壤水分含量随时间变化

复合系统	0~40 cm 土壤水分含量/%	
	7 月	8 月
苹果×玉米	8.02	8.25
苹果×花生	11.58	10.72
苹果×大豆	8.69	7.57
核桃×玉米	9.09	8.67
核桃×花生	9.58	9.33
桃×玉米	10.39	8.71
桃×花生	9.83	8.24
玉米单作	7.34	7.94
苹果单作	9.21	10.24
花生单作	10.04	10.45

注：研究人员，云雷；研究时间，2007 年 7 月和 8 月。

4.14.3　不同物候期下的水分研究数据集

（1）引言

果农间作系统是黄土地区农林复合系统的主要模式之一，因其相对较高的生态效益及经济收益，得到了较为广泛的应用。但由于水、光、肥等资源的有限性，果农间作系统中的果树和农作物之间必然会存在着对资源的竞争，进而对经济收益产生不利影响。通常认为，在干旱半干旱区果树和农作物之间的竞争主要来自于地下部分（水分和养分）。本数据集整理了吉县站 2011—2013 年晋西黄土区苹果×花生、苹果×大豆复合系统试验示范区的农作物不同物候生长期的水分种间关系研究数据，可为该地区农林复合系统调控和管理技术的研究提供重要的基础理论依据和决策依据。

（2）数据采集和处理方法

①观测样地。在吉县东城乡柏东村塘面苹果农作物间作试验示范区选取苹果×大豆、苹果×花生两种典型的果农间作模式作为试验材料，试验区总面积约为 5 000 m²。苹果树品种为矮化富士，栽植于 2008 年，树行东西走向；大豆品种为晋豆 36，花生品种为海花 1 号，种植行向与树行方向一致，采取人工点播播种方式，播种时间为试验期每年的 5 月上旬至中旬。单作与间作采用相同的作物品种、相同的管理和经营措施。

②采样方法。在试验区每个间作样地中，垂直中心苹果树行布设 3 条调查样线，每条样线含 6 个采样点，分别位于树行的南北两侧。按照与树行距离的不同，将取样点分为 3 组用以代表距离树行 0.5 m、1.5 m 和 2.5 m。每个大豆、花生单作样地按照"S"形布设 5 个采样点。在 2011—2013 年大豆和花生播种前和典型物候期（苗期、开花期及结荚期）在上述取样点进行土壤水分土样采集，用土钻法取土，20 cm 为一层，取土深度为 0~100 cm。

③分析方法。烘干法测定土壤质量含水量。

（3）数据质量控制和评估

本数据集来源于野外样地的实际观测。从试验前准备、试验过程中到试验完成后，整个过程对数据质量进行控制。

试验前的数据质量控制：制订规范的试验方案，并对所有参与试验的人员集中进行技术培训，尽可能地减少人为误差。

试验过程中的数据质量控制：试验开始时，严格按照试验方案选择观测样地和布设土壤水分监测样点，并设置 3 组以减少数据误差。试验期在天气条件一致的情况下，在同一时间使用统一规格的土钻取土，每 20 cm 为一层，取土后分层装入铝盒并用黑色碳素笔做好标记。新鲜土样带回室内后立即称重，准确至 0.01 g，并尽早测定土壤含水量。在用烘干法测定土壤含水量时要按照实验方法进行称重、预热、冷却和再称重工作，并严格控制烘干的温度（105±2℃）和时间（12 h）。整个试验过程中使用工作记录本规范做好记录工作，原始数据不准删除或涂改，如记录有误，需将原有数据轻画横线标记，并将审核后正确数据记录在原数据旁或备注栏；如观测有误，需在相同试验条件下，重新取土测定。

　　试验完成后的数据质量控制：试验完成后，2 名以上研究人员对数据进行核查，并补充相关信息。纸质版数据录入电脑过程中，采用 2 人同时输入数据的方式，自查并相互检查，以确保数据输入的准确性。

　　（4）数据

　　相关数据见表 4 - 98 至表 4 - 101。

表 4 - 98　不同物候期各果农间作模式土壤含水量比较

模式	土壤含水量/%		
	苗期	开花期	结荚期
苹果×大豆	12.35	10.75	13.75
苹果×花生	12.30	10.67	12.75

注：研究人员，高路博；研究时间，2011 年和 2012 年 4 月至 10 月。

表 4 - 99　不同物候期各果农间作模式土壤含水量水平分布

物候期	土壤含水量/%			
	距树行 0.5 m	距树行 1.5 m	距树行 2.0 m	大豆单作
苗期	13.7a	14.1b	14.3bc	14.4c
开花期	11.7a	12.0a	13.0b	13.3c
结荚期	14.6a	15.6b	15.7b	15.9b

注：同行不同小写字母表示差异显著（$P<0.05$）。研究人员，高路博；研究时间，2011 年和 2012 年 4 月至 10 月。

表 4 - 100　不同物候期各果农间作模式土壤含水量垂直分布

模式	土层深度/cm	土壤含水量/%		
		苗期	开花期	结荚期
苹果×花生	0~20	10.30±0.06	10.69±0.07	11.43±0.09
	20~40	11.50±0.03	10.32±0.03	12.24±0.10
	40~60	12.66±0.05	10.10±0.03	13.10±0.08
	60~80	13.24±0.08	10.77±0.05	13.61±0.07
	80~100	13.75±0.04	11.19±0.04	13.54±0.04
	0~100	12.31±0.03Aa	10.61±0.03Ab	12.78±0.05Ac
花生单作	0~20	10.14±0.06	13.52±0.04	10.82±0.09
	20~40	11.44±0.11	11.82±0.10	12.15±0.04
	40~60	13.35±0.09	11.17±0.13	13.39±0.04
	60~80	14.90±0.18	11.33±0.11	14.85±0.06
	80~100	15.56±0.13	12.27±0.09	15.73±0.10
	0~100	13.08±0.09Ba	12.04±0.04Bb	13.39±0.03Bc

（续）

模式	土层深度/cm	土壤含水量/%		
		苗期	开花期	结荚期
苹果×大豆	0～20	11.10±0.05	12.11±0.04	11.51±0.10
	20～40	12.22±0.06	10.72±0.07	13.29±0.05
	40～60	12.58±0.04	9.82±0.07	14.59±0.07
	60～80	12.98±0.02	10.14±0.10	14.71±0.07
	80～100	13.09±0.03	10.67±0.05	14.80±0.11
	0～100	12.41±0.02Aa	10.69±0.05Ab	13.80±0.03Ac
大豆单作	0～20	11.06±0.07	13.11±0.14	11.87±0.13
	20～40	12.71±0.13	10.29±0.14	14.28±0.13
	40～60	13.35±0.13	11.59±0.11	15.31±0.10
	60～80	13.62±0.04	12.34±0.03	15.35±0.07
	80～100	14.09±0.08	13.22±0.13	15.83±0.09
	0～100	12.97±0.05Ba	12.13±0.05Bb	14.55±0.05Bc

注：不同大写字母表示同列差异显著（$P<0.05$），不同小写字母表示同行差异显著（$P<0.05$）。研究人员，高路博；研究时间，2011 年和 2012 年 4 月至 10 月。

表 4-101　不同物候期各果农间作模式土壤水分效应

间作模式	物候期	不同距树行距离土壤水分效应/%		
		0.5 m	1.5 m	2.5 m
苹果×大豆	苗期	−6.8	−3.7	−2.2
	开花期	−16.8	−13.0	−6.6
	结荚期	−9.0	−3.7	−2.4
苹果×花生	苗期	−9.0	−7.5	−2.0
	开花期	−17.5	−13.5	−5.0
	结荚期	−7.5	−7.0	0.3

注：研究人员，高路博；研究时间，2011 年和 2012 年 4 月至 10 月。

4.14.4　不同树龄下的养分研究数据集

（1）引言

果农间作是晋西黄土区农林复合的主要模式之一，由于其具有较高的经济收益，因此深受当地农民的欢迎。但是果树的引入，必然导致果树与作物对于资源的竞争，降低作物产量。作物减产的主要原因为果树的地上遮光和地下的水肥竞争。部分研究发现，间作系统中种间竞争主要由地下部分体现，即水分和养分资源的竞争、互补和化感作用。在晋西黄土区，由于全年无灌溉，所以作为植物生长所必需的营养元素——土壤养分，其变化是作物产量的决定因素。因此，对果农间作系统中土壤养分分布特征进行研究，认识果树和作物种群间对土壤养分资源的竞争与互补关系是果农间作系统能否实现高效可持续经营的关键问题。近年来，对果农间作系统种间竞争关系的研究不断在国内外开展并取得了一定的研究成果。然而对不同树龄果农间作系统土壤养分分布特征及规律的研究相对匮乏。本数据集整理了吉县站 2012 年典型残塬面苹果×大豆复合系统试验示范区不同树龄下的土壤养分研究数据，可为改善该地区土壤养分环境、苹果×大豆间作系统的可持续经营管理提供理论依据。

（2）数据采集和处理方法

①观测样地。在山西省吉县东城乡柏东村黄土残塬面，选择果树树龄为 4 年生、6 年生和 8 年生的苹果×大豆间作系统为试验对象，果树品种为矮化富士，大豆品种为晋豆 36。大豆距离树行 0.3 m 处种植，行向与树行方向平行。设置单作大豆作为对照，间作与单作农作物的管理方式一致。

②采样方法。在试验样地，复合系统按照样线布设土壤养分监测点，以 6 棵果树为一个矩形样方，在两行果树之间，垂直于果树树行布设 3 条监测样线，在样线上布设土壤养分监测样点，各样点距离果树树行的距离分别为 0.5 m、1.5 m、2.5 m、3.5 m、4.5 m（由南到北）；单作农作物按照"S"形布设样点进行土壤采集。2012 年在 5—10 月（生长季），在上述土壤养分监测点采用土钻法取 0～60 cm 深土样，以 20 cm 为一层，共计 3 层。

③分析方法。土壤有机质采用浓硫酸消煮-重铬酸钾氧化容量法，全氮采用蒸馏法，速效磷采用碳酸氢钠浸提-钼锑抗混合比色法，速效钾采用醋酸铵浸提-火焰光度计法。

（3）数据质量控制和评估

本数据集来源于野外样地的实际观测。从试验前准备、试验过程中到试验完成后，整个过程对数据质量进行控制。

试验前的数据质量控制：制订规范的试验方案，并对所有参与试验的人员集中进行技术培训，尽可能地减少人为误差。

试验过程中的数据质量控制：试验开始时，严格按照试验方案选择观测样地和布设土壤水分监测样点，并设置 3 组以减少数据误差。试验期在天气条件一致的情况下，在同一时间使用统一规格的土钻取土，每 20 cm 为一层，取土后分层装入铝盒并用黑色碳素笔做好标记。新鲜土样带回室内后进行统一风干、过筛、称重等操作，并严格按照土壤养分（有机质、全氮、速效磷和速效钾）测定方法进行测定。整个试验过程中使用工作记录本规范做好记录工作，原始数据不准删除或涂改，如记录有误，需将原有数据轻画横线标记，并将审核后的正确数据记录在原数据旁或备注栏；如观测有误，需在相同试验条件下，重新取土测定。

试验完成后的数据质量控制：试验完成后，2 名以上研究人员对数据进行核查，并补充相关信息。纸质版数据录入电脑过程中，采用 2 人同时输入数据的方式，自查并相互检查，以确保数据输入的准确性。

（4）数据

相关数据见表 4-102 至表 4-105。

表 4-102　不同树龄苹果×大豆复合系统土壤养分比较

树龄/年	有机质/（g/kg）	全氮/（g/kg）	速效磷/（mg/kg）	速效钾/（mg/kg）
4	7.853±0.639a	0.736±0.090a	3.818±0.826a	84.000±3.995a
6	9.241±0.853ab	0.607±0.053ab	10.103±2.856b	107.600±10.035b
8	7.185±0.575ac	0.444±0.037b	3.923±0.797a	81.233±5.171a

注：同列不同小写字母表示差异显著（t 检验，$P<0.05$）。研究人员，廖文超；研究时间，2012 年 5 月至 10 月。

表 4-103　不同树龄苹果×大豆复合系统土壤养分水平分布

距树距离/m	有机质含量/（g/kg）				全氮含量/（g/kg）			
	4 年生	6 年生	8 年生	大豆单作	4 年生	6 年生	8 年生	大豆单作
0.5	7.66	9.44	6.55		0.93	0.61	0.50	
1.5	7.57	9.14	7.29		0.79	0.55	0.39	
2.5	8.13	9.71	6.71	11.03	0.94	0.75	0.45	0.53

（续）

距树距离/m	有机质含量/（g/kg）				全氮含量/（g/kg）			
	4 年生	6 年生	8 年生	大豆单作	4 年生	6 年生	8 年生	大豆单作
3.5	7.69	8.74	8.01		0.49	0.53	0.44	
4.5	8.06	9.14	7.25		0.54	0.57	0.43	

距树距离/m	速效磷含量/（mg/kg）				速效钾含量/（mg/kg）			
	4 年生	6 年生	8 年生	大豆单作	4 年生	6 年生	8 年生	大豆单作
0.5	4.98	18.89	2.76		82.42	153.86	70.14	
1.5	2.58	8.57	6.27		76.84	104.74	89.12	
2.5	3.51	10.78	2.58	7.80	89.67	108.65	72.93	107.00
3.5	2.58	5.92	4.52		80.19	83.53	85.21	
4.5	4.42	6.18	2.86		85.77	82.42	83.53	

注：研究人员，廖文超、高路博；研究时间，2012 年 5 月至 10 月。

表 4 - 104　不同树龄苹果×大豆复合系统土壤养分垂直分布

土层深度/cm	有机质含量/（g/kg）				全氮含量/（g/kg）			
	4 年生	6 年生	8 年生	大豆单作	4 年生	6 年生	8 年生	大豆单作
0～20	10.62	13.36	9.43	14.33	0.49	0.47	0.31	0.70
20～40	7.62	8.41	6.78	8.88	1.07	0.82	0.59	0.35
40～60	4.57	5.49	4.47	10.30	0.69	0.52	0.41	0.50

土层深度/cm	速效磷含量/（mg/kg）				速效钾含量/（mg/kg）			
	4 年生	6 年生	8 年生	大豆单作	4 年生	6 年生	8 年生	大豆单作
0～20	7.42	21.43	1.17	11.22	103.02	128.79	100.45	139.68
20～40	2.02	7.04	3.69	3.32	78.66	104.44	76.08	85.88
40～60	1.32	1.17	5.91	8.63	71.30	88.82	67.18	99.62

注：研究人员，廖文超、高路博；研究时间，2012 年 5 月至 10 月。

表 4 - 105　苹果×大豆复合系统土壤养分效应

土壤养分	土壤养分效应/%		
	距树行 0.5 m	距树行 1.5 m	距树行 2.5 m
有机质	−52	−63	−46
全氮	−50	−57	−53
速效磷	−48	−56	−48
速效钾	−2	−15	−8

注：研究人员，高路博；研究时间，2012 年 8 月。

4.14.5　不同果农间作模式下的养分研究数据集

（1）引言

在晋西黄土区，由于全年无灌溉，所以土壤养分的变化是果农间作模式中农作物产量的决定因素。因此，对果农间作系统中土壤养分分布特征进行研究，认识果树和作物种群间对土壤养分资源的竞争与互补关系是果农间作系统能否实现高效可持续经营的关键问题。本数据集整理了吉县站

2011—2012 年黄土高原地区苹果×花生、苹果×大豆复合系统试验示范区的土壤养分研究数据。分析苹果×大豆、苹果×花生两种间作模式和相应大豆、花生单作模式的土壤有机质、全氮、速效磷和速效钾含量。

（2）数据采集和处理方法

①观测样地。在吉县东城乡柏东村塘面苹果农作物间作试验示范区选取苹果×大豆、苹果×花生两种典型的果农间作模式作为试验材料，试验区总面积约为 5 000 m²。苹果树品种为矮化富士，栽植于 2008 年，树行东西走向；大豆品种为晋豆 36，花生品种为海花 1 号，种植行向与树行方向一致，采取人工点播播种方式，播种时间为试验期每年的 5 月上旬至中旬。单作与间作采用相同的作物品种、相同的管理和经营措施。

②采样方法。在试验区每个间作样地中，垂直中心苹果树行布设 3 条调查样线，每条样线含 6 个采样点，分别位于树行的南北两侧。按照与树行距离的不同，将取样点分为 3 组用以代表距离树行 0.5 m、1.5 m 和 2.5 m。每个大豆、花生单作样地按照"S"形布设 5 个采样点。在 2011—2012 年 9 月在上述取样点进行土壤养分土样采集，用土钻法取土，深度为 0～100 cm，分为 0～20 cm、20～60 cm 和 60～100 cm 三个层次。

③分析方法。土壤有机质采用浓硫酸消煮-重铬酸钾氧化容量法，全氮采用蒸馏法，速效磷采用碳酸氢钠浸提-钼锑抗混合比色法，速效钾采用醋酸铵浸提-火焰光度计法。

（3）数据质量控制和评估

本数据集来源于野外样地的实际观测。从试验前准备、试验过程中到试验完成后，整个过程对数据质量进行控制。

试验前的数据质量控制：制订规范的试验方案，并对所有参与试验的人员集中进行技术培训，尽可能地减少人为误差。

试验过程中的数据质量控制：试验开始时，严格按照试验方案选择观测样地和布设土壤水分监测样点，并设置 3 组以减少数据误差。试验期在天气条件一致的情况下，在同一时间使用统一规格的土钻取土，每 20 cm 为一层，取土后分层装入铝盒并用黑色碳素笔做好标记。新鲜土样带回室内后进行统一风干、过筛、称重等操作，并严格按照土壤养分（有机质、全氮、速效磷和速效钾）测定方法进行测定。整个试验过程中使用工作记录本规范做好记录工作，原始数据不准删除或涂改，如记录有误，需将原有数据轻画横线标记，并将审核后正确数据记录在原数据旁或备注栏；如观测有误，需在相同试验条件下，重新取土测定。

试验完成后的数据质量控制：试验完成后，2 名以上研究人员对数据进行核查，并补充相关信息。纸质版数据录入电脑过程中，采用 2 人同时输入数据的方式，自查并相互检查，以确保数据输入的准确性。

（4）数据

相关数据见表 4 - 106 至表 4 - 109。

表 4 - 106　不同果农间作模式土壤养分含量比较

土壤养分	间作模式	
	苹果×大豆	苹果×花生
有机质含量/（g/kg）	4.37±0.16a	5.95±0.16b
全氮含量/（g/kg）	0.25±0.03a	0.30±0.02b
速效磷含量/（mg/kg）	3.08±0.34a	4.42±0.16b
速效钾含量/（mg/kg）	92.26±0.33a	92.10±1.38a

注：同行不同小写字母表示差异显著（$P < 0.05$）。研究人员，高路博；研究时间，2011 年和 2012 年 9 月。

表 4 - 107　不同果农间作模式土壤养分水平分布特征

距树距离/m	有机质含量/（g/kg）				全氮含量/（g/kg）			
	苹果×大豆	大豆单作	苹果×花生	花生单作	苹果×大豆	大豆单作	苹果×花生	花生单作
0.5	4.8		6.3		0.28		0.32	
1.5	3.5	6.3	7.2		0.22	0.68	0.25	0.38
2.5	5.0		6.5		0.24		0.36	

距树距离/m	速效磷含量/（mg/kg）				速效钾含量/（mg/kg）			
	苹果×大豆	大豆单作	苹果×花生	花生单作	苹果×大豆	大豆单作	苹果×花生	花生单作
0.5	2.8		5.0		100		88	
1.5	2.5	7.0	3.4	6.9	82	130	91	102
2.5	4.0		4.8		98		100	

注：研究人员，高路博；研究时间，2011 年和 2012 年 9 月。

表 4 - 108　不同果农间作模式土壤养分垂直分布特征

土层深度/cm	有机质含量/（g/kg）				全氮含量/（g/kg）			
	苹果×大豆	大豆单作	苹果×花生	花生单作	苹果×大豆	大豆单作	苹果×花生	花生单作
0～20	9.0	8.5	10.8	7.8	0.46	0.95	0.58	0.43
20～60	3.6	5.5	5.0	7.0	0.25	0.48	0.26	0.33
60～100	2.8	2.7	4.5	7.2	0.17	0.75	0.18	0.40

土层深度/cm	速效磷含量/（mg/kg）				速效钾含量/（mg/kg）			
	苹果×大豆	大豆单作	苹果×花生	花生单作	苹果×大豆	大豆单作	苹果×花生	花生单作
0～20	8.3	11.5	8.3	8.5	138	140	126	133
20～60	2.2	3.2	4.1	6.5	88	99	88	83
60～100	1.0	8.2	2.8	6.6	75	148	83	100

注：研究人员，高路博；研究时间，2011 年和 2012 年 9 月。

表 4 - 109　不同果农间作模式土壤养分效应对比

土壤养分	土壤养分效应/%	
	苹果×大豆	苹果×花生
有机质	−29	−18
全氮	−64	−22
速效磷	−56	−36
速效钾	−27	−6

注：研究人员，高路博；研究时间，2011 年和 2012 年 9 月。

4.14.6　根系分布研究数据集

（1）引言

此部分为吉县站 2012—2013 年典型残塬面核桃×大豆复合系统试验示范区的根系分布研究数据，对晋西黄土区复合系统中根系空间分布特征进行分析，旨在为该地区复合系统根系吸水模型的建立、水分生态特征和养分生态特征的分析等提供果农复合竞争机理的基础资料，以期更好地发挥复合系统的社会效益、经济效益和环境效益。

（2）数据采集和处理方法

①观测样地。试验区南北宽 63 m，东西长 100 m。核桃栽植于 2000 年，株行距为 6.5 m×6.5 m，密度为 236 株/hm²，平均株高 4.2 m，南北冠幅 4.2 m，东西冠幅 3.9 m。大豆株行距为 0.45 m×0.50 m，播种期为 2009 年 5 月。核桃树行行向与大豆种植行向相同，为东西行向，核桃树行和大豆种植行的间距为 1.0 m。

②采样方法。将距树行 1.0～3.5 m 的区域作为试验区，样区长 2.5 m（垂直于树行方向）、宽 0.5 m（平行于树行方向）。在每个取样区中分别距树行 1.0～1.5 m、1.5～2.0 m、2.0～2.5 m、2.5～3.0 m 和 3.0～3.5 m 共布设 5 个样方，垂直方向上每 20 cm 为一层采用分层发掘进行根系取样。其中核桃细根取样深度为 100 cm，大豆根系取样深度为 60 cm。对于每一层的土壤根系混合样品，装入带有标签的网袋（孔径为 0.15 mm）中，放入水中浸泡 24 h 后，用水冲洗袋内泥土，清洁根系表面；然后，挑拣活根，去除杂质；对间作系统中的核桃细根（黑褐色）和大豆根（灰白色）加以区分。将分选好的根系，用游标卡尺测量将根系径级分为细根（直径≤2 mm）、粗根（直径>2 mm），研究中仅研究细根。然后，将所采集的根系放入 70℃烘箱，连续烘干 48 h 至恒重，最后分别称重、记录。

③分析方法。采用 Levins（1968）提出的生态位重叠公式计算核桃和大豆间的生态位重叠指数，采用 Levins（1968）提出的生态位宽度公式计算核桃和大豆的根系生态位宽度，采用生态位相似性公式计算核桃和大豆的生态位相似性，采用 Pianka（1973）提出的生态位重叠公式（又称对称 α 法）计算核桃大豆间的竞争强度指数。

（3）数据质量控制和评估

在数据采集阶段，数据质量直接相关的内容主要包括采集人员素质、仪器设备、试剂原料、环境等。此部分研究人员经过专业的实践训练；仪器的使用过程中符合使用规范；调查样地的调查时间、样地的基本信息等均由 1 人记录数据，1 人校核，保证了采集数据的可靠性和准确性，避免可能出现的人为错误；研究中涉及的农作物品种及种植规格等均根据真实情况记录。原始数据记录时，用铅笔或黑色碳素笔在专用实验记录纸上做记录，不进行涂抹，如有数据需要修改，在旁边标注并签字，填写整齐，字迹清晰。

本数据集的数据输入采用人工导入的方式。存储数据的设备运行正常，且输入时由 1 人读出数据，1 人导入数据，1 人校核数据，确保了数据输入过程的准确性。

（4）数据

相关数据见表 4 - 110 至表 4 - 117。

表 4 - 110　核桃细根干重垂直变化特征

土层深度/cm	不同距树距离细根干重/g					
	0.5～1.0 m	1.0～1.5 m	1.5～2.0 m	2.0～2.5 m	2.5～3.0 m	3.0～3.5 m
0～20	82	68	55	24	10	3
20～40	57	61	9	15	17	14
40～60	20	12	7	12	12	13
60～80	14	11	8	11	11	13
80～100	4	10	6	8	10	12

注：研究人员，许华森；研究时间，2009 年 9 月。

表 4 - 111　大豆根干重垂直变化特征

土层深度/cm	不同距树距离根干重/g					
	0.5～1.0 m	1.0～1.5 m	1.5～2.0 m	2.0～2.5 m	2.5～3.0 m	3.0～3.5 m
0～20	23	27	34	38	41	23

250

（续）

土层深度/cm	不同距树距离根干重/g					
	0.5～1.0 m	1.0～1.5 m	1.5～2.0 m	2.0～2.5 m	2.5～3.0 m	3.0～3.5 m
20～40	2	2	2	2	2	2
40～60	1	1	1	1	1	1

注：研究人员，许华森；研究时间，2009 年 9 月。

表 4 - 112　核桃总根系生物量垂直分布特征

土层深度/cm	不同距树距离根系生物量/（g/m³）					
	0.5～1.0 m	1.0～1.5 m	1.5～2.0 m	2.0～2.5 m	2.5～3.0 m	3.0～3.5 m
0～20	1 352.75	875.40	599.00	227.85	63.30	17.15
20～40	1 548.75	974.90	108.40	225.20	158.40	78.00
40～60	287.50	163.55	78.85	99.85	90.35	86.25
60～80	103.45	83.45	47.65	79.89	68.95	77.15
80～100	32.35	48.05	34.00	38.80	63.65	59.70

注：研究人员，云雷；研究时间，2009 年 9 月。

表 4 - 113　核桃不同径级根系生物量垂直分布特征

土层深度/cm	不同径级根系生物量/（g/m³）			
	0～2 cm	2～5 cm	5～10 cm	＞10 cm
0～20	1 207.90	689.15	602.00	636.40
20～40	850.45	478.65	791.65	972.80
40～60	382.45	172.40	59.95	191.55
60～80	326.95	122.95	10.64	0.00
80～100	236.80	39.75	0.00	0.00

注：研究人员，云雷；研究时间，2009 年 9 月。

表 4 - 114　核桃不同径级根系生物量水平分布特征

取样区域（距树距离）/m	不同径级根系生物量/（g/m³）			
	0～2 cm	2～5 cm	5～10 cm	＞10 cm
0.5～1.0	864.50	502.30	678.05	1 279.95
1.0～1.5	808.15	450.55	383.45	503.20
1.5～2.0	396.20	206.95	213.15	17.60
2.0～2.5	322.55	217.60	131.44	0.00
2.5～3.0	304.50	81.80	58.25	0.00
3.0～3.5	283.45	34.80	0.00	0.00

注：研究人员，云雷；研究时间，2009 年 9 月。

表 4 - 115　核桃和大豆根系生态位宽度的垂直分布特征

土层深度/cm	不同距树行距离生态位宽度									
	0.5～1.0 m		1.0～1.5 m		1.5～2.0 m		2.0～2.5 m		2.5～3.0 m	
	大豆	核桃	大豆	核桃	大豆	核桃	大豆	核桃	大豆	核桃
0～20	0.06	0.58	0.10	0.50	0.30	0.24	0.55	0.10	0.80	0.00

(续)

土层深度/cm	不同距树行距离生态位宽度									
	0.5~1.0 m		1.0~1.5 m		1.5~2.0 m		2.0~2.5 m		2.5~3.0 m	
	大豆	核桃	大豆	核桃	大豆	核桃	大豆	核桃	大豆	核桃
20~40	0.03	0.73	0.12	0.48	0.20	0.35	0.33	0.26	0.48	0.22
40~60	0.02	0.77	0.08	0.54	0.15	0.46	0.24	0.37	0.33	0.34
60~80	0.01	0.82	0.06	0.63	0.12	0.55	0.18	0.50	0.25	0.52
80~100	0.01	0.87	0.05	0.70	0.08	0.64	0.15	0.60	0.20	0.58

注：研究人员，许华森；研究时间，2009年9月。

表4-116　核桃和大豆根系生态位宽度的水平分布特征

距树距离/m	根系生态位宽度	
	大豆	核桃
1.0~1.5	0.02	0.75
1.5~2.0	0.04	0.56
2.0~2.5	0.15	0.45
2.5~3.0	0.28	0.36
3.0~3.5	0.40	0.31

注：研究人员，许华森；研究时间，2009年9月。

表4-117　核桃和大豆种间地下竞争指数

距树距离/m	大豆对核桃根系生态位重叠指数	核桃对大豆根系生态位重叠指数	生态位相似性	地下种间竞争指数
1.0~1.5	0.002 Aa	0.051 Ab	0.581 A	0.403 A
1.5~2.0	0.009 Ba	0.072 Bb	0.674 B	0.392 A
2.0~2.5	0.023 Ca	0.062 Cb	0.717 B	0.352 A
2.5~3.0	0.037 Da	0.047 Aa	0.677 B	0.276 B
3.0~3.5	0.046 Ea	0.036 Da	0.653 B	0.214 B

注：不同大写字母表示同列差异显著（$P<0.05$），不同小写字母表示同行差异显著（$P<0.05$）。研究人员，许华森；研究时间，2009年9月。

4.15　土壤侵蚀的林地植被因子数据集

4.15.1　引言

本数据集依托国家重大基础研究（973）课题"森林植被调控区域农业水土资源与环境尺度辨析与转换"和山西吉县森林生态系统国家野外科学观测研究站课题研究的部分内容。数据来源为《黄土区影响土壤侵蚀的林地植被因子研究》（刘艳辉，2007）。利用调查观测数据，筛选出影响土壤侵蚀的森林植被结构特征因子，利用植被与覆盖因子（C）来定量描述森林植被对坡面土壤流失的影响，并给定适合于当地的次因子参数值，修订通用土壤流失方程（RUSLE）在黄土区的应用，以便更好地认识土壤侵蚀规律和评价水土保持措施的效益，为黄土区防护林营造和经营提供技术支撑。

4.15.2　数据采集和处理方法

本数据集具体的构建过程见图4-1。

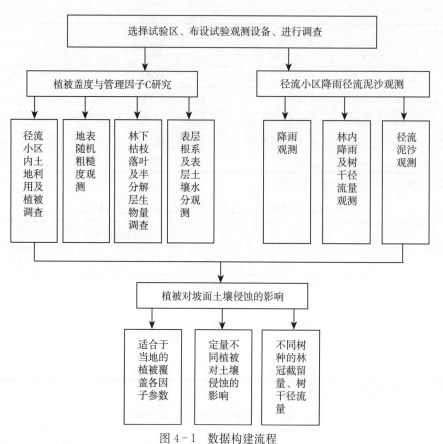

图 4-1　数据构建流程

（1）土地利用状况及森林植被调查

主要采用传统调查方法（线路调查、样地调查等），结合 GPS 接收机于 2005 年 7—8 月对蔡家川流域森林植被及土地利用状况进行了前期野外调查，完成流域界内标准地测试及地类调查。

（2）降雨测定

通过自记雨量计，记录降水量和降雨过程，并且通过雨量筒记录，对其进行校核。

（3）林内降雨、树干径流测定

林内降水量测定，在研究区内选取一定数目的标准木，在树冠的下方以三角形布设截留槽，测量每次降雨的穿透雨量，于每次雨后测量雨水的体积，测算出林内降水量。树干径流的测定，用防水海绵缠绕于树干胸径处，卡带固定，防水胶封密，收集从树冠（干）截留的雨量，并导入下端的容器中，根据树冠投影面积换算成径流深。

（4）坡面径流小区布设

采用坡面规格 20 m×5 m 标准径流小区，长期定位观测。有 13 个标准径流小区，包括天然林次生林小区 3 个，其余为人工林小区（刺槐、刺槐＋侧柏、油松等）。

（5）坡面径流与泥沙观测

每个径流小区底部都设有出水口，和盛水桶相连。每次降雨后，人工量测该径流小区径流量，将盛水桶内沉积泥沙搅拌均匀，取样 1～3 瓶带回实验室，量取瓶样的体积和重量，静置过滤，烘干称重，求出平均含沙量，含沙量乘水的体积则为产沙量。

（6）地表随机糙度测定

利用针状糙度计，根据植物生长的 S 形生长规律，把植物的生长季分为 3 个生长时期，即生长初期（4—5 月）、生长旺盛期（6—9 月）、生长末期（10—11 月），对 13 个小区的地表糙度进行测量，该仪器由 20 根等长（长度为 60 cm）的测针组成，测针间距为 1 cm。在进行测定时，先将该仪器沿坡面置于小区内，并使两端紧贴地面，形成相对高差基点，依次检验每根测针是否与地面接触，并读出与基点的相对高差，直至全部测针，再选断面重复测定。

（7）表层根系的测定方法

采用取样法在观测的径流小区内随机选取 3 个样点，取其表层 0～10 cm 厚的根系，烘干称重，通过面积转换成整个样地的根系量。再依据 RUSLE 中规定的 10～20 cm 土壤所含根量等于 0～10 cm 土壤所含根量的 80% 来计算出样地内土壤表层 0～20 cm 的根系量。

（8）枯枝落叶半分解层生物量测定

采用取样法在样地内选取两个规格为 20 cm×20 cm 的样点，分别收集其枯枝落叶层和半分解层，烘干称取其生物量。

（9）表层土壤水分的量取

采用取样法在样地内随机选取 3 个样点，挖 20 cm 厚的土壤剖面，通过铝盒选取 3 个方向的土壤带回实验室分别称重、烘干称重，通过其差值计算其表层土壤水分。

4.15.3　数据质量控制和评估

本数据集来源于野外样地的实测调查与室内试验。从调查前期准备、调查过程中到调查完成后进行室内试验，整个过程对数据质量进行控制。同时，采用专家审核验证的方法，以确保数据相对准确可靠。

调查前的数据质量控制：根据统一的调查规范方案，对所有参与调查和实验的人员集中进行技术培训，尽可能地减少人为误差。

调查过程中的数据质量控制：所有采样方法按照要求严格进行，每次取样时严格控制仪器精度。

调查完成后的数据质量控制：对试验数据结果进行验证核查，并补充相关试验。

4.15.4　黄土区影响土壤侵蚀的林地植被因子数据集

相关数据见表 4-118 至表 4-122。

表 4-118　蔡家川流域径流小区基本概况

小区号	地点	林分类型	林分密度/（株/hm²）	主要树种	坡度/°	坡向	树高/m	林龄/年
1	北坡	山杨+油松	—	山杨、油松、虎榛子	25	阴坡	4.02	20
2	西杨家峁集水小区西	刺槐1	2 000	刺槐	22	阳坡	7.95	14
3	西杨家峁集水小区中	刺槐2	1 400	刺槐	18	阳坡	8.75	14
4	西杨家峁集水小区东	刺槐3	2 204	刺槐	20	阳坡	6.12	14
5	西杨家峁8号水窖北	刺槐4	1 400	刺槐	29	半阳坡	7.55	14
6	西杨家峁8号水窖中	刺槐5	2 100	刺槐	26	半阳坡	7.39	14
7	西杨家峁8号水窖南	刺槐+侧柏	1 800	刺槐	24	半阳坡	6.06	14
8	秀家山梨园	梨	400	梨	10	阴坡	4.02	12
9	秀家山李子园	李子	200	李子	15	半阳坡	3.96	12
10	秀家山	刺槐6	1 200	刺槐	26	阳坡	7.85	15
11	东阳家峁	油松	1 500	油松	19	阳坡	4.85	15
12	十道湾	刺槐7	1 300	刺槐	19	阴坡	7.21	14
13	冯家疙瘩	山杨+辽东栎	—	山杨、辽东栎	26	阴坡	5.36	20

注：混交林没有进行林分密度的调查。该数据采集人，刘艳辉、魏天兴、张晓娟、尹娜、陈佳澜、吴相正；采集时间，2005 年7—8 月。

表 4 - 119　树干径流标准木基本概况

地点	树干径流树种	胸径/cm	树高/m	冠幅/m
秀家山	刺槐 1	10.2	7.6	6.1×3.3
	刺槐 2	11.7	8.8	4.2×4.2
东阳家峁	油松 1	6.3	7.0	3.3×2.7
	油松 2	4.0	6.0	3.0×3.2
	油松 3	5.1	10.8	3.6×4.6
十道湾	刺槐 1	6.0	6.7	5.0×4.1
	刺槐 2	7.9	7.2	5.1×4.6
	刺槐 3	6.8	7.0	5.0×4.3
冯家疙瘩	杨树 1	12.5	9.8	3.5×2.7
	杨树 2	9.5	9.5	4.8×4.5
	杨树 3	16.5	16.8	5.2×5.0
	辽东栎 1	8.5	9.7	3.6×4.5
	辽东栎 2	7.0	6.4	3.7×3.3
	辽东栎 3	6.8	5.2	2.8×5.4
	辽东栎 4	1.9	1.2	1.4×0.6
	虎榛子 1	1.0	2.2	0.6×1.1
	忍冬 1	1.2	2.4	1.3×1.2
	忍冬 2	1.8	3.2	1.2×1.6
	忍冬 3	1.3	2.3	1.4×1.0

注：该数据采集人，魏天兴、刘艳辉、张晓娟、尹娜、陈佳澜、吴相正；采集时间，2005 年 7—8 月。

表 4 - 120　2006 年不同林分类型降雨产流量和产沙量及其影响因子的参数特征值

植被类型	母系列		子系列					
	径流量/mm	泥沙量/mm	坡度/°	坡向	林分郁闭度	林分密度/（株/hm²）	灌草层盖度/%	枯落物生物量/（g/m²）
山杨＋油松	0.060	0.025	25	阴坡	0.80	—	100	3 642.81
辽东栎＋山杨	0.955	0.087	26	阴坡	0.90	—	100	4 325.12
刺槐 1	1.185	0.368	22	阴坡	0.80	2000	80	2 959.46
刺槐 2	2.023	0.589	18	阴坡	0.78	1 400	80	2 200.77
刺槐 3	0.570	0.298	20	阴坡	0.85	2 204	70	3 353.21
刺槐 4	2.860	1.124	29	阴坡	0.75	1 200	80	2 456.45
刺槐 5	0.997	0.192	26	阴坡	0.80	2 100	85	3 058.46
刺槐 6	1.206	0.096	26	阴坡	0.75	1 800	60	2 256.31
刺槐 7	2.170	0.675	19	阴坡	0.56	1 300	60	1 865.89
刺槐＋侧柏	2.822	1.886	24	阴坡	0.70	1 800	75	1 659.31
油松林	3.257	1.417	19	阴坡	0.65	1 500	60	5 632.11
梨	2.896	1.177	10	阴坡	0.60	400	50	1 036.97
李子	3.908	1.724	15	阴坡	0.20	200	30	540.72

注：混交林没有进行林分密度的调查。该数据采集人，刘艳辉、魏天兴、张晓娟、尹娜、陈佳澜、吴相正；采集时间，2005 年 7—8 月。该数据采集人，魏天兴、刘艳辉、张晓娟、尹娜、陈佳澜、吴相正；采集时间，2005 年 7—8 月。

表 4-121　2006 年不同林分结构特征

林分类型	林冠截留雨滴高度 h/m	生长初期郁闭度	生长旺盛期郁闭度	生长末期郁闭度
山杨＋油松	3.56	0.65	0.90	0.85
辽东栎＋山杨	4.84	0.70	0.95	0.88
刺槐 1	7.60	0.56	0.83	0.76
刺槐 2	8.40	0.50	0.80	0.75
刺槐 3	5.68	0.61	0.87	0.78
刺槐 4	7.20	0.46	0.75	0.65
刺槐 5	6.83	0.58	0.85	0.80
刺槐 6	7.46	0.52	0.81	0.75
刺槐 7	6.85	0.49	0.78	0.70
刺槐＋侧柏	5.60	0.43	0.70	0.64
油松林	4.47	0.40	0.68	0.60
梨	3.60	0.35	0.60	0.55
李子	3.30	0.23	0.50	0.43

注：该数据采集人，刘艳辉、魏天兴、张晓娟、尹娜、陈佳澜、吴相正；采集时间，2005 年 7—8 月。

表 4-122　间接法计算植被覆盖与管理因子 C

林分类型	A t/（hm²·年）	R（MJ·mm/hm²·年）	K t·hm²·h/（hm²·MJ·mm）	LS	P	C
山杨＋油松	0.314	339.83	0.024	3.85	0.50	0.020
辽东栎＋山杨	1.782	1 784.86	0.02	4.16	1.00	0.012
刺槐 1	0.85	558.45	0.021	3.02	0.80	0.030
刺槐 2	1.46	954.01	0.03	2.65	0.55	0.035
刺槐 3	0.549	445.41	0.025	2.84	0.62	0.028
刺槐 4	2.571	741.99	0.035	4.4	0.75	0.030
刺槐 5	0.894	927.09	0.023	3.63	0.55	0.021
刺槐 6	0.626	362.94	0.028	3.52	0.50	0.035
刺槐 7	1.245	436.11	0.026	3.66	1.00	0.030
刺槐＋侧柏	5.512	1 335.69	0.032	3.2	0.65	0.062
油松林	3.962	1 582.11	0.035	2.65	0.50	0.054
梨	3.003	1 617.65	0.04	1.19	0.65	0.060
李子	8.715	1 706.41	0.048	1.9	1.00	0.056

注：该数据采集人，刘艳辉、魏天兴、张晓娟、尹娜、陈佳澜、吴相正；采集时间，2005 年 7—8 月。

4.16　天然次生林生物量和营养元素积累与分布数据集

4.16.1　引言

本数据集依托于国家科技基础条件平台建设（子）项目（2005DKA10300）。数据来源《山西吉县天然次生林生物量和营养元素积累与分布》（张晓娟，2008）。次生林是黄土高原重要的森林资源之一，也是现代化建设的重要后备再生能源。研究晋西黄土区天然次生林生态系统生物量、营养元素积累和分布状况，揭示其营养元素循环规律，对了解黄土高原土地生产力、土地肥力变化、丰富生态理论，甚至对全球的营养元素平衡研究等都具有重要的理论意义；对指导林业生产、植被恢复、防止水土流失等同样具有重要的实践意义，还对探索如何提高地球的光能利用率起到了参考作用。本数据集在山西吉县森林生态系统国家野外科学观测研究站进行收集，旨在揭示山西吉县天然次生林生物量和营养元素积累、分配与循环规律，为研究黄土区元素循环、植被恢复提供基础数据。

4.16.2　数据采集和处理方法

（1）乔木层生物量测定

本数据采集于 2006 年 8—9 月蔡家川流域，进行乔木层生物量的测定，由于研究范围和仪器条件的限制仍然使用传统方法，首先对天然次生林进行全面调查，根据林分特征及立地条件一致，树种、林分密度分布应均匀的原则，采用抽样调查的方法在冯家疙瘩选择规格为 20 m×20 m 的样地，在样地内进行每木检尺，实测胸径、树高和冠幅，计算出林分平均胸径。在每木调查的基础上，选择采用平均生物量法（木村允，1981；赵敏、周广胜，2004）计算林分生物量，这种方法是根据样地每木调查的资料计算出全部立木的平均胸高断面积，选出代表该样地最接近这个平均值的 3 株标准木，伐倒后求出平均木的生物量，再乘以该林分单位面积上的株数，得到单位面积上林分乔木层的生物量。选取标准木伐倒，地上部分采用 1 m 区分段"分层切割法"测定标准木的干、皮、枝、叶鲜重，地下部分采用"全挖法"测定，把标准木的树根全部挖出，不分根头、大根、粗根、细根，装入布袋带回室内用水冲洗干净，放于通风处通风，称其鲜重，取样烘干至恒重，计算出各器官干物质重。

（2）灌木层、草本层和枯落物层生物量测定

2006 年 8 月底至 9 月初采用"收获样方法"测定灌木层生物量，在样地中设置 5 个规格为 5 m×5 m 样方，分别称取干枝、叶及根系质量，取样拿回实验室，在 85℃下烘干至恒重，求出干鲜重之比，将每个样方中的灌木鲜重按干鲜重之比换算成干重，累积相加得样方面积的灌木生物量，再求出每公顷的灌木层生物量。

2006 年 8 月底至 9 月初采用"收获样方法"测定草本层生物量，设置 8 个 1 m×1 m 的样方分地上和地下部分测定草本植物生物量；样地内采用随机抽样设置规格为 0.5 m×0.5 m 的样方 5 个，按半分解、已分解收获全部枯落物，测定其鲜重，取样烘干至恒重，再根据一年内凋落物中枝、叶比例换算成单位面积内枯枝、枯叶生物量。

2006 年 7 月至 2007 年 7 月，在样地内随机设置 5 个规格为 0.5 m×0.5 m、1 个规格为 1 m×1 m 凋落物收集筐，测定林地凋落物量，每月收集一次，并将枝、叶分开称重；在测定生物量的同时对乔木层和灌木层标准木的干、枝、叶、皮和根，草本层地上、地下部分以及凋落物和半分解层分别取样，采集当日把它们放在 80～90℃烘箱中烘 30 min，然后降温 85℃烘干，测定其营养元素。

（3）土壤样品采集

在样地分别挖 3 个土壤剖面，采用"环刀法"测土壤容重，从而测定土壤营养元素含量，按照 0～10 cm、10～20 cm、20～40 cm、40～60 cm、60～80 cm 及 80～100 cm 6 个层次取环刀，再在样地内按"S"形布 7 个点，上述 6 个层次在各个点上取样 1 000 g 带回实验室做土壤化学分析测定。

（4）植物、土壤营养元素的测定

将外业采集的植物样品置于 85℃的烘箱烘干，然后粉碎、装瓶、贴上标签。进行化学分析之前，将样品在 105℃下烘干 1 h，称取适量样品，用 H_2SO_4 - H_2O_2 凯氏消煮法溶样，采用半微量凯氏法测定氮，磷的测定用钒钼黄比色法，HNO_3 - $HClO_4$ 消煮 ICP 法测定钙、镁、钾、钠、铁、铜、锌、锰、硼、镉、铅、镍；土壤样品采用半微量凯氏法测定氮，土壤用钼锑抗比色法测定磷，用重铬酸钾氧化法测定有机质，HF - HNO_3 - $HClO_4$ 消煮 ICP 法测定钙、镁、钾、钠、铁、铜、锌、锰、硼、镉、铅（中国土壤学会农业化学专业委员会，1989）。

4.16.3　数据质量控制和评估

　　本数据集来源于野外样地的实测调查与室内试验。从调查前期准备、调查过程中到调查完成后进行室内试验，整个过程对数据质量进行控制。同时，采用专家审核验证的方法，以确保数据相对准确可靠。

　　调查前的数据质量控制：根据统一的调查规范方案，对所有参与调查和实验的人员集中进行技术培训，尽可能地减少人为误差。

　　调查过程中的数据质量控制：所有采样方法按照要求严格进行，每次取样时严格控制仪器精度。

　　调查完成后的数据质量控制：对试验数据结果进行验证核查，并补充相关试验。

4.16.4　山西吉县天然次生林生物量和营养元素积累与分布数据集

　　相关数据见表 4 - 123 至表 4 - 134。

表 4 - 123　天然次生林生物量

项目	乔木层	灌木层	草本层	枯落物	合计
生物量/（t/hm²）	16.609	10.566	4.605	4.414	36.087
占总数的百分比/%	46.02	28.99	12.75	12.24	100.00

注：本数据集采集人，张晓娟、魏天兴、荆丽波、尹娜、刘艳辉；采集时间，2006 年 8—9 月。

表 4 - 124　乔木层生物量分配

项目	树干	树枝	树叶	树皮	树根	合计
生物量/（t/hm²）	7.605 7	3.027 7	0.558 3	2.065 9	3.350 9	16.608 6
占总数的百分比/%	45.79	18.23	3.36	12.44	20.18	100.00

注：本数据采集人，张晓娟、魏天兴、荆丽波、尹娜、刘艳辉；采集时间，2006 年 8—9 月。

表 4 - 125　灌木层和草本层生物量

层次	地上部分		地下部分		合计
	生物量/（t/hm²）	%	生物量/（t/hm²）	%	
灌木层	5.520 0	52.76	4.942 4	47.24	10.462 4
草本层	0.795 3	17.27	3.809 7	82.73	4.605 0
合计	6.315 3	41.91	8.752 1	58.09	15.067 4

注：本数据采集人，张晓娟、魏天兴、荆丽波、尹娜、刘艳辉；采集时间，2006 年 8—9 月。

表 4 - 126　平均净生产量

项目	乔木层	灌木层	草本层	合计
净生产量/[t/(hm²·年)]	1.628 3	1.048 9	4.605 0	7.282 2
占总量的百分比/%	22.36	14.40	63.24	100.00

注：本数据采集人，张晓娟、魏天兴、荆丽波、尹娜、刘艳辉；采集时间，2006 年 8—9 月。

表 4 - 127　乔木层平均净生产量

项目	树干	树枝	树叶	树皮	树根	合计
净生产量/[t/(hm²·年)]	0.507 0	0.201 8	0.558 3	0.137 7	0.223 4	1.628 3
占总量的百分比/%	31.14	12.40	34.29	8.46	13.72	100.00

注：本数据采集人，张晓娟、魏天兴、荆丽波、尹娜、刘艳辉；采集时间，2006 年 8—9 月。

表4-128　灌木层平均净生产量

项目	树枝	树叶	树根	合计
净生产量/［t/（hm²·年）］	0.342 7	0.376 7	0.329 5	1.048 9
占总量的百分比/%	32.67	35.91	31.41	100.00

注：本数据采集人，张晓娟、魏天兴、荆丽波、尹娜、刘艳辉；采集时间，2006年8—9月。

表4-129　乔木层林木各器官大量元素含量

单位：g/kg

层次	器官	氮	磷	钾	钙	镁
乔木	栎干材	3.136	0.299	2.076	7.647	0.473
	栎树皮	7.164	0.401	3.158	24.525	1.433
	栎树枝	7.850	0.626	2.709	22.639	1.437
	栎叶	17.553	2.619	9.876	15.183	2.638
	栎根	5.950	0.505	0.870	13.600	0.525
	平均值	8.331	0.890	3.738	16.719	1.301
	杨干材	2.282	0.283	1.559	6.385	0.569
	杨皮	6.228	0.811	5.323	21.067	1.629
	杨枝	12.862	1.308	5.037	21.713	2.126
	杨叶	15.376	0.991	12.053	21.199	3.948
	杨根	10.100	0.990	5.038	19.889	2.501
	平均值	9.369	0.877	5.802	18.051	2.155
	总均值	8.850	0.884	4.590	17.385	1.728

注：本数据采集人，张晓娟、魏天兴、荆丽波、尹娜、刘艳辉；采集时间，2006年8—9月。

表4-130　乔木层林木各器官微量元素含量

层次	器官	铁	锰	铜	锌	镉	铅	镍	硼
						mg/kg			
乔木	栎干材	194.329	21.765	6.962	10.624	0.204	2.318	1.848	21.310
	栎树皮	338.674	180.302	8.520	27.483	0.658	8.368	1.744	50.085
	栎树枝	230.793	169.155	9.811	33.876	0.117	5.504	1.769	24.636
	栎叶	155.090	86.777	9.010	27.743	0.252	4.180	1.890	113.225
	栎根	862.871	60.141	13.465	39.634	0.325	1.772	2.012	39.888
	平均值	356.351	103.628	9.554	27.872	0.311	4.429	1.852	49.829
	杨干材	136.476	19.192	8.507	33.396	0.399	2.212	1.482	28.179
	杨皮	137.565	45.374	5.688	104.552	0.692	1.929	1.467	36.122
	杨枝	132.184	43.592	10.315	59.063	0.820	2.760	1.423	32.195
	杨叶	202.477	170.165	8.861	48.905	0.682	5.482	1.787	48.970
	杨根	1 052.55	61.172	20.096	73.535	0.923	5.871	1.821	27.865
	平均值	332.250	67.899	10.693	63.890	0.703	3.651	1.596	34.666
	总均值	344.301	85.764	10.124	45.881	0.507	4.040	1.724	42.248

注：本数据采集人，魏天兴、张晓娟、荆丽波、尹娜、刘艳辉；采集时间，2006年8—9月。

表 4 - 131　草本层微量元素含量

单位：mg/kg

层次	项目	铁	锰	铜	锌	镉	铅	镍	硼
草本	地上	703.935	104.901	9.024	37.695	0.608	7.873	2.857	45.825
	地下	2 168.120	190.951	10.102	26.092	0.297	3.706	4.756	26.146
	平均值	1 436.030	147.926	9.563	31.894	0.452	5.790	3.807	35.985

注：本数据采集人，魏天兴、张晓娟、荆丽波、尹娜、刘艳辉；采集时间，2006 年 8—9 月。

表 4 - 132　枯落物层大量元素含量

单位：mg/kg

层次	器官	氮	磷	钾	钙	镁
枯落物	未分解层	7.712	1.523	23.958	1.746	0.345
	半分解层	11.810	1.216	27.539	2.477	1.078
	分解层	13.715	3.123	25.803	3.619	0.944
	平均值	11.079	1.954	25.767	2.614	0.789

注：本数据采集人，魏天兴、张晓娟、荆丽波、尹娜、刘艳辉；采集时间，2006 年 8—9 月。

表 4 - 133　枯落物层微量元素含量

单位：mg/kg

项目	层次	铁	锰	铜	锌	镉	铅	镍	硼
枯落物	未分解	1 397.110	116.692	11.083	60.353	0.800	4.990	3.119	38.091
	半分解	1 105.010	217.392	12.932	68.894	0.716	6.072	2.968	23.126
	分解	128.669	43.233	13.161	130.373	0.858	2.243	4.025	36.515
	平均	876.930	125.772	12.392	86.540	0.791	4.435	3.371	32.577

注：本数据采集人，魏天兴、张晓娟、荆丽波、尹娜、刘艳辉；采集时间，2006 年 8—9 月。

表 4 - 134　天然次生林分微量元素的生物循环

项目	铁	锰	铜	锌	镉	铅	镍	硼
吸收量/[g/（hm²·年）]	3 245.06	391.07	33.80	169.97	1.70	13.45	8.10	117.35
归还量/[g/（hm²·年）]	2 636.19	216.75	15.26	71.12	0.80	6.52	5.20	66.39
存留量/[g/（hm²·年）]	608.88	174.31	18.54	98.85	0.90	6.94	2.90	50.96
吸收系数	0.000 02	0.000 10	0.000 11	0.000 24	0.003 56	0.000 05	0.000 05	0.000 28
利用系数	0.178 6	0.110 2	0.101 9	0.103 2	0.108 4	0.103 2	0.123 5	0.122 9
循环系数	0.812	0.554	0.452	0.418	0.471	0.484	0.642	0.566

注：本数据采集人，魏天兴、张晓娟、荆丽波、尹娜、刘艳辉；采集时间，2006 年 8—9 月。

4.17　水土保持林地根系分泌物研究

4.17.1　引言

本数据集依托水土保持与荒漠化防治教育部重点实验室开放课题基金项目"北方刺槐低效林形成的土壤因子分析"（课题号 201004）的部分内容以及北京林业大学科技创新计划"北方低山区低效生态公益林成因与定向改造技术研究"。数据来源于《水土保持林地根系分泌物及土壤酶活性研究》（陈珏，2011）。以山西吉县蔡家川流域刺槐（*Robinia pseudoacacia*）、侧柏（*Biota orientalis*）、油松（*Pinus tabulaeformis*）的根际土壤作为研究对象，对刺槐等林分样地中的根系分泌物及根际土壤酶活性进行的研究所收集的。在黄土高原丘陵沟壑区，对植被恢复的水分、气候等条件研究已经很多了，如有研究表明，在黄土高原地区，刺槐生长的限制因子为降水量、积温和海拔（焦醒、刘广全，2008），还有研究表明不同坡向的刺槐根系等生长状况不同（薛文鹏等，2003）。

根系分泌物对植被生长的作用明显，某些土壤酶的活性能影响植物根部对土壤的吸收（杨式雄等，1994）。但在黄土高原地区，这方面的研究比较少。通过将定性与定量相结合的方法研究黄土高原地区刺槐、油松、侧柏的根系分泌物，对人工林不同树种（刺槐、油松、侧柏），刺槐的不同坡向（南坡、北坡、西坡、东坡）及刺槐的不同林分类型（人工林及其二代次生林、三代次生林）的土壤酶及土壤养分含量做对比，探究不同土壤酶活性及土壤养分含量差异的形成原因，为以后黄土高原蔡家川流域植被恢复做参考指导。

4.17.2 数据采集和处理方法

数据收集方法如下：

根系分泌物测定方法。将采集到的土壤样品在实验室内冰箱零下 40℃保存，取 50 g 土样置于烧杯中，加入 100 mL 蒸馏水浸泡 24 h，置于 25℃离心机中，3 500 r/min 离心 15 min。取出清液，用乙醚抽提 3 次，然后用 1 mol/L HCl 酸化（调 pH 至 2.5～3），用乙醚抽提 3 次，随后用 1 mol/L NaOH 将 pH 调至 8，用乙醚抽提 3 次，合并乙醚相，35℃旋转蒸发至干。用乙酸乙酯定容转移至毛细管中，然后通过 GC‐MS 进行定性、定量分析。

用气相色谱‐质谱联用仪（GC/MS）对根系分泌物进行定性分析。色谱柱选用的是 DB‐5‐MS 石英毛细管柱（30 m×0.32 mm×0.25 μm）。GC 程序升温条件为初始温度 50℃，保持 3 min，以 8℃/min 的速率升至 180℃，保持 1 min，然后以 10℃/min 升到 280℃，保持 5 min。所选用的载气为氦气，流速是 0.6 mL/min。GC 进样口温度为 280℃，采用电子恒流控制，无分流进样，进样体积为 0.6 μL。MS 的工作条件如下：电离方式为 EI；电子能量为 70 eV；质量范围为 29～350 amu；接口温度为 250℃，离子源温度为 200℃，发射电流为 150 uA，检测器电压是 500 V；全扫描，每次扫描所用时间为 0.4 sec，质谱扫描范围为 29～450 m/z。

对上述样品进行 GC/MS 全扫描分析，采用 Turbo Mass Ver 5.4.2 版本软件、NIST2008 谱图库兼顾色谱保留时间（RT）对刺槐、油松、侧柏根系分泌物成分进行定性，使用面积归一化法以测得各类物质的相对含量的定量。

4.17.3 数据质量控制和评估

本数据集来源于野外样地的实测调查与室内实验。从调查前期准备、调查过程中到调查完成后进行室内实验，整个过程对数据质量进行控制。同时，采用专家审核验证的方法，以确保数据相对准确可靠。

调查前的数据质量控制：根据统一的调查规范方案，对所有参与调查和实验的人员集中进行技术培训，尽可能地减少人为误差。

调查过程中的数据质量控制：所有采样方法按照要求严格进行，每次取样时严格控制仪器精度，并设置对照实验。

调查完成后的数据质量控制：对实验数据结果进行验证核查，并补充相关实验。

4.17.4 水土保持林地根系分泌物研究数据集

相关数据见表 4‐135 和表 4‐136。

表 4 - 135　样地基本情况

样地编号	主要树种	林分种类	海拔/m	坡向	坡度/°	郁闭度	平均胸径/cm	平均树高/m	林龄/年
1	刺槐	人工林	1 138	阳坡	19	0.6	7.9	9.7	19
2	油松	人工林	1 146	阳坡	17	0.7	9.1	5.3	20
3	侧柏	人工林	1 131	阳坡	20	0.1	5.0	2.2	20
4	刺槐	人工林	1 180	阴坡	27	0.4	17.6	14.4	19
5	刺槐	人工林	1 164	半阳坡	35	0.3	8.7	9.5	19
6	刺槐	人工林	1 175	半阴坡	33	0.8	12.2	9.3	19
7	刺槐	三代次生林	1 290	阳坡	10	0.2	2.6	2.2	5
8	刺槐	二代次生林	1 320	阳坡	20	0.3	13.1	9.7	15

注：本数据的采集人，陈珏、魏天兴、董哲、周毅、石鑫；采集时间，2010 年 7 月和 10 月。

表 4 - 136　7 月南坡刺槐根系分泌物 GC/MS 分析

序号	保留时间/min	化合物中文名称	化合物英文名称	分子式	相对含量/%
1	3.68	二甲基甲酰胺	N，N-Dimethyl Formamide	C_3H_7ON	19.29
2	4.11	N，N″-（2-甲基亚丙基）二脲	Urea N，N-2-Methylpropyltdene	$C_6H_{14}O_2N_4$	2.95
3	4.29	乙酸正丁酯	Acetic acid，butyl ester	$C_6H_{12}O_2$	36.11
4	5.38	5-二苯基乙烯	2-Phenyl-hrx-5-en-3-ol	$C_{12}H_{16}O$	1.02
5	10.55	草酸戊酯	Oxalic acid，isoHexyl pentyl ester	$C_{13}H_{24}O_4$	0.31
6	12.72	1-O-乙酰-2，3-O 型亚乙基	1-O-Acetyl-exo-2，3-O-ethylooene	$C_8H_{12}O_5$	0.40
7	15.80	1-十四烯	1-Tetradecene	$C_{14}H_{28}$	0.28
8	17.11	1-十二醇	1-Dodecanol	$C_{12}H_{26}O$	0.35
9	18.64	十三烷	N-Tridecan-l-ol	$C_{13}H_{28}O$	0.50
10	19.76	柠檬酸三乙酯	Ethyl-citrate	$C_{12}H_{20}O_7$	9.82
11	20.05	十四醇	1-Tetradecanol（1-Hexadecanol）	$C_{14}H_{30}O$	2.95
12	20.57	二十酸	Eicosanoic acid	$C_{20}H_{40}O_2$	0.54
13	21.04	十四酸	Tetradecanoic acid	$C_{14}H_{28}O_2$	6.32
14	21.57	十八亚硫酸	Sulfurous acid，octadecyl	$C_{21}H_{44}O_{38}$	0.32
15	21.97	1，2-苯二甲酸	1，2-BenzEnedicarboxylic acid B E	$C_{16}H_{22}O_4$	3.45
16	22.70	油酸	Oleic acid	$C_{18}H_{34}O_2$	1.90
17	23.09	廿七烷	heptacosane	$C_{27}H_{56}$	1.08
18	23.80	17-三十五碳烯	17-Pentatriacontene	$C_{35}H_{70}$	0.40
19	24.23	硬脂酸	Octadecanoic acid	$C_{18}H_{36}O_2$	4.02
20	25.61	乙二酸	Hexanedioic acid B E	$C_{22}H_{42}O_4$	4.21
21	25.67	5，6-二异丙基癸	decane，5，6-dipropyl	$C_{16}H_{34}$	1.04
22	26.86	三十四烷	Tetratriacontane	$C_{34}H_{70}$	0.92
23	28.23	胆固醇-3-丁酸环己酯	Cholesteryl-3-Cyclo Hexylbutyrate	$C_{37}H_{62}O_2$	1.34
24	29.49	胆固醇甲酰氯	Cholest-5-EN-3-ol，Carbonochloridate	$C_{28}H_{45}O_2CL$	0.50

注：本数据的采集人，魏天兴、陈珏、董哲、周毅、石鑫；采集时间，2010 年 7 月。

4.18   油松和刺槐根部化感效应数据集

4.18.1   引言

本数据集依托国家"十二五"科技支撑计划（2011BAD38B06）、国家生态系统观测研究网络运行服务项目（2013—2014）、林业科学技术推广项目（2014 - 40）及中央高校基本科研业务费专项资金项目的部分内容。数据来源于《黄土丘陵区油松和刺槐根部化感效应研究》（王仙，2015）。在森林生态系统中，乔灌草层各物种的组成是各物种种间及种内相互作用和协同进化的结果。各物种种间及种内的化感效应与生态系统的组成息息相关。化感效应是指植物向环境中释放化学物质，从而影响其他物种以及微生物的生长与分布从而决定植被的类型、森林生态系统的结构。乔木可以通过化感效应影响林下植被的种类及分布，具有较强化感潜力的植物会影响植物演替、生物多样性、群落组成和动态变化以及生态系统的稳定性。因此，为了避免乔灌草复合植被营造中的盲目性，保证乔灌草立体层式生态系统的稳定性及可持续发展，迫切需要通过研究验证黄土丘陵区水土保持人工林构建中的优良树种对其他物种否存在化感效应及效应的强度。从而得到不同乔灌草植物的层间与层内、种间与种内的关系，为选择和制定适宜的乔灌草立体层式生态系统模式提供理论依据与科学指导。

4.18.2   数据采集和处理方法

本数据集具体的构建过程见图 4 - 2。

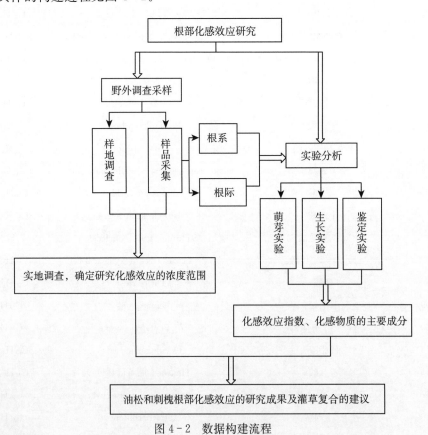

图 4 - 2   数据构建流程

（1）实验浓度

目前国内外研究化感效应的方法是采集供体的枝叶、枯落物、根系等器官风干进行粉碎，用水浸泡一定量的粉碎样获得浸提液（温都日呼等，2013；孙林等，2013；张志忠等，2013）。因此，可以通过调查根系生物量及该区域的水分入渗量，来推算根系的化感浓度。

（2）浸提液的提取

根系用蒸馏水洗净后风干并粉碎；根际土、裸地土壤自然风干后过 100 目筛。在 100 mL 蒸馏水中分别加入 10 g 样品，超声波萃取 30 min。将超声后的溶液用离心机离心（7 000 r/min）15 min，取出清液用滤纸过滤，用蒸馏水定容。所获得的溶液为根系、根际土浸提液原液。并将原液分别稀释成 0.5 mg/mL、1 mg/mL、3 mg/mL、5 mg/mL、7 mg/mL、10 mg/mL 的溶液，装入棕色玻璃瓶中，并存于 4℃冰箱中待用。

（3）生物测定

在化感效应的生物测定时，根系化感效应的生物测定对照组是蒸馏水培养，根系土化感效应的生物测定对照组是裸地土浸提液培养。考虑到土壤中的营养元素含量的不同会对受体植物的生长产生影响，所以将根系土与裸地土营养元素进行测定，并分析两者营养元素含量的差异。

根际土、裸地土营养元素测定：使用分光光度法测定微量元素的含量，并使用 SPSS 17.0 的独立样本 T 检验，比较根际土、裸地土的元素含量。得到油松根际土与裸地土 T 检验的 sig＝0.968，刺槐根际土与裸地土 T 检验的 sig＝0.816。表明油松、刺槐根际土与裸地土在营养元素含量上没有显著地差异。因此根际土及裸地土的浸提液造成的植物生长差异，可以归为化感物质的影响。

（4）化感物质测定

将样品进行预前处理，使用 GC/MS 进行化感物质的鉴定。化感物质 GC/MS 的质量数据通过 Turbomass Software Version 5.4.2（Perkin Elmer，USA）获得，化感物质检索使用谱库软件 Turbomass NIST 2008 Libraries Version 2.2.0，并考虑保留时间 RT 得到油松、刺槐根部化感物质的定性分析，通过面积归一化法计算各类物质的相对含量。

4.18.3　数据质量控制和评估

本数据集来源于野外样地的实测取样与室内实验。从取样前期准备、调查过程中到调查完成后进行室内实验，整个过程对数据质量进行控制。同时，采用专家审核验证的方法，以确保数据相对准确可靠。

取样前的数据质量控制：根据统一的取样规范方案，对所有参与调查和实验的人员集中进行技术培训，尽可能地减少人为误差。

取样过程中的数据质量控制：所有采样方法按照要求严格进行，每次取样时严格控制仪器精度。

实验完成后的数据质量控制：对实验数据结果进行验证核查，并补充相关实验。

4.18.4　黄土丘陵区油松和刺槐根部化感效应数据集

相关数据见表 4-137 和表 4-138。

表 4-137　油松根部化感物质鉴定

出峰时间/min	化合物中文名称	化合物英文名称	分子式	所占比例/%
5.499	正戊烷	Pentane	C_5H_{12}	0.62
5.649	4-壬醇	4-Nonanol	$C_9H_{20}O$	0.78
5.889	6-甲基-2-庚酮	2-Heptanone, 6-methyl	$C_8H_{16}O$	3.31
6.014	丙位己内酯	4-Hexanolide	$C_6H_{10}O_2$	1.65
6.139	己酸乙烯基酯	Hexanoic acid, ethenylester	$C_8H_{14}O_2$	3.82
6.419	丙基丙二酸	n-Propylmalonic acid	$C_6H_{10}O_4$	0.76

（续）

出峰时间/min	化合物中文名称	化合物英文名称	分子式	所占比例/%
6.654	乙酰氧基乙酸	Acetoxyacetic acid	$C_4H_6O_4$	0.48
7.820	正己酰胺	hexanamide	$C_6H_{13}NO$	0.63
7.890	马鞭烯醇	Bicyclo [3.1.1] hept-3-en-2-ol, 4, 6, 6-trimethyl-	$C_{10}H_{16}O$	2.33
8.415	2-甲基丙酸	2-Methylpropionic acid	$C_4H_8O_2$	1.15
8.650	无水醋酸	Acetic anhydride	$C_4H_6O_3$	0.95
8.820	正癸烷	n-Decane	$C_{10}H_{22}$	1.99
9.095	4, 6, 6-三甲基二环 [3.1.1] 庚-3-烯-2-酮	4, 6, 6-trimethyl-bicyclo [3.1.1] hept-3-en-2-one	$C_{10}H_{14}O$	6.74
9.530	依米氨酯	3-Pentanol, 3-methyl-, 3-carbamate	$C_7H_{15}NO_2$	0.51
10.020	3, 5-二甲基-1, 2-环己二酮	2-Hydroxy-3, 5-dimethyl-2-cyclopenten-1-one	$C_7H_{10}O_2$	0.85
10.316	2-甲基丙酸	2-Methylpropionic acid	$C_4H_8O_2$	0.44
10.871	2-羟基-5-甲基苯乙酮	2-Hydroxy-5-methyl acetophenone	$C_9H_{10}O_2$	0.60
11.241	2, 3-辛二酮	2, 3 Octanedione	$C_8H_{14}O_2$	0.53
11.566	正三十六烷	Hexatriacontane	$C_{36}H_{74}$	5.01
11.736	四氢-2H-吡喃-2-醇	2H-Pyran-2-ol, tetrahydro-	$C_5H_{10}O_2$	0.80
11.791	3-己醇	3-Hexanol	$C_6H_{14}O$	2.01
11.946	异丁酸丁酯	Butyl isobutyrate	$C_8H_{16}O_2$	3.34
12.126	(R)-氧化柠檬烯	7-Oxabicyclo [4.1.0] heptane, 1-methyl-4-(1-methylethenyl)-	$C_{10}H_{16}O$	1.99
12.346	香草醛	Vanillin	$C_8H_8O_3$	6.36
12.817	龙脑烯醛	Campholenic aldehyde	$C_{10}H_{16}O$	0.71
12.912	(S)-(＋)-5-(1-羟基-1-甲基乙基)-2-甲基-2-环己烯-1-酮	2-Cyclohexen-1-one, 5-(1-hydroxy-1-methylethyl)-2-methyl-, (5S)-	$C_{10}H_{16}O_2$	0.80
13.317	柏木甲醚	3, 3-dimethyl-1, 5-ditert-butyl-bicyclo [3.1.0] hexan-4-one	$C_{16}H_{28}O$	0.87
13.632	己酰胺	hexanamide	$C_6H_{13}NO$	0.90
14.562	对甲氧基乙基苯酚	p-(2-Methoxyethyl) phenol	$C_9H_{12}O_2$	0.66
14.727	次羊脂酸酐	hexanoic acid, anhydride	$C_{12}H_{22}O_3$	0.78
14.887	烯丙基正戊基甲醇	1-Nonen-4-ol	$C_9H_{18}O$	2.23
15.758	邻甲基间羟基二苯胺	2-Methyl-3-hexanol	$C_7H_{16}O$	0.45
16.138	高香草酸	Homovanillic acid	$C_9H_{10}O_4$	3.34
16.768	正十八炔	1-Octadecyne	$C_{18}H_{34}$	1.86
17.423	3-(4-羟基-3-甲氧)-2-丙烯-1-醇	3-(4-Hydroxy-3-methoxyphenyl)-2-propen-1-ol	$C_{10}H_{12}O_3$	0.80
17.568	异丁酸	Isobutyric acid	$C_4H_8O_2$	0.44
19.019	邻苯二甲酸二庚酯	1, 2-Benzenedicarboxylicacid, 1, 2-diheptyl ester	$C_{22}H_{34}O_4$	1.20

（续）

出峰时间/min	化合物中文名称	化合物英文名称	分子式	所占比例/%
19.614	邻苯二甲酸二异丁酯	Diisobutyl phthalate	$C_{16}H_{22}O_4$	1.54
19.819	二十七烷酸甲酯	Heptacosanoic acid methylester	$C_{28}H_{56}O_2$	0.72
21.075	十九酸	Nonadecanoic acid	$C_{19}H_{38}O_2$	0.45
21.465	4-庚醇	4 - Heptanol	$C_7H_{16}O$	1.50
21.485	11-溴十一酸	11 - Bromoundecanoic acid	$C_{11}H_{21}BrO_2$	2.19
21.725	4-十二醇	4 - Dodecanol	$C_{12}H_{26}O$	1.74
21.825	正十五酸	Pentadecanoic acid	$C_{15}H_{30}O_2$	1.10
21.870	11-溴十一酸	11 - Bromoundecanoic acid	$C_{11}H_{21}BrO_2$	0.50
21.895	顺式十八碳-9-烯酸	cis - 9 - Octadecenoic acid	$C_{18}H_{34}O_2$	0.70
21.980	甲基壬乙醛	Undecanal，2 - methyl -	$C_{12}H_{24}O$	1.82
22.520	1-十一炔	1 - Undecyne	$C_{11}H_{20}$	5.70
22.795	反式-2-十二碳烯二酸	2 - Dodecenedioic acid，（2E） -	$C_{12}H_{20}O_4$	4.01
23.041	1-十二炔	1 - Dodecyne	$C_{12}H_{22}$	11.38
23.316	反式-2-十二碳烯二酸	2 - Dodecenedioic acid，（2E） -	$C_{12}H_{20}O_4$	2.04
24.261	十六醛	Hexadecanal	$C_{16}H_{32}O$	1.09
27.442	1，2-苯二羧酸双十一烷基酯	1，2 - Benzenedicarboxylicacid, diundecyl ester （9CI）	$C_{30}H_{50}O_4$	0.82

注：该数据采集人，王仙、魏天兴、赵兴凯、刘海燕；采集时间，2014 年 4 月。

表 4 - 138　刺槐根部化感物质鉴定

出峰时间/min	化合物中文名称	化合物英文名称	分子式	所占比例/%
6.349	丙酸	Propanoic acid	$C_3H_7NO_3$	1.27
6.639	邻甲氧基苯酚	1 - Hydroxy - 2 - methoxybenzene	$C_7H_8O_2$	9.70
6.894	芳樟醇	Linalool	$C_{10}H_{18}O$	2.93
7.134	麦芽醇	Maltol	$C_6H_6O_3$	6.54
7.194	苯乙醇	Phenethyl alcohol	$C_8H_{10}O$	2.82
7.94	2，2，4-三甲基-1，3-戊二醇	2，2，4 - trimethyl - 1，3 - pentylene glycol	$C_8H_{18}O_2$	2.11
8.285	羊脂酸	n-Octanoic acid	$C_8H_{16}O_2$	0.96
8.465	1，2-环氧环辛烷	9 - Oxabicyclo ［6.1.0］ nonane	$C_8H_{14}O$	2.62
8.615	2，6-二甲基-3，7-辛二烯-2，6-二醇	E - 2，6 - Dimethyl - 3，7 - octadiene - 2，6 - diol	$C_{10}H_{18}O_2$	4.29
8.785	正十三烷	Tridecane	$C_{13}H_{28}$	1.33
9.255	3-甲氧基苯酚	3 - Methoxyphenol	$C_7H_8O_2$	1.40
10.136	1，7-辛二烯-3，6-二醇，2，6-二甲基	1，7 - octadiene - 3，6 - diol，2，6 - dimethyl -	$C_{10}H_{18}O_2$	1.55
11.276	2，5-二甲基环己醇	Cyclohexanol，2，5 - dimethyl -	$C_8H_{16}O$	0.79
11.366	2，7-辛二烯-1，6-二醇，2，6-二甲基	2，7 - Octadiene - 1，6 - diol，2，6 - dimethyl -，（Z） -	$C_{10}H_{18}O_2$	9.34
11.446	2，6-二甲氧基苯酚	2，6 - Dimethoxyphenol	$C_8H_{10}O_3$	1.48

（续）

出峰时间/min	化合物中文名称	化合物英文名称	分子式	所占比例/%
11.521	（1-羟基-2，4，4-三甲基戊-3-基）2-甲基丙酸酯	Propanoic acid，2-methyl-，1-（2-hydroxy-1-methylethyl）-2，2-dimethylpropyl ester	$C_{12}H_{24}O_3$	1.25
11.911	（3-羟基-2，4，4-三甲基戊-3-基）2-甲基丙酸酯	Propanoic acid，2-methyl-，3-hydroxy-2，4，4-trimethylpentyl ester	$C_{12}H_{24}O_3$	3.62
12.111	顺-α，α-5-三甲基-5-乙烯基四氢化呋喃-2-甲醇	5-ethenyltetrahydro-alpha，alpha-5-trimethyl-，cis-2-Furanmethanol	$C_{10}H_{18}O_2$	5.59
12.316	香草醛	Vanillin	$C_8H_8O_3$	2.38
13.137	酞酸二甲酯	Dimethyl phthalate	$C_{10}H_{10}O_4$	1.43
13.282	柏木甲醚	3，3-dimethyl-1，5-ditert-Butyl-bicyclo [3.1.0] hexan-4-one	$C_{16}H_{28}O$	0.74
15.077	壬酸	Nonanoic acid	$C_9H_{18}O_2$	0.97
15.458	3，4，5-三甲氧基苯酚	3，4，5-Trimethoxyphenol	$C_9H_{12}O_4$	0.97
15.738	1-苯基-3-己酮	1-Phenylhexan-3-one	$C_{12}H_{16}O$	1.11
16.103	间羟苯乙胺盐酸盐	Phenol，3-（2-aminoethyl）-	$C_8H_{11}NO$	1.02
17.393	4-羟基-3-甲氧基肉桂醇	4-Hydroxy-3-methoxycinnamyl alcohol	$C_{10}H_{12}O_3$	0.96
17.884	2-氧代十八烷酸甲酯	2-Oxooctadecanoic acid methyl ester	$C_{19}H_{36}O_3$	2.25
19.004	邻苯二甲酸二异丁酯	Diisobutyl phthalate	$C_{16}H_{22}O_4$	3.94
19.799	十三碳酸脂肪酸	Methyl tridecanoate	$C_{14}H_{28}O_2$	1.01
20.61	棕榈酸	Palmitic acid	$C_{16}H_{32}O_2$	4.38
20.99	正十五酸	Pentadecanoic acid	$C_{15}H_{30}O_2$	2.71
21.965	顺式十八碳-9-烯酸	cis-9-Octadecenoic acid	$C_{18}H_{34}O_2$	0.83
22.796	正十八炔	1-Octadecyne	$C_{18}H_{34}$	4.73
22.976	反式-2-十二碳烯二酸	2-Dodecenedioic acid，（2E）-	$C_{12}H_{20}O_4$	1.57
26.782	1-十一炔	1-Undecyne	$C_{11}H_{20}$	0.79
26.882	间十五烷基酚	3-pentadecyl-phenol	$C_{21}H_{36}O$	1.01
27.457	邻苯二甲酸二正辛酯	1，2-Benzenedicarboxylicacid，dioctyl ester （9CI）；	$C_{24}H_{38}O_4$	7.61

注：该数据采集人，王仙、魏天兴、赵兴凯、刘海燕；采集时间，2014年4月。

4.19　不同土地利用与覆盖方式的产流产沙效应数据集

4.19.1　引言

　　本数据集依托国家"十五"重点科技攻关项目（2001BA510B01），国973项目（2002CD111503），国家重点基础研究发展规划资助项目（2002CB111502），霍英东青年教师基金（81026）。数据来源于《黄土坡面不同土地利用与覆盖方式的产流产沙效应》（刘卉芳、朱清科等，2005）和《黄土区森林植被对坡面径流和侵蚀产沙的影响》（张晓明、余新晓等，2005）。水土流失是黄土高原的主要环境问题，尽管影响水土流失的因素有气候、地形、土壤、生物、人为活动等，但黄土高原水土流失加重的主要原因是人类对土地的不合理利用（唐克丽等，1994）。因此，研究土地利用方式与产流产沙的关系对治理水土流失十分重要。几十年来许多研究者在这方面已经做了大量的工作，但是对不同土地利用方式的产流产沙规律注意不多，而在进行流域土地利用对水土资源的影响评价时，需要明确每种土地利用的产流产沙特征，把握其对径流、泥沙的贡献情况，以提高评价土地利用对水资源的影响精度。研究不同地类坡地径流规律，对定量评价水土保持林草措施的水土保持效益，对防治水土流失及制定适宜的水土保持措施都具有重要的意义。

本研究数据集是利用布设在山西省吉县蔡家川流域的 10 个径流小区资料，分析了不同土地利用或覆盖方式下产流产沙对径流的影响，目的在于为坡面产流产沙及小流域水资源评价提供依据。

4.19.2　数据采集和处理方法

（1）坡面径流小区布设

为了研究不同植被类型对坡面径流和产沙的影响，在坡面上布设了 10 组径流小区，规格为 5 m×20 m。地表处理包括天然林（山杨、油松及虎榛子等）和人工林（刺槐、刺槐＋油松、经济林等）。

（2）坡面径流与泥沙观测

在每个径流小区的出口安装径流桶，对径流与泥沙进行定位观测，每个径流小区底端都设有出水口，与盛水桶相连。每次降雨后，人工量测该径流小区径流量，并同时搅匀水样取样 1 瓶或 3 瓶带回实验室。量取瓶样的体积和重量，静置过滤，烘干称重，求出平均含沙量。含沙量与水的体积乘积则为产沙量。

（3）枯落物持水量

7—8 月测定，在待测定的林分标准样地上沿对角线设置 3 个规格为 1 m×1 m 的样方，全部集齐枯落物并称重，混合后取一部分烘干取其干重，计算林地蓄积量，另一部分分为三等分，在清水中浸泡 24 h，求其饱和持水率和持水量。

（4）径流、泥沙量

采用径流筒收集法，每次产流后测定径流总体积，并取均匀径流样，测定泥沙体积，计算径流量和产沙量。

4.19.3　数据质量控制和评估

本数据集来源于野外样地的实测取样与室内实验。从取样前期准备、调查过程中到调查完成后进行室内实验，整个过程对数据质量进行控制。刺槐和侧柏是晋西黄土区的主要造林树种，是人工林分布较广、面积较大的树种。因此，在晋西黄土区，布设刺槐林地、油松林地和对照经济林地径流小区，人工观测其产流、产沙状况，进而评价其水文生态效应，对晋西黄土区水源保护林的经营管理具有较为重要的现实意义。同时，采用专家审核验证的方法，以确保数据相对准确可靠。

取样前的数据质量控制：根据统一的取样规范方案，对所有参与调查和实验的人员集中进行技术培训，尽可能地减少人为误差。

取样过程中的数据质量控制：所有采样方法按照要求严格进行，每次取样时严格控制仪器精度。

实验完成后的数据质量控制：对实验数据结果进行验证核查，并补充相关实验。

4.19.4　黄土坡面不同土地利用与覆盖方式的产流产沙效应数据集

相关数据见表 4 - 139 至表 4 - 147。

表 4 - 139　径流小区特征

小区号	林分类型	主要树种	水平规格/m×m	坡度/°	坡向	坡位	林龄	平均树高/m	平均胸径/cm	郁闭度	草本生物量/(g/m²)	枯落物生物量/(g/m²)	密度(株/hm²)
1	刺槐纯林	刺槐	20×5	25	南	上	14	5.17	4.31	0.74	866.85	7 002.47	3 750

（续）

小区号	林分类型	主要树种	水平规格/ m×m	坡度/°	坡向	坡位	林龄	平均树高/ m	平均胸径/ cm	郁闭 度	草本生物 量/（g/m²）	枯落物生物 量/（g/m²）	密度/ （株/hm²）
2	林草带状间作	刺槐	20×5	26	南	上	13	3.16	3.25	0.52	736.20	1 152.6	1 320
3	草林带状间作	刺槐	20×5	25	南	上	13	4.96	4.31	0.94	939.17	2 591.46	1 622
4	刺槐+侧柏	刺槐、侧柏	20×5	31	东	中	12	6.30+4.60	7.64+4.50	0.69	71.43	415.91	—
5	虎榛子	虎榛子	20×5	28	东	中	7	0.80	0.60	0.95	210.81	1 153.75	420 000
6	沙棘	沙棘	20×5	28	东南25°	中	—	1.10	2.17	0.90	129.15	540.72	25 000
7	刺槐纯林	刺槐	20×5	23	东北20°	上	14	6.68	7.55	0.60	101.02	2 200.77	2 100
8	果园	苹果	20×10	20	西	下	12	3.50	—				600
9	果园	苹果	20×10	25	—	上	12	3.10	—				516
10	天然次生林	山杨、油松、 虎榛子	20×5	23	东北32°	上	—	—	—	1	17.55	3 642.81	—

注：该数据采集人，魏天兴、刘卉芳、朱清科、余新晓、张晓明；采集时间，1998—2003 年 7 月和 8 月。

表 4 - 140　不同地类径流表

地类编号	郁闭度	降水量/ mm	径流深/ mm	损失量/ mm	径流系数	雨前土壤 含水量/%	坡度/°	降雨强度/ （mm/min）
草地（1）	/	119.13	39.98	79.15	0.340	19.56	22	2.09
沙棘（1）	0.70	174.79	0.89	173.90	0.005	18.95	20	2.76
油松（1）	0.88	139.79	10.40	129.39	0.070	13.40	16	2.76
油松（1）	0.90	105.10	14.28	90.82	0.140	5.31	22	2.76
刺槐（1）	0.50	86.93	21.17	65.79	0.240	15.28	29	2.89
刺槐（1）	0.60	169.88	39.29	130.59	0.230	16.89	21	2.76
刺槐（1）	0.65	165.60	16.55	149.05	0.100	14.10	30	2.76
草地（2）	—	140.07	63.61	76.46	0.450	24.26	22	2.57
沙棘（2）	0.70	142.00	8.60	133.40	0.060	21.36	20	2.62
油松（2）	0.90	174.25	29.11	145.14	0.170	19.05	22	2.76
刺槐（2）	0.60	67.90	48.48	119.42	0.290	22.92	21	2.62

注：该数据采集人，魏天兴、刘卉芳、朱清科、余新晓、张晓明；采集时间，1998—2003 年 7 月和 8 月。

表 4 - 141　各种土地利用类型的侵蚀量

时间（年-月-日）	草地1覆 盖度/%	草地2覆盖 度/%	油松覆盖 度/%	刺槐覆盖 度/%	刺槐+油松 覆盖度/%	沙棘覆盖 度/%	虎榛子 覆盖度/%	裸地1覆 盖度/%	裸地2覆 盖度/%
	60	75	90	65	70	95	100	/	/
1998 - 08 - 22	742	—	238	561	143	86	81	1 527	3 876
1999 - 08 - 09	1 262	1 051	625	338	83	57	42	1 328	194 326
2000 - 07 - 15	2 458	2 252	988	1 897	689	99	84	2 577	5 877
2001 - 08 - 15	1 876	1 678	684	897	487	75	65	2 115	2 784
2002 - 07 - 23	1975	1 543	678	942	578	214	157	2 548	2 941
2003 - 08 - 14	2 196	1988	924	1 475	846	695	547	3 478	3 897

注：该数据采集人，魏天兴、刘卉芳、朱清科、余新晓、张晓明；采集时间，1998—2003 年 7 月和 8 月。

表 4 - 142　不同地类径流小区在不同降雨下的侵蚀量

地类	降水量/mm		
	19	28	53.5
坡耕地	42.9	60.5	84.6
荒草地	15.8	31.2	42.5
刺槐	11.3	11.5	21.4
虎榛子	14.5	3.2	15.2
油松	4.8	3.2	9.8

注：该数据采集人，魏天兴、刘卉芳、朱清科、余新晓、张晓明；采集时间，1998—2003 年 7 月和 8 月。

表 4 - 143　不同雨量的径流深

降水量/mm	水源涵养林径流深/mm	经济林径流深/mm
21.0	0.25	1.10
5.2	0.052	0.22
34.0	0.37	0.41
17.4	0.17	0.94
15.7	0.09	0.76
20.0	0.18	1.00
27.0	0.31	1.24
31.5	0.34	1.78
40.1	0.54	2.10

注：该数据采集人，刘卉芳、魏天兴、朱清科、余新晓、张晓明；采集时间，1998—2003 年 7 月和 8 月。

表 4 - 144　油松林不同覆盖率及土壤侵蚀量

覆盖度/%	10	25	35	40	50	60	75	85	95
侵蚀量/（t/km²）	507	483	410	183	97	57	48	45	29

注：该数据采集人，魏天兴、刘卉芳、朱清科、余新晓、张晓明；采集时间，1998—2003 年 7 月和 8 月。

表 4 - 145　林地枯枝落叶物蓄积及容水量

林分类型	枯落物厚度/cm	现存蓄积/（t/hm²）	浸泡 24 h 容水量/mm	吸水率/%
刺槐	1.5~3.0	12.875	4.1	321
油松	2.0~4.0	16.450	2.0	343
沙棘	1.1~2.6	14.000	5.8	414
虎榛子	2.0~2.8	15.440	7.0	453
油松×刺槐	1.7~2.7	13.420	3.3	386
油松×沙棘	2.3~3.8	10.730	3.7	436

注：该数据采集人，魏天兴、刘卉芳、朱清科、余新晓、张晓明；采集时间，1998—2003 年 7 月和 8 月。

表 4 - 146　不同密度林地的渗透测定结果

编号	植被类型	开始产流时间	前 40 min 产流量/mm	前 40 min 入渗量/mm	降雨强度/（mm/min）	稳渗速度/（mm/min）	密度/（株/hm²）
1	油松	25″	74.6	21.26	2.4	0.6	750

（续）

编号	植被类型	开始产流时间	前 40 min 产流量/mm	前 40 min 入渗量/mm	降雨强度/(mm/min)	稳渗速度/(mm/min)	密度/(株/hm²)
2	油松	1′	70.9	25.9	2.4	0.9	1 500
3	油松	1′	62.5	46.5	2.7	1.0	2 025
4	油松	1′30″	63.3	38.9	2.6	1.2	2 250
5	油松	7′	21.1	77.7	2.5	2.1	3 000
6	油松	2′50″	24.7	82.5	2.7	2.0	8 490
7	刺槐	40″	63.3	40.2	2.6	0.4	495
8	刺槐	55″	68.2	44.1	2.8	0.8	1 200
9	刺槐	20″	51.4	52.4	2.6	1.4	1 500
10	刺槐	1′	48.2	42.4	2.3	1.2	2 475
11	刺槐	1′20″	43.4	50.2	2.3	2.0	3 000
12	刺槐	2′	29.9	76.4	2.7	2.2	3 750
13	裸地	16″	87.9	17.8	2.6	0.3	—
14	草地	3′30″	47.3	63.8	2.8	2.2	—

注：该数据采集人，魏天兴、刘卉芳、朱清科、余新晓、张晓明；采集时间，1998—2003 年 7 月和 8 月。

表 4 - 147　坡面径流小区植被及年平均侵蚀量调查

编号	主要植被	密度/(株/hm²)	总生物量/(t/hm²)	草本重量/(t/hm²)	枯落物重量/(t/hm²)	郁闭度	草本盖度/%	土壤流失量/(t/hm²)
1	刺槐	2 800	28.60	3.50	1.25	0.80	30	12.37
2	刺槐	3 200	61.30	3.89	1.37	0.90	20	8.98
3	刺槐	1 300	117.10	3.67	3.86	0.50	75	3.17
4	刺槐	700	75.20	4.03	3.88	0.40	92	3.36
5	刺槐	3 100	109.40	1.63	0.53	0.70	20	10.12
6	刺槐	2 300	96.70	6.17	1.35	0.65	43	14.32
7	油松	6 800	123.60	0.72	11.24	0.85	10	10.56
8	油松	1 100	18.38	1.23	10.67	0.52	15	16.31
9	油松	1 800	24.28	1.89	9.67	0.60	20	18.25
10	油松	5 100	42.80	2.17	0.35	0.60	47	3.97
11	刺槐×油松	1 800×600	31.50×12.40	—	—	0.60	50	4.29
12	沙棘	2 900	22.78	1.76	3.12	0.89	60	12.34
13	虎榛子	37 500	23.60	6.53	0.98	0.89	—	—
14	虎榛子	3 700	14.51	4.33	7.67	0.88	10	12.91
15	荒草地	—	0.32	9.67	2.34		60	54.87
16	裸地	—	—	—	—		—	167.98
17	坡耕地	—	—	—	—		—	1 325.74

注：该数据采集人，魏天兴、刘卉芳、朱清科、余新晓、张晓明；采集时间，1998—2003 年 7 月和 8 月。

4.20　陕西吴起退耕还林区水土保持植被恢复及物种多样性特征

4.20.1　引言

黄土高原的退耕还林（草）工程是以生态恢复为目标，把人为干扰因素强烈地农地转化为林草地的过程，主要包括封山育林（自然恢复）和人工修复（人工种植）两种方式恢复植被（Chinea，2002），是退化生态系统重建的重要途径和步骤（朱志诚，1993；Turnbull，1999；焦菊英，2000）。植物群落物种多样性是反映植物群落组成结构和稳定性的重要指标（王世昌等，2007），对群落物种多样性的研究可以很好地认识植被恢复过程群落的组成、发展和变化（王永健等，2006）。封育作为退化林地植被恢复的一项重要措施，可以提高生物多样性，使群落的组成趋于稳定。为了更进一步了解自然恢复与人工恢复两种退耕还林植被恢复模式对天然草本物种组成与物种多样性的影响。选取了陕西省吴起县作为研究基地，采用对比流域的方法，在对吴起县合家沟流域和柴沟流域植物群落进行全面调查的基础上，通过数据分析，揭示了吴起县退耕还林工程后的植被恢复情况及植物群落物种多样性的变化，为了解和分析该地区退耕还林地的植被恢复、植物群落物种多样性及实现植被的生态作用提供参考价值。本研究是在国家重点基础研究发展计划（2009CB825103）与"十二五"国家科技支撑计划项目"黄土及华北土石山区水土保持林体系构建技术研究与示范"（2011BAD38B06）支持下完成的。该数据来源于魏天兴等人 2013 年在西北林学院学报上发表的《退耕还林区水土保持植被恢复及物种多样性特征》。

4.20.2　数据采集和处理方法

柴沟从 1998 年退耕还林后，进行人工恢复；合家沟从 1982 年进行封育，属于植被自然恢复区，两地代表了不同的植被恢复模式。

数据来源

样地设置在合家沟流域和柴沟流域，从梁（峁）顶到沟底，以沟沿线为界把研究区分成 4 种地貌类型，分别是梁（峁）顶、梁（峁）坡、沟坡、沟底。根据坡位、坡向、坡度的不同，以沟底为中心，沿沟坡、峁坡、峁顶确定一条样线，样线为流域的横断面，沿沟的一侧的梁（峁）顶到另一侧的梁（峁）顶取样线；每个流域各取 3 条样线，每条样线分别取具有代表性的 7 个样地，每个样地各取 4 个草本样方，共调查 21 个样地，84 个样方。每样线上采用主观取样法取 7 个规格为 40 m×40 m 的样地，地貌部位分别位于梁（峁）顶、梁（峁）坡、沟坡、沟底、沟坡、梁（峁）坡、梁（峁）顶，形状呈 "V" 字状，样地号从东到西依次记为 1、2、3、4、5、6、7。在每个样地典型地段取一个规格为 20 m×20 m 的乔木样方，2 个规格为 5 m×5 m 的灌木样方，4 个规格为 1 m×1 m 的草本样方；由于植物分布的不均衡性，如果缺失乔灌草的某层，则不调查。乔木样方中调查树种、坐标、树高、胸径、冠幅、生长状况和分布状况等。灌木样方调查植物名称、平均高度、冠径、丛径、株（丛）数、盖度等，草本样方调查植物种、平均高度、盖度、株（丛）数、生长状况和分布状况，盖度用自制的草本盖度计量仪来进行测量。用罗盘和 GPS 确定坡度、坡向和海拔等环境条件。

4.20.3　数据质量控制和评估

本数据集来源于野外样地的实测调查。从调查前期准备、调查过程中到调查完成后，整个过程对数据质量进行控制。调查前的数据质量控制：根据统一的调查规范方案，对所有参与调查的人员集中进行技术培训，尽可能地减少人为误差。在每个流域分别设置了 3 条样线，每个样地取 4 个草本样方，以此来减小随机误差；调查人和记录人完成小样方调查时，当即对原始记录表进行核查，发现有误的数据及时纠正。树种名参照《中国植物志》（中国科学院中国植物志编辑委员会，1986），对于不能当场确定的树种名称，采集相关凭证标本在室内进行鉴定并咨询北京林业大学植物分类专家以此确保物种名称的可靠性，最终形成的物种数据由专家进行审核与修订。

根据调查，在研究的封山育林流域（合家沟小流域）退耕区域未发现乔灌木树种，因此本研究只对草本植被多样性进行研究。在进行生物量测定时，乔木层按照径阶法选取标准木，灌木和草本层采用"收获法"分别测定，能够最大限度保证数据的准确性。

4.20.4 陕西吴起退耕还林区水土保持植被恢复及物种多样性特征数据

相关数据见表 4 - 148 和表 4 - 149。

表 4 - 148 样地的基本情况

自然恢复区					人工恢复区				
样地	地貌部位	海拔/m	坡度/°	坡向	样地	地貌部位	海拔/m	坡度/°	坡向
I	梁顶	1 355	1	—	I	峁顶	1 527	2	—
II	梁坡	1 347	30	东	II	峁坡	1 509	36	东南 10°
III	沟坡	1 344	21	东	III	沟坡	1 350	36	东南 20°
IV	沟底	1 333	2	—	IV	沟底	1 332	1	—
V	沟坡	1 342	35	西	V	沟坡	1 342	34	东北 45°
VI	梁坡	1 351	30	西北 10°	VI	峁坡	1 393	20	东北 20°
VII	梁顶	1 358	2	—	VII	峁顶	1 429	3	—

注：该数据采集人，魏天兴、赵健、朱文德、陈致富、郑江坤；采集时间，2008 年 7 月中旬至 8 月中旬。

表 4 - 149 人工恢复区与自然恢复区植被恢复物种组成变化

地点	样地	覆盖度/%	优势种	物种数	其他主要物种（根据物种重要值排序）
自然恢复区	I	72	茵陈蒿、荬蒿	12	茵陈蒿、荬蒿赖草、星毛委陵菜、草木樨状黄芪、百里香
	II	65	针茅、毛莲蒿	14	荬蒿、草木樨状黄芪、委陵菜、星毛委陵菜
	III	72	荬蒿、针茅	21	星毛委陵菜、草木樨状黄芪、达乌里胡枝子、毛莲蒿
	IV	96	芦苇、苦马豆	18	草木樨状黄芪、白莲蒿、赖草、马先蒿
	V	72	荬蒿、百里香	13	毛莲蒿、苦马豆、赖草、硬质早熟禾
	VI	65	荬蒿、甘草	15	针茅、毛莲蒿、委陵菜、赖草
	VII	86	达乌里胡枝子、赖草	11	芦苇、硬质早熟禾、艾蒿、委陵菜
人工恢复区	I	80	艾蒿、毛莲蒿	11	芦苇、甘草、茵陈蒿、草木樨状黄芪
	II	59	毛莲蒿、芦苇	13	甘草、阿尔泰狗娃花、达乌里胡枝子、针茅
	III	70	艾蒿、荬蒿	11	赖草、二色补血草、紫花苜蓿、苦马豆
	IV	81	赖草、披碱草	15	紫花苜蓿、苦马豆、白莲蒿、琉璃草
	V	64	艾蒿、赖草	20	荬蒿、麻花头、苦马豆、毛莲蒿
	VI	74	毛莲蒿、甘草	23	麻花头、荬蒿、针茅、达乌里胡枝子
	VII	80	荬蒿、针茅	17	赖草、毛莲蒿、达乌里胡枝子、草木樨状黄芪

注：该数据采集人，魏天兴、赵健、朱文德、陈致富、郑江坤；采集时间，2008 年 7 月中旬至 8 月中旬。

4.21 陕西吴起坡面尺度上地貌对 α 生物多样性的影响

4.21.1 引言

关于生物多样性的空间格局已有多种模式和解释性假说（Huston，1994），其中海拔梯度格局被认为是一种与纬度梯度相关的生物多样性格局模式。国内这方面的研究较少，而关于北京东灵山生物多样性的研究涉及了山地植被 α、β 多样性的空间格局及其与群落结构、海拔梯度和空间尺度的关系，是国内这方面的代表性研究（刘灿然等，1997；马克明等，1997）。奚为民等（1997）对河北雾灵山也做了 α 多样性的海拔梯度研究，提出生物多样性在海拔 1 600 m 下随高度的增加而增加，超过 1 600 m 后生物多样性随海拔的增加而减少。群落物种多样性的变化规律以及与环境因子的关系已有一些研究，研究主要集中在人工植被恢复方面（赵勇等，2007），对植被的自然恢复研究较少。黄土沟壑区是我国西部的生态脆弱带，是研究生物多样性的关键地区之一。对本区域坡面尺度的生物多样性的空间格局，以及生物多样性与地形因子的相关分析的生态机制等问题尚未被涉及。本研究以陕北吴起县自然恢复区为对象，从坡面尺度分析生物多样性的空间格局及其受地形异质性的影响，探讨黄土沟壑区的空间格局的生态学机制。本研究是在国家"十一五"科技支撑计划项目"黄土高原北部水蚀风蚀交错区近自然植被生态修复技术示范研究"（2006BAD03A1 206）的支持下完成的。该数据来源于郑江坤等人 2009 年在生态环境学报上发表的《坡面尺度上地貌对 α 生物多样性的影响》。

4.21.2　数据采集和处理方法

（1）数据来源

在合沟流域选择某一坡面从梁（峁）顶到沟底，以沟沿线为界把研究区分成四种地貌类型，分别是梁（峁）顶、梁（峁）坡、沟坡、沟底。考虑到坡向的影响，采用主观采样法沿沟的一侧的梁（峁）顶到另一侧的梁（峁）顶共取三条线，分别记为线Ⅰ、线Ⅱ、线Ⅲ；每条线取 7 个规格为 20 m×20 m 的样地，都在沟的横切面上，地貌部位分别位于梁（峁）顶、梁（峁）坡、沟坡、沟底、沟坡、梁（峁）坡、梁（峁）顶，形状呈"V"字状，样地号从东到西依次记为 1、2、3、4、5、6、7。由于合家沟流域均是草本植被，故只在每个样地中随机取 4 个规格为 1 m×1 m 的草本样方，共计 84 个草本样方。每个草本样方中分别调查植物种类，每种植物的平均高度、盖度、株（丛）数、生长状况和分布状况；平均高度采用最高的三株和最低的三株来求平均值，盖度用自制的草本盖度测量仪来进行测量，生长状况分为良、中、差三等，分布状况分为均匀、丛生、随机三类。

在确定的规格为 1 m×1 m 样方上采用"收获样方法"分别测定草本的地上和地下部分的鲜重、干重，上下部分的干重相加即得该样方的生物量。土壤含水率、土壤容重、土壤毛管孔隙度分别采用分层取土烘干法、环刀法、圆筒渗透法测定。

（2）数据的加工预处理

重要值是以综合数值表示植物物种在群落中的相对重要性。其计算公式如下：

灌木和草本的重要值＝相对高度＋相对频度＋相对盖度

多样性分析的数据通过植被样方调查获得。α 多样性指数是物种丰富度和均匀度的综合反映。本文利用 Shannon-Wiener 指数作为 α 生物多样性的指标，计算公式如下：

$$H' = -\sum_{i=1}^{S} P_i \ln P_i, P_i = \frac{N_i}{N}$$

式中，H' 为 Shannon-Wiener 指数，S 为群落中的物种数，P_i 为第 i 个种的相对多度，N_i 为第 i 个物种个体数，N 为群落全部个体总数。

为了反映环境梯度和空间尺度对物种多样性分布的影响，主要考虑地形特征来表示群落环境因子，采用海拔、坡度、坡向、坡位、坡形和地形指数共 6 个变量加以反映。坡向用罗盘实测，坡向数据分为 8 级，以北向为 1、东北为 2、西北为 3、东向为 4、西向为 5、东南为 6、西南为 7、南向为 8，数字越大，表示越向阳，越干热；坡位从沟底到梁（峁）顶以沟沿线为界分为 4 级，依次赋值1～4；坡形分凹、平凹、平、平凸、凸 5 级，依次赋值 1～5；地形指数是坡形值和坡位值之和。采用公式：$Di' = (Di - Min) / (Max - Min)$ 对全部地形因子指数做归一化处理，得到 0～1 的区间值。

4.21.3 数据质量控制和评估

本数据集来源于野外样地的实测调查。从调查前期准备、调查过程中到调查完成后，整个过程对数据质量进行控制。调查前的数据质量控制：根据统一的调查规范方案，对所有参与调查的人员集中进行技术培训，尽可能地减少人为误差。

在调查记录样方地形特征时，海拔用 GPS 实测，为减小误差，多次测量后取平均值。测定草本层生物量时，以相同的方法测定相同地貌部位的其他 11 个生物量，取平均值作为该地貌部位的生物量。测量土壤物理性质时，测量深度为 1 m，分为 0～20 cm、20～40 cm、40～60 cm、60～80 cm、80～100 cm 5 层，然后对各层土壤的值进行加和平均，所得的数值来表示地貌部位的物理性质，具有一定的准确性。

4.21.4 陕西吴起坡面尺度上地貌对 α 生物多样性的影响数据集

相关数据见表 4-150。

表 4-150 合家沟不同地貌部位环境因素及生物群落香浓指数

地貌号	土壤含水率/%	土壤容重/(g/cm³)	毛管空隙度/%	生物量/(g/m²)	平均盖度/%	坡向	坡度/°	海拔/m	坡位	坡形	地形指数	Shannon-Wiener 指数
1	20	1.30	0.50	640.30	78.00	北坡	10	1 432	4	4	8	1.758
2	18	1.25	0.52	547.30	74.58	西坡	33	1 392	3	5	8	2.212
3	18	1.19	0.44	1 224.30	80.58	西坡	25	1 352	2	1	3	2.774
4	21	1.40	0.40	1 810.20	95.92	北坡	2	1 342	1	3	4	2.190
5	19	1.23	0.50	654.90	82.17	东坡	31	1 352	2	1	3	2.283
6	18	1.25	0.50	282.40	67.42	东坡	23	1 468	3	5	8	2.359
7	0.20	1.27	0.51	553.9	79.75	北坡	3	1 484	4	4	8	2.294

注：该数据采集人，郑江坤、魏天兴、陈致富、赵健、朱文德；采集时间，2008 年 7 月中旬至 8 月中旬。

4.22 陕西吴起低效低质人工林优化改造后林下植被多样性研究

4.22.1 引言

陕北黄土高原风蚀水蚀交错区地处黄土丘陵沟壑区向毛乌素沙地的过渡地带，自然条件具有明显的过渡性和复杂性。该地区气候变化剧烈，植被退化比较严重，加之人为不合理地开垦和放牧，造成了以水土流失和土地沙化为突出问题的脆弱生态与环境综合景观（唐克丽，2000；肖波等，2007；张丽萍等，2005）。吴起县即位于该地区，属于典型的风蚀水蚀交错区。该县于 1999 年开始实行退耕还林还草工程，由于该地区自然条件的限制加当时植树造林、退耕还林在树种选择、配置工作方面的缺陷，形成了很大一部分低效低质林分，近两年来，该县在退耕还林工作的基础上对县城周边沟川山岭的低效低质林分进行了优化改造，科学地选择树种、合理配置，保证成活率和保有率，其生态、经济、景观价值有了提高。本研究选取风蚀水蚀交错区相似气候、土壤和立地条件下经过改造的人工林为研究对象，并以天然次生林为对照。目的是通过调查林下植物物种组成和结构，比较不同改造模式下人工林下植物的物种组成、结构特征及其差异，为人工林生态功能恢复评价和植被建设提供理论依据。本研究是在国家"十二五"科技支撑计划项目"黄土及华北土石山区水土保持林体系构建技术研究与示范"（2011BAD38B06）的支持下完成的。该数据来源于魏天兴等人 2012 年在生态环境学报上发表的《低效低质人工林优化改造后林下植被多样性研究》。

4.22.2　数据采集和处理方法

（1）数据来源

在全面调查的基础上，选取了 12 个生境因子基本一致的样地作为调查对象。其中 11 块样地代表了 11 种人工低质低效林改造模式，另一块样地为天然次生林。在每个样地内均匀地设置 4 个规格为 2 m×2 m 的样方，共取样方 48 个。测定样地内的树高、冠幅、胸径、林龄、林分密度，重点调查林下灌草植物种类、密度、多度、高度，采用自主改进的草本植物盖度测量仪测盖度。

（2）数据的加工预处理

根据植被群落特征调查结果计算出样地内各物种的重要值和群落多样性指数。多样性指数主要为 Margalef 物种丰富度、种间相遇概率（PIE）指数、Simpson 指数、Shannon - Wiener 指数和 Pielou 均匀度指数。

4.22.3　数据质量控制和评估

本数据来源于野外样地的实测调查。从调查前期准备、调查过程中到调查完成后，整个过程对数据质量进行控制。为保证调查数据的质量，根据统一的调查规范方案，对所有参与调查的人员集中进行技术培训，尽可能地减少人为误差。野外调查方法选用典型样地记录法，所得结果具有科学性和代表性。在样地内灌草本样方取 4 个以此来减小随机误差，保证数据质量。物种种名参照《中国植物志》（中国科学院中国植物志编辑委员会，1986），对于不能当场确定的树种名称，采集相关凭证标本并在室内进行鉴定，咨询北京林业大学植物分类专家以此确保物种名称的可靠性，最后形成的物种数据由专家进行最终审核与修订。

4.22.4　陕西吴起低效低质人工林优化改造后林下植被多样性数据集

相关数据见表 4 - 151 和表 4 - 152。

表 4 - 151　调查样地林下植物多样性指数

样地编号	多样性指数				
	Margalef 指数	PIE 指数	Simpson 指数	Shannon-Wiener 指数	Pielou 指数
政府沟 1	7.966	7.552	0.861	2.122	0.881
政府沟 2	10.853	7.252	0.857	2.235	0.888
政府沟 3	13.032	6.008	0.830	2.171	0.772
政府沟 4	11.552	6.062	0.833	2.107	0.776
政府沟 8	11.546	4.287	0.759	1.866	0.667
政府沟 9	7.942	7.941	0.871	2.216	0.918
胜利山 1	12.304	11.241	0.905	2.565	0.891
胜利山 2	13.715	4.390	0.769	2.088	0.718
胜利山 4	10.110	7.454	0.864	2.201	0.837
胜利山 6	13.706	9.987	0.898	2.491	0.844
胜利山 7	14.409	11.693	0.915	2.545	0.867
柴沟 2 - 6	16.528	7.203	0.857	2.363	0.772

注：该数据采集人，魏天兴、陈致富、赵健、郑江坤、朱文德；采集时间，2008 年 7 月中旬至 8 月中旬。

表4-152　样地调查基本特征

样地编号	林分原有树种组成	地貌部位	坡向	林龄/年	改造方式	改造树种组成	苗（树）龄/年	树高/m	胸（基）径/cm	林分密度/(株/hm²)	林下物种总数	重要值前五的林下植物
政府沟1	刺槐+沙棘	峁顶	—	5	补植	刺槐+侧柏+沙棘	3	1.10	1.34	2 200	11	茵陈蒿、针茅、达呼里胡枝子、委陵菜、阿尔泰狗娃花
政府沟2	沙棘	峁顶	—	8	全部伐除、翻垦、条状整地	刺槐+白杆+沙棘	3、3、1	1.55、0.96、0.73	1.41、2.46、0.68	1 225	15	赖草、达呼里胡枝子、硬质早熟禾、茵陈蒿、细叶隐子草
政府沟3	沙棘+山杏（幼树）	梁坡16°	西	8	补植、水平阶整地	沙棘+油松+山杏	4	1.74	3.87	2 625	18	艾蒿、毛莲蒿、针茅、达呼里胡枝子、草木犀状黄耆
政府沟4	沙棘	8°	西	8	补植、条带状整地	沙棘+油松	6	2.54	3.76	800	16	毛莲蒿、针茅、达呼里胡枝子、硬质早熟禾、茵陈蒿
政府沟8	山杏+小叶杨	峁坡上部27°	西南	10	补植、鱼鳞坑整地	山杏+小叶杨+油松	6	2.23	3.60	1 500	16	赖草、达呼里胡枝子、阿尔泰狗娃花、甘草、硬质早熟禾
政府沟9	黄草地	峁坡上部27°	西南	—	新造林、鱼鳞坑整地	油松	6	2.04	2.56	538	11	达呼里胡枝子、赖草、甘草、硬质早熟禾、针茅
胜利山1	山杏+小叶杨	峁顶	—	15	补植、水平阶整地	山杏+小叶杨+油松	15	5.51	5.39	1 400	17	赖草、甘草、针茅、地瓜苗、达呼里胡枝子
胜利山2	杜梨	峁坡11°	东南	10~15	补植、鱼鳞坑整地	杜梨+油松	15	4.41	4.07	1 250	19	毛莲蒿、祁州漏芦、短茎韭、针茅、阿尔泰狗娃花
胜利山4	刺槐	梁顶4°	—	5	补植、条状整地	刺槐+油松	15	4.71	4.37	1 400	14	华北米蒿、达呼里胡枝子、赖草、针茅、委陵菜
胜利山6	山杏疏林	峁坡19°	西北	20	新造林、水平阶整地	山杏+油松	15	4.87	5.12	600	19	赖草、毛莲蒿、委陵菜、甘草、达呼里胡枝子
胜利山7	荒草地	峁坡19°	西北	—	植幼苗新造林	油松+元宝枫+沙棘	1	0.54	0.95	635	20	赖草、针茅、委陵菜、达呼里胡枝子、胡枝子
柴沟2-6	河北杨次生林	峁坡中部20°	东北	15	—	—	15	9.25	16.88	430	23	毛莲蒿、甘草、麻花头、达呼里胡枝子、广布野豌豆

注：该数据采集人，魏天兴、陈致富、赵健、郑江坤、朱文德；采集时间，2008年7月中旬至8月中旬。

4.23　陕西吴起植被群落特征和土壤入渗性能

4.23.1　引言

黄土高原沟壑密布、干旱少雨、植被稀少、暴雨集中，再加上长期垦荒、广种薄收、滥砍滥伐和过度放牧等不合理的人为活动，使得黄土高原成为我国生态环境最为脆弱的地区，也是我国乃至世界上水土流失最为严重的地区之一，进而制约了整个农业和社会经济的发展（程积民等，2002；陈云明等，2002）。

在对黄土高原进行的综合治理中，生态环境建设必须放在首位，植被恢复作为生态环境建设的核心，退耕还林还草工程的实施，对恢复植被进而减缓土壤沙化、控制水土流失、进行水源有效涵养、改善西部生态环境起到了积极作用（许育彬等，2003）。陕西省吴起县经过几十年的植树造林尤其是实施退耕还林还草等工程以来，植被恢复重建取得了极为显著的成效，植被群落特征发生了变化。研究该地区不同植被恢复方式下典型植被群落特征、分析植被群落特征与土壤特征的关系，为黄土高原北部水蚀、风蚀交错区植被恢复、建造高效水土保持植被、植被近自然恢复提供科学依据。该研究受到国家"十一五"科技支撑计划项目"黄土高原北部水蚀、风蚀交错区自然植被生态修复技术示范研究"（2006BAD03A1206）的支持。该数据来源于《黄土高原北部水蚀风蚀交错区植被群落特征》（陈致富，2010）和《陕北风蚀水蚀交错区不同植被下土壤入渗性能差异性》（陈致富，2009）。

4.23.2　数据采集和处理方法

本文选择陕西省吴起县柴沟、合沟、胜利山、政府沟等地为调查地，通过对植被实地调查和土壤入渗试验，研究上述区域的植被群落和土壤入渗特征。

在对吴起县合沟、胜利山、大吉沟、政府沟、柴沟等地植被进行全面勘查的基础上，根据吴起县植被特点选择样地，采用典型样地的记录法进行群落调查。

（1）植被群落特征调查

选择典型森林群落，设置 20 m×20 m 的标准样地进行每木检尺调查，在样地内主要调查乔木树种、胸径、树高、冠幅、郁闭度、密度等生长状况，并在样地内设置 3～5 个 5 m×5 m 的灌木样方，3～5 个 1 m×1 m 的草本样方，分别记录灌木名称、株数、基径、平均高度、草本名称、株数或丛数、盖度、高度等。若是纯灌木群落则设置 5 m×5 m 的标准样地，在样地内设置 4 个 1 m×1 m 的草本样方。若是草地则在每个地貌部位均匀地设置 4 个 1 m×1 m 的草本，重点调查草本植物种类、密度、多度、高度。采用改进的具有自主知识产权的草本植物盖度测量仪测盖度（专利公开号 CNC1011509751）。叶面积指数采用美国生产的 LAT-2000 植物冠层分析仪测定。

（2）土壤入渗性能的测定

土壤入渗性能采用经过改进的土壤入渗过程测定仪测定，并通过经验公式 $H = 0.196\ 35 \times h \times \cos a$ 换算下渗深度，其中 H 为下渗深度，h 为实验变化水位，a 为坡度。开始测定时前 90 s 每 10 s 记录 1 次，后每 20 s 记录一次，随机记录 10 次左右，再往后每分钟记录一次，直到出现 5～6 个数值基本相同，即达到稳渗状态。

4.23.3　数据质量控制和评估

本数据来源于野外样地的实测调查。从调查前期准备、调查过程中到调查完成后，整个过程对数据质量进行控制。为保证调查数据的质量，根据统一的调查规范方案，对所有参与调查的人员集中进行技术培训，尽可能地减少人为误差。野外调查方法选用典型样地记录法，所得结果具有科学性和代表性。物种种名参照《中国植物志》（中国科学院中国植物志编辑委员会，1986），对于不能当场确定的树种名称，采集相关凭证标本并在室内进行鉴定，咨询北京林业大学植物分类专家以此确保物种名称的可靠性，最后形成的物种数据由专家进行最终审核与修订。

4.23.4　陕西吴起植被群落特征和土壤入渗性能数据集

相关数据见表 4-153 至表 4-155。

表 4-153　各乔、灌木样地基本情况

植被群落		坡向	坡度/°	坡位	郁闭度	平均高/m	平均胸径/cm	叶面积指数
沙棘	林分起源	东偏南 15°	12	中	0.9	1.62	2.04	1.78
小叶杨＋山杏	人工林	北偏东 5°	26	中	0.51	3.71/3.24	6.3/5.4	1.38
河北杨	天然次生林	东偏北 30°	20	下	0.72	9.22	16.88	1.29
山杏	人工林	南偏西 41°	25	中	0.57	3.48	5.71	1.17
河北杨＋沙棘	天然次生/人工	东偏北 32°	27	上	0.6	10.30/1.23	15.46/1.74	1.59
油松＋小叶杨＋山杏	人工林	正东	27	上	0.8	5.51	5.39	1.38
油松	人工林	北偏东 12°	26	中	0.8	4.9	5.61	2.21
荒草地新造油松林	人工林	西偏南 25°	27	上	0.2	2.04	2.56	1.02

注：该数据采集人，陈致富、魏天兴、赵健、郑江坤、夏菁；采集时间，2008 年 7 月中旬至 8 月中旬。

表 4-154　草地样地调查基本情况

植被群落	位置	坡向	坡度/°	海拔/m
赖草＋茵陈蒿群落	108°12′55.1″E　36°54′01″N	北偏西 15°	10	1 488
华北米蒿＋毛连蒿群落	108°12′51.4″E　36°54′05″N	西偏北 8°	29	1 449
针茅群落	108°12′44.7″E　36°54′1.1″N	西偏南 2°	25	1 360
赖草＋紫苜蓿群落	108°12′42.7″E　36°54′1.7″N	西	2	1 344
毛连蒿群落	108°12′42.5″E　36°54′1.5″N	东偏南 12°	39	1 350
针茅＋达呼里胡枝子＋毛连蒿群落	108°12′28.1″E　36°54′3.7″N	东偏南 17°	25	1 515
达呼里胡枝子＋赖草＋硬质早熟禾	108°12′27.1″E　36°54′4.4″N	东	3	1 524

注：该数据采集人，陈致富、魏天兴、赵健、郑江坤、夏菁；采集时间，2008 年 7 月中旬至 8 月中旬。

表 4-155　不同植被群落土壤初渗率、稳渗率、平均入渗率

植被类型	初渗率/（mm/min）	稳渗率/（mm/min）	平均入渗/（mm/min）
沙棘	27.66	19.86	23.34
小叶杨＋山杏	21.53	14.23	16.06
河北杨	21.03	14.11	16.02
山杏	17.08	8.41	10.1
河北杨＋沙棘	14.7	8.07	9.9
油松＋小叶杨＋山杏	13.63	8.96	10.28
油松	11.66	6.00	7.16
荒草地新造油松林	1.26	5.95	4.04
赖草＋茵陈蒿群落	12.14	7.81	9.65
华北米蒿＋毛连蒿群落	7.28	5.90	6.57

（续）

植被类型	初渗率/（mm/min）	稳渗率/（mm/min）	平均入渗/（mm/min）
针茅群落	2.28	4.02	3.23
赖草＋紫苜蓿群落	11.50	6.81	8.61
毛连蒿群落	10.66	6.56	8.06
针茅＋达呼里胡枝子＋毛连蒿群落	9.45	8.58	8.99
达呼里胡枝子＋赖草＋硬质早熟禾	9.42	7.26	8.30

注：该数据采集人，陈致富、魏天兴、赵健、郑江坤、夏菁；采集时间，2008 年 7 月中旬至 8 月中旬。

4.24　陕西吴起县退耕地植被恢复及生态效益研究

4.24.1　引言

黄土高原以严重的水土流失闻名于世，由于人类不合理地开发利用自然资源，导致植被破坏，土层变薄，土地生产力下降，使该地区脆弱的生态环境更加恶化，严重阻碍了农业生产的持续发展（唐克丽等，1994）。退耕还林（草）工程的实施，对恢复植被进而减缓土壤沙化、控制水土流失、进行水源有效涵养、改善西部生态环境起到了积极作用（许育彬等，2003）。基于这些基本现实情况，陕西吴起县在 1998 年实施退耕还林还草工程以后，经过人们的共同努力，该地区的植被状况有了很大改善。本研究是在吴起县不同退耕还林的基础上，研究不同退耕林地植被群落特征和水土保持效益，旨在探明不同地表植被覆盖类型对土壤入渗性能、坡地产流产沙、土壤物理性质改良以及土壤抗冲性能的影响，为合理构建地表植被林分结构提供参考，为黄土高原北部水蚀、风蚀交错区水土流失治理和水土保持规划提供一定的参考依据。该研究受到国家"十一五"科技支撑计划项目"黄土高原北部水蚀风蚀交错区近自然植被生态修复技术示范研究"（2006BAD03A1206）的支持。该数据来源于《陕西吴起县退耕地植被恢复及生态效益研究》（周毅，2012）、《陕西吴起县退耕还林地不同植被水土保持效益分析》（赵健，2010）和《黄土高原不同林地类型水土保持效益分析》（周毅，2011）。

4.24.2　数据采集和处理方法

（1）数据来源

为了定量进行观测研究黄土高原北部水蚀风蚀交错区坡地水土流失规律和小流域水土流失规律，2009 年暑假在陕西省吴起县根据当地的自然概况和退耕还林地植被类型的情况，以及影响水土流失的坡度、坡向等周围立地环境条件，选择设置了 5 个比较典型的试验区，长为 20 m，宽为 5 m 的径流小区。

①植被野外调查与取样。选择典型植被群落，设置标准样地进行每木检尺调查，在样地内主要调查乔木树种的胸径、树高、冠幅、郁闭度、密度等生长状况，并在样地内设置灌木样方、草本样方，分别记录灌木名称、株数、基径、平均高度，草本名称、株数或丛数、盖度、高度等。若是纯灌木群落则设置标准样地，在样地内设置草本样方。若是草地则在每个地貌部位均匀地设置草本样方，重点调查草本植物种类、密度、多度、高度。

②土壤入渗特征。采用土壤入渗过程测定仪测定，并通过经验公式 $H=0.196\,35 \times h \times \cos a$ 换算下渗深度，式中，H 为下渗深度，h 为实验变化水位，a 为坡度。开始测定时前 90 s 每 10 s 记录 1 次，往后每 30 s 记录一次，随机记录 10 次左右，再往后每分钟记录一次，直到出现 5～6 个数值基本相同，即达到稳渗状态。

③径流小区产流和产沙量测定。径流小区产流产沙量的测定首先应该对产生径流的降水量进行观测。我们通常用雨量筒进行记录。首先在 5 个径流小区各放置一个雨量筒，定时监测降水量，然后用计算机进行读数，得到降水量，再用换算公式，计算出降雨强度和每次降雨的历时。产流量的观测是在每次降雨结束后，在集流池内可以直接测量，然后求出径流总量。径流小区泥沙的观测主要是在每次降雨结束以后，径流小区径流终止以后应该立即进行观测实验，首先将集流池中的泥沙进行均匀搅拌，然后在每个径流小区采取水样 3 个，每个 1 000 cm³，然后带回去进行含沙量的计算。带回去后将样品静置 24 h 后，再进行过滤，然后在 105℃下烘干到恒重，然后进行称量，进行含沙量的计算。

（2）数据的加工预处理

重要值用来衡量物种在群落中的地位和作用的大小，计算公式如下：

$$重要值＝相对密度＋相对盖度＋相对频度$$

4.24.3　数据质量控制和评估

本数据来源于野外样地的实测调查。从调查前期准备、调查过程中到调查完成后，整个过程对数据质量进行控制。同时，采用专家审核验证的方法，以确保数据相对准确可靠。根据统一的调查规范方案，对所有参与调查的人员集中进行技术培训，进行调查前的数据质量控制，尽可能地减少人为误差。树种名参照《中国植物志》（中国科学院中国植物志编辑委员会，1986），对于不能当场确定的树种名称，采集相关凭证标本并在室内进行鉴定并咨询北京林业大学植物分类专家以此确保物种名称的可靠性，最终形成的物种数据由专家进行审核与修订。

数据获取的过程中会采取一定的方法提高数据的准确性。例如，在进行生物量测定时，每测一树要进行编号，避免漏测；在测树高时要以测量者能看到树木顶端为条件，尽量减少误差；在测量土壤物理性质时，每层用环刀取 3 次，采用"环刀浸水法"测定土壤的容重、总孔隙度、毛管孔隙度、非毛管孔隙度等指标值，三次的结果取平均值即为本层土壤物理性质的值。

4.24.4　陕西吴起县退耕地植被恢复及生态效益研究数据

相关数据见表 4-156 至表 4-161。

表 4-156　大吉沟流域径流小区基本情况

处理	植被类型	经纬度	坡度°	坡向	海拔/m	平均树高/m	平均胸径/cm	郁闭度
1	（油松＋沙棘）a	108°10′24.0″E 36°54′27.9″N	12	东南37°	1 396	1.88	3.47	0.55
2	（油松＋沙棘）b	108°10′25.8″E 36°54′26.3″N	29	东南35°	1 380	1.98	3.23	0.37
3	油松	108°10′34.7″E 36°54′32.1″N	17	西南12°	1 386	3.33	4.49	0.44
4	达呼里胡枝子＋赖草	108°10′36.3″E 36°54′31.0″N	28	西南3°	1 398	—	—	0.85
5	沙棘	108°10′20.9″E 36°54′23.7″N	17	东北34°	1 406	2.62	3.14	0.39

注：该数据采集人，赵健、魏天兴、陈致富、朱文德、周毅、石鑫；采集时间，2009—2011 年 7—8 月。

表 4 - 157　乔、灌样地主要乔、灌木和林下草本数量特征

植物群落	层次	植物名称	相对密度/%	相对盖度/%	相对频度/%	重要值
沙棘	灌木	沙棘	100.00	100.00	100.00	300.00
	草本	毛莲蒿	25.26	19.24	11.11	55.61
		达呼里胡枝子	25.94	18.03	11.11	55.07
		针茅	13.80	23.48	11.11	48.39
		硬质早熟禾	8.55	11.69	8.33	28.57
		艾蒿	7.53	9.84	11.11	28.48
沙棘+油松	乔木	油松	26.6	13.9	28	68.5
	灌木	沙棘	72.83	64.37	71.02	91.78
	草本	赖草	35.3	36.98	13.79	86.08
		达呼里胡枝子	31	29.87	13.8	74.66
		硬质早熟禾	6.06	11.64	10.4	28.57
		茵陈蒿	9.26	4.69	10.22	24.3
		甘草	3.61	4.61	6.89	15.11
刺槐	乔木	刺槐	100	100	100	300
	草本	毛莲蒿	28.67	15.78	11.79	52.61
		甘草	3.42	25.55	7.8	37.13
		麻花头	9.47	15.58	10.4	33.21
		达呼里胡枝子	14.92	12.93	8.16	36.01
		针茅	5.53	7.79	4.08	17.39
		广布野豌豆	3.75	6.17	6.12	16.04
油松	乔木	油松	100	100	100	300
	草本	达呼里胡枝子	23.5	27.21	14.29	65
		阿尔泰狗娃花	12.27	12.46	7.8	39.01
		甘草	6.89	21.17	10.4	38.77
		赖草	14.75	6.52	10.71	35.56
		披针叶黄华	16.66	11.67	7.14	29.47
		硬质早熟禾	6.04	8.11	3.57	24.87
		针茅	6.36	4.79	7.14	18.29
		艾蒿	8.33	5	3.57	16.91
		茵陈蒿	4.81	0.99	7.14	12.93
		铁线莲	1.81	1.26	7.14	10.21
		毛莲蒿	5.36	0.84	3.57	9.77

注：该数据采集人，赵健、魏天兴、陈致富、朱文德、周毅、石鑫；采集时间，2009—2011 年 7—8 月。

表 4 - 158　不同植被群落土壤初渗率、稳渗率、平均入渗率

植被类型	初渗率/（mm/min）	稳渗率/（mm/min）	平均入渗率/（mm/min）
（沙棘+油松）a	16.41	11.48	13.94
（沙棘+油松）b	23.91	13.56	18.73
油松	30.07	14.67	22.37

（续）

植被类型	初渗率/ (mm/min)	稳渗率/ (mm/min)	平均入渗率/ (mm/min)
沙棘	15.32	9.96	12.64
达呼里胡枝子＋赖草	24.84	18.03	21.43

注：该数据采集人，赵健、魏天兴、陈致富、朱文德、周毅、石鑫；采集时间，2009—2011 年 7—8 月。

表 4 - 159　不同植被群落 2009 年、2010 年、2011 年试验期间径流小区产流量和产沙量

植被类型	产流量/m³			产沙量/kg		
	2009 年	2010 年	2011 年	2009 年	2010 年	2011 年
（沙棘＋油松）a	0.679	0.178	0.103	3.407	2.227	4.884
（沙棘＋油松）b	1.166	0.247	0.114	6.597	2.938	5.688
油松	2.669	0.233	0.134	14.700	4.772	8.162
沙棘	0.520	0.182	0.124	4.379	2.099	7.141
达呼里胡枝子＋赖草	2.098	0.269	0.113	6.475	3.316	3.769

注：该数据采集人，赵健、魏天兴、陈致富、朱文德、周毅、石鑫；采集时间，2009—2011 年 7—8 月。

表 4 - 160　不同植被群落年降雨的径流量和侵蚀模数

植被类型	年份	径流量/ (m³/hm²)	与达呼里胡枝子＋赖草径流量的比值	侵蚀模数/ [t/ (km²·年)]	达呼里胡枝子＋赖草侵蚀模数的比值
（沙棘＋油松）a		67.99	0.32	34	0.53
（沙棘＋油松）b		116.51	0.56	66.04	1.02
油松	2009	266.56	1.27	146.4	2.26
沙棘		51.17	0.24	43.9	0.68
达呼里胡枝子＋赖草		209.22	1	64.73	1
（沙棘＋油松）a		17.42	0.67	22.34	0.67
（沙棘＋油松）b		24.54	0.94	29.06	0.88
油松	2010	22.57	1.4	47.73	1.44
沙棘		17.15	0.66	20.99	0.63
达呼里胡枝子＋赖草		26.17	1	33.16	1

注：该数据采集人，赵健、魏天兴、陈致富、朱文德、周毅、石鑫；采集时间，2009—2011 年 7—8 月。

表 4 - 161　不同植被群落次降水的径流量和侵蚀模数

植被类型	时间（年-月-日）	降水量/ (mm)	降雨强度/ (mm/min)	径流量/ (m³/hm²)	达呼里胡枝子＋赖草径流量的比值	侵蚀模数/ [t/ (km²·年)]	达呼里胡枝子＋赖草侵蚀模数的比值
（沙棘＋油松）a				3.12	0.624	4.68	0.5
（沙棘＋油松）b				4.80	0.96	10.42	1.1
油松	2010 - 07 - 24	24	0.06	5.40	1.08	11.88	1.26
沙棘				3.95	0.79	8.1	0.86
达呼里胡枝子＋赖草				5.00	1	9.43	1
（沙棘＋油松）a				6.20	0.71	8.18	1.46
（沙棘＋油松）b	2010 - 08 - 11	24	0.17	8.04	0.92	6.75	1.2
油松				7.07	0.81	15.27	2.72

（续）

植被类型	时间（年-月-日）	降水量/ （mm）	降雨强度/ （mm/min）	径流量/ （m³/hm²）	达呼里胡枝子＋ 赖草径流量的比值	侵蚀模数/ [t/（km²·年）]	达呼里胡枝子＋ 赖草侵蚀模数的比值
沙棘	2010 - 08 - 11	24	0.17	4.80	0.55	2.78	0.5
达呼里胡枝子＋赖草				8.77	1	5.61	1
（沙棘＋油松）a				6.00	0.95	5.2	1.081
（沙棘＋油松）b				6.56	1.04	6.38	1.326
油松	2011 - 07 - 29	25.4	0.061	7.50	1.19	7.24	1.505
沙棘				6.60	1.048	5.97	1.241
达呼里胡枝子＋赖草				6.30	1	4.81	1

注：该数据采集人，赵健、魏天兴、陈致富、朱文德、周毅、石鑫；采集时间，2009—2011 年 7—8 月。

4.25　陕西吴起生态退耕区植被群落土壤贮水量与入渗特性

4.25.1　引言

植被水文生态功能对调节洪水和干旱、减弱并防止土壤侵蚀具有重要作用，可通过土壤贮水量和入渗性能来表征（姜海燕等，2007）。土壤贮水量作为评价植被水源涵养功能的重要指标和水文参数，其大小与土壤厚度、土壤孔隙状况密切相关（刘霞等，2004）。土壤水分入渗性能与土壤持水量、土壤孔隙度、土壤结构等土壤物理性质密切相关，同时受植被类型、林分结构、植物群落生物量、坡向、坡度及坡位等立地因子的制约（陈致富等，2009）。本研究以退耕还林示范县吴起县为研究对象，对县城周边典型生态退耕区植被群落土壤贮水量和入渗率进行比较研究，对一些分布面积较广的植被采取多样本取平均值法进行分析，增加了数据的可信度，并对影响草地群落土壤入渗性能的诸多因素进行了因子分析，以期找出影响入渗的主导因子，为当地生态退耕模式的选择提供依据。该研究是在国家"十一五"科技支撑计划项目"黄土高原北部水蚀风蚀交错区近自然植被生态修复技术示范研究"（2006BAD03A1206）的支持下完成的。该数据来源于《陕北生态退耕区植被群落土壤贮水量与入渗特性》（郑江坤，2010）。

4.25.2　数据采集和处理方法

（1）数据来源

选取样地 19 块，标准为 20 m×20 m。采用经过改进的土壤入渗过程测定仪，通过经验公式 $H = 0.196\,35 \times h \times cosa$ 换算下渗深度，其中 H 为下渗深度，h 为实验变化水位，a 为坡度。开始测定时前 90 s 每 10 s 记录 1 次，之后每 30 s 记录一次，随机记录 10 次左右，然后每分钟记录一次，直到出现 5～6 个数值基本相同，即达到稳渗状态。在每个入渗点附近用地质罗盘仪记录下坡度和坡向，根据取样的位置记下坡位，坡位按照沟底、沟坡、梁峁坡、梁峁顶四类划分。土壤毛管孔隙度用环刀浸透法测得。

（2）数据的加工预处理

在一定土壤厚度条件下，土壤贮水量取决于土壤孔隙大小及数量，由于黄土土层深厚，为便于比较，仅计算 1 m 土层深度的贮水量。土壤贮水方式可分为毛管孔隙的吸持贮存和非毛管孔隙的滞留贮存两种，二者所持水量之和即为土壤饱和贮水量。贮水量与入渗特性公式为：

$$W_c = 1\,000 P_c h$$
$$W_n = 1\,000 P_n h$$
$$W_t = W_c + W_n$$

式中，W_c 为土壤水分最大吸持贮水量（mm），W_n 为最大滞留贮水量（mm），W_t 为饱和贮水量（mm），P_c 为毛管孔隙度（%），P_n 为非毛管孔隙度（%），h 为计算土层深度（m）。

4.25.3 数据质量控制和评估

本数据来源于野外样地的实测值。从实验前期准备、实验过程中到实验完成后，整个过程对数据质量进行控制。同时，采用专家审核验证的方法，以确保数据相对准确可靠。根据统一的实验方案，对参与实验的人员集中进行技术培训，进行实验前的数据质量控制，尽可能地减少人为误差。为了使数据更具代表性，在每个入渗点附近重复取样 3 次，深度为 1 m，分为 0~20 cm、20~40 cm、40~60 cm、60~80 cm、80~100 cm 共 5 层，每层分别取土样 3 个，以各指标平均值作为最终结果。为了便于比较，把 19 块样地共分成 6 种土地利用类型。由于植被类型对土壤理化性质和入渗性能均有影响，在进行不同地貌部位和不同坡向间土壤贮水量和入渗性能的比较时，只对 10 个草本样地的土壤水文特征进行分析。

4.25.4 陕西吴起生态退耕区植被群落土壤贮水量与入渗特性数据

相关数据见表 4-162 至表 4-165。

表 4-162 各样地基本情况

样地编号	1	2	3	4	5	6	7	8	9	10
地貌部位	峁坡	梁顶	梁坡	沟底	沟坡	峁坡	峁顶	沟坡	峁顶	峁坡
坡向	阳坡	阴坡	半阳坡	阴坡	半阴坡	半阴坡	阴坡	阳坡	阴坡	阳坡
植被类型	荞麦地	草地	草地	草地	草地	草地	草地	草地	草地	草地

样地编号	11	12	13	14	15	16	17	18	19
地貌部位	沟坡	峁坡	峁坡	沟坡	梁坡	沟坡	梁坡	峁坡	峁坡
坡向	半阳坡	阴坡	阴坡	半阳坡	阴坡	半阳	阳	阴	半阴
植被类型	草地	沙棘	沙棘	沙棘	油松	油松	刺槐	小叶杨	油松小叶杨

注：该数据采集人，郑江坤、魏天兴、陈致富、赵健、夏菁；采集时间，2008 年 7—8 月。

表 4-163 不同土地利用类型土壤贮水量与入渗率

土地利用类型	初渗率/（mm/min）	稳渗率/（mm/min）	滞留贮水量/mm	吸持贮水量/mm	饱和贮水量/mm
农地	31.41	17.05	183.2	477.7	661.0
草地	19.38	12.56	104.9	496.3	601.1
灌木	20.64	12.56	130.6	482.5	613.1
针叶林	6.28	5.20	113.2	454.4	567.6
阔叶林	22.79	11.31	85.1	451.4	536.5
针阔混交林	13.46	7.90	146.8	498.7	645.4

注：该数据采集人，郑江坤、魏天兴、陈致富、赵健、夏菁；采集时间，2008 年 7—8 月。

表 4-164 不同地貌部位土壤贮水量与入渗率

地貌部位	初渗率/（mm/min）	稳渗率/（mm/min）	滞留贮水量/mm	吸持贮水量/mm	饱和贮水量/mm
梁（峁）顶	19.34	12.59	92.5	505.7	598.2
梁（峁）坡	21.80	14.58	89.4	496.5	585.9

（续）

地貌部位	初渗率/（mm/min）	稳渗率/（mm/min）	滞留贮水量/mm	吸持贮水量/mm	饱和贮水量/mm
沟坡	15.66	9.82	107.9	502.6	610.6
沟底	15.04	12.28	148.0	431.7	579.7

注：该数据采集人，郑江坤、魏天兴、陈致富、赵健、夏菁；采集时间，2008 年 7—8 月。

表 4 - 165 不同坡向土壤贮水量与入渗率

坡向	初渗率/（mm/min）	稳渗率/（mm/min）	滞留贮水量/mm	吸持贮水量/mm	饱和贮水量/mm
阴坡	18.98	12.81	110.5	492.3	602.9
半阴坡	22.27	15.27	113.9	502.4	616.3
半阳坡	13.40	8.40	107.2	512.4	619.6
阳坡	25.19	14.85	93.8	489.0	582.8

注：该数据采集人，郑江坤、魏天兴、陈致富、赵健、夏菁；采集时间，2008 年 7—8 月。

4.26 陕西吴起沙棘根系分泌物酸类物质研究

4.26.1 引言

沙棘（*Hippophae rhamnoides*）是黄土高原沟壑区植物恢复的先锋树种（王国梁等，2003），人工林分布面积远高于自然林，为生态环境改善、经济发展起到重要作用，但与自然林相比，人工林植株矮小、郁闭度低、种群稳定性差、病虫害较严重，甚至出现大面积沙棘林衰退现象，影响生态效益的发挥。有关沙棘人工林低质低效原因的探讨，肖智勇等（2011）从沙棘生长的土壤水分因素分析造成沙棘低质、群落稳定性差的成因，李玉新等（2011）对沙棘人工林的土壤微生物多样性进行研究，为沙棘林分质量下降机制研究奠定基础。植物根系分泌物的物质种类和含量一方面受土壤环境的影响，另一方面又能通过改善土壤理化性质对自身生长产生影响（宋日等，2009；Mench and Martin，1991；赵小亮，2009），并且有些根系分泌物质还具有化感作用，直接影响植物自身或邻近植物生长发育（Chou，2010；Yang et al.，2011），而对沙棘人工林根系分泌物的研究还比较缺乏。本研究对沙棘根系分泌物中酸类物质种类及含量进行系统性研究，找出不同条件下沙棘根系分泌物中主要酸类物质和含量的异同，为探究沙棘根系分泌物对土壤的改良作用奠定基础。从而服务于建设稳定、可持续的沙棘林及沙棘乔木。本研究是在国家"十二五"科技支撑计划"黄土及华北土石山区水土保持林体系构建技术研究与示范"（2011BAD38B06）的支持下完成的。该数据来源于《沙棘根系分泌物酸类物质与根际区土壤养分研究》（董哲，2012）和 *Asian Journal of Chemsitry* 上发表的 *Root Exudates in Hippophae rhamnoides of Different Growth States Detected by GC-MS*（董哲等，2013）。

4.26.2 数据采集和处理方法

（1）数据来源

野外调查取样地点位于陕西省吴起县大吉沟，野外调查取样分三个时段进行，分别于 2012 年 5 月、7 月、9 月下旬沙棘生长旺盛时期取沙棘根际土及根系。沙棘样地选取在全面调查和对比分析的基础上，依据样地选择典型性、代表性和可比性的原则，以坡向、林分组成和成活率为主要参照指标进行选取。坡向主要分为阳坡和阴坡两种，林分组成分为沙棘纯林、沙棘＋刺槐混交林和沙棘＋油松林，成活率能明显反应沙棘林生存状况，从相同沙棘林分中分别选取生长状况有差异的沙棘，分为生长差和生长好两种生存状况，沙棘用于根系分泌物测定的实验材料，分别在 12 块样地内选择高度、冠幅和地径与均值相近的沙棘挖取其根系及根际土用于根系分泌物的测定。将野外采集沙棘根系及根际土自然风干后进行萃取，最后用气相色谱/质谱联用仪（GC/MS）检测分析沙棘根系分泌物种类和相对含量。

（2）数据的加工预处理

沙棘根系分泌物 GC/MS 质量数据应用 Turbomass Software Version 5.4.2（Perkin Elmer，USA）获得，谱库软件为 Turbomass NIST 2008 Libraries Version 2.2.0，通过面积归一化法计算各类物质的相对含量。

4.26.3　数据质量控制和评估

色谱/质谱联用技术是检测有机化合物的有效手段，本研究以该项技术来检测沙棘根系分泌物具有一定的科学性。由于面积归一化法计算所得的物质相对含量数据可以比较同一离子流图中各物质含量的大小，但比较多个离子流图中的同一物质相对含量会有误差，影响数据分析结果，本研究加入两个加权系数 Z1（提取主要峰值占该离子流图总峰的白分比）和 Z2（单个离子流图总峰面积占所有离子流图总峰面积的百分比），将多个离子流图中各物质相对含量统一到总归一水平下，方便不同离子流图相同物质根系分泌物含量对比分析。

4.26.4　陕西吴起沙棘根系分泌物酸类物质研究数据

相关数据见表 4-166 至表 4-170。

表 4-166　沙棘样地基本情况

海拔/m	林分组成	混交类型	坡向	沙棘死亡率	平均高度/cm	平均冠幅/cm	平均地径/cm
1 370	沙棘纯林	—	北偏西 45°	0.1	126	98	1.7
1 366	沙棘纯林	—	西偏北 21°	0.7	105	89	2
1 398	沙棘＋刺槐	块状混交	北偏西 40°	0.1	140	147	2.1
1 388	沙棘＋刺槐	块状混交	北偏西 35°	0.6	112	90	1.8
1 390.8	沙棘＋油松	株株混交	北偏东 20°	0.1	76	82	1.3
1 401.9	沙棘＋油松	株株混交	北偏东 18°	0.6	125	118	1.9
1 394.6	沙棘纯林	—	南偏东 20°	0.22	120	90	1.8
1 388.7	沙棘纯林	—	东偏南 35°	0.6	98	84	1.8
1 385.7	沙棘＋刺槐	块状混交	南偏东 15°	0.2	120	116	2
1 387.1	沙棘＋刺槐	块状混交	南偏东 15°	0.65	90	75	1.4
1 401.9	沙棘＋油松	株株混交	南偏东 25°	0.25	85	88	1.5
1 381.2	沙棘＋油松	株株混交	南偏东 25°	0.6	112	109	1.7

注：该数据采集人，董哲、魏天兴、石鑫；采集时间，2012 年 5 月、7 月与 9 月。

表 4-167　阴坡沙棘纯林生长良好的沙棘根系分泌物种类和含量

分泌物种类	化合物（中英文名称）	相对含量/%			分子式
		5 月	7 月	9 月	
有机酸	丙酸　propanoic acid	1.69	1.02	1.16	$C_3H_6O_2$
	乙酸　acetic Acid	1.60	2.33	1.75	$C_2H_4O_2$
	戊酸　Pentanoic acid	0.20	—	0.13	$C_5H_{10}O_2$
	（R）-3-羟基丁酸　（R）-3-Hydroxybutyric acid	0.93	0.25	0.17	$C_4H_8O_3$
	丙二酸　propanedioic acid	0.45	0.92	0.29	$C_3H_4O_4$

（续）

化合物（中英文名称）		相对含量/%			分子式
		5 月	7 月	9 月	
有机酸	丁二酸 butanedioic acid	0.57	0.59	0.71	$C_4H_8O_4$
	苯果酸 benzoic acid	0.43	1.13	1.24	$C_4H_6O_5$
	反丁烯二酸 fumaric acid	—	0.83	1.53	$C_4H_4O_4$
	草酸 ethanedionic acid	—	2.27	1.63	$C_2H_2O_4$
	戊二酸 pentanedioic acid	—	0.09	—	$C_5H_8O_4$
	丙烯酸 propenoic acid	—	—	0.09	$C_3H_4O_2$
	1H-吲哚-2-羧酸 1H-indole-2-carboxylic acid	—	—	0.09	$C_9H_9NO_2$
脂肪酸	壬二酸 azelaic acid	0.44	1.40	0.69	$C_9H_{16}O_4$
	十八烷二酸 octanedioic acid	0.18	—	—	$C_8H_{14}O_4$
	壬酸 nonanoic acid	0.40	—	—	$C_9H_{18}O_2$
	十四酸 tetradecanoic acid	—	0.13	0.10	$C_{14}H_{28}O_2$
	十六酸 hexadecanoic acid	0.45	0.69	0.37	$C_{16}H_{32}O_2$
	十八酸 octadecanoic acid	—	0.43	0.25	$C_{18}H_{36}O_2$
	十二烷二酸 dodecanedioic acid	1.03	—	—	$C_{12}H_{22}O_4$
	癸酸 decanoic acid	2.00	—	—	$C_{10}H_{20}O_2$
	油酸 Oleic acid	—	0.08	—	$C_{18}H_{34}O_2$
酚酸	苯甲酸 benzoic acid	7.49	2.31	2.59	$C_7H_6O_2$
	苯乙酸 benzeneacetic acid	0.30	0.77	0.24	$C_8H_8O_2$
	阿魏酸 ferulic aicd	0.66	0.73	0.99	$C_{10}H_{10}O_4$
	肉桂酸 cinnamic acid	0.85	1.32	1.18	$C_9H_8O_2$
	氢化肉桂酸 hydrocinnamic acid	—	0.09	0.09	$C_9H_{10}O_2$

注：该数据采集人，董哲、魏天兴、石鑫；采集时间，2012 年 5 月、7 月与 9 月。

表 4-168　阴坡沙棘纯林生长较差的沙棘根系分泌物种类和含量

化合物（中英文名称）		相对含量/%			分子式
		5 月	7 月	9 月	
有机酸	戊酸 pentanoic acid	0.15	—	0.23	$C_5H_{10}O_2$
	丙酸 propanoic acid	0.86	1.77	1.60	$C_3H_6O_2$
	乙酸 acetic Acid	0.97	2.68	2.73	$C_2H_4O_2$
	（R）-3-羟基丁酸 (R)-3-Hydroxybutyric acid	0.12	0.19	0.21	$C_4H_8O_3$
	丙二酸 propanedioic acid	—	0.49	1.78	$C_3H_4O_4$
	丁二酸 butanedioic acid	0.40	0.59	1.26	$C_4H_8O_4$
	苹果酸 malic acid	—	1.92	1.88	$C_4H_6O_5$
	反丁烯二酸 fumaric acid	0.64	0.97	2.75	$C_4H_4O_4$
	草酸 ethanedionic acid	—	1.82	4.98	$C_2H_2O_4$
	戊二酸 pentanedioic acid	0.15	0.11	—	$C_5H_8O_4$
	丙烯酸 propenoic acid	—	0.11	0.23	$C_3H_4O_2$
	L-天门冬氨酸 L-Aspartic acid	—	—	0.17	$C_4H_7NO_4$

（续）

化合物（中英文名称）		相对含量/%			分子式
		5月	7月	9月	
有机酸	半乳糖醛酸　galacturonic acid	—	—	0.56	$C_6H_{12}O_8$
	1H-吲哚-2-羧酸　1H - indole - 2 - carboxylic acid	—	—	1.29	$C_9H_9NO_2$
脂肪酸	壬二酸　azelaic acid	0.82	0.38	0.58	$C_9H_{16}O_4$
	十八烷二酸　octanedioic acid	0.35	0.13	—	$C_8H_{14}O_4$
	壬酸　nonanoic acid	1.13	—	—	$C_9H_{18}O_2$
	十四酸　tetradecanoic acid	0.34	0.09	—	$C_{14}H_{28}O_2$
	十六酸　hexadecanoic acid	1.09	0.39	0.69	$C_{16}H_{32}O_2$
	十八酸　octadecanoic acid	—	0.12	0.37	$C_{18}H_{36}O_2$
	癸酸　decanoic acid	0.30	—	—	$C_{10}H_{20}O_2$
	油酸　oleic acid	0.13	—	—	$C_{18}H_{34}O_2$
酚酸	苯甲酸　benzoic acid	9.42	3.56	7.47	$C_7H_6O_2$
	苯乙酸　benzeneacetic acid	0.65	0.34	1.11	$C_8H_8O_2$
	阿魏酸　ferulic aicd	0.90	0.22	—	$C_{10}H_{10}O_4$
	肉桂酸　cinnamic acid	1.43	0.52	5.53	$C_9H_8O_2$
	氢化肉桂酸　hydrocinnamic acid	0.13	0.11	0.23	$C_9H_{10}O_2$

注：该数据采集人，董哲、魏天兴、石鑫；采集时间，2012年5月、7月与9月。

表 4 - 169　阳坡沙棘纯林生长良好的沙棘根系分泌物种类和含量

化合物（中英文名称）		相对含量/%			分子式
		5月	7月	9月	
有机酸	丙酸　propanoic acid	1.87	1.96	0.93	$C_3H_6O_2$
	乙酸　acetic Acid	—	1.72	0.77	$C_2H_4O_2$
	戊酸　pentanoic acid	1.77	0.1	0.41	$C_5H_{10}O_2$
	(R) - 3 -羟基丁酸　(R) - 3 - Hydroxybutyric acid	—	0.47	—	$C_4H_8O_3$
	丙二酸　propanedioic acid	—	0.4	0.78	$C_3H_4O_4$
	丁二酸　butanedioic acid	1.01	0.35	0.64	$C_4H_8O_4$
	苹果酸　malic acid	0.61	0.4	0.75	$C_4H_6O_5$
	反丁烯二酸　fumaric acid	0.79	0.49	0.12	$C_4H_4O_4$
	草酸　ethanedionic acid	0.38	3.83	1.89	$C_2H_2O_4$
	1 -丙烯-1，2，3 -三羧酸　1 - propene - 1，2，3 - tricarboxylic acid	—	0.06	—	$C_6H_6O_6$
	丙烯酸　propenoic acid	0.68	—	0.71	$C_3H_4O_2$
	1H -吲哚-2 -羧酸　1H - indole - 2 - carboxylic acid	0.46	0.27	—	$C_9H_9NO_2$
	丁酸　butyric acid	—	—	0.35	$C_4H_8O_2$
脂肪酸	壬二酸　azelaic acid	0.48	0.26	0.01	$C_9H_{16}O_4$
	十八烷二酸　octanedioic acid	0.56	0.61	0.01	$C_8H_{14}O_4$
	十四酸　tetradecanoic acid	1.26	—	—	$C_{14}H_{28}O_2$
	十六酸　hexadecanoic acid	1.62	0.47	0.6	$C_{16}H_{32}O_2$
	十八酸　octadecanoic acid	—	0.55	—	$C_{18}H_{36}O_2$

（续）

化合物（中英文名称）		相对含量/%			分子式
		5 月	7 月	9 月	
脂肪酸	十一烷二酸　undecanedioic acid	—	0.94	—	$C_{11}H_{20}O_4$
酚酸	苯甲酸　benzoic acid	2.16	2.74	1.23	$C_7H_6O_2$
	苯乙酸　benzeneacetic acid	1.92	0.87	1.04	$C_8H_8O_2$
	阿魏酸　ferulic aicd	2.02	1.56	1.48	$C_{10}H_{10}O_4$
	肉桂酸　cinnamic acid	1.49	1.49	1.52	$C_9H_8O_2$
	氢化肉桂酸　hydrocinnamic acid	0.78	0.75	0.01	$C_9H_{10}O_2$

注：该数据采集人，董哲、魏天兴、石鑫；采集时间，2012 年 5 月、7 月与 9 月。

表 4 - 170　阳坡沙棘纯林生长较差的沙棘根系分泌物种类和含量

化合物（中英文名称）		相对含量/%			分子式
		5 月	7 月	9 月	
有机酸	丙酸　propanoic acid	0.89	1.14	1.79	$C_3H_6O_2$
	乙酸　acetic Acid	1.25	1.56	2.94	$C_2H_4O_2$
	戊酸　pentanoic acid	0.19	0.36	0.15	$C_5H_{10}O_2$
	（R）-3-羟基丁酸　（R）- 3 - Hydroxybutyric acid	0.22	0.38	0.22	$C_4H_8O_3$
	丙二酸　propanedioic acid	—	2.1	2.72	$C_3H_4O_4$
	丁二酸　butanedioic acid	0.3	0.75	2.6	$C_4H_8O_4$
	苹果酸　malic acid	1.03	0.32	0.47	$C_4H_6O_5$
	反丁烯二酸　fumaric acid	0.44	2.3	3.44	$C_4H_4O_4$
	草酸　ethanedionic acid	—	4.09	7.34	$C_2H_2O_4$
	1-丙烯-1，2，3-三羧酸　1 - Propene - 1，2，3 - tricarboxylic acid	—	0.15	—	$C_6H_6O_6$
	丙烯酸　propenoic acid	—	0.21	0.28	$C_3H_4O_2$
	1H-吲哚-2-羧酸　1H - indole - 2 - carboxylic acid	—	0.21	0.43	$C_9H_9NO_2$
脂肪酸	戊二酸　pentanedioic acid	0.94	—	0.19	$C_5H_8O_4$
	壬酸　nonanoic acid	1.93	1.11	0.63	$C_9H_{18}O_2$
	壬二酸　azelaic acid	0.92	—	—	$C_9H_{16}O_4$
	十八烷二酸　octanedioic acid	0.78	—	—	$C_8H_{14}O_4$
	十四酸　tetradecanoic acid	0.79	0.69	0.1	$C_{14}H_{28}O_2$
	十六酸　hexadecanoic acid	1.46	1.08	0.68	$C_{16}H_{32}O_2$
	十八酸　octadecanoic acid	0.18	0.28	0.4	$C_{18}H_{36}O_2$
	癸酸　decanoic acid	1.34	—	—	$C_{10}H_{20}O_2$
酚酸	苯甲酸　benzoic acid	3.46	2.07	2.32	$C_7H_6O_2$
	苯乙酸　benzeneacetic acid	1.65	1.26	1.24	$C_8H_8O_2$
	阿魏酸　ferulic aicd	1.5	1.44	0.92	$C_{10}H_{10}O_4$
	肉桂酸　cinnamic acid	1.6	1.88	1.23	$C_9H_8O_2$
	氢化肉桂酸　hydrocinnamic acid	0.27	0.09	0.46	$C_9H_{10}O_2$

注：该数据采集人，董哲、魏天兴、石鑫；采集时间，2012 年 5 月、7 月与 9 月。

4.27 半干旱黄土区坡面土壤水分空间分布数据集

4.27.1 引言

土壤水是黄土高原水资源的重要组成部分，在水资源相对匮乏的黄土高原，如何合理有效地利用土壤水资源成为黄土高原自然植被恢复、人工林建设、优化生态环境、保证农作物生理需水和产量、实现农林草业可持续发展的关键。土壤水分也同样被作为黄土高原植被恢复中树种选择的重要依据，因此研究土壤水分的时空变异性一直是学术上的热点。黄土高原土层深厚，孔隙发达，这对林草植物正常生长及农田作物稳产有着重要的作用。为了保证黄土高原植被自然恢复和人工林植被建设的正常进行，对黄土高原半干旱区天然草地干湿季土壤水分空间变异特征进行对比分析，对于黄土高原植被恢复、人工林建设中物种选择和土壤水分管理有着重要的意义。本数据集包括 2008 年干季和 2009 年湿季坡面土壤水分调查数据。

本数据集资助项目为"十一五"科技支撑课题"困难立地工程造林关键技术研究"（2006BAD03A0302）。观测样地位于陕西省吴起县合沟流域属黄土丘陵沟壑区（107°38′57″E—108°32′49″E，36°33′33″N—37°24′27″N）。海拔 1 350~1 525 m，年平均气温 7.8℃，多年平均降水 462.1 mm（1961—2016年），降水大多集中在 5—10 月。自然植被属于暖温带森林草原，土壤为黄绵土。

4.27.2 数据采集和处理方法

（1）观测样地

观测样地位于合沟流域东部沟缘线以上的梁峁坡，坡向范围为北 163°~352°，坡度范围为 14°~46°，总面积为 8.89 hm²（图 4-3）。

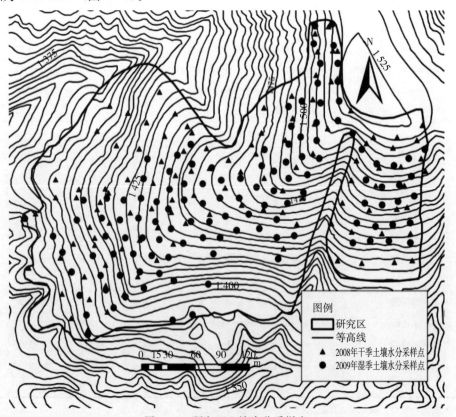

图 4-3 研究区土壤水分采样点

（2）采样和水分测定方法

于 2008 年 7 月 15—18 日和 2009 年 10 月 13—15 日在研究区内进行土壤采样，采样前 5 d 和采样期间无降水。两次土壤采样方式均为均匀采样，两样点间距为 20 m 左右，用土钻采取所选样点 0～20 cm 和 40～60 cm 土样，2008 年采得 107 个样点，2009 年采得 123 个样点。采样完毕后采用烘干法测定土壤含水量，烘干温度为 105℃，烘干时间为 24 h。

（3）地形因子获取方法

使用 GPS 获取采样点经纬度。应用 ArcGIS 从 1∶10 000 的地形图上获取坡度和坡向图。两幅图的分辨率为 2.5 m×2.5 m，随后生成采样点半径为 1 m 的缓冲区，进而获取每个采样点的坡度和坡向值。其中，坡位指数（Iloc）为采样点与坡顶的高程差与坡顶与坡脚高程差的比值，坡度指数（Islo）为每个采样点自身坡度值的正弦值，坡向指数（Iasp）通过下面公式计算而得：

$$I_{asp} = \left| \cos\left[(aspect - 22.5)/180 \times \pi/2 \right] \right|$$

式中，aspect 为每个采样点方位角，这样三个地形指数的取值范围全部限定在 0～1 区间内。

（4）干湿季确定方法

根据吴起县 1957—2009 年逐月降水量数据统计，每年 5—7 月降水量平均值为 193.5 mm，7—9 月平均降水量为 285.5 mm，而 2008 年 5—7 月降雨仅为 70.2 mm，采样前 1 个月最大日降水只有 6.4 mm。因此本文将 2008 年采样时间（2008 年 7 月 15—18 日）划分为干季末；2009 年 7—9 月降雨为 296.1 mm，将 2009 年采样时间（2009 年 10 月 13—15 日）划分为湿季末。

（5）分析方法

通过 SPSS 15.0 软件的相关分析、功能研究、坡位、坡向、坡度各地形因子与干湿季 0～20 cm 土层和 40～60 cm 土层土壤水分数据间的相关性。

应用半方差函数分析方法揭示干湿季 0～20 cm 土层和 40～60 cm 土层土壤水分在空间上自相关性的强弱。

4.27.3　数据质量控制和评估

本数据为野外观测数据。将测定数据与其他数据相比，确保数据在一个数量级内，删除异常值。

4.27.4　半干旱黄土区坡面土壤水分空间分布数据集

相关数据见表 4-171 至表 4-174。

表 4-171　2008 年采样点土壤水分

2008 年 7 月 15—18 日			2009 年 10 月 13—15 日		
采样点	（0～20 cm）/%	（40～60 cm）/%	采样点	（0～20 cm）/%	（40～60 cm）/%
1	4.47	5.56	1	4.96	8.38
2	7.50	6.78	2	6.09	9.64
3	5.49	6.96	3	4.98	8.99
4	4.18	4.80	4	6.20	9.96
5	5.82	4.00	5	5.41	7.59
6	4.62	3.82	6	5.18	8.34
7	5.44	7.17	7	6.27	8.61
8	4.61	5.66	8	5.58	8.17
9	4.79	4.61	9	4.90	6.57

（续）

2008 年 7 月 15—18 日			2009 年 10 月 13—15 日		
采样点	（0～20 cm）/%	（40～60 cm）/%	采样点	（0～20 cm）/%	（40～60 cm）/%
10	5.08	5.08	10	5.44	8.24
11	4.54	5.23	11	6.34	9.08
12	3.76	3.09	12	5.07	8.28
13	4.11	4.60	13	7.24	9.33
14	3.96	4.08	14	4.69	9.36
15	4.11	4.10	15	7.13	8.34
16	4.40	5.16	16	7.28	9.06
17	4.12	4.73	17	6.08	8.77
18	3.96	3.82	18	6.31	7.64
19	4.73	4.63	19	5.14	7.56
20	4.21	4.85	20	5.55	7.57
21	4.22	5.60	21	5.12	9.29
22	4.24	4.89	22	5.31	8.71
23	4.98	4.98	23	5.06	8.52
24	4.82	4.30	24	6.88	9.86
25	5.27	4.90	25	6.43	9.65
26	3.98	4.02	26	6.88	9.85
27	4.38	5.00	27	6.43	10.27
28	4.23	4.96	28	6.23	10.40
29	4.85	5.23	29	6.59	7.88
30	4.67	4.32	30	7.86	8.89
31	4.43	4.36	31	7.92	9.45
32	4.50	4.32	32	6.66	8.87
33	3.67	4.48	33	8.62	9.23
34	4.34	4.37	34	8.26	9.08
35	3.72	4.44	35	6.25	8.61
36	3.68	4.65	36	5.90	7.69
37	4.74	4.84	37	4.73	7.29
38	4.31	4.91	38	7.27	8.99
39	3.81	4.58	39	5.82	9.15
40	3.96	4.56	40	5.29	8.25
41	4.74	4.70	41	5.96	10.75
42	3.83	4.27	42	7.40	9.18
43	4.31	4.67	43	7.30	9.10
44	4.44	4.16	44	7.59	8.94
45	5.26	5.10	45	6.02	8.60
46	5.39	5.29	46	6.89	8.60
47	4.63	4.48	47	6.24	9.44

（续）

2008 年 7 月 15—18 日			2009 年 10 月 13—15 日		
采样点	(0~20 cm) /%	(40~60 cm) /%	采样点	(0~20 cm) /%	(40~60 cm) /%
48	3.84	4.18	48	7.48	8.90
49	4.17	4.69	49	6.43	9.15
50	4.24	4.50	50	6.01	8.50
51	4.18	4.49	51	6.23	9.20
52	3.94	4.34	52	9.17	9.52
53	5.18	4.56	53	8.15	9.06
54	4.31	5.33	54	6.67	8.50
55	4.61	5.62	55	8.81	9.82
56	3.47	3.88	56	7.30	9.49
57	6.17	6.68	57	5.32	8.81
58	4.45	5.11	58	5.96	8.61
59	3.79	4.33	59	3.96	7.90
60	5.05	5.28	60	6.40	10.23
61	4.41	4.66	61	5.23	8.50
62	4.42	4.86	62	6.54	8.25
63	4.10	5.37	63	7.09	8.94
64	4.86	4.24	64	8.01	9.84
65	4.98	5.19	65	8.14	10.47
66	4.37	4.81	66	10.52	11.51
67	5.03	5.20	67	8.91	9.17
68	3.77	5.48	68	6.96	8.95
69	4.80	5.18	69	6.64	8.73
70	4.69	4.82	70	4.89	8.08
71	3.69	4.77	71	5.13	8.53
72	4.22	4.56	72	7.36	8.87
73	4.52	4.38	73	6.68	8.62
74	5.15	5.67	74	7.93	9.20
75	5.83	6.85	75	7.97	9.07
76	3.69	4.30	76	9.32	10.18
77	3.97	5.81	77	10.66	10.60
78	4.57	5.43	78	8.91	9.76
79	4.47	4.73	79	7.54	8.61
80	4.62	4.89	80	6.85	8.52
81	4.18	4.97	81	7.38	9.16
90	3.62	3.96	90	7.66	8.86
91	7.27	9.19	91	6.43	8.85
92	6.07	6.71	92	7.22	9.15
93	6.61	7.96	93	7.60	9.53

（续）

2008 年 7 月 15—18 日			2009 年 10 月 13—15 日		
采样点	（0～20 cm）/%	（40～60 cm）/%	采样点	（0～20 cm）/%	（40～60 cm）/%
94	7.16	8.46	94	8.33	9.21
95	6.54	6.98	95	6.70	8.84
96	4.07	4.71	96	7.40	9.28
97	5.98	8.34	97	8.55	9.09
98	6.24	6.95	98	7.99	9.70
99	4.92	6.16	99	7.99	9.26
100	3.71	3.89	100	8.13	9.38
101	3.98	4.35	101	7.22	9.32
102	4.98	4.58	102	5.88	8.41
103	4.95	5.99	103	5.73	8.98
104	4.82	6.30	104	6.33	8.80
105	4.13	4.16	105	5.42	8.22
106	4.76	4.70	106	7.90	8.79
107	4.63	6.61	107	8.58	9.71
—	—	—	108	8.06	9.27
—	—	—	109	7.79	9.03
—	—	—	110	7.10	9.27
—	—	—	111	6.48	8.69
—	—	—	112	5.93	8.88
—	—	—	113	7.35	10.23
—	—	—	114	5.14	7.95
—	—	—	115	9.30	10.89
—	—	—	116	6.35	10.71
—	—	—	117	6.75	10.50
—	—	—	118	5.94	8.47
—	—	—	119	5.95	7.73
—	—	—	120	8.01	9.92
—	—	—	121	4.93	8.99
—	—	—	122	7.83	9.51
—	—	—	123	7.97	11.48
—	—	—	124	9.41	12.80

注：采集人，张岩、朱岩、赵维军、许智超；采集时间，2008.7.15—18，2009.10.13—15。

表 4 - 172　干湿季土壤水分与地形指数间的相关分析

采样季节	土层/cm	相关系数	坡向指数	坡度指数	坡位指数
干季（$n=107$）	0～20	皮尔逊相关系数	0.204 *	−0.075	0.255 **
		斯皮尔曼秩相关系数	0.190	−0.103	0.149
	40～60	皮尔逊相关系数	0.229 *	−0.132	0.365 **
		斯皮尔曼秩相关系数	0.269 **	−0.207 *	0.232 *

（续）

采样季节	土层/cm	相关系数	坡向指数	坡度指数	坡位指数
湿季（n=123）	0～20	皮尔逊相关系数	0.478**	−0.436**	0.214*
		斯皮尔曼秩相关系数	0.449**	−0.440**	0.212*
	40～60	皮尔逊相关系数	0.345**	−0.314**	0.189*
		斯皮尔曼秩相关系数	0.362**	−0.306**	0.106

注：** 表示显著性水平在 0.01 以内，即非常显著；* 表示显著性水平在 0.05 以内，即一般显著。

表 4 - 173　干湿季半方差变异函数模型参数

采样季节	土层/cm	拟合模型	块金值（C_0）	基台值（C_0+C_1）	变程/m	结构比/%	决定系数 R^2
干季	0～20	球状模型	0.007 8	0.025 2	68.7	30.95	0.852
	40～60	球状模型	0.007	0.032 3	76	21.67	0.856
湿季	0～20	球状模型	0.463	2.018	143.2	22.94	0.987
	40～60	球状模型	0.291	1.047	105.8	27.79	0.892

表 4 - 174　干湿季 0～20 cm 和 40～60 cm 土层土壤水分分区

采样季节	土层/cm	分布面积比例/%		
		低于凋萎湿度≤4.7%	介于凋萎湿度和土壤稳定湿度之间>4.7 并≤7.7%	高于土壤稳定湿度>7.7%
干季	0～20	64.23	35.77	0
	40～60	32.52	65.65	1.83
湿季	0～20	0	71.43	28.57
	40～60	0	32.43	67.56

4.28　半干旱黄土区坡面植被物种组成和空间分布数据集

4.28.1　引言

黄土高原半干旱丘陵沟壑区受自然地理条件的限制以及人为活动的影响，植被稀疏，水土流失严重。植被是影响黄土高原产流、产沙的重要因素之一，植被恢复能够提高土壤养分水平，改善土壤物理性质，增大土壤抗蚀能力，是该区域重要的水土保持措施之一。采集坡面自然恢复植被物种组成、物种多样性以及空间分布的动态变化特征数据，能够为该区域植被恢复研究提供基础。本数据集包括 2009 年和 2016 年坡面植被调查数据，资助项目为"十一五"科技支撑课题"困难立地工程造林关键技术研究"（2006BAD03A0 302）。观测样地位于陕西省吴起县合沟流域，属黄土丘陵沟壑区（107°38′57″E—108°32′49″E，36°33′33″N—37°24′27″N）。海拔 1 350～1 525 m，年平均气温 7.8℃，多年平均降水 462.1 mm（1961—2016 年），降水大多集中在 5—10 月。2009 年和 2016 年的降水量分别为 449.8 mm 和 455.1 mm。自然植被属于暖温带森林草原，土壤为黄绵土。

4.28.2　数据采集和处理方法

（1）观测样地

观测样地位于合沟流域东部沟缘线以上的梁峁坡，坡向范围为北 163°～352°，坡度范围为 14°～46°，总面积 8.89 hm²（图 4 - 4）。坡面植被覆盖度约为 40%，1985 年封禁以前为农地，截至 2016

年，一直处于自然恢复状态，无人工整地等措施。

（2）采样方法

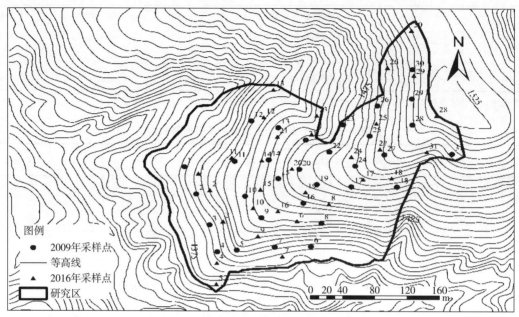

图4-4 研究区采样分布点

2009年7月24—25日和2016年7月17—20日，分别调查31个草本样方，每个样方1 m×0.5 m，样方间距为30～40 m。样地调查统计每个样方内草本植物的物种数和各物种株数，用盒尺测定各物种的高度，目测估计每个样方的盖度，并用镰刀采割样方内所有物种，称其鲜质量，室内烘干（60℃，烘至恒质量），称重得到地上生物量（下文中的生物量均指草本植物干质量数据）。

（3）地形因子获取方法

2009年：使用GPS测定海报和经纬度。应用ArcGIS从1∶10 000的地形图上获取坡度和坡向图。两幅图的分辨率为2.5 m×2.5 m，随后生成采样点半径为1 m的缓冲区，进而获取每个采样点的坡度和坡向值。其中，坡位指数（Iloc）为采样点与坡顶的高程差与坡顶与坡脚高程差的比值；坡度指数（Islo）为每个采样点自身坡度值的正弦值；坡向指数（Iasp）通过下面公式计算而得：

$$I_{asp} = \left| \cos[(\mathrm{aspect} - 22.5)/180 \times \pi/2] \right|$$

式中，aspect为每个采样点方位角，这样三个地形指数的取值范围全部限定在0～1区间内。

2016年：使用GPS测定海拔与经纬度，罗盘测定坡度和坡向。

（4）分析方法

计算样方内各物种的重要值和优势度，选取Margalef指数、Shannon-Wiener指数和Pielou指数衡量物种多样性。将坡向划分为半阴坡（67.5°N—112.5°N）和（292.5°N—337.5°N）、半阳坡（112.°N—157.5°N）和（247.5°N—292.5°N）、阳坡（157.5°N—247.5°N），研究区无阴坡。根据高程，将梁峁坡划分为坡上（1 447.5 m，1 525 m）和坡下（1 370 m，1 447.5 m）两部分。将梁峁坡划分为半阴坡-坡上、半阴坡-坡下、半阳坡-坡上、半阳坡-坡下、阳坡-坡上和阳坡-坡下6种立地类型。采用Moran氏I指数揭示草本植物各长势参数在空间自相关性的强弱。

4.28.3 数据质量控制

本数据集来源于野外样地的实测调查。调查前，根据统一的调查规范，对所有参与调查的人员进行培训，减少人为误差。调查过程中，由专人进行记录，植物种名参照《中国植物志》，对于不能当场确定的植物种进行拍照，并在室内进行鉴定。一个样方调查完成后，对所调查的样方进行拍照，对照片进行编号，并记录编号。调查完成后，调查人和记录人完成对样方数据的进一步核查，补充信息，并将纸质版数据录入为电子版；野外纸质原始数据集妥善保存并备份，放置于不同地方，以备将来核查。

4.28.4　半干旱黄土区坡面植被物种组成和空间分布数据

相关数据见表 4-175 至表 4-179。

表 4-175　2009 年样方调查表

样方号	坡位/m	坡度/°	坡向	物种数	盖度/%	高度/cm	生物量/(g/m²)	干鲜比	优势种
1	1 395	34.8	北 281.3°	13	60	24.4	92.8	0.47	白莲蒿、大针茅、冷蒿
2	1 401	29.0	北 248.2°	6	70	28.7	118.0	0.33	茭蒿
3	1 412	27.6	北 248.2°	10	40	22.7	136.6	0.39	白莲蒿
4	1 397	25.3	北 264.3°	8	45	20.5	108.2	0.46	茭蒿、白莲蒿
5	1 400	32.6	北 232.7°	5	30	24.2	74.0	0.42	白莲蒿、茭蒿
6	1 391	33.7	北 168.7°	9	30	20.0	56.4	0.45	白莲蒿
7	1 390	42.3	北 163.4°	8	30	21.2	131.0	0.52	达乌里胡枝子、萎菱菜
8	1 415	45.7	北 174.4°	4	30	23.0	80.8	0.38	茭蒿
9	1 426	17.0	北 218.7°	5	35	16.1	55.4	0.49	茭蒿、白莲蒿
10	1 428	20.9	北 281.3°	6	50	13.5	71.2	0.5	白莲蒿
11	1 410	19.2	北 315.0°	5	45	25.0	76.8	0.37	茭蒿
12	1 417	41.1	北 281.3°	11	50	21.7	56.0	0.52	大针茅、萎菱菜
13	1 437	20.8	北 308.7°	11	60	27.2	58.0	0.51	星茅委陵菜、白莲蒿、茭蒿
14	1 439	28.1	北 281.3°	6	70	20.1	118.0	0.44	白莲蒿、达乌里胡枝子、茭蒿
15	1 442	22.2	北 270.0°	8	50	18.5	60.6	0.45	达乌里胡枝子、大针茅、白莲蒿
16	1 442	29.6	北 196.6°	8	45	10.8	103.2	0.61	冷蒿、白莲蒿
17	1 465	27.5	北 198.8°	8	45	21.1	162.0	0.52	白莲蒿、冷蒿
18	1 464	32.1	北 168.7°	9	15	16.3	84.0	0.51	白莲蒿
19	1 458	18.3	北 201.8°	5	50	27.1	200.8	0.54	白莲蒿、达乌里胡枝子
20	1 457	15.3	北 281.0°	6	30	21.7	55.0	0.5	达乌里胡枝子、藕草
21	1 446	33.6	北 333.6°	11	35	26.5	62.0	0.65	白莲蒿
22	1 463	24.9	北 325.3°	7	30	29.6	110.0	0.57	白莲蒿
23	1 463	35.0	北 275.7°	7	30	32.4	108.0	0.51	茭蒿、大针茅
24	1 475	18.3	北 270.0°	9	40	25.0	152.0	0.54	白莲蒿、茭蒿
25	1 480	32.3	北 281.0°	9	40	26.6	130.6	0.51	茭蒿、大针茅、白莲蒿
26	1 482	34.7	北 281.3°	6	40	33.8	129.6	0.6	茭蒿、大针茅、白莲蒿
27	1 493	22.8	北 225.1°	6	20	11.5	53.6	0.49	白莲蒿
28	1 511	25.0	北 254.7°	7	30	18.6	104.6	0.55	白莲蒿、茭蒿
29	1 515	32.8	北 270.0°	7	20	24.7	93.4	0.45	茭蒿
30	1 519	38.1	北 266.7°	9	35	13.7	87.0	0.49	星茅委陵菜、大针茅、白莲蒿
31	1 506	26.5	北 233.3°	4	45	17.1	126.4	0.46	白莲蒿、达乌里胡枝子

注：以单种盖度≥10%的物种为该样方的优势种。采集人，朱岩、许智超；采集时间，2009.7.24。

表 4 - 176   2016 年样方调查表

样方号	坡位/m	坡度/°	坡向	物种数	盖度/%	高度/cm	生物量/(g/m²)	干鲜比	优势种
1	1 380	25	北 233°	6	0.37	12.81	71.54	0.48	白莲蒿、火绒草、胡枝子
2	1 368	16	北 224°	13	0.6	14.70	79.83	0.48	苔草、胡枝子
3	1 372	14.2	北 243°	11	0.6	12.41	44.55	0.5	胡枝子、白莲蒿
4	1 366	14	北 279°	6	0.5	35.87	125.22	0.61	白莲蒿、冷蒿
5	1 377	56	北 215°	4	0.35	23.15	44.9	0.47	白莲蒿、隐子草
6	1 371	18	北 233°	5	0.75	28.57	77.5	0.47	萎菱菜、白莲蒿
7	1 376	28.2	北 200°	8	0.3	17.63	85.51	0.61	白莲蒿
8	1 383	23.3	北 205°	5	0.25	11.34	43	0.43	萎菱菜、白莲蒿
9	1 391	27.9	北 243°	9	0.45	24.38	91.5	0.61	大针茅
10	1 388	44	北 233°	5	0.25	36.57	79.3	0.61	大针茅、白莲蒿
11	1 392	27	北 280°	8	0.15	22.91	82.215	0.61	胡枝子、隐子草
12	1 407	34	北 300°	10	0.6	28.82	106.77	0.51	白莲蒿
13	1 410	19.4	北 352°	5	0.35	26.94	64.14	0.53	茭蒿
14	1 414	25.1	北 270°	13	0.35	18.86	103.12	0.5	草木樨状黄芪、胡枝子
15	1 409	61	北 247°	5	0.4	32.03	99.42	0.55	白莲蒿
16	1 415	18.4	北 210°	10	0.43	12.74	55.54	0.53	大针茅
17	1 445	26	北 218°	5	0.3	26.08	100.77	0.54	大针茅
18	1 464	31.7	北 187°	6	0.4	11.29	52.08	0.52	大针茅、胡枝子、白莲蒿
19	1 427	28	北 217°	5	0.6	17.63	70.25	0.56	白莲蒿
20	1 428	17.8	北 279°	15	0.3	16.42	56.32	0.56	白莲蒿
21	1 434	24.7	北 285°	11	0.4	19.80	77.98	0.5	针茅、百里香
22	1 437	22	北 315°	11	0.45	16.18	52.44	0.23	萎菱菜、白莲蒿
23	1 435	24	北 330°	10	0.45	24.78	94.46	0.48	大针茅
24	1 457	16.4	北 232°	10	0.45	16.29	30.43	0.28	百里香
25	1 463	22	北 313°	12	0.3	15.78	56.42	0.24	大针茅、茭蒿
26	1 466	13	北 275°	11	0.35	12.55	36.87	0.26	萎菱菜
27	1 478	16	北 256°	6	0.2	15.50	47.29	0.5	大针茅、胡枝子
28	1 525	32.7	北 286°	8	0.4	13.80	89.85	0.68	白莲蒿、萎菱菜
29	1 510	37	北 280°	9	0.4	15.42	41.83	0.42	大针茅
30	1 494	30	北 249°	5	0.45	21.41	66.14	0.55	隐子草
31	1 484	39.4	北 166°	6	0.3	10.65	62.53	0.63	白莲蒿、隐子草

注：以单种盖度≥10%的物种为该样方的优势种。采集人，马晓慧、范聪慧、唐杰、张岩；采集时间，2016.7.17。

表 4 - 177   不同立地类型物种数、生物量及多样性指数

立地类型	物种数		生物量/(g/m²)		Margalef 指数		Shannon-Wiener 指数		Pielou 指数	
	2009 年	2016 年	2009 年	2016 年	2009 年	2016 年	2009 年	2016 年	2009 年	2016 年
半阴坡-坡上	15	21	109.0	135.5	1.6	2.6	1.3	2.0	0.6	0.8
半阴坡-坡下	14	10	67.4	170.9	1.5	2.0	1.3	2.0	0.6	0.9

（续）

立地类型	物种数		生物量/ (g/m²)		Margalef 指数		Shannon-Wiener 指数		Pielou 指数	
	2009 年	2016 年	2009 年	2016 年	2009 年	2016 年	2009 年	2016 年	2009 年	2016 年
半阳坡-坡上	16	18	110.4	119.9	1.4	1.9	1.6	1.8	0.8	0.9
半阳坡-坡下	21	21	95.2	204.98	1.5	1.4	1.7	1.8	0.8	0.8
阳坡-坡上	14	23	121.7	124.1	1.1	1.7	1.3	1.6	0.7	0.8
阳坡-坡下	11	24	79.52	134.6	0.9	1.7	1.5	1.7	0.8	0.9

注：采集人，朱岩、许智超；采集时间，2009.7.24。

表 4-178　不同立地类型物种分布

立地类型	禾本科		豆科		其他	
	2009 年	2016 年	2009 年	2016 年	2009 年	2016 年
半阴坡-坡上	3	4	1	3	3	7
半阴坡-坡下	3	2	2	1	3	2
半阳坡-坡上	5	2	3	4	3	5
半阳坡-坡下	4	6	3	3	8	7
阳坡-坡上	4	3	2	4	4	7
阳坡-坡下	4	5	2	5	1	8

注：采集人，朱岩、许智超；采集时间，2009.7.24。

表 4-179　不同立地类型植物生长型分布

立地类型	灌木		半灌木		多年生草本		一年或两年生草本	
	2009 年	2016 年	2009 年	2016 年	2009 年	2016 年	2009 年	2016 年
半阴坡-坡上	1	1	1	2	10	15	3	3
半阴坡-坡下	1	1	2	2	10	7	1	0
半阳坡-坡上	1	1	2	2	13	14	0	1
半阳坡-坡下	1	1	3	3	17	14	0	3
阳坡-坡上	1	1	2	3	11	15	0	3
阳坡-坡下	1	1	2	2	8	19	0	1

注：采集人，朱岩、许智超；采集时间，2009.7.24。

4.29　黄土丘陵区坡面浅沟发育数据集

4.29.1　引言

浅沟侵蚀是介于细沟侵蚀和切沟侵蚀之间的一种过渡形态，不影响横向耕作，但不能消除其形态痕迹（朱显谟，1956）。浅沟侵蚀不仅是坡面主要的侵蚀产沙源，而且导致土地退化。国内外学者在浅沟侵蚀的监测和发育机制等方面取得了大量研究成果，但是较长时间尺度的浅沟侵蚀监测仍有难度。早期的浅沟侵蚀测量以野外实测为主，研究的时空尺度较小。

随着遥感技术的飞速发展，浅沟侵蚀研究不再局限于野外测量手段，因而，某些地区在较大尺度上取得了浅沟侵蚀的测量结果。Teasdale 等（2008）利用航空测量技术测量了美国西部农耕地的浅沟侵蚀，平均为 $33.6 \times 10^6 \sim 88.4 \times 10^6$ t/km²，占地表产沙量的 2.3 %～7.7 %。Fiorucci 等（2015）

利用无人机和立体像测量了意大利中部的科拉左内 48 km² 范围内 555 条细沟和浅沟的长度、宽度和深度，由此计算出浅沟侵蚀的体积在地块的尺度为 28.4 mg/hm²，在小流域尺度为 0.68 mg/hm²。黄土高原区浅沟侵蚀研究主要局限于较小尺度或者是仅限于研究浅沟的密度、分布特征及影响因子，较大时空尺度上的黄土区浅沟侵蚀量或浅沟体积变化研究较少。

本数据集依托国家重点研发计划项目（2016YFC050160405）和国家自然科学基金项目（41671272）。采集区为黄土高原中部陕西省吴起县合沟小流域位于 36°53′23″N—36°55′27″N，108°12′21″E—108°13′55″E，属典型的黄土高原梁状丘陵沟壑区。小流域总面积为 4.3 km²，海拔高度为 1 290～1 580 m，属暖温带大陆性季风气候。年均气温 7.8℃，多年平均降水量为 478.3 mm，7—9 月降水量占全年降水量的 64% 以上，降水年际变化大。多年平均陆地蒸发量为 400～450 mm，属于半干旱区。主要土壤类型是在黄土母质上发育起来的黄绵土，质地为轻壤土。

4.29.2　数据采集和处理方法

本数据集包括实地测量和遥感数据两部分，以陕西省吴起县合沟小流域（图 4-5）为研究对象，通过实地测量 60 条浅沟，建立浅沟长度和体积的关系模型，使用 2007 年和 2013 年 2 期 QuickBird 遥感影像，提取 245 条浅沟，估算黄土丘陵区浅沟长度的发育速率，从而计算小流域尺度浅沟侵蚀量和侵蚀速率，以期为黄土区浅沟发育研究和水土流失治理提供参考。

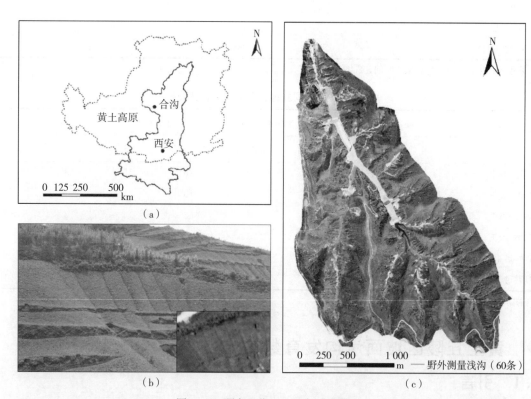

图 4-5　研究区位置和局部浅沟照片

（1）遥感数据源及处理方法

使用 2007 年 6 月 30 日和 2013 年 7 月 5 日的 QuickBird 影像，包括 0.61 m 分辨率全色波段数据与 2.4 m 分辨率多光谱数据（0.45～0.90 μm）。首先，在 ERDAS 9.3 中，按主成分分析法分别将 2 期 QuickBird 遥感影像融合，以三次卷积法重采样，进行正射校正以及边界锐化处理，最后按研究区范围进行掩模裁切，形成 0.61 m 分辨率的合沟小流域真彩图像。然后确定浅沟位置，选取 12 个独立坡面单元，勾绘坡面边界，选择 2007 年与 2013 年浅沟分布及特征较为清晰的区域，通过目视解译，利用 ArcGIS 9.3 对浅沟进行目视解译和数字化，生成浅沟线状图层。共提取 245 条在 2 幅影像上都可识别的浅沟。基于 1∶10 000 地形图生成尺寸为 10 m×10 m 的 DEM，提取坡度。采用属性计算获取浅沟投影长度，再除以对应浅沟坡度的余弦，得到浅沟长度。在此基础上，计算 2007—2013 年浅沟密度和长度及其变化速率。

（2）浅沟野外测量及体积估算

在遥感解译的基础上，于 2014 年 7 月对研究区部分易于识别和调查的浅沟进行实地测量。根据野外观察，浅沟横截面接近 U 形，横截面可以按照梯形计算。浅沟两截面之间的容积可视为上下底面都为梯形的四棱台，先估算其分段容积，进而合计各段容积，即为每条浅沟侵蚀的体积。因此，需要将浅沟分段，使用测绳和卷尺实地测量各段的距离、截面深度、截面顶宽度、截面底宽度，才能计算每段四棱台的体积。

4.29.3　数据质量控制和评估

由于浅沟形态的不规则性致使精确测量浅沟体积存在一定的困难，如果选取截面过于稀疏会增加测量误差。本次测量过程中，除沟头和沟口为必测截面外，在每条浅沟内，依据浅沟长度，平均选取 2～4 个截面。沟头的判别标准是沟壁与坡面夹角超过 30°。

为了验证遥感解译浅沟长度的精度，对比分析了 60 条浅沟的实测长度和解译长度的差异。实测浅沟总长度为 2 514.11 m，平均沟长 41.90 m，遥感解译浅沟总长度为 2 655.64 m，平均长度为 44.26 m，每条浅沟长度绝对差值平均值为 4.38 m。

实地调查表明黄土区浅沟的深度变化较大，而且有陷穴出现。野外调查 60 条浅沟的 256 个截面，平均深度为 0.19 m，标准差为 0.14 m，最大深度达 1.22 m，浅沟深度变化大，导致相比于其他地区浅沟体积与长度的关系较差。

通过遥感影像解译监测浅沟的长度变化会产生误差，每条浅沟的解译长度和测量长度绝对差值的平均值为 4.38 m，约为 10%。造成误差的原因有：①研究区是封禁治理流域，对于植被覆盖较好的浅沟沟头，无论是在影像上还是在野外都很难确定，因此在影像解译和野外测量的过程中都会产生较大的误差。②部分浅沟上发育着大小不等的陷穴，对遥感解译和野外测量的精度产生了较大的影响。③黄土高原地区由于土质疏松、遭遇暴雨等情况，侵蚀沟形态可能会发生较大改变，而影像拍摄时间和野外测量时间相差 1 年，也可能造成部分误差。

4.29.4　黄土丘陵区坡面浅沟发育数据

相关数据见表 4-180 和表 4-181。

表 4-180　浅沟野外测量记录

编号	距沟头长/m	剖面顶宽/m	剖面底宽/m	剖面深/m	编号	距沟头长/m	剖面顶宽/m	剖面底宽/m	剖面深/m
1	0.00	1.70	0.60	0.30	3	0.00	1.50	0.67	0.30
1	14.06	0.60	0.20	0.16	3	12.10	0.48	0.27	0.16
1	25.30	0.74	0.33	0.12	3	22.40	0.40	0.16	0.08
1	35.30	0.90	0.50	0.25	3	31.90	0.42	0.30	0.16
2	0.00	1.20	0.50	0.27	3	48.30	0.82	0.42	0.26
2	14.80	0.40	0.22	0.09	4	0.00	1.30	0.60	0.12
2	25.38	0.50	0.30	0.21	4	12.20	0.60	0.25	0.10
2	39.70	1.10	0.44	0.17	4	27.90	0.45	0.23	0.10

（续）

编号	距沟头长/m	剖面顶宽/m	剖面底宽/m	剖面深/m	编号	距沟头长/m	剖面顶宽/m	剖面底宽/m	剖面深/m
4	45.40	0.74	0.41	0.25	12	51.67	0.80	0.54	0.40
5	0.00	1.20	0.70	0.20	13	0.00	0.70	0.60	0.40
5	7.90	0.40	0.25	0.15	13	12.10	0.40	0.20	0.15
5	14.84	0.44	0.24	0.12	13	23.14	0.60	0.40	0.50
5	26.05	0.50	0.25	0.14	13	34.53	0.63	0.55	0.50
5	38.30	0.42	0.18	0.15	13	49.66	1.20	0.85	0.95
5	48.50	0.91	0.47	0.42	14	0.00	0.76	0.30	0.17
6	0.00	0.80	0.30	0.15	14	12.45	0.90	0.65	0.11
6	8.80	0.54	0.15	0.17	14	24.30	0.70	0.34	0.20
6	19.50	0.55	0.30	0.24	14	38.00	0.70	0.53	0.13
6	30.20	0.65	0.33	0.35	14	47.97	0.62	0.20	0.16
7	0.00	0.25	0.14	0.05	14	62.58	0.92	0.55	0.20
7	20.20	0.30	0.20	0.07	15	0.00	0.80	0.57	0.18
7	31.40	0.57	0.46	0.12	15	16.27	1.21	0.93	0.30
8	0.00	0.77	0.29	0.02	15	34.40	0.87	0.66	0.20
8	9.37	0.28	0.14	0.03	15	49.21	0.60	0.44	0.22
8	19.91	0.24	0.12	0.11	15	65.10	0.92	0.44	0.26
8	31.85	0.40	0.16	0.20	15	77.35	1.00	0.76	0.17
8	42.60	0.71	0.20	0.36	16	0.00	0.83	0.56	0.07
9	0.00	0.40	0.23	0.05	16	14.72	0.72	0.45	0.31
9	11.70	0.46	0.20	0.06	16	29.30	0.77	0.34	0.27
9	21.80	0.16	0.07	0.07	16	42.17	0.74	0.46	0.36
9	34.90	0.36	0.18	0.04	16	47.40	0.73	0.37	0.40
9	47.30	0.60	0.36	0.03	16	66.12	0.65	0.47	0.38
10	0.00	0.80	0.54	0.26	17	0.00	0.66	0.36	0.19
10	10.70	1.51	1.00	0.34	17	11.56	0.67	0.46	0.23
10	21.01	0.73	0.36	0.32	17	22.02	0.46	0.30	0.24
10	31.90	0.76	0.36	0.33	17	36.65	0.90	0.57	0.37
10	46.44	0.30	0.18	0.10	18	0.00	0.73	0.52	0.03
11	0.00	0.17	0.06	0.04	18	12.29	0.68	0.51	0.27
11	15.96	0.82	0.54	0.23	18	33.72	0.61	0.32	0.18
11	30.09	0.20	0.07	0.11	19	0.00	1.40	0.72	0.39
11	44.48	1.20	1.00	0.10	19	13.03	0.40	0.16	0.04
11	59.76	0.70	0.40	0.50	19	26.10	0.54	0.17	0.06
11	67.11	0.68	0.35	0.22	19	42.20	0.45	0.24	0.02
12	0.00	1.06	0.80	0.37	20	0.00	0.83	0.54	0.29
12	13.40	0.42	0.27	0.20	20	16.97	0.52	0.26	0.07
12	30.60	0.50	0.32	0.23	20	33.91	0.40	0.22	0.02
12	46.67	0.70	0.36	0.25	21	0.00	1.20	0.70	0.25

（续）

编号	距沟头长/m	剖面顶宽/m	剖面底宽/m	剖面深/m	编号	距沟头长/m	剖面顶宽/m	剖面底宽/m	剖面深/m
21	15.00	0.79	0.45	0.28	29	60.10	0.60	0.35	0.04
21	25.10	0.65	0.38	0.35	30	0.00	0.61	0.36	0.09
21	34.40	0.52	0.31	0.24	30	15.80	0.23	0.14	0.03
22	0.00	1.10	0.80	0.20	30	32.94	0.45	0.30	0.09
22	9.40	0.58	0.34	0.18	30	44.18	0.54	0.38	0.03
22	19.70	0.63	0.32	0.14	30	58.17	0.81	0.56	0.06
22	32.10	0.63	0.32	0.19	31	0.00	0.88	0.59	0.35
23	0.00	0.64	0.41	0.34	31	13.65	0.54	0.27	0.14
23	11.83	0.66	0.40	0.12	31	29.65	0.76	0.40	0.21
23	21.03	0.77	0.60	0.13	32	0.00	0.75	0.29	0.24
23	31.32	0.40	0.25	0.11	32	10.45	0.56	0.15	0.16
24	0.00	0.82	0.44	0.22	32	19.21	0.50	0.28	0.20
24	16.39	0.56	0.34	0.20	33	0.00	0.50	0.26	0.33
24	30.80	0.46	0.30	0.01	33	9.23	0.86	0.20	0.27
24	45.61	0.45	0.32	0.02	33	16.13	0.60	0.28	0.22
24	59.13	0.74	0.40	0.04	34	0.00	0.54	0.25	0.27
25	0.00	0.78	0.61	0.59	34	20.46	0.50	0.32	0.10
25	14.37	0.50	0.32	0.04	35	0.00	0.52	0.24	0.25
25	28.70	0.50	0.30	0.03	35	11.02	0.64	0.40	0.13
25	41.42	0.52	0.20	0.06	35	19.91	0.50	0.20	0.12
25	57.50	0.55	0.37	0.05	35	29.28	0.30	0.18	0.10
26	0.00	0.72	0.48	0.29	36	0	1.34	0.85	0.20
26	18.98	0.42	0.20	0.10	36	13.18	0.80	0.48	0.14
26	31.19	0.51	0.23	0.06	36	26	0.74	0.43	0.14
26	44.52	0.53	0.28	0.06	36	41.53	0.57	0.45	0.06
26	58.61	0.90	0.66	0.03	37	0	0.56	0.34	0.17
27	0.00	0.63	0.54	0.25	37	17.36	0.80	0.37	0.17
27	12.80	0.56	0.35	0.20	37	27.6	0.60	0.33	0.11
27	24.42	0.54	0.34	0.21	37	38.41	0.82	0.57	0.20
27	36.40	0.54	0.29	0.27	38	0	0.90	0.62	0.16
27	43.33	0.49	0.27	0.06	38	13.22	0.66	0.40	0.15
28	0.00	0.33	0.16	0.08	38	24.14	0.62	0.27	0.14
28	16.16	0.37	0.20	0.15	38	37.7	0.53	0.40	0.09
28	29.13	0.47	0.22	0.18	39	0	0.55	0.33	0.28
28	45.32	0.61	0.31	0.21	39	11.98	0.54	0.23	0.10
29	0.00	0.71	0.47	0.03	39	22.9	0.50	0.20	0.15
29	15.32	0.80	0.46	0.04	39	33.8	0.75	0.52	0.12
29	32.86	0.52	0.25	0.15	40	0	0.58	0.33	0.22
29	49.30	0.58	0.35	0.08	40	13.9	0.60	0.40	0.10

（续）

编号	距沟头长/m	剖面顶宽/m	剖面底宽/m	剖面深/m	编号	距沟头长/m	剖面顶宽/m	剖面底宽/m	剖面深/m
40	25.52	0.74	0.58	0.20	49	39.91	0.45	0.15	0.35
40	37.87	0.56	0.28	0.12	49	54.91	0.62	0.42	0.37
41	0	0.69	0.34	0.08	50	0	0.37	0.15	0.07
41	13.41	0.58	0.28	0.10	50	12.37	0.38	0.18	0.05
41	30.21	0.60	0.34	0.18	50	27.97	0.40	0.25	0.04
42	0	0.77	0.38	0.24	50	48.47	0.40	0.26	0.03
42	14.75	0.90	0.30	0.28	51	0	0.30	0.16	0.13
42	23.77	0.76	0.57	0.13	51	12.43	0.42	0.26	0.09
43	0	0.70	0.43	0.02	51	22.28	0.27	0.15	0.06
43	13.61	0.65	0.35	0.07	51	34.41	0.21	0.11	0.10
43	24.74	0.52	0.29	0.03	52	0	0.32	0.22	0.10
43	38.08	0.62	0.32	0.19	52	8.45	0.52	0.15	0.20
44	0	0.39	0.33	0.55	52	24.55	0.32	0.18	0.16
44	16.22	0.53	0.28	0.23	53	0	0.51	0.36	0.09
44	29.3	0.77	0.35	0.61	53	10.44	0.57	0.36	0.11
44	41.55	0.61	0.25	0.32	53	20.39	0.35	0.2	0.09
44	52.15	0.56	0.42	0.25	53	31.36	0.28	0.17	0.07
45	0	2.65	1.78	0.23	54	0	0.74	0.61	0.53
45	7.26	0.91	0.43	0.34	54	10.31	0.41	0.21	0.12
45	19.14	0.52	0.31	0.18	54	19.72	0.51	0.32	0.12
45	35.72	0.61	0.36	0.31	54	29.73	0.34	0.20	0.10
45	50.36	0.44	0.18	0.08	55	0	1.18	0.87	0.42
46	0	0.65	0.35	0.34	55	12.74	0.54	0.35	0.15
46	11.81	0.81	0.49	0.21	55	26.32	0.82	0.50	0.04
46	25.77	1.1	0.93	0.11	55	42.3	0.51	0.37	0.04
46	40.46	1.51	1.30	0.10	56	0	0.74	0.57	0.31
47	0	0.65	0.25	0.24	56	10.67	0.41	0.23	0.10
47	12.83	0.94	0.48	0.31	56	20.01	0.69	0.39	0.34
47	23.2	1.2	0.95	0.16	56	28.81	0.70	0.43	0.23
47	44.1	0.61	0.10	0.34	56	39.95	0.64	0.40	0.34
47	68.1	0.75	0.47	0.37	57	0	0.30	0.17	0.14
48	0	0.84	0.65	0.1	57	9.02	0.47	0.23	0.21
48	14.95	0.61	0.5	0.18	57	23.62	0.40	0.20	0.19
48	31.86	0.60	0.23	1.22	57	33.93	0.48	0.14	0.16
48	50.96	0.34	0.20	0.18	58	0	0.75	0.59	0.08
48	61.23	0.42	0.40	0.28	58	10.21	0.59	0.23	0.24
49	0	0.58	0.32	0.15	58	20.72	0.55	0.25	0.14
49	11.91	0.66	0.33	0.17	58	30.77	0.47	0.15	0.19
49	24.51	0.31	0.11	0.18	59	0	0.26	0.11	0.06

（续）

编号	距沟头长/m	剖面顶宽/m	剖面底宽/m	剖面深/m	编号	距沟头长/m	剖面顶宽/m	剖面底宽/m	剖面深/m
59	9.56	0.33	0.23	0.09	60	10.1	0.56	0.25	0.20
59	23.21	0.18	0.13	0.06	60	21.22	0.42	0.23	0.07
60	0	0.64	0.37	0.31	60	36.03	0.50	0.26	0.20

注：采集人，龚颖华、张佳华；采集时间，2014.7.5—10。

表 4-181　基于影像测量的浅沟长度变化（2007—2013 年）频率统计

长度变化量/m	频率/%	长度变化量/m	频率/%
−15～−12.5	1.224	7.5～10	6.531
−12.5～−10	2.041	10～12.5	4.082
−10～−7.5	2.857	12.5～15	2.857
−7.5～−5	7.755	15～17.5	2.041
−5～−2.5	12.245	17.5～20	0.000
−2.5～0	20.816	20～22.5	0.816
0～2.5	17.959	22.5～25	1.633
2.5～5	11.429	25～27.5	0.408
5～7.5	5.306	—	—

4.30　晋西黄土区切沟发育数据集

4.30.1　引言

切沟作为地表常见的一种沟谷形态，指纵坡面与所在坡面基本一致的侵蚀沟，以不能横过耕作为主要特征，发育于沟间地与沟谷地的过渡地带上，切沟沟宽一般为几米至十几米，横剖面一般呈 U 形或 V 形（刘元保等，1988），侵蚀过程非常活跃，不断加剧土壤侵蚀，对土地资源破坏极为严重，使土地变得支离破碎，影响农业生产。与面蚀和细沟侵蚀调查研究成果相比，国内切沟侵蚀研究相对薄弱。由于切沟侵蚀的阶段性和复杂的机理，加上监测手段的欠缺，预测切沟侵蚀仍然非常困难（Martinez et al.，2004；Whitford et al.，2010），严重制约了土壤侵蚀预报研究、土壤侵蚀普查和切沟侵蚀的治理。切沟侵蚀研究已成为土壤侵蚀研究中的主要课题。

切沟侵蚀监测技术的不断发展，以及高分辨率卫星遥感影像的迅猛发展，使得中小流域范围内切沟研究成为可能。Vrieling 使用多光谱 Quick Bird 影像和实地调查数据验证了 ASTER 影像（分辨率 15 m）提取切沟的可行性。QuickBird 影像以其高分辨率的优势，能够清晰地反映切沟形态，特别是变化区域的辨识性大大增加，便于沟缘线的提取，另外，对植被盖度和土地利用类型等信息的提取也更加准确。位于晋西黄土高原的吉县国家生态定位站已经积累了 2003 年和 2010 年 2 期同时相 QuickBird 影像。为了探索较大时空尺度切沟发育速率的监测方法，监测黄土区切沟发育速率，以 2 期 QuickBird 影像和 1∶10 000 地形图为基础数据，基于 GIS 技术提取沟缘线、植被覆盖度、土地利用类型等参数信息，分析晋西黄土区切沟发育速率，为研究区切沟侵蚀的防治与治理提供手段和科学依据。

本数据集资助项目为国家自然科学基金项目"黄土丘陵区退耕还林对切沟发育和侵蚀过程的影响机制（41 271 301）。采集区位于山西省吉县蔡家川流域，地理位置为 110°40′E—110°48′E，6°14′N—36°18′N，流域面积为 38 km²，平均海拔为 1 172 m，为典型的黄土残塬、梁峁侵蚀地形。属于暖温带大陆性气候，年平均气温 10℃。

4. 30. 2　数据采集和处理方法

（1）数据来源

选择了蔡家川流域下部 4 个小流域，分别命名为小流域 1（W1）、小流域 2（W2）、小流域 3
（W3）、小流域 4（W4），基本信息见图 4-6 和表 4-182。

数据来源采用了 2003 年 10 月 21 日及 2010 年 10 月 11 日 2 期 QuickBird 影像，将预处理之后的
遥感影像，用于解译小流域植被覆盖、土地利用信息。基于 1：10 000 矢量化地形图，建立分辨率为
5 m×5 m 的数字高程模型（DEM）数据、辅助影像提取沟缘线等信息，所有图层数据采用横轴墨卡
托投影和 WGS84 坐标。

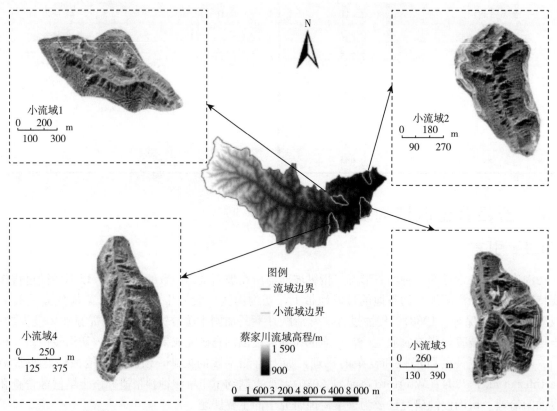

图 4-6　研究区位置及 2010 年 QuickBird 影像

表 4-182　调查小流域的基本情况

编号	流域面积/hm²	纵比降	平均坡度/°	土地利用类型
W1	40.903	0.19	29	草地、林地
W2	32.442	0.21	31	农地、草地、林地
W3	71.392	0.16	27	农地、林地、草地
W4	55.674	0.16	27	草地、林地

（2）沟缘线的提取

沟缘线是沟间地和沟谷地地貌的分界线。参照 DEM（5 m×5 m）数据，在 ArcGIS 9.3 中，采
用目视解译 QuickBird 影像，提取沟缘线，再把小流域分割为沟缘线上下两个面状图层，即得到沟谷
区（沟缘线以下）图层和沟间地（沟缘线以上）图层。

（3）切沟面积和周长变化以及支沟沟头前进距离计算

因为切沟发育于沟间地与沟谷区的过渡地带上，所以沟谷区面积和周长的变化就是切沟面积和周长的变化。利用 ArcGIS 9.3 分别计算 2003 年和 2010 年沟谷区的面积和周长，再将 2003 年和 2010 年 2 期沟谷区图层叠加，然后计算切沟面积和周长的变化，并测量每个支沟沟头前进的距离。

（4）植被覆盖度的提取

使用 Erdas 9.2 软件计算植被归一化指数（NDVI），基于 NDVI 计算植被覆盖度，然后采用土壤侵蚀分级分类标准中对植被覆盖度的分级方法，把植被覆盖度分为 5 级，计算出各级覆盖度面积比例。植被覆盖度和 NDVI 之间的计算公式为：

$$fc = \frac{NDVI - NDVI_{\text{soil}}}{NDVI_{\text{veg}} - NDVI_{\text{soil}}}$$

式中，fc 为植被覆盖度；$NDVI$ 为象元 NDVI 值；$NDVI_{\text{soi}}$ 为裸土或无植被覆盖区域的 NDVI 值；$NDVI_{\text{veg}}$ 为纯植被像元的 NDVI 值。为了消除 NDVI 数据噪声所固有的误差，对 $NDVI_{\text{soi}}$ 和 $NDVI_{\text{veg}}$ 做了如下调整：取 5% 分位数对应的 NDVI 值即为 $NDVI_{\text{soi}}$，95% 分位数对应的 NDVI 值即为 $NDVI_{\text{veg}}$。分别根据各景影像 $NDVI_{\text{soi}}$ 和 $NDVI_{\text{veg}}$ 计算 2003 年和 2010 年各小流域的植被覆盖度。

（5）土地利用类型的提取

对融合好的 QuickBird 影像做 RGB（4，3，2）彩色合成，并根据研究区野外考察经验，以各种地物在遥感影像上显示的不同色调、图形结构与纹理特征为基础，提取不同土地利用类型图斑，参考第一次全国水利普查土地利用类型的划分标准来划分土地利用类型。本研究中涉及的土地利用类型见表 4-183。

表 4-183　土地利用分类方法

一级分类	二级分类	含义
耕地	旱地	指无灌溉设施，主要靠天然降水种植农作物的耕地，包括没有灌溉设施，仅靠殷洪淤灌的耕地
林地	有林地	指树木郁闭度≥0.2 的乔木地
	灌木林地	指灌木覆盖度≥40% 的林地
	其他林地	包括疏林地（指树木郁闭度≥0.1、<0.2 的林地）、未成林地、迹地、苗圃等林地
草地		生长草本为主的土地
其他土地		本研究中为裸地

4.30.3　数据质量控制和评估

数据采用主成分方法融合，用线性内插法重采样，并对影像采用多项式校正方法进行几何精校正，均方误差为 0.20，误差控制在半个象元内，能够满足精度要求。土地利用类型提取时，在野外考察的基础上，参考第一次全国水利普查土地利用类型的划分标准进行提取。

4.30.4　晋西黄土区切沟发育数据

相关数据见表 4-184 至表 4-186。

表 4-184　2003—2010 年 4 个小流域沟谷区参数变化

编号	沟谷区面积/hm²		面积变化		沟谷区周长/km		周长变化	
	2003 年	2010 年	/hm²	/%	2003 年	2010 年	/km	/%
W 1	14.879	14.927	0.048	0.32	8.966	9.124	0.158	1.76

（续）

编号	沟谷区面积/hm²		面积变化		沟谷区周长/km		周长变化	
	2003 年	2010 年	/hm²	/%	2003 年	2010 年	/km	/%
W 2	11.160	11.209	0.049	0.44	8.432	8.629	0.197	2.34
W 3	28.762	28.900	0.137	0.48	12.511	12.838	0.327	2.61
W 4	23.376	23.434	0.058	0.25	10.642	10.808	0.166	1.56

表 4 – 185　30 个小流域切沟地形特征及切沟变化

流域编号	流域类型	A_i/hm²	A_v/hm²	S/°	$\Phi_{0.6}$/%	R_L/(m/年)	R_a/(m²/年)	R_A/%	R_{ap}/(m/年)	R_{AP}/%
1	M	22.71	7.84	36.6	92.40	0.81	1 015.31	9.10	−81.96	−4.90
2	M	22.13	10.19	35.6	84.98	0.66	597.09	4.13	−42.01	−2.38
3	M	15.26	8.47	29.6	84.33	0.29	154.04	1.26	−62.34	−6.09
4	M	9.44	4.08	29.5	80.89	0.30	250.27	4.27	−37.59	−5.88
5	G	17.45	18.32	27.9	65.51	0.35	606.12	2.31	−34.77	−3.85
6	F	27.00	20.73	31.3	62.42	0.62	503.68	1.68	−27.98	−1.82
7	M	16.65	12.17	29.4	66.14	0.61	94.97	0.56	0.40	0.07
8	M	12.16	6.10	31.4	79.97	0.47	300.53	3.43	−11.55	−1.68
9	G	25.83	15.36	30.9	68.12	0.66	380.87	1.75	15.30	1.26
10	F	31.01	17.77	33.0	72.94	0.56	751.81	2.94	18.94	1.47
11	F	24.12	10.32	35.1	69.28	0.36	386.42	2.59	7.99	0.91
12	F	53.56	24.64	33.4	65.87	0.41	683.03	1.96	16.31	0.63
13	F	58.88	29.74	32.3	73.83	0.46	1 204.00	2.80	75.15	3.64
14	F	79.82	38.66	33.6	77.82	0.61	695.62	1.26	30.55	1.33
15	F	37.19	20.87	28.8	74.46	0.69	146.96	0.49	−73.22	−4.06
16	G	20.76	11.57	32.3	87.69	0.51	583.77	3.50	−51.28	−4.20
17	M	49.87	37.85	31.7	94.22	0.56	1 428.38	2.66	−110.63	−3.99
18	M	19.64	14.40	30.1	94.82	0.45	363.53	1.75	11.81	0.98
19	M	16.14	10.49	32.4	94.34	0.53	353.31	2.38	−8.05	−0.70
20	M	44.43	26.62	33.2	91.98	1.05	1 646.49	4.34	−155.88	−5.53
21	F	21.21	8.88	32.0	57.49	0.31	349.22	2.73	35.83	4.13
22	M	11.37	5.25	33.5	93.83	1.08	707.28	9.45	8.25	1.12
23	G	10.33	4.92	31.3	74.57	0.77	241.30	3.43	45.36	7.35
24	G	3.79	1.14	34.1	83.27	0.36	102.81	6.30	−19.29	−6.65
25	G	10.34	2.10	34.6	85.33	0.36	276.03	9.17	3.77	0.77
26	G	3.77	2.75	28.8	80.25	0.25	51.15	1.33	3.68	1.89
27	G	3.73	1.31	30.9	70.37	0.29	78.17	4.20	18.15	8.61
28	F	15.39	6.45	33.6	74.58	0.32	297.56	3.22	22.23	4.06
29	F	26.76	12.37	31.0	71.73	0.34	95.04	0.56	35.40	4.76
30	F	41.47	26.60	28.0	73.76	0.23	1 044.55	2.73	38.68	2.80

注：A_i 为 2003 年沟间地面积，A_v 为 2003 年沟谷地面积，S 为局部坡度，$\Phi_{0.6}$ 为上坡汇水区植被覆盖度低于 60% 的面积比例，R_L 为切沟沟头的最大后退速率，R_a 为面积增长率（m²/年），R_A 为 2003—2010 年面积增加比例，R_{ap} 为周长变化率，R_{AP} 为 2003—2010 年周长变化比例。M 为混合型小流域，其中每个小流域中耕地的面积比例都在 15% 以上；G 为草地型小流域，其中每个小流域中草地的面积比例都在 50% 以上；F 为林地型小流域，其中每个小流域中林地的面积比例都在 50% 以内。

表 4-186　2003 年和 2010 年沟间地土地利用类型变化

编号	年份	耕地比例/%	裸地比例/%	草地比例/%	林地比例/%
W1	2003	0.00	3.30	41.60	55.10
	2010	0.00	0.95	19.11	79.94
	2003—2010 变化	0.00	−2.35	−22.49	24.84
W2	2003	18.24	2.48	64.61	14.68
	2010	18.24	0.90	45.70	35.16
	2003—2010 变化	0.00	−1.58	−18.91	20.48
W3	2003	46.68	7.15	21.75	24.41
	2010	46.68	1.04	13.98	38.30
	2003—2010 变化	0.00	−6.11	−7.77	13.89
W4	2003	0.00	1.85	33.37	64.77
	2010	0.00	0.52	20.78	78.70
	2003—2010 变化	0.00	−1.33	−12.59	13.93

4.31　水肥调控下果农间作植物生理生长指标数据集

4.31.1　引言

此数据集的承担项目为国家自然科学基金"晋西黄土区果农间作系统的水肥耦合试验研究"（31300530），以当地典型的苹果-玉米间作系统为研究对象，通过设置二因素三水平水肥耦合试验来分析农林间作植物生理生长。试验设置灌水量上限三水平分别为：田间持水量（Fc）的 50%（W1）、65%（W2）和 85%（W3），施肥量分别为：N 289 kg/hm^2、P$_2$O$_5$ 118 kg/hm^2、K$_2$O 118 kg/hm^2（F1，70% 经验施肥量），N 412.4 kg/hm^2、P$_2$O$_5$ 168.8 kg/hm^2、K$_2$O 168.8 kg/hm^2（F2，100% 经验施肥量），N 537 kg/hm^2、P$_2$O$_5$ 219 kg/hm^2、K$_2$O 219 kg/hm^2（F3，130% 经验施肥量）。

（1）植物光合数据

农林复合经营优化群体内冠层的光分布，增加受光面积，可以大幅度地提高整个生态系统对光能的利用效率（裴保华等，2000；黄宝龙等，1988）。裴保华等（2000）的研究表明：杨农间作系统的光能利用效率较对照提高 27.56%～48.64%，但是系统整体光能利用率的提高并不意味着间作物种光能利用率都会提高，Harris 等对高粱-花生间作系统的研究表明：高粱光能利用率比单作低，而花生的光能利用率比单作高，所以合理选择间作品种和模式，提高目标作物的光能利用率，才能达到提高生态系统效益的效果。在湿润地区，光是限制生态系统生物量的决定性因素，复合农林系统的光竞争会减少农作物的产量（赵英等，2006；Everson et al.，2009），但也有一些研究表明，林木遮阴不会导致农作物减产，甚至对农作物的生长有促进作用（Soto-Pinto et al.，2000），这均与作物种类及生长习性密切相关。所以应该全面考虑间作模式和物种，以发挥复合农林系统的优势。

（2）植物生长指标数据

研究不同水肥调控措施下果树与作物的耗水量、生长参数（叶面积指数、株高）、距树干不同距离处苹果和玉米根系的生物量空间分布特征以及产量的变化规律。随着施肥量的增加，水分利用效率逐渐减少，Mansouri 等（2010）的研究表明水分亏缺会使植物产量降低，但可显著提高水分利用效率，氮肥施用量的增加可以显著提高灌溉水利用率。Branka 等（2016）的研究表明，水分利用效率随着灌水量的增加而减少，当灌水量为 50% 田间耗水量时可获得最大的水分利用效率。计算不同水肥调控措施下系统经济效益，计算系统生长指标与灌水量和施肥量的定量关系，全面分析不同水肥措施对间作系统的影响，以得出最适用于该地区的水肥高效利用的管理制度。

4.31.2　数据采集和处理方法

（1）植物光合数据

光合指标测定：在玉米的灌浆期（8月25日、26日、27日）选择晴朗无云的天气，利用Li-6400便携式光合仪测定玉米的光合指标。取样线布设于两颗果树之间，垂直于果树行方向，样线上布设样点，取样点分别距离树行0.5 m、1.5 m、2.5 m。测量指标包括光合有效辐射 PAR/ $[\mu mol/(s \cdot m^2)]$、净光合速率 Pn $[\mu mol/(m^2 \cdot s)]$、蒸腾速率 Tr/ $[mmol/(m^2 \cdot s)]$、胞间二氧化碳浓度 $[Ci/(\mu L/L)]$、气孔导度等指标 Gs/ $[mol/(m^2 \cdot s)]$，测定时间为9：00—17：00，每2 h测定一次。

（2）植物生长生理指标数据

株高（自植株地面至植物顶端的高度，cm）：在各试验小区选取3株长势中等、一致的玉米植株进行标记，测定它们不同生育阶段的平均株高。

叶面积（相机拍照法）：每个小区随机选取3行玉米，在中午11：30—13：30获取叶片的数字图像，用 Photoshop 图像处理软件计算叶面积。

玉米叶绿素测定：在两行果树之间，垂直于果树行方向上布设一条样线，样线上布设样点。从距离树行0.5 m处布设第一个取样点，之后每隔1 m布设一个取样点。在玉米灌浆期，运用便携式叶绿素仪测量玉米穗位叶片基部2/3处的SPAD值（叶绿素含量相对值）。

玉米叶水势测定：取样线布设同叶绿素一致，取样点选取距果树行0.5 m、1.5 m、2.5 m的三株玉米。在玉米灌浆期，运用露点水势仪测量玉米穗位叶叶片水势。

苹果叶绿素和叶水势测定：每棵果树选取5枚发育正常无病虫害的叶片测定叶水势及叶绿素，小区内四棵果树取平均值。

4.31.3　数据质量控制和评估

本数据集来源于野外样地的实测调查。从调查前期准备、调查过程中到调查完成后，整个过程对数据质量进行控制。调查前的数据质量控制：根据统一的调查规范方案，对参与调查的人员集中进行技术培训，尽可能地减少人为误差。调查完成后的数据质量控制：调查完成后，调查人和记录人完成对样方数据的进一步核查，并补充相关信息；纸质版数据录入电脑过程中，采用2人同时输入数据的方式，自查并相互检查，以确保数据输入的准确性、可靠性。

4.31.4　数据样本描述

（1）植物光合数据（表4-187）

表4-187　不同水肥处理果农间作植物光合指标日均值

试验处理	玉米						苹果		
	$P_n/$ $[\mu mol/$ $(m^2 \cdot s)]$	$T_r/$ $[mmol/$ $(m^2 \cdot s)]$	LWUE/%	$G_s/$ $[mol/$ $(m^2 \cdot s)]$	$C_i/$ $(\mu L/L)$	LUE/ (%/m)	$P_n/$ $[\mu mol/$ $(m^2 \cdot s)]$	$T_r/$ $[mmol/$ $(m^2 \cdot s)]$	LWUE/%
W_1F_1	8.06	5.17	2.03	0.238	171.01	0.86	10.68	4.43	2.81
W_2F_1	9.11	4.30	2.89	0.213	187.21	0.91	11.54	3.77	3.48
W_3F_1	10.64	4.32	3.05	0.295	166.93	1.11	13.41	3.64	4.35
W_1F_2	6.26	6.23	1.51	0.247	147.43	0.66	8.27	4.47	2.02

（续）

试验处理	玉米						苹果		
	P_n/ [μmol/ (m² · s)]	T_r/ [mmol/ (m² · s)]	LWUE/%	G_s/ [mol/ (m² · s)]	C_i/ (μL/L)	LUE/ (%/m)	P_n/ [μmol/ (m² · s)]	T_r/ [mmol/ (m² · s)]	LWUE/%
W_2F_2	6.01	6.93	1.29	0.266	146.50	0.64	9.30	4.78	2.09
W_3F_2	6.59	6.57	1.27	0.285	144.67	0.64	8.70	4.07	2.42
W_1F_3	6.79	5.19	1.74	0.231	160.27	0.71	7.89	4.57	1.92
W_2F_3	7.56	5.28	1.67	0.280	153.45	0.78	7.24	4.31	1.81
W_3F_3	7.19	5.99	1.56	0.270	151.08	0.64	8.68	4.43	2.07
CK	6.14	5.106	2.99	0.197	156.91	0.64	7.98	4.38	2.40

注：采集人，高飞；采集时间，2014.08.25。

（2）植物生长生理指标数据（表 4-188）

表 4-188　不同水肥处理植物生长生理指标

试验处理	苹果叶片 SPAD 值	玉米叶片 SPAD 值	株高/m	叶面积指数	苹果叶片水势/MPa	玉米叶片水势/MPa
W_1F_1	55.8	61.3	2.31	2.71	−4.00	−5.88
W_2F_1	57.0	64.0	2.52	2.92	−3.75	−3.95
W_3F_1	56.1	59.2	2.53	2.93	−3.74	−3.43
W_1F_2	56.9	59.3	2.39	2.79	−6.22	−5.45
W_2F_2	55.2	57.5	2.41	2.81	−6.98	−5.83
W_3F_2	57.4	60.9	2.29	2.59	−6.45	−5.60
W_1F_3	57.0	60.0	2.23	2.53	−6.80	−6.26
W_2F_3	55.0	61.9	2.10	2.40	−8.70	−6.38
W_3F_3	54.20	63.5	2.10	2.41	−10.03	−6.68
CK	55.2	58.3	2.15	2.45	−3.19	−4.09

注：采集人，高飞；采集时间，2014.08。

4.32　水肥调控下果农间作土壤理化指标数据集

4.32.1　引言

此数据集的承担项目为国家自然科学基金"晋西黄土区果农间作系统的水肥耦合试验研究"（31300530），以当地典型的苹果-玉米间作系统为研究对象，通过设置二因素三水平水肥耦合试验，来分析农林间作土壤水分与养分的变化情况。试验设置灌水量上限三水平分别为：田间持水量（Fc）的 50%（W_1）、65%（W_2）和 85%（W_3），施肥量分别为：N 289 kg/hm²、P_2O_5 118 kg/hm²、K_2O 118 kg/hm²（F_1，70% 经验施肥量），N 412.4 kg/hm²、P_2O_5 168.8 kg/hm²、K_2O 168.8 kg/hm²（F_2，100% 经验施肥量），N 537 kg/hm²、P_2O_5 219 kg/hm²、K_2O 219 kg/hm²（F_3，130% 经验施肥量）。

（1）土壤水分数据

农林复合经营可以显著提高系统土壤含水量及水分利用效率。一方面，复合系统可提高土壤含水量。另一方面，复合系统可提高水分利用效率。由于气候和土壤结构的差异，土壤含水量时空分布不均，导致作物水分利用受限。而农林复合系统中木本植物和农作物在空间上形成垂直分层的结构，可以有效地避免强烈的水分竞争，同时使水分吸收在时空上具有互补性，大幅度提高土壤水分利用率

（Wanvestraut et al.，2004），但农林复合系统在水分有限的时期和地区会产生强烈的水分竞争（Odhiambo et al.，2001）。另外，木本植物可通过根系将深层土壤水分提升到浅层供草本植物利用，明显缓解土壤水分的季节性干旱（Millikin et al.，2000）。

（2）土壤养分数据

复合农林系统可以改善土壤养分状况，提高土壤肥力（Moreno，2007），农林间作系统可以显著增加土壤微生物量，丰富微生物群落的多样性，提高微生物群落稳定性（Lacombe et al.，2009）。且研究表明间作密度越大，土壤微生物量及土壤呼吸强度均逐渐增强。农林复合系统还可以提高土壤酶活性，且随着间作时间的增加，土壤酶活性逐渐升高（George et al.，2002）。

4.32.2 数据采集和处理方法

（1）土壤水分测定

采用105℃烘干法测土壤重量含水量。在垂直于果树行方向布设3条取样线（图2-3），样线上布设取样点。土壤水分采样点从距树行0.5 m开始，每隔1 m布设1个取样点，取样深度为0～10 cm、10～20 cm、20～30 cm、30～40 cm、40～50 cm和50～60 cm。分别在灌浆期（8.27）和成熟期（9.25）进行了2次土壤水分监测。

（2）土壤养分测定

土壤养分取样线与土壤水分相同，土壤养分采样点为距树0.5 m、1.5 m、2.5 m，取样深度为0～20 cm、20～40 cm、40～60 cm。铵态氮、硝态氮采用KCl溶液浸提-Smartchem全自动化学分析仪测量，速效钾用乙酸铵-火焰光度计进行测量，速效磷用NaHCO₃提取法-Smartchem全自动化学分析仪进行测量，有机质采用重铬酸钾氧化外加热法。

4.32.3 数据质量控制和评估

本数据集来源于野外样地的实测调查。从调查前期准备、调查过程中到调查完成后，整个过程对数据质量进行控制。

调查前的数据质量控制：根据统一的调查规范方案，对参与调查的人员集中进行技术培训，尽可能地减少人为误差。

调查完成后的数据质量控制：调查完成后，调查人和记录人完成对样方数据的进一步核查，并补充相关信息；纸质版数据录入电脑过程中，采用2人同时输入数据的方式，自查并相互检查，以确保数据输入的准确性、可靠性。

4.32.4 数据样本描述

（1）土壤水分数据（表4-189）

表4-189 不同水肥处理土壤含水量

试验处理	灌浆期土壤含水量/%	成熟期土壤含水量/%	试验处理	灌浆期土壤含水量/%	成熟期土壤含水量/%
W_1F_1	19.64	20.04	W_3F_2	19.01	19.44
W_2F_1	18.78	19.28	W_1F_3	18.2	18.63
W_3F_1	19.86	19.38	W_2F_3	18.6	18.50
W_1F_2	18.70	19.60	W_3F_3	18.37	18.40
W_2F_2	17.80	18.02	CK	18.24	18.07

注：采集人，高飞；采集时间，2014.08。

（2）土壤养分数据（表 4-190）

表 4-190　不同水肥处理土壤速效养分含量

试验处理	硝态氮/（mg/kg）	铵态氮/（mg/kg）	速效磷/（mg/kg）	速效钾/（mg/kg）
W_1F_1	153.55	4.68	59.31	135.31
W_2F_1	164.74	4.16	60.79	138.43
W_3F_1	170.29	3.90	62.90	138.88
W_1F_2	174.85	5.42	66.07	141.17
W_2F_2	185.74	5.52	71.28	142.26
W_3F_2	185.55	5.11	71.51	143.35
W_1F_3	216.59	6.63	72.92	150.07
W_2F_3	252.07	6.85	75.261	153.25
W_3F_3	246	6.14	80.35	154.22
CK	147.68	3.19	59.43	126.96

注：采集人，高飞；采集时间，2014.08。

4.33　2009 年晋西黄土区主要造林树种刺槐、油松单株蒸散量

4.33.1　引言

　　研究区位于山西吉县吕梁山南端蔡家川流域，地理坐标为 110°39′45″E—110°47′45″E、36°14′27″N—36°18′23″N。该流域属暖温带褐土阔叶落叶林向森林草原的过渡地带，多年平均水面蒸发量为 1 725 mm，平均降水量为 575.9 mm，最小年降水量仅为 365.1 mm，其中 6—9 月降水一般占全年的 70% 左右。年平均气温 10℃，最高气温 38.1℃，最低气温−20.4℃，光照充足，多年平均光照时数为 2 565.8 h，无霜期平均为 172 t。年平均风速为 2 m/s，风向除冬季外，以偏南风为多。地形多为典型黄土高原侵蚀地形，属于晋西黄土残塬沟壑区，土壤为褐土，黄土母质。本数据集为 2009 年 7—10 月测定的混交林中刺槐、油松单株蒸散量（mm）的数据。

　　承担项目为国家"十一五"林业科技支撑计划项目专题"西北黄土高原防护林体系空间配置与结构优化技术研究"（2006BAD03A0202）。

4.33.2　数据采集和处理方法

　　（1）观测样地

　　实验地选在蔡家川海拔 1 125 m 的油松峁上，样地为油松刺槐混交人工林，林龄为 16 年，株行距为 1 m×3 m，郁闭度为 0.6。林地为水平阶整地，坡向为北坡，坡度 18°。在选择的林地内，根据地形、林分分布，选定 20 m×20 m 标准地作为实验样地，进行样方调查。样方内共有 98 株树木，其中油松 65 株、刺槐 33 株。

　　（2）研究方法

　　①样木选择。将油松和刺槐的胸径按 2 cm 划分，分成 6 cm、8 cm、10 cm、12 cm 和 14 cm 5 个径阶，为了进行尺度扩展估算林分蒸腾，各树种每个径阶都需要有样木进行监测。但由于受地形、林分分布及实验仪器等因素限制，油松和刺槐 14 cm 径阶都未能取到样木，可以用胸径最相近的样木代替，因为这一径阶在样方中所占比例较小，所以不会对实验结果造成太大影响，最终选定 11 株油松、6 株刺槐样木安装 TDP 探针。

②液流监测。各树种蒸腾通过树干液流法进行观测。树干液流法是通过液流通量密度（Js）进行计算，液流通量密度则利用热扩散进行监测。热扩散探针的一个突出特点是能够连续放热，实现连续或任意时间间隔液流速率的测定。其技术原理为：热扩散探头由两根直径为 1.2 mm 尾部相连的探针组成，上部探针恒定连续加热，内含有加热元件和热电偶；下部探针作为参考端，只有热电偶，通过测定两根探针在边材的温差值计算液流速度。根据这种热扩散方法，树干液流速度是用热扩散探头基于液体速率热扩散理论，而不是根据树干热运输的特定模型来测定的。热扩散法需要以液流速率等于零时的加热功率及温度变化为依据进行零值校正。当液流速度等于 0 或很小时，两根探针温差（T）最大；液流增大，温差值减小。通过已知的温差与液流密度的关系可以连续测定液流速度变化。

探针安装在样木 1.3 m 高处北向选定 5 cm×5 cm 区域树干，剥去树皮并进一步磨平，然后使用配套钻头分别在上、下间隔 1.5 cm 处垂直钻 2 个孔，孔深根据边材深度确定，为 2～3 cm。将 TDP（Dynamax，USA）插入树干，与树干接触处用硅胶密封。为防止太阳辐射对探针产生影响，探针安装好后，用铝箔包住其外部树干。将探针与 CR10X 数据采集器（Campbell Scientific，Inc.，Logan，USA）连接，进行连续数据记录并定期下载。

③蒸腾量计算。通过液流的连续观测对树木蒸腾进行估算，并结合树干或叶面积进行尺度扩展，具有完整的机理基础（Sperry et al.，2002），因此，通过单株液流观测尺度扩展到林分蒸腾的已日益被广泛使用。主要步骤包括：①林分总边材面积的估算；②林分平均液流的估算；③将两者结合计算林分蒸腾。本研究对不同试验区域单株液流检测和从单株到林分的液流扩展使用统一的经验公式。根据能量守恒原理，利用探针间温差计算液流通量密度：

$$Js = 0.011\ 9K^{1.231}$$

式中，Js 为液流通量密度 [g/（cm²·s）]，$K=(\Delta Tm-\Delta T)/\Delta T$，$\Delta Tm$ 为两探针间最大温差值（℃），ΔT 为任意时间探针间的温差值（℃）。最大温差值的确定对于液流通量的计算非常重要，虽然最大温差值的理论定义为液流为 0 时上下探针的温差值，但是许多因素使得该条件很难实现，其中夜间液流会造成对最大温差值的偏低估计。而且，由于干燥木材的最大温差值通常比湿润木材低，因此加热端周围木质部的热属性会造成最大温差值发生渐进性偏移。在严重土壤水分亏缺发生过程中，在干燥和再湿润阶段，每日的最大温差值就会发生偏移（Lu et al.，2004）。如果采用 24 h 内的最大温差值可能会掩盖发生的夜间液流。因此，最大温差值应当选取 7—10 d 内温差的最大值，以避免对"真正"的最大温差值造成低估。为同时解决夜间液流和最大值偏移的问题，本研究采取的方法，首先对每 10 d 期间选取一个最大温差值，然后对该值和对应的时间（该天为一年中的第几天）进行回归，这一处理能够更准确地去除发生显著夜间蒸腾的样天。为得到更好的最大温差值估计，低于回归曲线估计值的数据点均被剔除，并对剩下的数据点进行回归，即可得出不同时间相应的最大温差值。得到不同径阶样木单株不同深度液流后，结合该径相应深度的边材面积进行尺度扩展得到整个林分蒸腾量：

$$E = \sum_{I=1}^{n}\left[3\ 600\times\sum_{i=1}^{n}(Js_i\times As_i)\right]$$

式中，3 600 为时间转换系数，I 代表不同径阶，i 代表不同观测深度，As（cm²）为第 I 径阶相应第 i 深度的总边材面积。边材面积的计算首先要进行样木生长锥测量，实测样木的边材面积为整个取样截面面积与心材面积的差（Eq 3），取样分为南北两个方向进行。样地中其他未进行生长锥取样的样木边材面积则通过取样样木 As 与胸径的回归关系得到。将 E 以单位冠层面积进行正态化，即可得到冠层蒸腾速率 Ec（mm/h），从而实现与同期降雨的比较。

$$As = r_{截面}^2 - r_{心材}^2$$

4.33.3 数据质量控制和评估

本研究针对液流法存在的问题采取了相应的解决方法。首先，对于树干胸径与边材面积的异速增长关系根据对不同径阶样木用生长锥钻取树芯或获得树木截面原盘得到。总边材面积的计算则是利用该关系式，根据样地调查的每木检尺的胸径数据，计算出样地中每株树木的边材面积，然后相加获得样地的总边材面积。

对于边材导水面积造成的液流径向变化，如果样木边材较厚，那么就需要在树干上安装不同深度的探针，监测不同深度液流数据，以尽量降低整树蒸腾估算的误差。并且，探针采取螺旋排布，以防止探针加热端产生探针间相互影响。但是对于边材相对较窄的小树来说，一根探针就可提供具有足够准确性的观测结果。许多试验发现外层与内层瞬时液流速率的比例在一天内随时间变化而不同，同时这种比例存在个体差异。为降低这种差异，对于前者可用外层和内层探针测得的每天流量来算出比例。对于后者则将插入探针的深度转化为与边材深度的比例及相对位置，这样就可以排除树体大小因素的影响来进行比较。因此，液流径向变化数学关系的表达通过插入探针绝对深度和形成层的相对距离构成的方程进行表达（Phillips et al.，1996），将深度在最接近树干形成层位置的探针记为 0，在树干中心的位置记为 100%。应用这种方法日尺度液流通量密度的残差变异会减小，从而能够得到更高的回归系数。

综合考虑以上因素，研究在将多个深度的探针（10 mm、30 mm、50 mm）螺旋式插入北侧树干10 mm 处，液流代表最外层液流速率，并作为参考端（JSref），其他深度液流值（JSi）均与其进行比较，两者间的差值（JSre - JSi）用 JSref 进行正态化，并将该值与对应的观测深度（该深度距形成层距离占总边材厚度的百分比）对应作图，由此即可以得到深度与液流递减变化的数学关系。虽然树干储水和蒸腾的交换会影响液流的点观测，但是这种影响仅限于较短的时间尺度，并且不会影响日尺度林分蒸腾的计算。

4.33.4　数据价值

黄土高原地区大规模植树造林可能会使土壤水分严重短缺，影响自然环境，加剧荒漠化的危险和造成严重的经济损失，这就涉及防护林体系优化配置、造林树种选择及造林密度等林业生态工程建设的技术问题。植被耗水特征是确定植物空间配置及植被恢复目标的重要依据。以往对于黄土高原树种单株蒸腾耗水的研究多侧重于幼龄苗木，常采用盆栽的方法，通过人工控水形成不同土壤水分梯度，对野外成龄树种的研究较少。

油松耐干旱、瘠薄，有较强的适应性和抗逆，是黄土高原主要的乡土树种之一。刺槐根蘖能力强、生长快、适应能力强，是黄土高原地区的主要造林树种。本数据采用热扩散探针技术观测不同环境条件下不同树种的蒸腾活动，并由单株树木蒸腾量经尺度扩展得到林分蒸腾量，从而进一步掌握林分/树木的耗水特性，为森林培育工作者制定日常养护措施和造林绿化的树种选择提供参考。

4.33.5　蔡家川油松、刺槐混交人工林蒸散量数据

相关数据见表 4 - 191。

表 4 - 191　2009 年蔡家川油松、刺槐混交人工林蒸散量

时间（年-月-日）	刺槐林蒸散量/mm	油松林蒸散量/mm
2009 - 07 - 11	0.242 097 312	0.746 706 807
2009 - 07 - 12	0.223 510 217	0.737 927 642
2009 - 07 - 13	0.186 554 094	0.609 042 552
2009 - 07 - 14	0.168 473 698	0.136 586 588
2009 - 07 - 15	0.188 011 631	0.426 605 599

（续）

时间（年-月-日）	刺槐林蒸散量/mm	油松林蒸散量/mm
2009 - 07 - 16	0.133 981 428	0.505 305 286
2009 - 07 - 17	0.129 050 704	0.043 892 991
2009 - 07 - 18	0.089 386 271	0.387 963 191
2009 - 07 - 21	0.118 738 286	0.073 285 355
2009 - 07 - 22	0.196 928 855	0.464 193 643
2009 - 07 - 23	0.155 622 361	0.469 514 855
2009 - 07 - 24	0.055 054 28	0.240 246 318
2009 - 07 - 27	0.150 540 734	0.243 100 447
2009 - 07 - 28	0.195 060 091	0.427 953 632
2009 - 07 - 29	0.176 659 942	0.388 356 99
2009 - 07 - 30	0.085 399 886	0.330 726 409
2009 - 08 - 02	0.131 807 067	0.327 135 489
2009 - 08 - 03	0.058 025 737	0.317 244 731
2009 - 08 - 05	0.165 457 606	0.331 267 457
2009 - 08 - 06	0.158 282 95	0.307 449 745
2009 - 08 - 07	0.163 250 957	0.266 901 625
2009 - 08 - 08	0.172 004 183	0.308 678 423
2009 - 08 - 09	0.131 164 182	0.278 231 928
2009 - 08 - 10	0.129 468 821	0.078 800 494
2009 - 08 - 11	0.175 807 154	0.406 512 396
2009 - 08 - 12	0.146 550 49	0.411 296 997
2009 - 08 - 13	0.134 951 418	0.202 086 359
2009 - 08 - 14	0.078 195 845	0.131 543 107
2009 - 08 - 16	0.162 187 975	0.332 338 027
2009 - 08 - 17	0.066 342 004	0.060 577 325
2009 - 08 - 20	0.105 993 138	0.147 172 076
2009 - 08 - 21	0.169 492 7	0.246 640 265
2009 - 08 - 22	0.136 961 781	0.528 631 864
2009 - 08 - 23	0.136 207 104	0.107 273 087
2009 - 08 - 24	0.240 876 672	1.187 539 33
2009 - 08 - 25	0.146 833 716	0.511 400 096
2009 - 08 - 26	0.109 108 115	0.290 630 535
2009 - 08 - 27	0.134 984 371	0.382 391 444
2009 - 08 - 28	0.143 305 954	0.486 904 511
2009 - 08 - 29	0.069 666 862	0.551 332 271
2009 - 09 - 02	0.096 567 463	0.621 437 833
2009 - 09 - 03	0.076 984 027	0.519 720 801

（续）

时间（年-月-日）	刺槐林蒸散量/mm	油松林蒸散量/mm
2009 - 09 - 04	0.064 040 097	0.548 782 965
2009 - 09 - 07	0.055 284 182	0.517 098 704
2009 - 09 - 08	0.038 797 042	0.191 838 495
2009 - 09 - 10	0.067 292 185	0.346 577 783
2009 - 09 - 11	0.079 384 775	0.520 721 53
2009 - 09 - 12	0.031 632 383	0.177 088 154
2009 - 09 - 13	0.090 640 665	0.593 614 631
2009 - 09 - 14	0.036 860 762	0.252 060 48
2009 - 09 - 15	0.067 355 504	0.496 836 473
2009 - 09 - 17	0.077 481 223	0.491 168 161
2009 - 09 - 18	0.036 094 571	0.139 082 778
2009 - 09 - 19	0.010 914 432	0.045 009 495
2009 - 09 - 20	0.054 637 014	0.428 084 507
2009 - 09 - 24	0.055 248 832	0.136 096 119
2009 - 09 - 29	0.044 734 382	0.174 393 669
2009 - 09 - 30	0.040 536 918	0.222 331 283
2009 - 10 - 01	0.035 124 165	0.234 314 675
2009 - 10 - 02	0.048 459 89	0.298 418 841
2009 - 10 - 03	0.052 324 477	0.463 739 684
2009 - 10 - 04	0.022 387 632	0.103 145 684
2009 - 10 - 05	0.034 394 063	0.286 942 437
2009 - 10 - 06	0.034 434 697	0.286 805 475
2009 - 10 - 08	0.028 107 206	0.226 221 383
2009 - 10 - 09	0.033 006 4	0.251 497 999
2009 - 10 - 10	0.031 002 47	0.329 222 732
2009 - 10 - 12	0.023 960 697	0.235 054 655
2009 - 10 - 13	0.030 965 425	0.348 702 193
2009 - 10 - 14	0.034 975 478	0.340 982 186
2009 - 10 - 16	0.023 146 923	0.351 503 868
2009 - 10 - 17	0.021 931 398	0.404 709 29
2009 - 10 - 18	0.009 415 937	0.220 361 28
2009 - 10 - 19	0.010 427 545	0.306 629 119

注：采集人，刘彩风；数据采集时间，2009 年 7—10 月。

4.34　2013 年晋西黄土区典型林地的持水能力数据集

4.34.1　引言

　　林地持水能力主要取决于枯落物层和土壤层，是森林水源涵养功能的重要指标之一。枯枝落叶层

（又称枯落物层）主要是由凋落的叶、枝、皮、花、果、种子等植物器官堆积而成，作为森林植物群落水文效应的第2活动层，可为森林土壤提供机械保护作用，免除下层土壤受雨滴的直接打击，同时截持降水、阻延地表径流、抑制土壤水分蒸发，在林地持水能力方面发挥着重要功能；土壤层是森林水文作用的第3活动层，大气降水可以沿着土壤毛管孔隙和非毛管孔隙下渗，使土壤持水处于饱和状态，体现其最大持水能力；一部分供植物蒸腾和地表蒸发，一部分则贮存起来或通过渗透汇入溪流，从而体现出森林水源涵养和保持水土的功能。不同林分类型其枯落物层的结构、组成、种类、数量和性质都存在一定的差异，因而影响到林地截持降水、储蓄水分、调节径流的功能；林地土壤的持水能力与植被、地形、土壤性质等密切相关，导致不同林分类型的水源涵养能力有所差异，主要体现于林地最大和有效持水能力方面的变化。

晋西黄土区作为黄河的重要水源地，降雨稀少且季节分配不均，水土流失严重。自1993年以来开展的退耕还林等植被恢复措施增加了地表枯落物输入，改善了土壤理化性质，在提高林地持水能力、增强林分涵养水源功能方面发挥了重要作用。关于退耕还林后林地枯落物层和土壤特征变化的研究较多，主要集中在枯落物蓄积和持水过程、土壤理化性质和林地土壤水分平衡等方面，但关于退耕林地保持和供给水分能力变化及其影响因子的量化研究则相对较少。本文采用最大持水量和有效持水量2个指标，定量研究晋西黄土区退耕还林的典型林分林地持水能力变化及其原因，旨在为该地区植被恢复的生态效益评价提供依据，同时为退耕林分的经营管理提供指导。

承担项目为"十二五"国家科技支撑计划项目专题"西北黄土区防护林体系结构定向调控技术研究与示范"（2015BAD07B03）。

4.34.2　数据采集和处理方法

（1）观测样地

2013年7月，经查阅林相图和实地调查，按照典型性和代表性原则，在试验区选择立地条件相近的油松人工林、刺槐人工林、油松×刺槐人工混交林和以山杨为主的次生林（退耕20年）各1块，同时以玉米农耕地作对照。在各样地内布设3块20 m×20 m的样方（间隔20 m以上）进行植被调查，同时测定坡向、坡度等。在每个样方中按"S"形布设5个1 m×1 m的小样方，收集全部枯落物，同时挖掘土壤剖面，按0～10 cm、10～20 cm、20～40 cm、40～60 cm、60～80 cm、80～100 cm分层采集环刀土样和土壤分析布袋样品，进行室内试验分析。

（2）分析测定

①枯落物现存量和持水能力计算。用室内浸泡法测定林下枯落物的持水量。将所采集枯落物风干，浸泡至恒质量（24 h左右）称量，遮阳条件下静置（实验过程中以不具有水滴出现为准，约5 min左右）并称质量，最后烘干称质量获得现存量。按式（1）和式（2）计算枯落物最大持水量和有效持水量。

$$W_{Lmax} = (G_{24} - G_0)/G_0 \times 100\% \times M_0 \tag{1}$$
$$W_{Le} = (G_t - G_0)/G_0 \times 100\% \times M_0 \tag{2}$$

式中，W_{Lmax}和W_{Le}为枯落物最大持水量（t/hm²）和有效持水量（t/hm²），G_0、G_{24}、G_t分别为枯落物烘干质量（g）、浸水24 h后的质量（g）和静置至不滴水后的质量（g），M_0为枯落物现存量（t/hm²）。

②土壤性质与持水能力计算。土壤水分的物理性质采用环刀法测定，包括土壤密度、孔隙度（总孔隙度、毛管孔隙度和非毛管孔隙度）和含水量等指标。参照孙艳红等的方法，土壤最大持水量和有效持水量按式（3）和式（4）计算。持水量数据对应的土层厚度为1 m。

$$W_{Smax} = (1 - D_p/D_v) \times 100\% \times H \tag{3}$$
$$W_{se} = P_{non} \times H \tag{4}$$

式中，W_{Smax} 和 W_{se} 分别表示土壤最大持水量（t/hm²）和有效持水量（t/hm²），D_p、D_v 分别表示土壤密度（g/cm³）和土粒密度（g/cm³），P_{non} 为非毛管孔隙度（%），H 为土层厚度（m）。

4.34.3 数据质量控制和评估

本数据集来源于室内实验分析。从实验前期准备、实验过程中到实验完成后以及实验数据分析时，整个过程对数据质量进行控制。

实验前的数据质量控制：根据统一的实验规范方案，对所有参与实验的人员集中进行技术培训，尽可能地减少人为误差。

实验过程中的数据质量控制：实验开始时，严格按照实验要求进行操作，每个样品均进行至少三次的重复测定，误差控制在 5% 以内。实验人完成一组实验后，当即对原始记录表进行核查，发现有误的数据及时纠正。

实验完成后的数据质量控制：实验完成后，实验人对实验数据进行进一步核查，并补充相关信息；纸质版数据录入电脑过程中，采用 2 人同时输入数据的方式，自查并相互检查，以确保数据输入的准确性；同时纸质原始数据集妥善保存并备份，放置于不同地方，以备将来核查。

实验数据分析时的数据质量控制：计算过程中要保证准确无误，采用 2 人核查的方式，根据分析结果综合考虑，剔除异常值，增加分析结果的精确度。

4.34.4 数据使用方法和建议

本数据集拟通过 CERN 综合中心数据资源服务网站（http://www.cnern.org.cn）或链接 Science Data Bank 在线服务网址（http://www.sciencedb.cn/dataSet/handle/298）获取数据服务。登录系统后，在首页单击"数据论文数据"图标或在数据资源栏目选择"数据论文数据"进入相应页面。

4.34.5 晋西黄土区典型林地的持水能力数据

相关数据见表 4-192。

表 4-192　晋西黄土区典型林地的持水能力数据

林地类型	土壤有机质/(g/kg)	土壤密度/(g/cm³)	土壤总孔隙度/%	非毛管孔隙度/%	土壤最大持水量/(t/hm²)	土壤有效持水量/(t/hm²)	枯落物有效持水量/(t/hm²)	枯落物现存量/(t/hm²)
油松人工林	12.27	1.29	49.95	8.78	50 811.14	965.52	69.31	27.05
刺槐人工林	9.88	1.28	50.3	10.18	5 141.46	1 086.21	95.01	26.17
油松×刺槐人工混交林	12.95	1.23	51.52	11.15	5 298.38	1 110.35	109.81	27.68
次生林	16.36	1.17	55.34	12.11	5 575.91	1 243.17	153.42	35.66
耕地	2.72	1.4	45.69	8.26	4 670.72	808.63	—	—

注：采集人，王高敏；数据采集时间，2013 年 7 月。

4.35 晋西黄土区典型林分生长季土壤碳排放及其影响因素

4.35.1 引言

研究区位于山西吉县蔡家川流域，36°14′N—36°18′N，110°40′E—110°48′E，海拔 904～1 592 m，为典型黄土丘陵沟壑区。该数据集为 2008 年调查的油松林、刺槐林、油松刺槐混交林、侧柏林及次生林在生长季的土壤碳排放量、土壤温度、土壤湿度、根系生物量、全碳、全氮。

承担项目为"十二五"国家科技支撑"黄河流域黄土区水源涵养林体系建设技术研究与示范"（2011BAD38B0504）。

4.35.2　数据采集和处理方法

（1）样地设置

在流域内选择 5 种不同的典型林分样地（所有人工林为 1993 年种植），每一种林分类型设置 3 个 20 cm×20 cm 的样方，样方间的距离至少 10 m，样地基本情况如表 4 - 193 所示。

（2）采样方法

在每个样方中测量并记录密度、树高和胸径。

①根系生物量。在每个样方中，通过直径 8 cm、高 20 cm 的手持土钻采土样，每 20 cm 采一个直至 100 cm 深，通过清洗将植物根系与土壤分离，并把土壤置于 0.4 mm 网袋中，在 80℃ 下烘干至恒重。

②土壤碳排放量、土壤温度、土壤湿度。2008 年 5 月至 11 月每月测量土壤呼吸，采用自动化土壤 CO_2 通量测量系统，在每个预定日期的 10：00～16：00 进行测量。在每个样方中沿着对角线横断面每 3 m 放置一个 PVC 管（直径 10 cm、高 5 cm），插入土壤 3 cm，在一个固定的位置，自动气象站进行 10 cm 深度土壤温度的连续和独立测量，并在 PVC 管附近测量 10 cm 深度的土壤水分含量。

③土壤全碳、全氮。在 2008 年 9 月初，在每个样方用圆柱形土钻（直径 4 cm、高 20 cm）采集深度为 20 cm 的土壤样品，并在实验室中风干至恒重，手动除去任何可见的植物组织和碎片后，将风干的土壤样品研磨以通过 0.2 mm 筛，用于土壤化学分析。

（3）分析方法

土壤有机碳（SOC）含量通过标准 Mebius 方法估算（Nelson、Sommers，1982），使用凯氏消化程序分析土壤总氮（TN）含量，每种林分类型的表格中的值是通过平均三个重复样方的值来计算的。

4.35.3　数据质量控制和评估

本数据集来源于野外样地的实测调查。从调查前期准备、调查过程中到调查完成后，整个过程对数据质量进行控制。

数据获取过程的质量控制：根据统一的调查规范方案，对所有参与调查的人员集中进行技术培训，尽可能地减少人为误差。

调查完成后的数据质量控制：调查人和记录人完成对数据的进一步核查，并补充相关信息；纸质版数据录入电脑过程中，采用 2 人同时输入数据的方式，自查并相互检查，以确保数据输入的准确性；野外纸质原始数据集妥善保存并备份。

数据质量评估：将所获取的数据与各项辅助信息数据以及历史数据信息进行比较，评价数据的正确性、一致性、完整性、可比性和连续性。

4.35.4　数据价值

为准确预测土壤 CO_2 在时间和空间中的排放，近几十年科学家在确定土壤呼吸的驱动生物物理因素方面取得了很大进展。但黄土高原作为中国的主要生物群落，很少受到关注，该地区森林生态系统的 CO_2 排放数据很少。量化土壤 CO_2 排放的速度和幅度，了解土壤呼吸的主要环境约束，对于提高我们对中国黄土高原森林生态作用的认识至关重要。

4.35.5　数据

相关数据见表 4 - 193 和表 4 - 194。

表 4 – 193　样地基本情况

林分类型	坡向	坡度/°	林龄/年	密度/（h/m²）	胸径/cm	树高/m
油松	西	19	17	1 175	10	5.6
刺槐	东	17	17	1 800	6.3	7.9
油松＋刺槐	西	18	17	1 167	7.7	5.6
侧柏	东	19	17	1 517	4.9	3.4
次生林	西	15	≥20	1 400	9.25	9.12

注：采集人，周志勇；采集时间，2008 年 5—10 月。

表 4 – 194　晋西黄土区典型林分生长季土壤碳排放及其影响因素

林分类型	时间 （年-月）	土壤碳排放量/ （g/m²）	土壤温度/ ℃	土壤湿度/ （V%）	根系生物量/ （g/m²）	全碳/ （g/kg）	全氮/ （g/kg）
油松		1.136	9.544	1.278	—	—	—
刺槐		1.332	18.754	1.176	—	—	—
油松＋刺槐	2018 - 05	1.678	9.908	1.404	—	—	—
侧柏		1.214	12.212	1.407	—	—	—
次生林		2.612	6.486	1.404	—	—	—
油松		3.018	17.142	0.482	—	—	—
刺槐		6.722	16.932	0.305	—	—	—
油松＋刺槐	2018 - 06	3.086	16.526	1.404	—	—	—
侧柏		1.785	15.41	0.430	—	—	—
次生林		4.074	12.916	0.033	—	—	—
油松		2.184	20.866	0.049	—	—	—
刺槐		3.612	22.884	0.333	—	—	—
油松＋刺槐	2018 - 07	2.918	21.38	0.124	—	—	—
侧柏		1.31	27.787 5	0.123	—	—	—
次生林		5.232	17.566	0.093	—	—	—
油松		7.078	19.608	0.108	—	—	—
刺槐		3.426 333	21.231 67	0.067	—	—	—
油松＋刺槐	2018 - 08	7.388	19.818	0.054	—	—	—
侧柏		2.767 5	24.662 5	0.101	—	—	—
次生林		3.976	16.54	0.325	—	—	—
油松		7.078	19.608	0.108	6.111	12.301	0.621
刺槐		3.422 667	18.610 67	0.015	5.524	4.605	0.267
油松＋刺槐	2018 - 09	4.508	16.028	0.144	6.793	7.234	0.445
侧柏		1.547 5	23.762 5	0.041	1.306	5.806	0.462
次生林		3.834	14.146	0.025	8.004	29.577	0.917
油松		0.474	11.258 4	0.999	—	—	—
刺槐		0.655	12.582	0.043	—	—	—
油松＋刺槐	2018 - 10	0.584	11.642	0.297	—	—	—
侧柏		0.232 5	10.56	0.066	—	—	—
次生林		0.532	10.89	0.582	—	—	—

注："—"为未采集数据；采集人，周志勇；采集时间，2008 年 5—10 月。

4.36　不同植被类型下土壤水分数据集

4.36.1　引言

本数据集依托国家自然科学青年基金项目（51309007），数据来源于 *Responses of soil moisture to vegetation restoration type and slope length on the loess hillslope*（梅雪梅，2018）。土壤水分是影响生态系统功能和植被恢复的重要因素，而且在水文循环中它是连接降水、径流和地下水的关键变量。黄土高原是我国发生严重土壤侵蚀的典型地区，产生了大量的水土流失。干旱和土壤侵蚀一直被认为是实现该地区可持续发展的限制性因素，生物措施对于减少水土流失具有重要意义。自 1999 年中国政府实施"退耕还林"工程以来，大面积的植被恢复对黄土坡面的水循环系统产生了重要影响，由于水分的缺失，植被出现了退化。因此，有必要研究土壤水分对黄土坡面植被恢复类型的响应，为黄土高原植被恢复提供一定的理论依据。

4.36.2　数据采集和处理方法

为了了解不同水文年坡面土壤水分的分布特征，依据蔡家川嵌套小流域的地形地貌和土地利用类型，在该嵌套小流域内选择了三种不同植被类型覆盖的坡面，分别是人工刺槐林地、天然林地和天然草地，在每个坡面分别设计 3 个样带，每个样带间隔 10 m，土壤样点按样带从坡脚向坡顶布设。在 2015 年的 5 月初（生长季初）和 10 月底（生长季末）分别沿各个样带在坡底和距离坡底 20 m、40 m、60 m、80 m 和 100 m 处采集 0～4 m 土层深的土壤样品，采用打土钻获取土壤样品，每隔 20 cm 采集 3 个土样带回实验室，在烘箱内恒温 105℃条件下烘 24 h，测定土壤含水量，每个时段采样数共 54 个采样点。

4.36.3　数据质量控制和评估

本数据集来源于野外样地的实测取样与室内实验。从取样前期准备、调查过程中到调查完成后进行室内实验，整个过程对数据质量进行控制。同时，采用专家审核验证的方法，以确保数据相对准确可靠。

取样前的数据质量控制：根据统一的取样规范方案，对所有参与调查和实验的人员集中进行技术培训，尽可能地减少人为误差。

取样过程中的数据质量控制：所有采样方法按照要求严格进行，每次取样时严格控制仪器精度。在取样过程中尽量避开人为干扰强烈的地方。实验完成后的数据质量控制：对实验数据结果进行验证核查，并补充相关实验。

4.36.4　不同植被类型下坡地土壤水分数据集

相关数据见表 4 - 195 至表 4 - 200。

表 4 - 195　2015 年 5 月人工刺槐林地平均土壤质量含水量

单位：%

土层/cm	坡位					
	坡底	距离坡底 20 m	距离坡底 40 m	距离坡底 60 m	距离坡底 80 m	距离坡底 100 m
0～20	15.62	9.65	6.68	6.33	9.01	13.81
>20～40	16.60	7.89	7.01	8.46	8.01	12.53
>40～60	16.38	8.19	8.19	7.29	8.73	11.70

（续）

土层/cm	坡位					
	坡底	距离坡底 20 m	距离坡底 40 m	距离坡底 60 m	距离坡底 80 m	距离坡底 100 m
>60~80	16.33	8.97	8.32	7.99	8.79	12.36
>80~100	16.53	9.76	8.87	9.22	10.16	12.56
>100~120	—	10.26	10.05	9.81	10.26	12.66
>120~140	—	11.59	10.11	10.50	10.76	12.87
>140~160	—	11.51	10.88	11.00	10.02	12.45
>160~180	—	11.65	10.74	10.96	8.73	12.64
>180~200	—	11.92	9.58	11.27	9.02	12.27
>200~220	—	11.39	9.98	11.80	8.27	11.66
>220~240	—	10.85	11.13	10.36	9.88	11.18
>240~260	—	10.45	9.06	10.48	8.56	10.40
>260~280	—	9.80	10.47	10.09	7.76	9.68
>280~300	—	9.27	9.72	9.57	7.32	9.32
>300~320	—	6.09	9.90	9.17	6.66	8.81
>320~340	—	9.40	9.09	8.80	6.70	7.94
>340~360	—	8.86	9.95	8.78	6.73	8.79
>360~380	—	8.68	8.10	9.07	6.87	7.70
>380~400	—	8.86	12.13	8.37	6.94	7.34

注："—"表示土层较浅，未获取该土层的土壤水分；采集人，王舒、张栋、梅雪梅、李倩；采集时间，2015.05.02。

表 4－196　2015 年 10 月人工刺槐林地平均土壤质量含水量

单位：%

土层/cm	坡位					
	坡底	距离坡底 20 m	距离坡底 40 m	距离坡底 60 m	距离坡底 80 m	距离坡底 100 m
0~20	10.98	8.32	7.07	8.01	8.06	7.41
>20~40	8.93	6.99	7.03	6.46	7.31	7.10
>40~60	8.85	6.25	7.54	7.23	7.84	7.21
>60~80	9.13	6.63	7.60	7.68	7.76	7.23
>80~100	7.17	6.60	7.89	7.89	8.02	7.41
>100~120	—	7.52	8.24	7.96	7.75	6.82
>120~140	—	9.09	8.31	8.12	7.65	6.90
>140~160	—	9.44	8.52	7.76	7.85	6.54
>160~180	—	9.78	8.32	7.67	7.77	7.01
>180~200	—	9.82	9.54	6.01	8.25	6.68
>200~220	—	10.10	8.59	7.82	7.92	7.05
>220~240	—	10.56	9.06	7.86	7.98	6.88
>240~260	—	10.17	8.87	7.95	7.74	6.94
>260~280	—	10.20	9.26	8.15	7.80	6.40
>280~300	—	9.47	9.18	8.35	7.06	6.67

（续）

土层/cm	坡位					
	坡底	距离坡底 20 m	距离坡底 40 m	距离坡底 60 m	距离坡底 80 m	距离坡底 100 m
>300~320	—	9.14	9.14	8.28	7.01	6.45
>320~340	—	10.16	8.85	8.20	7.08	6.30
>340~360	—	10.17	8.16	8.11	7.00	5.86
>360~380	—	9.00	8.19	8.24	6.79	6.06
>380~400	—	8.79	7.74	7.94	6.85	5.84

注："—"表示土层较浅，未获取该土层的土壤水分；采集人，王舒、张栋、梅雪梅、李倩；采集时间，2015.05.02。

表 4 - 197　2015 年 5 月天然林地平均土壤质量含水量

单位：%

土层/cm	坡位					
	坡底	距离坡底 20 m	距离坡底 40 m	距离坡底 60 m	距离坡底 80 m	距离坡底 100 m
0~20	16.92	12.98	9.70	10.77	8.58	9.69
>20~40	16.84	11.43	9.73	10.86	8.17	8.50
>40~60	17.76	12.64	10.74	10.71	9.27	12.11
>60~80	19.79	13.97	10.53	11.08	8.60	12.15
>80~100	19.96	13.41	10.95	11.25	8.87	12.24
>100~120	—	15.32	11.12	12.07	10.20	12.43
>120~140	—	14.54	11.26	12.73	9.04	12.28
>140~160	—	14.34	11.45	12.92	11.58	11.78
>160~180	—	14.80	11.52	12.76	10.97	11.63
>180~200	—	15.27	12.23	13.04	11.71	11.15
>200~220	—	14.68	11.88	13.63	11.61	10.94
>220~240	—	15.12	11.72	13.82	11.48	10.22
>240~260	—	14.19	13.91	13.97	11.78	9.79
>260~280	—	12.26	12.54	13.81	11.34	9.74
>280~300	—	12.04	12.55	12.98	9.80	9.52
>300~320	—	11.08	11.71	11.02	10.49	9.29
>320~340	—	10.34	10.92	9.37	10.40	8.94
>340~360	—	8.93	9.31	9.43	9.12	9.11
>360~380	—	8.74	10.34	9.27	7.47	9.70
>380~400	—	10.26	10.19	8.64	7.85	10.04

注："—"表示土层较浅，未获取该土层的土壤水分；采集人，王舒、张栋、梅雪梅、李倩；采集时间，2015.05.02。

表 4 - 198　2015 年 10 月天然林地平均土壤质量含水量

单位：%

土层/cm	坡位					
	坡底	距离坡底 20 m	距离坡底 40 m	距离坡底 60 m	距离坡底 80 m	距离坡底 100 m
0~20	12.27	10.11	9.48	9.53	8.92	8.12

（续）

土层/cm	坡位					
	坡底	距离坡底 20 m	距离坡底 40 m	距离坡底 60 m	距离坡底 80 m	距离坡底 100 m
>20~40	11.52	8.83	8.24	8.76	7.88	6.92
>40~60	9.84	9.72	7.60	9.03	7.64	7.60
>60~80	11.67	9.38	7.86	9.55	7.83	6.76
>80~100	14.44	9.27	8.36	8.95	10.13	6.58
>100~120	—	9.02	8.76	8.87	8.64	7.22
>120~140	—	9.37	10.08	9.06	8.74	5.42
>140~160	—	10.11	10.07	9.12	8.17	7.18
>160~180	—	10.03	10.17	9.07	8.40	7.36
>180~200	—	11.35	10.43	11.20	8.92	8.79
>200~220	—	10.17	10.65	9.60	8.61	6.41
>220~240	—	10.12	10.43	10.04	8.53	6.55
>240~260	—	11.49	10.02	9.46	8.64	8.63
>260~280	—	11.24	10.15	9.47	8.61	10.15
>280~300	—	11.24	9.88	10.26	8.61	8.78
>300~320	—	12.26	10.28	11.05	8.58	7.97
>320~340	—	11.69	9.60	10.88	8.49	7.77
>340~360	—	11.82	9.13	11.07	9.43	7.52
>360~380	—	11.75	9.88	11.09	9.07	6.98
>380~400	—	11.35	8.64	10.40	9.44	6.80

注："—"表示土层较浅，未获取该土层的土壤水分；采集人，王舒、张栋、梅雪梅、李倩；采集时间，2015.10.18。

表 4-199　2015 年 5 月天然草地平均土壤质量含水量

单位：%

土层/cm	坡位					
	坡底	距离坡底 20 m	距离坡底 40 m	距离坡底 60 m	距离坡底 80 m	距离坡底 100 m
0~20	11.05	9.69	12.23	8.97	9.51	10.39
>20~40	13.42	11.70	12.10	10.75	12.52	13.38
>40~60	15.79	14.06	14.42	13.26	12.89	13.47
>60~80	16.45	15.84	16.43	14.54	14.56	15.07
>80~100	16.16	17.10	16.95	16.10	13.99	15.70
>100~120	—	17.22	19.11	15.94	14.66	15.72
>120~140	—	17.36	19.82	16.36	15.76	16.08
>140~160	—	17.82	18.62	16.65	14.94	15.42
>160~180	—	18.50	18.56	17.65	14.93	15.80
>180~200	—	17.71	18.57	15.83	15.11	15.69
>200~220	—	18.12	19.85	17.12	15.47	15.96
>220~240	—	17.94	20.72	16.90	14.13	15.37
>240~260	—	16.93	20.26	16.96	15.73	16.42

（续）

土层/cm	坡位					
	坡底	距离坡底 20 m	距离坡底 40 m	距离坡底 60 m	距离坡底 80 m	距离坡底 100 m
>260~280	—	18.87	20.34	17.57	15.87	16.46
>280~300	—	19.58	20.49	17.33	14.78	16.27
>300~320	—	18.76	21.07	17.48	13.67	15.95
>320~340	—	19.05	18.64	16.48	13.86	15.92
>340~360	—	17.94	18.63	18.35	14.44	15.68
>360~380	—	18.04	19.61	16.87	15.14	15.97
>380~400	—	18.40	19.79	16.93	14.47	16.24

注："—"表示土层较浅，未获取该土层的土壤水分；采集人，王舒、张栋、梅雪梅、李倩；采集时间，2015.10.18。

表 4-200 2015 年 10 月天然草地平均土壤质量含水量

单位：%

土层/cm	坡位					
	坡底	距离坡底 20 m	距离坡底 40 m	距离坡底 60 m	距离坡底 80 m	距离坡底 100 m
0~20	11.90	13.04	12.34	13.19	14.02	7.93
>20~40	8.94	11.15	8.10	9.51	12.54	8.09
>40~60	9.38	12.05	8.67	9.77	8.79	8.61
>60~80	10.34	14.46	10.14	10.17	7.29	8.29
>80~100	22.85	16.86	11.79	12.21	7.34	9.20
>100~120	—	17.69	12.26	13.88	8.85	9.06
>120~140	—	18.12	12.90	15.87	9.41	8.38
>140~160	—	18.99	13.04	16.13	9.13	8.19
>160~180	—	19.11	15.09	16.03	10.02	8.02
>180~200	—	20.61	14.74	16.51	11.85	8.22
>200~220	—	21.85	13.64	15.53	11.36	8.02
>220~240	—	20.18	13.88	15.63	12.52	7.92
>240~260	—	18.21	17.64	16.61	13.08	7.84
>260~280	—	13.92	19.46	16.07	13.28	7.71
>280~300	—	15.19	22.18	15.89	15.14	7.33
>300~320	—	20.36	21.32	16.04	13.56	7.64
>320~340	—	20.42	21.13	16.64	13.02	6.51
>340~360	—	19.20	19.79	16.12	13.29	6.72
>360~380	—	18.90	18.91	16.41	12.87	7.00
>380~400	—	18.49	18.77	16.73	13.58	7.07

注："—"表示土层较浅，未获取该土层的土壤水分；采集人，王舒、张栋、梅雪梅、李倩；采集时间，2015.10.18。

参 考 文 献

白忠社，2005. 防沙治沙发展畜牧业的理想品种——中国沙地饲料桑 [J]. 林业实用技术，10：47.

鲍彪，2013. 晋西黄土区苹果——大豆间作系统遮阴模拟对大豆生长的影响 [D]. 北京：北京林业大学.

鲍士旦，2000. 土壤农化分析 [M]. 北京：中国农业出版社.

卜楠，朱清科，王蕊，等，2009. 陕北黄土区生物土壤结皮抗冲性研究 [J]. 北京林业大学学报，31 (5)：96-101.

蔡崇法，王峰，丁树文，等，2000. 间作及农林复合系统中植物组分间养分竞争机理分析 [J]. 水土保持研究，7 (3)：219-221，252.

常存，朱清科，张岩，等，2013. 黄土高原沟壑区地形分异特征 [J]. 东北林业大学学报，41 (2)：102-106.

陈洪松，邵明安，王克林，2005. 黄土区荒草地和裸地土壤水分的循环特征 [J]. 应用生态学报，16 (10)：1853-1857.

陈珏. 2011. 水土保持林地根系分泌物及土壤酶活性研究 [D]. 北京：北京林业大学.

陈珏，魏天兴，葛根巴图，等，2011. 山西西南部黄土丘陵沟壑区主要森林生态系统健康评价 [J]. 干旱区资源与环境，25 (5)：192-196.

陈丽华，鲁绍伟，张学培，等，2008. 晋西黄土区主要造林树种林地土壤水分生态条件分析 [J]. 水土保持研究，15 (1)：79-82，86.

陈文思，朱清科，刘蕾蕾，等，2016. 陕北半干旱黄土区沙棘人工林的死亡率及适宜地形因子 [J]. 林业科学，52 (5)：9-16.

陈云明，梁一民，程积民，2002. 黄土高原林草植被建设的地带性特征 [J]. 植物生态学报，26 (3)：339-345.

陈云明，刘国彬，侯喜录，2002. 黄土丘陵半干旱区人工沙棘林水土保持和土壤水分生态效益分析 [J]. 应用生态学报，13 (11)：1389-1393.

陈致富，魏天兴，赵健，等，2009. 陕北风蚀水蚀交错区不同植被下土壤入渗性能差异性研究 [J]. 水土保持学报，23 (3)：232-235.

程积民，杜峰，万惠娥，2000. 黄土高原半干旱区集流灌草立体配置与水分调控 [J]. 草地学报，8 (3)：210-219.

程积民，万惠娥，2002. 中国黄土高原植被建设与水土保持 [M]. 北京：中国林业出版社.

褚建民，卢琦，崔向慧，等，2007. 人工林林下植被多样性研究进展 [J]. 世界林业研究，20 (3)：9-12.

单长卷，梁宗锁，韩蕊莲，等，2005. 黄土高原陕北丘陵沟壑区不同立地条件下刺槐水分生理生态特性研究 [J]. 应用生态学报，16 (7)：1205-1212.

范昊明，王铁良，周丽丽，等，2007. 不同坡形坡面径流流速时空分异特征研究 [J]. 水土保持学报，21 (6)：35-38.

高甲荣，肖斌，张东升，等，2001. 国外森林水文研究进展述评 [J]. 水土保持学报，15 (S1)：60-64.

高路博，毕华兴，许华森，等，2013. 晋西幼龄苹果×大豆间作的土壤中水分、养分空间分布特征及对大豆的影响 [J]. 中国农学通报，23 (24)：36-42.

高路博，毕华兴，云雷，等，2011. 黄土半干旱区林草复合优化配置与结构调控研究进展 [J]. 水土保持研究，18 (3)：260-266.

高路博，2014. 晋西黄土区苹果农作物间作系统种间关系研究 [D]. 北京：北京林业大学.

高艳鹏，赵廷宁，骆汉，2011. 晋西黄土丘陵沟壑区人工林下草本植物生物多样性研究 [J]. 水土保持通报，31 (1)：103-108，261.

谷忠厚，田有亮，郭连生，2006. 大青山油松人工林树干液流动态及其蒸腾耗水规律研究 [J]. 林业资源管理 (6)：57-61.

关松荫，1986. 土壤酶及其研究法 [M]. 北京：农业出版社.

国务院第一次全国水利普查领导小组办公室，2011. 第一次全国水利普查培训教材之六：水土保持情况普查 [M]. 北京：中国水利水电出版社.

郝云庆，王金锡，王启和，等，2006. 柳杉纯林改造后林分空间结构变化预测 [J]. 林业科学，42 (8)：8-13.

何维明，2000. 不同生境中沙地柏根面积分布特征 [J]. 林业科学，36 (5)：17-21.

何兴元，胡志斌，李月辉，等，2005. GIS 支持下岷江上游土壤侵蚀动态研究 [J]. 应用生态学报，16 (12)：2271-2278.

胡良军，邵明安，2002. 黄土高原植被恢复的水分生态环境研究 [J]. 应用生态学报，13 (8)：1045-1048.

胡维银，刘国彬，许明祥，2000. 黄土丘陵沟壑区小流域坡耕地土壤抗冲性试验研究 [J]. 水土保持通报，20 (3)：26-28.

黄宝龙，蓝太岗，1988. 杉木栽培利用历史的初步探讨 [J]. 南京林业大学学报：自然科学版，2：54-59.

黄利江，于卫平，张广才，2004. 几种新引进植物在盐池沙地中的适应性研究 [J]. 林业科学研究，17 (增刊)：47-52.

黄麟，邵全琴，刘纪远，2011. 近 30 年来青海省三江源区草地的土壤侵蚀时空分析 [J]. 地球信息科学学报，13 (1)：12-21.

黄志强，2004. 从景观异质性分析近自然森林经营 [J]. 世界林业研究，17 (5)：9-12.

惠刚盈，徐海，胡艳波，2006. 林木最近距离分布预测模型的研究 [J]. 北京林业大学学报，28 (5)：18-21.

姜海燕，赵雨森，陈祥伟，等，2007. 大兴安岭岭南几种主要森林类型土壤水文功能研究 [J]. 水土保持学报，21 (3)：149-153.

焦峰，温仲明，焦菊英，等，2006. 黄丘区退耕地植被与土壤水分养分的互动效应 [J]. 草业学报，15 (2)：79-84.

焦菊英，王万中，李靖，2000. 黄土高原林草水土保持有效盖度分析 [J]. 植物生态学报，24 (5)：608-612.

焦醒，刘广全，2009. 黄土高原刺槐生长状况及其影响因子 [J]. 国际沙棘研究与开发，7 (2)：42-48.

李萍，朱清科，谢静，等，2012. 半干旱黄土区水平阶整地人工油松林地土壤水分和养分状况 [J]. 水土保持通报，32 (1)：60-65.

李文华，赖文登，1994. 中国农林复合经营 [M]. 北京：科学出版社.

李秀寨，李根前，韦宇，等，2005. 中国沙棘大面积死亡原因的探讨 [J]. 沙棘，18 (1)：24-28.

李艳梅，王克勤，刘芝芹，等，2005. 云南干热河谷微地形改造对土壤水分动态的影响 [J]. 浙江林学院学报，22 (3)：259-265.

李玉新，赵忠，陈金泉，等，2010. 沙棘林土壤微生物多样性研究 [J]. 西北农林科技大学学报：自然科学版，38 (8)：67-74，82.

梁一民，陈云明，2004. 论黄土高原造林的适地适树与适地适林 [J]. 水土保持通报，24 (3)：69-72.

廖文超，2015. 晋西黄土区不同树龄苹果与大豆间作系统水、肥、光空间分布特征 [D]. 北京：北京林业大学.

林大仪，2004. 土壤学实验指导 [M]. 北京：中国农业出版社.

刘灿然，马克平，于顺利，等，1997. 北京东灵山地区植物群落多样性的研究Ⅳ. 样本大小对多样性测度的影响 [J]. 生态学报，17 (6)：584-592.

刘国彬，杨勤科，郑粉莉，2004. 黄土高原小流域治理与生态建设 [J]. 中国水土保持科学，2 (1)：11-15.

刘卉芳，朱清科，孙中峰，等，2005. 黄土坡面不同土地利用与覆盖方式的产流产沙效应 [J]. 干旱地区农业研究 (2)：137-141.

刘蕾蕾，朱清科，赵维军，等，2014. 陕北黄土区衰退沙棘人工林改良土壤的作用 [J]. 水土保持通报，34 (3)：311-315，328.

刘霞，张光灿，李雪蕾，等，2004. 小流域态修复过程中不同森林植被土壤入渗与贮水特征 [J]. 水土保持学报，18 (6)：1-5.

刘兴宇，曾德慧，2007. 农林复合系统种间关系研究进展 [J]. 生态学杂志，6 (9)：1464-1470.

刘秀萍，陈丽华，陈吉虎，2007. 刺槐和油松根系密度分布特征研究 [J]. 干旱区研究，24 (5)：647-651.

刘艳辉，2007. 黄土区影响土壤侵蚀的林地植被因子研究 [D]. 北京：北京林业大学.

刘元保，朱显谟，周佩华，等，1988. 黄土高原坡面沟蚀的类型及其发生发展规律 [J]. 中国科学院西北水土保持研究所集刊 (7)：9-18.

鲁如坤，2000. 土壤农业化学分析方法 [M]. 北京：中国农业出版社.

陆元昌，甘敬，2002. 21 世纪的森林经理发展动态 [J]. 世界林业研究，15 (1)：1-11.

路保昌，薛智德，朱清科，等，2009. 干旱阳坡半阳坡微地形土壤水分分布研究 [J]. 水土保持通报，29 (1)：62-65.

马克明，叶万辉，桑卫国，等，1997. 北京东灵山地区植物群落多样性研究Ⅹ 不同尺度下群落样带的 β 多样性及分形

分析 [J] . 生态学报，17 (6)：626 - 634.

马雯静，2010. 晋西黄土区农林复合系统植物根系分布研究 [D] . 北京：北京林业大学.

孟平，张劲松，2011. 中国复合农林业发展机遇与研究展望 [J] . 防护林科技，1 (1)：7 - 10.

木村允，1981. 陆地植物群落生产量测定法 [M] . 北京：科学出版社.

裴保华，袁玉欣，贾玉彬，2000，等. 杨农间作光能利用的研究 [J] . 林业科学，36 (3)：13 - 18.

彭晓邦，仲崇高，沈平，等，2010. 玉米大豆对农林复合系统小气候的光合响应 [J] . 生态学报，30 (3)：710 - 716.

秦娟，上官周平，2005. 植物之间互作效应及其生理机制 [J] . 干旱地区农业研究，23 (3)：225 - 230.

沈慧，姜凤岐，1999. 水土保持林效益评价研究综述 [J] . 应用生态学报，10 (4)：492 - 496.

史德明，石晓日，李德成，等，1996. 应用遥感技术监测土壤侵蚀动态的研究 [J] . 土壤学报，33 (1)：48 - 58.

宋日，刘利，马丽艳，2009. 作物根系分泌物对土壤团聚体大小及其稳定性的影响 [J] . 南京农业大学学报，32
　　(3)：93 - 97.

宋述军，李辉霞，张建国，2003. 黄土高原坡地单株植物下的微地形研究 [J] . 山地学报，21 (1)：106 - 109.

孙惠珍，周晓峰，康绍忠，2004. 应用热技术研究树干液流的进展 [J] . 应用生态学报，15 (6)：1074 - 1078.

孙林，任秀珍，格根图，等，2013. 紫花苜蓿茎叶水浸提液对 2 种禾本科牧草的化感效应 [J] . 西北农林科技大学学
　　报：自然科学版，41 (12)：49 - 53.

孙双印，侯向阳，卢欣石，2007. 二十一世纪的绿色神奇功能饲料植物——饲料桑 [J] . 中国奶牛 (2)：53 - 54.

孙双印，侯向阳，卢欣石，2008. 饲料桑特性研究与加工利用分析 [J] . 草原与草坪 (1)：63 - 69.

唐翠平，李小婷，袁思安，等，2013. 中国沙棘人工林早衰成因及相应对策 [J] . 国际沙棘研究与开发，11 (4)：4 - 9.

唐克丽，2000. 黄土高原水蚀风蚀交错区治理的重要性与紧迫性 [J] . 中国水土保持，11：11 - 17.

唐克丽，王斌科，郑粉莉，等，1994. 黄土高原人类活动对土壤侵蚀的影响 [J] . 人民黄河 (2)：13 - 16.

田阳，云雷，毕华兴，等，2013. 晋西黄土区果农间作光竞争研究 [J] . 水土保持研究，20 (4)：288 - 292.

王国梁，刘国彬，党小虎，2009. 黄土丘陵区不同土地利用方式对土壤含水率的影响 [J] . 农业工程学报，25 (2)：
　　31 - 35.

王国梁，刘国彬，刘芳，等，2003. 黄土沟壑区植被封育过程中植物群落组成及结构变化 [J] . 生态学报，23 (12)：
　　2551 - 2557.

王进鑫，王迪海，刘广全，2004. 刺槐和侧柏人工林有效根系密度分布规律研究 [J] . 西北植物学报，24 (12)：
　　2208 - 2214.

王晶，朱清科，刘中奇，等，2011. 黄土丘陵区不同林地土壤水分动态变化 [J] . 水土保持研究，18 (1)：220 - 223.

王克勤，王斌瑞，1998. 集水造林防止人工林植被土壤干化的初步研究 [J] . 林业科学，34 (4)：16 - 23.

王露露，朱清科，赵彦敏，等，2013. 陕北黄土区山杏林下草本层植物群落特征研究 [J] . 水土保持通报，33 (1)：
　　225 - 231.

王蕊，朱清科，卜楠，等，2010. 黄土丘陵沟壑区生物土壤结皮理化性质 [J] . 干旱区研究，27 (3)：401 - 408.

王世昌，卢爱英，2007. 晋西北退耕地物种多样性研究 [J] . 水土保持通报，27 (3)：124 - 126.

王树力，袁伟斌，杨振，2007. 镜泊湖区 4 种主要森林类型的土壤养分状况和微生物特征 [J] . 水土保持学报，21
　　(5)：50 - 54.

王仙.2015. 黄土丘陵区油松和刺槐根部化感效应研究 [D] . 北京：北京林业大学.

王旭琴，戴伟，夏良放，等，2006. 亚热带不同人工林土壤理化性质的研究 [J] . 北京林业大学学报，28 (6)：56 - 59.

王永健，陶建平，2006. 茂县土地岭植被恢复过程中物种多样性动态特征 [J] . 生态学报，26 (4)：1028 - 1035.

魏天兴，王晶晶，2009. 黄土区蔡家川流域河岸林物种多样性研究 [J] . 北京林业大学学报，31 (6)：49 - 53.

温都日呼，王铁娟，韩文娟，等，2013.4 种植物水浸提液对乌丹蒿的化感作用研究 [J] . 植物研究，33 (1)：86 - 90.

吴发启，范文波，2001. 坡耕地黄墡土结皮的理化性质分析 [J] . 水土保持通报，21 (4)：22 - 24.

奚为民，1997. 雾灵山国家自然保护区森林群落物种多样性研究 [J] . 生物多样性 (5)：121 - 125.

肖波，赵允格，邵明安，2007. 陕北水蚀风蚀交错区两种生物结皮对土壤饱和导水率的影响 [J] . 农业工程学报，23
　　(12) 35 - 39.

肖波，赵允格，邵明安，2007. 陕北水蚀风蚀交错区两种生物结皮对土壤理化性质的影响 [J] . 生态学报，27 (11)：
　　4662 - 4670.

肖智勇，李根前，代光辉，等，2011. 黄土高原不同坡向中国沙棘种群生物量投资与分配 [J]. 东北林业大学学报，39 (5)：44 - 46，57.

徐学选，张北赢，白晓华，2007. 黄土丘陵区土壤水资源与土地利用的耦合研究 [J]. 水土保持学报 (3)：166 - 169.

许峰，蔡强国，吴淑安，2000. 坡地农林复合系统土壤养分过程研究进展 [J]. 水土保持学报，14 (1)：77 - 81.

许华森，毕华兴，高路博，等，2013. 晋西黄土区果农间作系统根系生态位特征 [J]. 中国农学通报，29 (24)：69 - 73.

许华森，毕华兴，王若水，等，2014. 晋西黄土区苹果农作物间作系统经济效益 [J]. 中国水土保持科学，12 (4)：81 - 85.

许华森，2015. 晋西黄土区苹果——大豆间作系统太阳辐射时空分布规律 [D]. 北京：北京林业大学.

许华森，云雷，毕华兴，等，2011. 刺槐＋苜蓿复合系统土壤养分分布特征及边界影响域——以晋西黄土区为例 [J]. 中国水土保持科学，38 (5)：48 - 53.

许华森，云雷，毕华兴，等，2012. 核桃-大豆间作系统细根分布及地下竞争 [J]. 生态学杂志，31 (7)：1612 - 1616.

许新桥，2006. 近自然林业理论概述 [J]. 世界林业研究，19 (1)：10 - 13.

许育彬，周桂莲，2003. 西部大开发中耕作制度的发展对策 [J]. 西北农业学报，12 (2)：44 - 47.

薛文鹏，赵忠，李鹏，等，2003. 王东沟不同坡向刺槐细根分布特征研究 [J]. 西北农林科技大学学报：自然科学版，31 (6)：25 - 31.

薛智德，朱清科，山中典和，等，2008. 延安地区辽东栎群落结构特征的研究 [J]. 西北农林科技大学学报：自然科学版，36 (10)：81 - 94.

杨勤科，李锐，刘咏梅，2008. 区域土壤侵蚀普查方法的初步讨论 [J]. 中国水土保持科学，6 (3)：1 - 6.

杨式雄，戴教藩，陈宗献，等，1994. 武夷山不同林型土壤酶活性与林木生长关系的研究 [J]. 福建林业科技 (4)：1 - 12.

杨文治，邵明安，2000. 黄土高原土壤水分研究 [M]. 北京：科学出版社.

杨晓毅，李凯荣，李苗，等，2011. 陕西省淳化县人工刺槐林林分结构及林下植物多样性研究 [J]. 水土保持通报，31 (3)：194 - 201.

杨永川，达良俊，由文辉，2005. 浙江天童国家森林公园微地形与植被结构的关系 [J]. 生态学报，25 (11)：38 - 48.

尹娜，2008. 黄土区人工林生物量及养分积累分布研究 [D]. 北京：北京林业大学.

尤文忠，2006. 黄土高原坡地农林复合系统景观边界土壤特征的研究——以陕西省永寿地区为例 [D]. 沈阳：沈阳农业大学.

云雷，毕华兴，马雯静，等，2010. 晋西黄土区核桃花生复合系统核桃根系空间分布特征 [J]. 东北林业大学学报，38 (7)：67 - 70.

云雷，毕华兴，马雯静，等，2012. 晋西黄土区林草复合系统刺槐根系分布特征 [J]. 干旱区资源与环境，21 (2)：151 - 155.

云雷，毕华兴，马雯静，等，2011. 晋西黄土区林草复合系统土壤养分分布特征及边界效应 [J]. 北京林业大学学报，12 (2)：37 - 42.

云雷，毕华兴，任怡，等，2008. 黄土区果农复合系统种间水分关系研究 [J]. 水土保持通报，28 (6)：110 - 114.

云雷，毕华兴，田晓玲，等，2011. 晋西黄土区果农间作的种间主要竞争关系及土地生产力 [J]. 应用生态学报，22 (5)：1225 - 1232.

云雷，毕华兴，田晓玲，等，2010. 晋西黄土区林草复合界面雨后土壤水分空间变异规律研究 [J]. 生态环境学报，31 (4)：938 - 944.

云丽丽，尤文忠，2009. 黄土丘陵区坡面林草边界土壤养分特征 [J]. 林业科技，34 (6)：17 - 20.

曾艳琼，卢欣石，2008. 林草复合生态系统的研究现状及效益分析 [J]. 草业科学，25 (3)：33 - 36.

张宏芝，朱清科，王晶，等，2011. 陕北黄土坡面微地形土壤物理性质研究 [J]. 水土保持通报，31 (6)：55 - 58.

张宏芝，朱清科，赵磊磊，等，2011. 陕北黄土坡面微地形土壤化学性质 [J]. 中国水土保持科学，9 (5)：20 - 25.

张建军，张宝颖，毕华兴，等，2004. 黄土区不同植被条件下的土壤抗冲性 [J]. 北京林业大学学报，26 (6)：25 - 29.

张蕾，2007. 林下参种植光环境模型研究 [D]. 吉林：吉林大学.

张丽萍，倪汉斌，吴希媛，2005. 黄土高原水蚀风蚀交错区不同下垫面土壤水蚀特征实验研究 [J]. 水土保持研究，12 (5) 126 - 127.

张晓娟，2008. 山西吉县天然次生林生物量和营养元素积累与分布研究［D］. 北京：北京林业大学.

张晓明，余新晓，张学培，等，2006. 晋西黄土区主要造林树种单株耗水量研究［J］. 林业科学（9）：17-23.

张志忠，石秋香，孙志浩，等，2013. 入侵植物空心莲子草对生菜和萝卜的化感效应［J］. 草业学报，22（1）：288-293.

赵荟，朱清科，秦伟，等，2010. 黄土高原干旱阳坡微地形土壤水分特征研究［J］. 水土保持通报，30（3）：64-68.

赵荟，朱清科，秦伟，等，2010. 黄土高原沟壑区干旱阳坡的地域分异特征［J］. 地理科学进展，29（3）：327-334.

赵敏，周广胜，2004. 基于森林资源清查资料的生物量估算模式及其发展趋势［J］. 应用生态学报，15（8）：1468-1472.

赵维军，刘宪春，张岩，等，2013. 基于均匀抽样调查的半干旱黄土区土壤侵蚀动态研究［J］. 水土保持通报，33（4）：125-130.

赵文武，傅伯杰，陈利顶，2003. 陕北黄土丘陵沟壑区地形因子与水土流失的相关性分析［J］. 水土保持学报，17（3）：66-69.

赵小亮，刘新虎，贺江舟，2009. 棉花根系分泌物对土壤速效养分和酶活性及微生物数量的影响［J］. 西北植物学报，29（7）：1426-1431.

赵兴征，卢剑波，2004. 农林系统研究进展［J］. 生态学杂志，23（2）：127-132.

赵英，张斌，王明珠，2006. 农林复合系统中物种间水肥光竞争机理分析与评价［J］. 生态学报，26（6）：1792-1801.

赵勇，樊巍，叶永忠，等，2007. 太行山低山丘陵区不同植物群落物种多样性研究［J］. 中国水土保持科学，5（3）：64-71.

赵允格，许明祥，王全九，等，2006. 黄土丘陵区退耕地生物结皮理化性状初报［J］. 应用生态学报，17（8）：1429-1434.

郑学良，2013. 吴起沙棘混交林生长状况及土壤改良功能研究［D］. 北京：北京林业大学.

中国土壤学会农业化学专业委员会，1984. 土壤农业化学常规分析方法［M］. 北京：科学出版社.

周章义，2002. 内蒙古鄂尔多斯市东部老龄沙棘死亡原因及其对策［J］. 沙棘，15（2）：7-11.

朱清科，朱金兆，2003. 黄土区退耕还林可持续经营技术［M］. 北京：中国林业出版社.

朱显谟，1956. 黄土区土壤侵蚀的分类［J］. 土壤学报，4（2）：99-115.

朱志诚，1993. 陕北黄土高原森林区植被恢复演替［J］. 西北林学院学报，8（1）：87-94.

Branka Kresovi′c，Angelina Tapanarova，ZoricaTomi′c，et al.，2016. Grain yield and water use efficiency of maize as influenced by different irrigation regimes through sprinkler irrigation under temperate climate［J］. Agricultural Water Management，169：34-43.

Chinea J D，2002. Tropical forest succession on abandoned farms in the Humacao Municipality of eastern Puerto Rico［J］. Forest Ecology and Management，167：195-207.

Chou C H，2010. Role of allelopathy in sustainable agriculture：Use of allelochemicals as naturally occurring bioagrochemicals［J］. Allelopathy Journal，25（1）：3-16.

Clarke R T，1973. A review of some mathematical models used in hydrology with observation on their calibration and use［J］. Journal of Hydrology，19（1）：1.

Dijk A I J M V，Bruijnzeel L A，2003. Terrace erosion and sediment transport model：a new tool for soil conservation planning in bench-terraced steeplands［J］. Environmental Modelling & Software，18（8-9）：839-850.

Eldridge D，Greene R，1994. Microbiotic soil crusts-a review of their roles in soil and ecological processes in the rangelands of Australia［J］. Australian Journal of Soil Research，32（3）：389.

Famiglietti J S，Rudnicki J W，Rodell M，1998. Variability in surface moisture content along a hillslope transect：Rattlesnake Hill，Texas［J］. Journal of Hydrology（Amsterdam），210（1-4）：1-281.

Fiorucci F，Ardizzone F，Rossi M，et al.，2015. The use of stereoscopic satellite images to map rills and ephemeral gullies［J］. Remote Sensing，7（10）：14151-14178.

Gao L B，Xu H S，Bi H X，et al.，2013. Intercropping competition between apple trees and crops in agroforestry systems on the Loess Plateau of China［J］. PLoS ONE，8（7）：70739.

George T S，Gregory P J，Wood M，et al.，2002. Phosphatase activity and organic acids in rhizosphere of potential agroforestry species and maize［J］. Soil Biology and Biochemistry，34：1487-1494.

Harris D，Natarajan M，Willey R W，1987. Physiological basis for yield advantage in a sorghum-groundnut intercrop exposed to drought I Dry-matter production yield and light interception［J］. Field Crops Res，17：259-272.

Huston M A，1994. Biological diversity the coexistence of species on changing landscapes［M］. Cambridge：Cambridge University Press.

Lacombe S，Bradley R L，Hamel C，et al.，2009. Do tree based intercropping systems increase the diversity and stability of soil microbial communities［J］. Agric Ecosyst Environ，131：25 - 31.

Liu X，He B，Li Z，et al.，2011. Influence of land terracing on agricultural and ecological environment in the loess plateau regions of China［J］. Environmental Earth Sciences，62（4）：797 - 807.

Li Yong，Poesen J，Yang J C，et al.，2003. Evaluating gully erosion using 137Cs and 210Pb/137Cs ratio in a reservoir catchment［J］. Soil and Tillage Research，69（1/2）：107 - 115.

Li Zhen，Zhang Yan，Zhu Qingke，et al.，2015. Assessment of bank gully development and vegetation coverage on the Chinese Loess Plateau［J］. Geomorphology，228：462 - 469.

Lu P，2004. The Dispation Probe（TDP）Method for Measuring Sap Flow in Trees Theory and Practice［J］. Acta Botanica Sinica，46（6）：631 - 646.

Mansouri-Far Sanavy，S A M M，et al.，2010. Maize yield response to deficit irrigation during low-sensitive growth stages and nitrogen rate under semi-arid climatic conditions［J］. Agricultural Water Manage ment，97：12 - 22.

Martinez-Casasnovas J A，Ramos M C，Poesen J，2004. Assessment of sidewall erosion in large gullies using multi-temporal DEMs and logistic regression analysis［J］. Geomorphology，58（1/4）：305 - 321.

Mench M，Martin E，1991. Mobilization of cadmium and other metals from two soils by root exudates of Zea mays L［J］. Nicotiana tabacum L and Nicotiana rustica L Plant and Soil，132：187 - 196.

Millikin-Ishikawa C，Bledsoe C S，2000. Seasonal and diurnal patter ns of soil water potential in the rhizosphere of blue oaks：Evidence for hydraulic lift［J］. Oecologia，125（4）：459 - 465.

Moreno G，Obrador J J，Garcia A，2007. Impact of evergreen oaks on soil fertility and crop production in intercropped dehesas［J］. Agriculture Ecosystems&Environment，119：270 - 280.

Nusser S M，Goebel J J，1997. The National Resources Inventory：a long-term multi-resource monitoring programme［J］. Environmental and Ecological Statistics，4（3）：181 - 204.

Odhiambo H O，Ong C K，Deans J D，et al.，2001. Roots soil water and crop yield：tree crop interactions in a semi-arid agroforestry system in Kenya［J］. Plant and Soil，235：221 - 233.

Peng X B，Zhang Y Y，Jing Cai J，et al.，2009. Photosynthesis，growth and yield of soybean and maize in a tree-based agroforestry intercropping system on the Loess Plateau［J］. Agroforestry Systems，76（3）：569 - 577.

Philips N，1996. Radial patterns of xylem sap flow in non-diffuse and ring-porous tree species［J］. Plant Cell En-viron，19：983 - 990.

Rao M R，1996. Biophysical interactions in tropical agroforestry systems［J］. Agroforestry Systems，38（1/3）：3 - 50.

Schlentner R E，Cleve K V，1985. Relationship s between CO_2 evolution from soil substrate temperature and substrate moisture in fourmature forest types in interiorA laska［J］. Canadian Journal of Forest Research，15：97 - 106.

Soto-Pinto L，Perfecto I，Castillo-Hernandez J，et al.，2000. Shade effect on coffee production at the northern Tzeltal zone of the stateof Chiapas，Mexico［J］. Agriculture Ecosystems and Environment，80：61 - 69.

Sperry S，et al.，2002. Water deficit and hydraulic limits to leaf water supply［J］. Plant Cell and Environment，25：251 - 263.

Teasdale G N，Barber M E，2008. Aerial assessment of ephemeral gully erosion from agricultural regions in the Pacific Northwest［J］. Journal of Irrigation and Drainage Engineering，134（6）：807 - 814.

Thevathasan N V，Gordon A M，Bradley R，et al.，2012. Agroforestry Research and Development in Canada：The Way Forward［J］. Advances in Agroforestry，9：247 - 283.

Thevathasan N V，Gordon A M，2004. Ecology of tree intercropping systems in the north temperate region：Experiences from southern Ontario［J］. Canada Agroforestry System，61：257 - 268.

Turnbull L A，Reesm，Crawley M J，1999. Seed mass and the competition colonization trade-off：a sowing experiment［J］. Journal of Ecology，87：899 - 912.

Wanvestraut R H，Jose S，Nair P K R，et al.，2004. Competition for water in a pecan（Carya illinoensis K. Koach）-

cotton (Gossypium hirsutum L.) alley cropping system in the southern United States [J] . Agroforestry Systems，
　60：167 - 179.

Western A W，Grayson R B，Blschl Günter，et al. ，1999. Observed spatial organization of soil moisture and its relation
　to terrain indices [J] . Water Resources Research，35 (3)：797 - 810.

Whitford J A，Newham L T H，Vigiak O，et al. ，2010. Rapid assessment of gully sidewall erosion rates in data-poor
　catchments：A case study in Australia [J] . Geomorphology，118 (3/4)：330 - 338.

Xu H S，Bi H X，Gao L B，et al. ，2013. Distribution and morphological variation of fine root in a walnut-soybean inter-
　cropping system in the Loess plateau of China [J] . International Journal Agriculture Biology，15：998 - 1002.

Yang Y，Wu F Z，Liu S W，2011. Allelopathic effects of root exudates of Chinese onion accessions on cucumber yield
　and Fusarium oxysporum f. sp. cucumerinum [J] . Allelopathy Journal，27：75 - 85.

Yun L，Bi H X，Gao L B，et al. ，2013. Soil moisture and soil nutrient content in walnut-crop intercropping systems in
　the loess plateau of china [J] . Arid Land Research And Management，26 (4)：285 - 296.

图书在版编目（CIP）数据

中国生态系统定位观测与研究数据集．森林生态系统
卷．山西吉县站：2005~2015 / 陈宜瑜总主编；朱金
兆，王若水主编．—北京：中国农业出版社，2021.12
　ISBN 978-7-109-28517-0

　Ⅰ．①中…　Ⅱ．①陈…②朱…③王…　Ⅲ．①生态系
—统计数据—中国②森林生态系统—统计数据—吉县—
2005-2015　Ⅳ．①Q147②S718.55

中国版本图书馆 CIP 数据核字（2021）第 138359 号

ZHONGGUO SHENGTAI XITONG DINGWEI GUANCE YU YANJIU SHUJUJI

中国农业出版社出版

地址：北京市朝阳区麦子店街 18 号楼
邮编：100125
责任编辑：刁乾超　文字编辑：刘金华
版式设计：李　文　责任校对：吴丽婷
印刷：中农印务有限公司
版次：2021 年 12 月第 1 版
印次：2021 年 12 月北京第 1 次印刷
发行：新华书店北京发行所
开本：889mm×1194mm　1/16
印张：22
字数：620 千字
定价：98.00 元

版权所有·侵权必究

凡购买本社图书，如有印装质量问题，我社负责调换。

服务电话：010-59195115　010-59194918